复杂系统的投影寻踪回归无假定建模技术及应用实例

郑祖国　何建新　宫经伟　刘　亮　王建新　杨海华　编著

邓传玲　唐新军　审

中国水利水电出版社
www.waterpub.com.cn
·北京·

内 容 提 要

本书针对复杂系统高维性、混杂性等特点，从探索性数据分析（EDA）方法角度出发，详细地介绍了投影寻踪（PP）基本原理，重点阐述了投影寻踪回归（PPR）无假定建模技术在利用复杂系统混杂性信息、高维性信息等方面的优势，解决了复杂系统建模的客观性问题。

全书共分为两篇九章，除了阐述PP基本原理和PPR无假定建模技术外，还介绍了PPR无假定建模技术在多个学科的应用研究实例，实例涉及高维数据的回归预测、聚类分析、判别分析、时序分析等统计推断领域，凸显了PPR无假定建模技术的跨学科通用性。

本书可作为理、工、农、经济、管理等学科相关专业研究生的参考教材，也可供从事相关专业的科研、管理和工程技术人员参考。

图书在版编目（CIP）数据

复杂系统的投影寻踪回归无假定建模技术及应用实例/郑祖国等编著. -- 北京 : 中国水利水电出版社, 2020.1
ISBN 978-7-5170-8360-3

Ⅰ. ①复… Ⅱ. ①郑… Ⅲ. ①系统建模 Ⅳ. ①N945.12

中国版本图书馆CIP数据核字(2019)第299789号

书　名	复杂系统的投影寻踪回归无假定建模技术及应用实例 FUZA XITONG DE TOUYING XUNZONG HUIGUI WU JIADING JIANMO JISHU JI YINGYONG SHILI
作　者	郑祖国　何建新　宫经伟　刘　亮　王建新　杨海华　编著 邓传玲　唐新军　审
出版发行	中国水利水电出版社 （北京市海淀区玉渊潭南路1号D座　100038） 网址：www.waterpub.com.cn E-mail：sales@waterpub.com.cn 电话：（010）68367658（营销中心）
经　售	北京科水图书销售中心（零售） 电话：（010）88383994、63202643、68545874 全国各地新华书店和相关出版物销售网点
排　版	中国水利水电出版社微机排版中心
印　刷	清淞永业（天津）有限公司
规　格	170mm×240mm　16开本　21印张　366千字
版　次	2020年1月第1版　2020年1月第1次印刷
定　价	**98.00**元

序

在我的建议下，新疆农业大学（原新疆八一农学院）投影寻踪（Projection Pursuit，PP）研究小组于1986年成立；1990年完成了投影寻踪回归（Projection Pursuit Regression，PPR）无假定建模技术的理论研究与软件开发，新疆维吾尔自治区科委资助了我们的第一个PPR应用课题；1992年12月29日该项课题通过了新疆维吾尔自治区科委的鉴定，当时的鉴定会由中国科学院系统科学研究所（以下简称“中科院系统所”）李国英老师担任鉴定组组长，鉴定书认为该项成果达到了国内领先水平；1993年编写了本书的雏形；现在由郑祖国、何建新、官经伟、刘亮、王建新、杨海华等进行修改完善，由邓传玲、唐新军审。本书的出版虽然延迟了25年，但是PPR无假定建模技术的理论研究与软件升级从未中断，一直在我校水文、水工、农学、植保等学科专业，以及水工、建材、岩土工程等实验室得到重视和应用。

1985年在首届全国水利水电系统应用概率统计学术讨论会上，我有幸认识了中科院系统所陈忠琏、陈家骅老师，学习了多元数据分析的PP思想方法，当即热切建议中科院系统所在全国举办一个PP培训班。1986年中科院系统所如期在屯溪举办PP培训班，我校即刻派出郑祖国、邓传玲、刘大秀等五位老师参加培训，新疆农业大学（原新疆八一农学院）投影寻踪研究小组就在那时诞生，是全国率先成立的PP研究小组。

培训班结束后，郑祖国锲而不舍又去中科院系统所研习美国斯坦福大学 Friedman 教授的投影寻踪多重平滑回归 SMART 软件。在新疆农业大学张正中教授、续亮教授指导下，邓传玲学习使用该软件计算了一个实例发表在《八一农学院学报》1988 年第 4 期上，虽然计算结果已然从模糊数学的定性分析提升到了定量计算，但精度却与逐步回归分析结果水平相当，并没有呈现出投影寻踪建模的统计特征、功能和优势。与此同时，北京气象学院史久恩教授的研究也得出了类似结论。因此，我们下决心要改进完善这个软件。

首先，我们采用当时较为严谨的 PASCAL 语言，设计和编制出无假定建模的投影寻踪回归软件包（PPR，1990），以及可用于时序分析的投影寻踪自回归或混合回归双重功能软件包（PPTS，1991），之后进一步把两个软件的功能合二为一。在此期间得到董新光老师的大力支持。

其次，我们在设计和编制投影寻踪回归软件的全过程中，坚持采用“无假定”建模，即按照李国英老师指出的思路：对于 PP 得到的低维投影结果，“我们也可以不用经验分布，而直接用数据来描述具体形式的 PP”。受这句话的启发，我们采用数值函数（数据表）来描述 PPR 的低维投影岭函数，从而摆脱了经验分布函数的“正态性假定”束缚，成功开发出了 PPR 无假定建模软件。因此可以说，数值函数是通向 PPR 无假定建模的金桥。

我们在 PPR 软件编制中，没有假定岭函数为任何形式的核函数，也没有假定为任何形式的多项式；没有采用遗传算法，也没有采用神经网络算法。所以，我们的 PPR 软件与传统的数据处理软件完全不同，是一种全新的数学思维。即事先不选择任何一种经验分布函数形式用以描述投影寻踪岭函数，而是直接采用数值函数来描述投影得到的岭函数；同时，也不选择或者规定任何特定的投影寻踪算法，更不用对实际观测数据进行任何人为假定、分割或变换等预处理，不论原始数据其分布是正态还是偏态，也不论其系统属白色、灰色、模糊还是黑色，也不论其是多元高维数据还是时间序列数据，统统都可以进行有效的处理和分析。这是近三十多年来发展起来的一种全新的数据处理思路和分析方法。

由于任何复杂系统的原始数据，都可以用数值进行观测、表达，数据分类、分型也可进行定性编码，因此，无论是实测定量数据还是定性编码数据，都可以利用 *Y-X* 数据表的形式来表达，作为 PPR 软件的输入数据，直接建模加以处理分析。也就是说，对于各类原始数据，均无须做任何预处理，可以直接用于 PPR 建模计算。所以，我们的 PPR 软件具有广泛的适用性。

本书用大量实例证明：PPR 无假定建模软件，除了用于回归预测之外，还可以涵盖其他统计推断领域，例如聚类、判别、模式识别、因子影响力贡献分析、人工智能、专家系统、实验设计仿真、时序分析及预测等。一句话，对上述诸问题，该 PPR 软件可以通用，是探索未知世界客观规律的利剑。最典型的实例是何建新利用该 PPR 软件，通过分析经典的水泥凝固热例子，科学合理地解答了方开泰教授提出的回归方程建模过程中，自变量的选择强烈地依赖于它所在的模型，即存在着变量选择与模型选择究竟是“先有蛋还是先有鸡”的难题。该实例充分显示了 PPR 无假定建模软件在探索未知世界客观规律过程中的强大功能。对任何定性、定量数据，PPR 无假定建模软件没有模型选择的过程，自然也就不存在“先有蛋还是先有鸡”的难题。

我们开发的 PPR 软件操作极其简单，对上述任何问题都省略掉了烦琐的数据预处理、人工假定建模过程和参数优化过程，不用进行任何假定，只要选择表示模型灵敏度的光滑系数 *S*、初始岭函数个

数 M 和最终岭函数个数 MU 这三个投影寻踪操作指标，就可以完成数据的处理分析工作，同时得到 MU 个数值函数图像、误差图像、预测图像及用于预测、仿真的数值函数，还可以得到各个自变量因子 x_i 对因变量 Y 的相对贡献权重信息。

我们经过 7 年的“铸剑”，创建了投影寻踪回归（PPR）无假定建模软件，又经过 25 年的“舞剑”，使 PPR 技术在各学科中得到了推广应用、检验认可。无论学术界如何风云变幻，不忘初心方得始终。今天，我们把 1986 年从屯溪培训班学习到的投影寻踪讲义启蒙知识，连同 30 多年来铸剑、舞剑的经历和成果，汇集成册，奉献给广大的读者。也算是向中科院系统所成平、李国英、陈忠琏、罗乔林、许文源、陈家骅等老师提交的一份迟到的作业吧。

金子终究是会发光的。30 多年来的风风雨雨，通过创建和应用 PPR 无假定建模这件事，我们坚信：“中华民族的自信心是无穷的力量源泉。”

最后，我要特别感谢中科院系统所李国英、陈忠琏、陈家骅等老师的多年指导和帮助；感谢郑祖国、邓传玲、刘大秀、董新光在 PPR 软件研制中的不懈努力和辛勤工作；感谢张正中、续亮等老师对 PPR 软件开发的指导和支持；感谢新疆农业大学水利与土木工程学院组织相关教师修改补充完善这一专著并出版，投影寻踪技术研究后继有人，我感到无比幸福和欣慰。此外，还要感谢家人多年来对我的无私奉献和支持。

杨力行

2018.2

前　言

1999年4月美国*Science*杂志出版了《复杂系统》专辑，掀起复杂系统研究的又一波热潮。近年来随着信息技术突飞猛进的发展，复杂系统研究波及的范围越来越广，包括工程、生物、自然、经济、医学等各个学科。相比简单系统，复杂系统所面对的问题更尖锐、突出和普遍。区别于一般中、小系统和简单系统，近代科学所涉及的复杂系统具有两大显著特征：高维性和混杂性。复杂系统建模的任务就是建立系统的模型，以便描述系统的高维性和混杂性这两大特征。复杂系统建模是当今信息社会发展的热点和前沿科学，其研究与应用正在向各个学科渗透，属于交叉学科研究领域。正日益受到众多学者和技术人员的关注。

本书结合复杂系统的统计学本质问题——高维性与混杂性，比较了证实性数据分析（CDA）、探索性数据分析（EDA）方法特点，认为对于复杂系统，采用EDA方法作为突破口，既能解决“高维性”造成的“维数祸根”难题，又能挖掘“混杂性”中蕴含的结构特征信息，建立既完整仔细又客观准确的实用模型，从而实现复杂系统建模软件的跨学科通用化。在众多EDA方法中，投影寻踪（Projection Pursuit，PP）是其中一个突出代表。PP方法采用“投影”实现“高维数据降维”，能够克服复杂系统高维数据自身的“维数祸根”难题；通过“寻踪”寻找“最佳投影”，挖掘反映高维数据结构或特征的信息，可以解决“复杂性与精确性”不相容难题。同时，PP又是非参数无假定 EDA 方法，避免了主观“假定”“准则”与客观实际相悖的现象，可从根本上解决复杂系统建模的客观性问题。

全书分为理论篇（第一篇）和应用篇（第二篇）。

理论篇主要介绍复杂系统投影寻踪建模技术，具体为第 1 章至第 4 章。第 1 章绪论，概述复杂系统建模的技术难点，以及 CDA、EDA 两种建模思路；第 2 章介绍 PP 概述、背景、特点、发展简况及 PP 判别、PP 聚类、PP 时间序列和 PPR 分析等基本理论，重点阐述 PP 技术采用“投影”降维实现高维数据降维，以及“寻踪”以最佳投影描述数据结构特征的原理；第 3 章结合实例，着重阐述 PPR 针对复杂系统混杂性（指确定性与不确定性、正态与非正态、线性与非线性、定性与定量、静态与动态、宏观与微观、平衡与非平衡这七大特征信息混杂）建模的优势；第 4 章结合经典实例，逐一介绍在 EDA 建模、数据结构挖掘、高维数据建模、时间序列分析、全局仿真寻优、抗干扰、跨学科通用等方面，PPR 无假定建模的技术特点。

应用篇具体为第 5 章至第 9 章，主要介绍我们 PP 研究小组运用 PPR 技术在水利工程、农业工程、工业工程、医学、资源与环境等领域取得的研究成果。

自 1986 年新疆农业大学（原新疆八一农学院）投影寻踪研究小组成立以来，我们以研究 PPR 无假定建模技术的理论为基础，以程序开发和软件研制为重点，以实际工程应用为导向，经过数十年努力，在 PPR 无假定建模方法及应用研究上取得了丰硕的成果，部分研究成果为国家及新疆维吾尔自治区重要工程决策提供了支撑。本书是 PPR 无假定建模技术理论、软件开发及应用研究成果的结晶，其主要特色如下:

（1）“PPR 无假定建模”的概念。针对传统的复杂系统建模方法存在主观“假定”“准则”与客观实际相悖的现象，提出 PPR 无假定建模概念。即：忠实于数据本身，事先不选择任何经验分布函数形式，而是直接用数值函数来描述投影得到的岭函数；同时，不选择、不规定任何特定的投影寻踪算法，也不对原始数据进行任何假定、分割、变换等人为干预，不论数据分布是正态还是偏态，也不论其是白色量、灰色量、模糊量还是黑色系统，都直接用于 PPR 建模分析和处理。

（2）用于其他统计分析领域。我们开发的基于 PPR 无假定建模技术的软件，除了用于高维数据回归预测外，还可以用于其他复杂系统建模分析领域，如聚类、判别、模式识别、因子影响力贡献分析、人工智能、专家系统、实验设计仿真、时序分析及预测等。并且，本书选取了统计学领域的经典算例，如：太阳黑子时序、鸢尾花分类、山猫时序等，对比分析了 PPR 无假定建模方法与其他建模方法的结果，分析结果显示了 PPR 无假定建模技术对各种统计分析均具有较好的适用性（详见第 3 章和第 4 章相关内容）。

（3）跨学科通用性。本书第二篇应用实例，介绍了 PPR 无假定建模技术在水利工程、农业工程、工业工程、医学、资源与环境等诸多学科领域里的应用研究成果，显现了 PPR 无假定建模技术在处理高维数据方面的优势，同时也表明了 PPR 无假定建模技术在数据挖掘、时间序列分析、抗干扰等方面的突出特点。鉴于 PPR 无假定建模没有任何人为假设和干预，又能适用于高维数据回归预测、聚类分析、判别分析、时序分析等统计推断领域，所以，PPR 无假定建模技术还具有较好的跨学科通用性。

参加本书统稿和定稿工作的还有新疆农业大学杨力行教授、

牧振伟教授、陶洪飞老师，四川大学张欣莉教授，浙江水利水电学院郑晓燕助理研究员以及新疆农业大学陈瑞、吕秋丽、闫林、秦灿、开鑫、王亮等研究生，在此对他们表示感谢。此外，还要特别感谢中科院系统所李国英、陈忠琏、陈家骅等老师的多年指导和帮助。

本书得到了国家自然科学基金（项目批准编号：51541909、51641906、51869031）、新疆维吾尔自治区自然科学基金（项目编号：2014211B022、2017D01A42）、新疆维吾尔自治区高校科研计划自然科学项目（项目编号：XJEDU2020Y020）、新疆维吾尔自治区水利工程重点学科等多个项目资助。

作者

2019年2月

于新疆农业大学

目　录

第二篇　应用篇　投影寻踪回归应用实例

第一篇　理论篇

复杂系统投影寻踪建模技术

第1章 绪　　论

1.1 复杂系统概述

系统在自然界和人类社会中普遍存在：太阳系是一个系统，国家是一个系统，学校是一个系统，工厂是一个系统，家庭是一个系统，人体是一个系统，系统这一术语在报刊中日益增多。

复杂系统的研究是1999年4月由美国*Science*杂志出版的《复杂系统》专辑而兴起的，它的出现与复杂性问题的研究密不可分。复杂性问题，广泛存在于水利、农业、工业、资源、环境、金融、医学、军事与社会科学等几乎一切近代科学研究领域中，它探索的内容涉及自然灾害的预测、工业产品配方的优化、股票市场的涨落、人类疾病的评判、舰船雷达目标的识别等。相比于简单系统，近代科学所面对的复杂性问题，更尖锐、突出和普遍。

区别于一般中、小系统和简单系统，近代科学所涉及的复杂系统具有如下特征：

（1）高维性。物质世界和人类社会中存在着大量的复杂事物及现象，人们总是希望揭示隐藏在这些纷繁复杂表象下的客观规律。长久以来，为了能提供给观察对象更多方面的、更完整的信息，人们不断的研制新的观察工具，发展新的观察技术。如对天气状况的研究，随着气象学的不断发展，可用来描述气象特征的指标越来越多，例如温度、湿度、气压、风力、降雨量、辐射强度等，可以获得更多的关于每时每刻天气状况的更加完善的信息。从而对天气状况，这一抽象的自然界现象，可通过上述变量组成的数据来进行细致的综合描述。显然，这种复杂系统是由于大量因素、组成部分等多变量数据相互作用的综合结果，这样的系统具有极高的维数，这些数据在统计处理中通常称为高维数据。这些描述显然随着数据维数的不断提高，将提供有关客观现象的更加丰富、细致的信息。但同时数据维数的大幅度提高又会给数据处理工作中的降维等问题带来前所未有的困难，复杂系统因子繁多，往往需要作“单目标-多因子”分析，甚至要作“多目标-多因子”分析。

（2）混杂性。现代科学的研究表明：不确定性、非正态、非线性、多样性（定性与定量、宏观与微观）、动态、非平衡是复杂系统的本质。

1）不确定性。不确定性是与确定性相对的一个概念，不确定性是指没有足够的知识来描述当前的情况或估计将来的结果。关于不确定性的一个基本定义是指不确信、不确切知道的或不可知的。几乎所有的科学活动中都存在这种或那种形式的不确定性。开展科学研究除了考虑确定性因素的影响外，也必须考虑不确定性的影响：一方面实际复杂系统运行过程中因自然环境、人为环境、系统输入等因素影响而包含众多的不确定性；另一方面对复杂系统进行分析或建模过程也会引入不确定性，如对于系统模型结构有不同的专家意见，用于建模的试验数据量不足甚至没有，模型参数取值只知道一个范围而不是具体值等。不确定性问题，常常比确定性问题更为“复杂”，以概率统计方法对随机性问题进行研究已取得了相当的成就。然而，概率统计方法处理的主要是表面现象，而非复杂事物的本质机制。在随机性现象之下，常隐藏着尚不知道的复杂因素、结构、机制、规律等。

2）非正态。正态分布是许多重要概率分布的极限分布，许多非正态的随机变量是正态随机变量的函数，正态分布的密度函数和分布函数有各种很好的性质和比较简单的数学形式，这些都使得正态分布在理论和实际中应用非常广泛。在强调正态分布的地位同时，必须指出许多现象不能用正态分布来描绘。如果决定随机现象的因素相互之间并不独立，有一定程度的相互依赖，就不能够符合正态分布的产生条件，不构成正态分布，所以不能用正态分布来描述。

3）非线性。非线性是与线性相对的一个概念，宇宙间，真实的系统绝大多数都是非线性的，线性系统只是美妙的近似。非线性系统蕴涵着真正的复杂性，是任何线性系统（尽管变量极多）的复杂性不可比拟的。对于复杂系统，其输出特征相应于输入特征的响应不具备线性叠加性质。例如：相同强度的洪水，在经济发展水平相近的地域，其规模量级大小与损害数量程度方面具有一定的对应关系，但其由于不同地域的背景条件、人口密度、经济发展水平等方面有差异，所以自然事件的规模和造成的损失之间不可能构成线性函数关系，这表现出了洪水灾害系统的非线性特征。

4）定性与定量。在大数据背景下，复杂系统的高维数据提出了新挑战：统计推断的新范式源自对复杂系统数据集性质的理解，而对于复杂系统数据集性质的理解又源自为大型复杂数据集的形成建立最优模型的过程。然而，复杂系统往往具有病态定义的特征，即系统内既包含定性信息也包含定量信息，换句话来说就是，不是所有的数据都是数字的，有些数据是分类的、有些数据是定性的。例如：判别分析和聚类分析属于定性分析，而回归分析则属于定量分析。因此，如何利用数字和非数字的数据，以严格的数学形式对其进行定性定义和定量分析是对复杂系统数据集性质理解所要开展的基础性工作。

5）宏观与微观。复杂性研究重要的一个研究内容是要揭示复杂系统宏观性质如何通过微观局部的相互作用涌现出来，阐释复杂系统各种宏观性质和现象的微观机制。由于非线性机制的作用，又不能将系统进行分解，所以必须将宏观与微观相统一。

6）动态。系统的活动即系统的状态变化总是同组成系统的实体之间的能量、物质传递和变化有关，这种能量流和物质流的强度变化是不可能在瞬间完成的，而总是需要一定的时间和过程的。比如：洪水灾害系统随周围环境系统的变化而不断地发生变化，它随着时间而不断地发生变化，具有很强的时效性，引起了洪水灾害系统的输入输出强度与性质不断地变化，并进一步引起洪水灾害系统的结构与功能的变化，从而使洪水灾害系统呈现出显著的动态性。

7）非平衡。复杂科学认为：系统具有开放性、适应性和动态性。系统总是处于不断的发展与变化之中，始终与外界环境和其他系统保持着密切的联系，在与外界环境或其他系统的相互作用中完善自己，使自身的发展能更好地适应整个社会大系统的发展。同时，系统内部各组成要素之间也有着紧密的联系，每一组成要素的变化都会引起其他相应要素发生变化，并可能最终导致整个系统的改变。系统之所以会在与外界环境或其他系统的相互作用中获得发展，或在内部各组成要素的相互作用中得到完善，主要是因为系统与环境、系统与其他系统以及系统内部各要素之间存在差异，处于非平衡状态，因而存在着物质、信息与能量的交换。

复杂系统混杂性指确定性与不确定性、正态与非正态、线性与非线性、定性与定量、宏观与微观、静态与动态、平衡与非平衡这 7 大特征的混杂。

1.2　复杂系统建模及其难点

1.2.1　复杂系统建模

《2015 年的数学科学》中指出“数据本身不能创造价值，真正重要的是我们能够从数据中获得新见解，从数据中认识关系，通过数据进行准确的预测。我们的能力就是从数据中获得知识，并采取行动”。从复杂系统的数据中获得知识即建立复杂系统的模型，以便描述系统的高维性和混杂性这两大特点。目前普遍认为，一般无法通过直接的机理描述和简单的推导来建立既完整仔细又精密无误的模型。

复杂系统建模现行较为先进的方法有 2+3 模型、系统进化模型、模糊优化单元系统、神经网络专家系统、宏观信息熵方法、自组织方法等，见表 1.1。以下具体分析现行的建模方法。

表 1.1　　复杂系统常规方法建模方法对比

项　　目	2+3模型	系统进化模型	模糊优化单元系统	神经网络专家系统	宏观信息熵	自组织方法
降维功能	×	×	×	×	×	×
非参数方法	×	×	×	×	×	×
审视性方法	×	×	×	×	×	×
证实性方法	√	√	√	√	√	√
定义新概念	多	多	多	多	多	多
人为假定	√	√	√	√	√	√
数据预处理	√	√	√	√	√	√
兼容复杂性与精确性	×	×	×	×	×	×
兼容 7 大特征混杂性	×	×	×	×	×	×
成果因人而异不确定性	√	√	√	√	√	√
同一模型跨科学通用性	×	×	×	×	√	×
通俗性	×	×	×	×	×	×

（1）2+3 模型。分为两种：一种是基本 2+3 模型；另一种是分形 2+3 模型。基本 2+3 模型企图通过识别最有希望的可能解子空间达到减少维数的目的。然而无论是子空间的识别，还是可行解的搜索，或是 3 种运算的

选择，都离不开经验判断和人为假定；分形 2+3 模型则是假定大规模复杂系统可能会呈现近似的混沌现象，因而可利用自相似来揭示无序中的有序，当然只要假定符合客观实际，这无疑是一种可取的方法。

（2）系统进化模型。其建模关键在于，如何重新考虑在平衡模型中未被考虑的非平衡效应，以及从复杂系统的行为中提炼出什么变量，并将其约化为进化的数学模型。适用于静态与动态、平衡与非平衡统计特征混杂情况下的建模。通过变量的提炼与约化达到近似降维的目的虽好，但实施步骤中却又离不开人为假定和干预。

（3）模糊优化单元系统。设想反复利用简单的单元系统模糊优化模型，去求解多阶、多层次、多目标的复杂系统。这种方法适用于可人为剖分定性变量为主的复杂系统。在系统的剖分、模糊模式识别过程中，都离不开人为假定和准则。

（4）神经网络专家系统。把神经网络嵌入模糊综合评判专家系统，以期利用神经网络在一定条件下可以有效逼近任意非线性函数的功能，分层次分目标减维，并利用模糊识别技术求解。这种方法较适用于线性与非线性、定性和定量信息混杂情况，但神经网络本身无降维功能；同时网络的建立（层、结点、权指针、规则的设定）因人而异（世界上已有 100 多种神经网络类型）。加上模糊评判技术因人而异，往往会造成成果不够稳定。

（5）宏观信息熵方法。设想把熵作为统一准则，较适用于解决宏观复杂系统问题。但由于至今熵的定义五花八门，公式繁多，因人而异的不确定性比较严重，尚未达到实用阶段。

（6）自组织方法。并非自动组织知识，而是需要人为假定若干备选模型和准则，半自动地组织归纳知识，在这方面，国外较典型的工作是 Hema Ra 等用知识归纳算法作复杂系统建模的研究。它实质上是基于神经网络并集成归纳法、概率法及数理逻辑法而发展起来的一种高级神经网络建模方法，因而与神经网络一样没有降维功能。同时在网络建立、假定备选模型、模型参数估计、准则选择等环节中，都存在因人而异的不确定性。

1.2.2 复杂系统建模难点

自然界许多现象是个十分复杂的系统，究其原因，正如前述所讲，复杂系统的行为本质是一个“高维性”和一个“混杂性”。复杂系统建模问题是大系统研究的关键环节，解决好建模问题才能进一步深入研究开放的复杂大系统。复杂系统建模特点及建模难点如图 1.1 所示，通过分析认为，

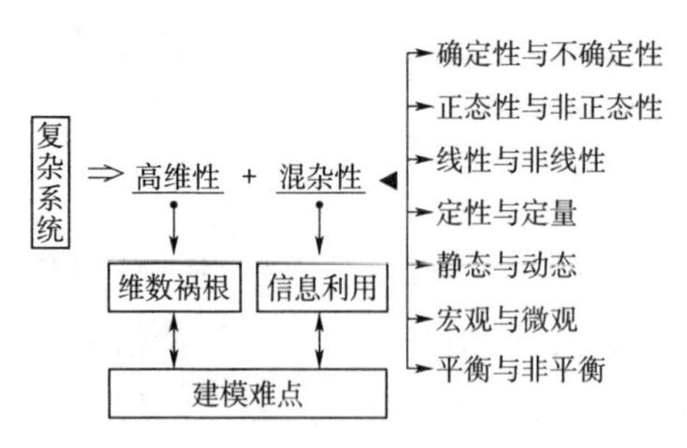

图 1.1　复杂系统建模特点及难点

对于复杂系统建模研究的难点是要解决 3 个高难度问题。

（1）必须解决“高维性”造成的“维数祸根”（Curse of Dimensionality）难题。“高维性”是复杂系统的固有统计特性，在分析复杂系统高维数据过程中遇到最大的问题就是维数的膨胀，所需的空间样本数会随维数的增加而呈指数增长，即使样本数很大，会出现高维点云稀疏，Bellman（1961）把这种现象称之为“维数祸根”，以维数 P=10 为例，设数据是在单位球体中均匀分布的，那么在其中的一个只包含 5%数据的球半径就得有（0.05）$^{1/10}$=0.74 那么大；又如：在单位超立方体中均匀分布的数据，若把每条边分成 10 等份，得到 10^{10} 个小超立方体，即使有一百万个数据点，平均每一万个小超立方体中才有一个点，绝大多数小超立方体中根本没有点而是空的。维数愈高，空间点云就愈加稀疏。当复杂系统数据维数很高时，传统的多元统计分析方法在处理实际数据时会碰到数据不符合正态分布或对数据没有多少先验信息的情况，所以，处理时只能用非参数的方法去解决。处理这类问题的非参数方法主要依赖大样本理论，但高维数据会出现空间点云稀疏现象，所以，大样本理论处理高维数据并不适用。另外，许多经典的低维数据处理方法，如回归分析、主成分分析、聚类算法中的划分方法和层次方法等，在处理高维数据时存在着难以解决的困难，例如，维数的增加会导致数据的计算量迅速上升；高维导致空间的样本数变少，使得某些统计上的渐近性难以实现；传统的数据处理方法在处理高维数据时不能满足稳健性要求等，上述问题给高维数据处理带来了极大的挑战。因此，从高维数据中寻找和揭示事物的本质规律的基本出发点和关键在于对高维数据进行降维，以克服“维数祸根”，从而兼容高维空间的“复杂性与精确性”。

（2）必须综合考虑复杂系统建模中 7 大特征混杂的兼容问题。确定性与不确定性、正态与非正态、线性与非线性、定性与定量、静态与动态、宏观与微观、平衡与非平衡这 7 大特征相互混杂是复杂系统的第二个固有统计特性。如果模型不能充分利用混杂信息，不对混杂信息同时兼容，就不是从根本上考虑复杂系统的“复杂性”，所以必须创建兼容性良好的统一模型，才能达到预定的研究目标。

（3）必须解决建模的客观性问题。现行复杂系统建模理论与方法的最大问题在于，由于建模者的知识背景、看问题角度、表达问题方式以及能力、阅历存在差异，其提出的假定、规则、模型参数取值也不同，对于同样一批数据，很可能产生出几十乃至上百种模型，如果不从根本上解决建模的人为任意性即建模的不确定性问题，就无法得到客观、真实、可靠的实用模型。

1.3　证实性数据分析（CDA）

现行诸多建模方法效果欠佳，所存在的共同弱点是摆脱不了“维数祸根”、人为假定以及求解结果因人而异的不确定性，其重要原因恰恰在于：一是所用方法本身属于低维空间的分析方法，如硬将其拓广到高维空间，不仅充要条件严重缺乏，而且主观任意性大增，难免不失应用价值；二是这些方法共同点是采用“对数据结构或分布特征作某种假定—按照一定准则寻找最优模拟—对建立的模型进行证实”这样一条证实性数据分析方法（Confirmatory Data Analysis，CDA）。而用 CDA 方法建模的基本模式则是：先对系统具有何种特征提出完全人为的某种“假定”或者“准则”，并用以构造建立与之相应的某种参数模型，然后着重利用已获得的实测数据分析率确定模型中的若干参数；最后根据数据还原拟合检验的精度证明原假定的正确性和模型的合理性。

事实上，在低维（1～3 维）直观可视空间中人们容易做到上述要求，因而 CDA 方法在低维数据分析领域仍有用武之地，然而一旦到了高维超越可视空间中，CDA 方法就很难摆脱“维数祸根”的困扰，极易出现主观“假定”或“准则”与客观实际相背离的现象。另外，由于用 CDA 方法构造的模型有很大的局限性，在实际应用中，为了满足模型所要求的正态、线性等前提条件，往往不得不削足适履，在建模前先对原始数据进行诸如变换、分割、分级等数据预处理。这种做法严重扭曲了数据的真实结构，非但没有很好地利用 7 大特征混杂信息，反而会造成有用信息的无谓损失。

1.4　探索性数据分析（EDA）

CDA 方法成败的秘诀在于事先作出的那些主观“假定”或“准则”是否与客观实际情况相吻合，当数据的结构或特征与“假定”或“准则”不相符时，模型的拟合和预报的精度均差，尤其对高维非正态、非线性数据分析，更难收到好的效果。其原因是 CDA 法过于形式化、数学化，受束缚大，它不能充分利用复杂系统 7 大特征混杂信息，无法真正找到数据的内在规律，远不能满足复杂系统建模客观性的需要，难以实现同一模型跨科学通用。

针对上述困难，近年来，国际统计界出现了一类不作或少作假定、注重于审视分析原始观测数据本身内在结构的探索性数据分析（Exploratory Data Analysis，EDA）方法，该方法提出采用“直接从审视数据出发—通过计算机分析模拟数据—设计软件程序检验”这一数据分析模式，具体实施方法是：对已有的数据（特别是调查或观察得来的原始数据）在尽量少的先验假定下进行探索，通过作图、制表、方程拟合、计算特征量等手段探索数据的结构和规律。

显然，EDA 强调直观简单，采用降维的方式实现多维数据可视化；EDA 在分析思路上让数据说话，不强调对数据进行人为的某种“假定”或者“准则”，深入探索数据的内在规律，可充分利用复杂系统 7 大特征混杂信息；EDA 处理数据的方式则灵活多样，分析方法的选择完全从数据出发，更看重的是方法的稳健性、耐抗性，而不刻意追求概率意义上的精确性；EDA 不是从某种假定出发，套用理论结论，拘泥于模型的假设，避免了出现主观“假定”或“准则”与客观实际相背离的现象，可满足复杂系统建模客观性的需要，从而实现同一模型跨学科通用。

1.5 投影寻踪——一种复杂系统无假定建模方法

复杂系统建模问题是大系统研究的关键环节。解决好建模问题才能进一步深入研究开放的复杂大系统。结合复杂系统的统计学本质问题——“高维性”、7 大特征混杂问题，通过全面、系统地比较了 CDA、EDA 方法特点，认为对于复杂系统，采用 EDA 方法作为突破口，既能解决“高维性”造成的“维数祸根”难题，也能充分利用复杂系统 7 大特征混杂信息，最终建立既完整仔细又客观准确的实用模型，从而能实现系统建模软件的跨学科通用化。投影寻踪（Projection Pursuit，PP）方法就是 EDA 方法的一种典型代表。

PP 方法采用“投影降维”实现“高维数据降维”，从而克服复杂系统高维数据带来的“维数祸根”难题，通过寻找“最佳投影”来挖掘能反映高维数据结构或特征的信息，从而兼容复杂系统 7 大混杂特征，解决了“复杂性与精确性”不相容难题，同时 PP 是非参数无假定 EDA 方法，避免了主观“假定”或“准则”与客观实际相背离的现象，从根本上解决了复杂系统建模的客观性问题。

参考文献

[1] 郑祖国，杨力行，张欣莉．复杂系统建模研究现状与展望［C］//1997 年中国控制与决策学术年会论文集．沈阳：东北大学出版社，1997：296-299.

[2] 美国科学院国家研究理事会．2025 年的数学科学［M］．刘小平，李泽霞，译．北京：科学出版社，2014.

[3] 陈森发．复杂系统建模理论与方法［M］．南京：东南大学出版社，2005.

[4] 穆歌，李巧丽，孟庆均，等．系统建模［M］．2 版．北京：国防工业出版社，2013.

[5] 陈勒．大规模复杂决策问题求解的 2+3 棋型及其分形性质［J］．系统工程理论与实践，1993（5）：20-25.

[6] 昝廷全．关于系统学研究的若干问题［J］．系统工程理论与实践，1993（6）：23-29.

[7] 陈守煜．大系统模糊优化单元系统理论［J］．系统工程理论与实践，1994（1）：1-10.

[8] 王宗军，冯珊．嵌入神经网络专家系统的智能化城市评价 DSS［J］．系统工程理论与实践，1995（4）：25-32.

[9] 田玉楚，符雪桐，孙优贤，等．复杂系统与宏观信息熵方法［J］.系统工程理论与实践，1995（8）：62-69.

[10] 刘光中．自组织方法（GMDH）中准则的抗干扰性［J］．系统工程理论与实践，1995（1）：1-15.

[11] Hema Raoet，et al. Inductive learning algorithms for complex system modeling［M］. CRC Press. Inc. 1994.

第 2 章　投影寻踪基本原理

2.1　投影寻踪概述

世界著名的数理统计杂志 *The Annals of Statistics* 在 1985 年第 3 期刊登了哈佛大学 P J Huber 教授的文章 *Projection Pursuit*（投影寻踪，简称 PP），并刊登了相当数量的评论文章，对 PP 作了系统的介绍和推荐，这种规模在数理统计史上罕见，引起了统计学界的广泛关注和重视，它的应用展示了非常广阔的前景。

PP 是一种新兴的统计方法，用来处理和分析高维观测数据（文献中常把高维数据形象地称作“点云”），尤其针对非正态总体的高维数据，是一种非参数、非线性的统计方法。其基本思想是把高维数据投影到低维（1～3 维）子空间上，寻找出能反映高维数据结构或特征的投影，以达到研究分析高维数据的目的。它包括两方面的内容：一是手工 PP，二是机械 PP。手工 PP 主要是计算机软件系统及作图功能方面的问题，只在本书中作简要介绍；而机械 PP 则涉及广泛而深刻的数理统计、计算方法和纯数学问题，是本书讨论的主要问题。

2.1.1　投影寻踪（PP）的分类

2.1.1.1　手工 PP

手工 PP 是利用计算机图像显示系统在屏幕上展示出高维点云在二维平面上的投影。通过调节图像输入装置可以连续变化投影平面，屏幕上的图像也相应地变化，显示出点云在不同平面上投影的散点图像。使用者通过观察图像来判断投影是否有意义，即是否能反映原数据的某种结构或特征，并不断地调整投影平面来寻找这种有意义的投影平面。

用来作手工 PP 的最早的图像显示系统是哈佛大学 Friedman 等在 1975 年建立的 PRIM-9 软件，使用此软件可以看到不超过 9 维的数据在任何二维子空间上的投影图像，以发现数据的聚类结构和超曲面结构。

使用该系统获得成功的一个例子是 Reaven 和 Miller（1979）关于多尿病理的研究，考察了 145 位成年人，记录了五项指标：相对重量、血糖、血糖面积（Alucose Area）、Insulin、SSPG 胰岛素与血糖关系。利用 PRIM-9 图像系统，对 5 项指标中的每 3 项在二维平面上的投影图像进行显示，最后找到一个在医学上很有意义的图像。从这张图像上可以看到隐性和显性多尿症患者的数据是完全分开的，不经过中间正常状态，两者是不能相互转换的。如图 2.1 所示，右边翅膀是隐性多尿病患者，左边是显性多尿病患者，中间分布的点是正常人的化验数据。说明两种患者是不能直接转化的，此情况与实际吻合。

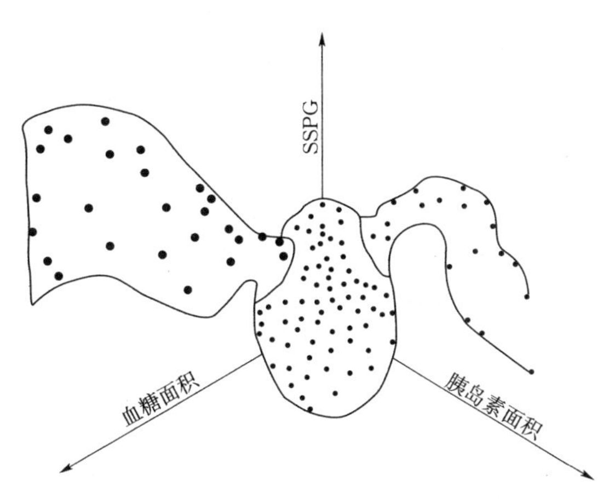

图 2.1　多尿病理研究成果

如果不用这样的图像系统，而是把 5 个指标中的 2 个取出在平面上作散点图就没有这样好的结果。当然，这还只是 5 维的点，如果维数更高就更难以用一般方法发现其结构和特征了。手工 PP 的工作基础在于计算机图像系统的编制，统计工作者则利用这个系统作为分析数据的工具。

2.1.1.2　机械 PP

机械 PP 是模仿手工 PP，利用数值计算的方法在计算机上自动找出高维数据的有意义的低维投影。要找出这样一个有意义的投影，计算机如何运行？什么是最有意义的投影呢？就是要有一个指标来衡量投影的好坏，这个指标叫作投影指标。要使这一指标达到最大或最小，也就是在计算机上实现数值方法的最优化问题，求最优解。

这种机械 PP 又分为抽象形式和具体形式，前者是以高维分布的总体为对象，后者以高维数据的观测数据（样本）为对象。

先介绍抽象形式，设 X 是 P 维随机向量，其分布函数为 F，通过研究 $K(K<P)$维投影来考察 X，设 $\boldsymbol{A}$ 是 $K\times P$ 的满秩矩阵，这时它的 K 个行向量是线性无关的，一般要求它们是相互正交的单位向量（规格化的）。记 AX 的分布为 F^A，而投影指标就是定义在某个 K 维分布函数集合 F_K 上的实值函数 Q。对如上的投影矩阵 A，$AX\text{–}F^A$ 是 X 的相应投影，则其对应的指标值为 $Q(F^A)$，也记为 $Q(AX)$，投影寻踪就是要找到一个投影阵 A_1，使：$\min\limits_A Q(AX)=Q(A_1X)$ 或 $\max\limits_A Q(AX)=Q(A_1X)$，这个解就是要找的最好 K 维投影，这就是机械 PP 的抽象形式所要解决的问题。

而机械 PP 的具体形式为：设 X_1，…，X_n 是一组 P 维观测数据，其相应的经验分布记作 F_n，而 F_n^A 就是数据 X_1，…，X_n 的 K 维投影 AX_1，…，AX_n 相应的经验分布。$Q(F_n^A)$就是投影样本的指标值，样本形式的机械 PP 就是要找 A 使 $Q(F_n^A)$ 取极大值或极小值。

当然，不从经验分布函数出发，而从 K 维样本空间（AX_1，…，AX_n）出发来考虑上述的实值函数 $Q(AX_1$，…，$AX_n)$取极大值，而求其相应的 A，这种思路也是一样的。这里用得较多的是 K=1，此时投影矩阵就是一个向量 $\boldsymbol{a}$，X 的投影为 $\boldsymbol{a}^{\mathrm{T}}X$，用这样的方法探寻高维数据的结构或特征，只从一个投影方向去研究是远远不够的，因而要反复使用这样的方法找到第二、第三、……的投影方向，直到找不出新的有意义的投影为止。

当应用 PP 作为探寻描述高维数据的某种结构的数学模型时，一般采取如下的迭代模式：

（1）根据经验或猜想给定一个初始模型。

（2）把数据投影到低维空间上，找出数据与现有模型相差最大的投影，这表明在这个方向的投影中含有现有模型没有反映出的结构。

（3）把上述投影中反映的结构并到现有模型上，得到改进后的新模型。

然后再以此为基础重复以上步骤，直到数据与模型在任何投影空间都没有明显差别为止。

从以上的简单介绍可以看出，机械 PP 确实为数理统计、数学、数值计算提出了大量课题。例如：就 PP 方法本身而言，如何根据统计理论或数学原理找出能反映要探索数据结构或特征的投影指标；PP 的基本思想是用数据的低维投影来研究其高维结构或特征，那么所研究的高维结构和特征是否可以由其低维投影的结构和特征“拼凑”而成？如果可以，应该如何拼凑？又如何在计算机上实现？就 PP 的可行性而言，哪些高维数据的统计问题可以用PP解决？效果如何？哪些不能用PP解决？为什么？用PP思想给出的新统计方法与原有的方法有何联系？

总之，在 PP 方法中，数理统计工作要着力研究的是机械 PP，文献中所讲的 PP 一般也是指机械 PP，本书除特殊说明外，所探讨的 PP 都是指机械 PP。

迄今为止，PP 已用来解决高维的分类（即判别）和聚类、多元非线性回归、多元参数估计、多元密度估计以及时间序列分析等统计问题，在有关理论和应用方面也有一些新进展，这些将在后续章节分别作详细介绍。

2.1.1.3 PP 的两个特例——主成分分析和判别分析

任何新的东西都可以在旧的东西中找到它的痕迹。实际上，一些传统的多元分析方法就是 PP 的特例。这里列举两个较简单的常用方法——主成分分析和判别分析，以加深读者对 PP 的理解和认识。

先用 PP 的抽象形式来叙述主成分分析。设有 P 维向量 X，其分布是多元正态分布，主成分分析的目的是要看 X 是否真正散布在整个 P 维空间上，还是主要散布在某个维数小于 P 的子空间上，因而用描述一维随机变量散布程度的标准差作为指标 $\sigma(Y)$，那么，PP 就是要求单位向量 $\boldsymbol{a}_1$，使得

$$\sigma(\boldsymbol{a}_1^{\mathrm{T}}x)=\max_{|a|=1}\sigma(A^{\mathrm{T}}X) \tag{2.1}$$

记 X 的协差阵 $Var(X)=\Sigma$，记Σ的特征根 $\lambda_1\geqslant\lambda_2\geqslant\cdots\geqslant\lambda_P$，上述公式的解 $\boldsymbol{a}_1$ 就是Σ的相应于 λ_1 的特征向量，而 $\sigma(\boldsymbol{a}_1^{\mathrm{T}}X)=\sqrt{\lambda_1}$ 给出了 X 的第一主成分 $\boldsymbol{a}_1^{\mathrm{T}}X$。继续使用 PP，求 $\boldsymbol{a}_2\perp\boldsymbol{a}_1$，使

$$\sigma(\boldsymbol{a}_2^{\mathrm{T}}X)=\max_{\substack{|\boldsymbol{a}|=1\\ \boldsymbol{a}\perp\boldsymbol{a}_1}}\sigma(\boldsymbol{a}^{\mathrm{T}}X) \tag{2.2}$$

可得到第二主成分 $\boldsymbol{a}_2^{\mathrm{T}}X$，如此类推。在 $\sigma(\boldsymbol{a}_{q+1}^{\mathrm{T}}x)$ 接近零时，就可以在 $\boldsymbol{a}_1$、$\boldsymbol{a}_2$、…、$\boldsymbol{a}_q$ 张成的 q 维子空间上反映 X 的散布情况。

类似的，也可以用 PP 的具体形式来叙述样本情况的主成分分析。设 X_1、X_2、…、X_n 是 P 维观测样本，欲通过主成分分析考察这些数据是否主要散布在某个维数小于 P 的子空间上，取样本标准差作为投影指标，一维样本 y_1、y_2、…、y_n 的标准差是

$$\sigma(y_1,\cdots,y_n)=\sqrt{\frac{\sum_{i=1}^{n}(y_i-\overline{y})^2}{n-1}} \tag{2.3}$$

其中：$\bar{y}=\frac{\sum_{i=1}^{n}y_i}{n}$，PP 就是求单位向量 $\boldsymbol{b}_1$，使得：$\sigma(\boldsymbol{b}_1^{\mathrm{T}}x_1, \cdots, \boldsymbol{b}_1^{\mathrm{T}}x_n)=\max\limits_{|b|=1}\sigma(\boldsymbol{b}^{\mathrm{T}}x_1, \cdots, \boldsymbol{b}^{\mathrm{T}}x_n)$，记：$\bar{x}=\frac{\sum_{i=1}^{n}x_i}{n}$，则

$$S=\frac{\sum_{i=1}^{n}(x_i-\bar{x})(x_i-\bar{x})^{\mathrm{T}}}{n-1} \tag{2.4}$$

为样本协差阵。记 $r_1 \geqslant r_2 \geqslant \cdots \geqslant r_P$ 为 S 的特征根，所求 $\boldsymbol{b}_1$ 就是对应于 r_1 的特征向量。因而得到 X_1、X_2、…、X_n 的第一主成分 $\boldsymbol{b}_1^{\mathrm{T}}X_1, \cdots, \boldsymbol{b}_1^{\mathrm{T}}x_n$，其标准差为 $\sqrt{r_1}$，如此反复，直到某个主成分的标准差接近零为止。

如果在式（2.3）和式（2.4）的分母中用 n 代替（n–1），可以看出，这里求主成分的 PP 具体形式就与前面抽象形式中的用经验分布 F_n 代替总体分布 F 是完全一样的。

当然，主成分分析只是 PP 的一个特例，一般的 PP 并不要求后来的投影方向与已找到的投影垂直，另外实际作主成分分析时，也不用求极值的 PP 方法，而是直接求特征根和特征向量。

这里以求协差阵为例，说明用 PP 方法寻找“数学模型”的一般模式。

设有 P 维数据 X_1、X_2、…、X_n，欲找出描述数据在空间中散布状况的样本协差阵，仍取标准差为投影指标。

先给出 S_0=0，即假定数据都集中在同一点上，故其协差阵是零矩阵，找一个方向 $\boldsymbol{b}_1$，使数据在 $\boldsymbol{b}_1$ 方向上投影的标准差 $\sigma(\boldsymbol{b}_1^{\mathrm{T}}X_1, \cdots, \boldsymbol{b}_1^{\mathrm{T}}x_n)$ 与现有模型给出的 $\boldsymbol{b}_1$ 方向投影的标准差相差最大。由于现有模型 S_0=0，此时，对在任何方向 $\boldsymbol{a}$，它给出的 $\boldsymbol{a}$ 方向投影的标准差为 $\sqrt{\boldsymbol{a}^{\mathrm{T}}S_0\boldsymbol{a}}=0$，而 $\boldsymbol{b}_1$ 将是：

$$\sigma(\boldsymbol{b}_1^{\mathrm{T}}x_1,\cdots,\boldsymbol{b}_1^{\mathrm{T}}x_n)=\max_{|b|=1}\sigma(\boldsymbol{b}^{\mathrm{T}}x_1,\cdots,\boldsymbol{b}^{\mathrm{T}}x_n) \tag{2.5}$$

此时，可得出 $\boldsymbol{b}_1$ 是样本协差阵 S 的相应于 r_1 的特征向量，把此方向上的散布并入 S_0，$S_1=S_0+r_1\boldsymbol{b}_1\boldsymbol{b}_1^{\mathrm{T}}$。

以 S_1 为出发点作 PP 处理，寻求 $\boldsymbol{b}_2$ 与 $\boldsymbol{b}_1$ 垂直，使 $\sigma(\boldsymbol{b}_2^{\mathrm{T}}X_1, \cdots, \boldsymbol{b}_2^{\mathrm{T}}X_n)$ 与现在模型 S_1 给出的标准差相差最大，得到 $\boldsymbol{b}_2$ 是 r_2 的特征向量，把相应的散布并入得：

$$S_2=S_1+r_2\boldsymbol{b}_2\boldsymbol{b}_2^{\mathrm{T}}=r_1\boldsymbol{b}_1\boldsymbol{b}_1^{\mathrm{T}}+r_2\boldsymbol{b}_2\boldsymbol{b}_2^{\mathrm{T}} \tag{2.6}$$

如此反复，直到 K+1 步，当 $\sigma(\boldsymbol{b}_{K+1}^{\mathrm{T}}X_1, \cdots, \boldsymbol{b}_{K+1}^{\mathrm{T}}X_n)$ 接近 0 为止，得到

样本的散布为

$$S_n = S_K(X_1,\cdots,X_n) = \sum_{i=1}^{K} r_i \boldsymbol{b}_i \boldsymbol{b}_i^{\mathrm{T}} \tag{2.7}$$

下面再以两类判别分析为例，说明两总体和两样本的PP。

首先来看抽象形式，设有两个协差阵相同的P维正态$N(\mu_i, \Sigma)(i=1, 2)$。两类判别分析实际是要找一个方向，表达它们的结构特征，使得这两个总体在这个方向上的投影分离情况最好。这就要求，在这个方向上，两个总体的期望相差尽量远，而每个总体本身的散布尽量集中，即方差尽量小。因此，求$\tilde{\boldsymbol{a}}$，使

$$\max_{|\boldsymbol{a}|=1} \frac{(\boldsymbol{a}^{\mathrm{T}}\mu_1 - \boldsymbol{a}^{\mathrm{T}}\mu_2)^2}{\boldsymbol{a}^{\mathrm{T}}\sum \boldsymbol{a}} = \frac{(\tilde{\boldsymbol{a}}\mu_1 - \tilde{\boldsymbol{a}}\mu_2)^2}{\tilde{\boldsymbol{a}}\sum \tilde{\boldsymbol{a}}} \tag{2.8}$$

两类判别的样本形式也完全类似。设有X_1,X_2，…，X_m，$iid\sim N(\mu_1, \Sigma)$；Y_1,Y_2，…，Y_n，$iid\sim N(\mu_2, \Sigma)$，由于μ_i，Σ均未知，采用样本均值

$$\overline{X} = \frac{\sum_{i=1}^{m} X_i}{m} \tag{2.9}$$

$$\overline{Y} = \frac{\sum_{i=1}^{n} Y_i}{n} \tag{2.10}$$

分别估计μ_1、μ_2，用

$$S = \frac{\sum_{i=1}^{m}(X_i - \overline{X})^2 + \sum_{i=1}^{n}(Y_i - \overline{Y})^2}{m+n-2} \tag{2.11}$$

来估计Σ，然后求一个方向$\tilde{\boldsymbol{b}}$使

$$\frac{(\tilde{\boldsymbol{b}}^{\mathrm{T}}\overline{X} - \tilde{\boldsymbol{b}}^{\mathrm{T}}\overline{Y})^2}{\tilde{\boldsymbol{b}}^{\mathrm{T}}S\tilde{\boldsymbol{b}}} = \max_{|\boldsymbol{b}|=1} \frac{(\boldsymbol{b}^{\mathrm{T}}\overline{X} - \boldsymbol{b}^{\mathrm{T}}\overline{Y})^2}{\boldsymbol{b}^{\mathrm{T}}S\boldsymbol{b}} \tag{2.12}$$

与主成分分析的情况相似，在实际应用中并不用求极值的办法求$\tilde{b}$，而是用代数方法将$\tilde{\boldsymbol{b}}$解出来。

2.1.2 投影寻踪（PP）产生的背景

随着科学技术的迅速发展，高维数据的统计分析越来越普遍且重要。多元分析方法是解决这类问题的有利工具，传统的多元分析方法是建立在总体服从正态分布的基础上的，有了这个假设，人们就只需依赖于样本均值和协差阵的统计量，而且有一系列既简便又具有优良性质的统计方法。

而实际中还有许多数据不满足正态假定，需要用稳健的或非参数的方法来解决。但是，当数据的维数较高时，即使采用后两类方法也面临如下挑战：

（1）随维数增大，计算量迅速增大。

（2）高维数据空间点云稀疏带来的“维数祸根”。

（3）低维数据分析时稳健性很好的统计方法到了高维数据分析时稳健性变差。

以上情况表明，已有的方法远不能满足非正态高维数据分析的需要，PP 在这种形势下应运而生。

在数据的统计分析中，还有一类以前不大被写进教科书中，但在实际分析数据时却常常使用的方法，叫作图方法。例如，对于 1 维或 2 维数据，常常用直方图来了解数据的分布特征，要观察两个随机变量的联系，可以在平面上作散点图，通过观察图像来判断两个变量之间大致的函数关系等，这些方法看起来粗糙，但常给人以启迪，行之有效。但对高维数据（$P\geqslant4$），就无法作图，人的视觉器官也无法察觉 4 维以上的图像，这就需要把数据投影到 1～3 维子空间上来。例如：数据分析工作者在寻找多个随机变量之间的关系时，常常用每两个变量的观察值在平面上作散点图，这是观察高维数据在坐标平面这类特殊的二维子空间上的投影，以发挥人的视觉的作用，然而当数据的维数 P 较高时，例如 $P\geqslant10$，即使用每两个变量作图，作图数量大于 45 张，工作量巨大。

手工 PP 就是为了充分发挥视觉器官的特殊作用而产生的，它可以在终端上显示出数据在任何 1～3 维子空间上的投影，但上述类似问题仍然存在，因为许多复杂数据的结构或特征，只有在某个方向附近的很小范围内才能看得到，Tukey 把它称作窥视角（Squint Angle），Huber 指出，根据经验，窥视角一般为 10°～20°，有的还可能更窄。一个例子是叫作 RANDU 的随机发生器所产生的均匀分布的伪随机数，用手工 PP 发现，任何连续产生的三个伪随机数（X_{n-1}，X_n，X_{n+1}）满足线性关系 $X_{n+1}-bX_n+X_{n-1}=0$，在图像显示系统中可以看到，数据（X_{n-1}，X_n，X_{n+1}）（$n=1$，2，…）在单位立方体中排列成 15 个相互平行的平面，但可以观察到这种现象的窥视角只有 5°左右。以窥视角 10°左右为例，2 维数据的一维投影有 $180°/(10°\times2)=9$ 个，当维数增加时，投影个数的增加是非常可观的，Huber 于 1985 年对它的量级作了粗略的估计：先看一维投影，维数 $P=2$ 时，一维投影个数 $A=180°/(2\times窥视角)$，窥视角为 10°左右时，$A=10$，以后 P 每增加一维，投影个数就扩大 A 倍，因此 P 维数据有 $A^{P-1}=10^{P-1}$ 个一维投影。如果观察数据的二维投影，先任取一个方向，有 A^{P-1} 种取法，对每个取定的方向再在垂直于这个方向的子空间（P–1 维）中取第二个方向，有 A^{P-2} 种取法。注意到在同一投影平面内坐标轴的旋转实际上不增加投影个数，故在上面的两个互相垂直的方向的取法中，每个二维投影都算了 A 次。因此，P 维数据共有 $A^{P-1}\times A^{P-2}/A=A^{2P-4}$ 个二维投影，P=4 时，有 10^4 个投影平面，如果按每秒钟观察一个投影平面计算，就约需要 3 个小时才能看完这些投影平面，维数再高，就更成问题。因此，我们需要一个能自动找出好投影的方法，这就是机械 PP 产生的重要原因。

另外，由于近代统计学的发展过于形式化，数学化。其基本模式是，从某些假定出发，按照一定的准则，找出最优方法。而对直接从客观现实得到的观测数据本身注意不够，实际上，最本质的应该是后者，而不是“假定”和“准则”。“假定”和“准则”应该服务于实际数据，近 40 年来，国际统计界提出了以“直接从审视数据出发—通过计算机分析模拟数据—设计软件程序检验”这样一条从数据出发，以审视、分析数据为基础的探索性数据分析（EDA）方法的潮流，而 PP 可以是这股潮流中一个突出的浪花。

可以说，PP 是实现 EDA 数据分析新思维的一种行之有效的方法。高维数据，尤其是非正态的高维数据分析的困难性，以及作图方法与视觉器官结合的有效性是 PP 产生的主要背景，当然，到 20 世纪 80 年代初，计算技术的高度发展和计算机的普及也为 PP 的产生准备了物质条件。

2.1.3 投影寻踪（PP）特点

PP 的基本思想是把高维数据投影到低维子空间上，寻找能反映高维数据特征和结构的投影，以达到分析高维数据的目的。PP 方法的特点主要归纳为如下几点：

（1）PP 成功地克服高维数据空间点云稀疏带来的“维数祸根”问题。PP 对数据的分析是在低维子空间上进行的，相当于把数据“浓缩”到低维子空间上，对 1～3 维的投影空间来说，数据点就很密了，足以挖掘数据在投影空间的结构或特征，核估计、邻近估计等方法也都可以使用。

（2）PP 可以排除与数据结构、特征无关的或关系很小的变量干扰。正如 Friedman 和 Stuetzle 指出的，当维数较高时，数据的结构一般不会只表现在一个投影方向上，也不会在所有投影方向上，而是表现在某几个投影方向上。而那些与结构无关的投影方向只起干扰和冲突数据结构的作用，PP 方法正是要找出能反映数据结构的投影方向，以排除无关方向的干扰。

（3）PP 为使用一维统计方法解决高维问题开辟了用武之地。因为多数PP 考虑的是一维投影，其做法是：把数据投影到一维子空间上，再对投影后的一维数据进行分析，比较不同一维投影的分析结果以找到好的投影，使用的基本统计方法都是一维的 M 估计、核估计或邻近估计等。

（4）PP 与其他非参数方法一样，可以用来解决某些非线性问题。PP 虽是以数据的线性投影为基础，但它找的是线性投影中的非线性结构，因此它可以用来解决一定程度上的非线性问题，如多元非线性回归等。

（5）PP 还有一个学术上的显著特点：它把统计、数学和计算机科学紧密地联系在一起，既有深刻的理论背景又有广泛的应用前景。因此它不仅吸收了理论、应用和统计计算等多方面的统计工作者，也吸引了某些数学工作者和许多其他领域的数据分析工作者。

（6）PP 也有缺点，它的最大缺点是计算量大，但计算机发展和普及的速度很快，从发展的眼光看，这不是很大的问题。另一个缺点是，对于高度非线性问题，效果不够好，直观上说，因为它是以线性投影为基础的。实践表明，在 PP 密度估计中，对具有很凹的等高线的密度和等高线若干个同心球面的密度，效果不太好。

应该指出，不是说用 PP 取代传统的多元分析方法，而是说，PP 为分析数据增添了有力工具，实际上，传统方法与 EDA、PP 等的结合使用，往往能产生更好的效果。

2.1.4　投影寻踪（PP）发展简况

PP 最早出现在 20 世纪 60 年代末 70 年代初。Kruskal 把高维数据投影到低维空间，通过数值计算极大化反映数据的凝聚程度的指标，得到最优投影，以发现数据的聚类结构。Switzer、Switzer 和 Wright 也通过高维数据的投影和数值计算解决了化石分类的问题。1974 年，Friedman 和 Tukey 对其加以改正，提出了一种把整体上的散布程度和局部凝聚程度结合起来的新指标用来进行聚类分析，应用这个指标在计算机上对模拟数据和历史上经典案例成功地进行了分析，正式提出了 PP 的概念，并于 1976 年编制了用于寻找数据的聚类和超曲面结构的计算机图像系统 PRIM-9，前述内容中关于多尿症的例子就是用此图像系统分析获得的。1979 年后，Friedman、Huber 等相继提出了 PP 回归、PP 分类和 PP 密度估计等理论，1981 年 Donoho 指出了 Wiggins 在 1978 年提出的时间序列分析中的最小熵褶积法与 PP 的联系，并提出用 Shannan 熵作投影指标比 Wiggins 用的标准化峰度更好，接着他又利用PP的基本思想给出了多元位置和散布的一类仿射同变估计，并着重讨论了有限样本的崩溃点。此外，Diaconis、Friedman、Fill 和 Johnstone 等还讨论了与 PP 有关的其他理论问题。上述工作及研究成果在 1985 年 Huber 的长篇综述论文中作了概括和总结。至此，PP 在统计学中的独立体系初步建立，大大推动了此方法的深入研究和实际应用。

我国学者对 PP 的研究也做出了应有的贡献。李国英、陈忠琏用 PP 方法给出了散布阵和主成分的一类稳健估计，并从理论和模拟两个方面讨论了它们的同变性、定性稳健性、相合性和崩溃点；成平和吴健福证明了 PP 密度估计的一个收敛性问题，成平 1985 年进行了关于 PP 密度逼近初始条件的研究；李国英对多元位置和散布的 PP 型估计性质进行了讨论；陈家骅证明了密度 PP 估计的一个极限定理；崔恒建完成了协差阵的 PP 度量泛函为弱连续的充要条件及主成分的 PP 估计的收敛速度；成平和李国英分别介绍了 PP 指标、PP 参数估计、PP 回归、PP 密度及其他有关理论等方面的研究进展情况；宋立新就 PP 回归逼近的均方收敛性回答了 Huber1985 年的猜想；这些理论研究成果为 PP 方法的应用研究奠定了理论基础。

目前，投影寻踪技术在国内外已被有效地应用，并出现了如下基于投影寻踪技术的模型：

（1）投影寻踪模式识别。将高维复杂系统的影像或数据投影到一维或二维空间，采用低维空间成熟的识别方法，既能易于识别高维空间复杂系统的结构，又可进行雷达模拟显示、人物特征识别等研究。

（2）投影寻踪学习算法。投影寻踪的可加性学习算法具有较优的收敛性、稳健性，可有效地避免神经网络隐层数及结点个数的不确定性。

（3）投影寻踪与神经网络。神经网络虽具有较强的非线性逼近功能和容错性，但却不能解决“维数祸根”的难题，而投影寻踪的优势之一就在于“降维”，将模糊神经的方法引入投影寻踪产生了非参数回归及非参数识别，并取得了很好的效果，可称之为高维性的投影寻踪模糊神经网络系统。

（4）投影寻踪回归、投影寻踪自回归、投影寻踪混合回归已在国内多个学科领域中取得了长足的进展。

综上所述，PP 方法属于探索性数据分析（EDA）方法，与人工智能同属于高科技范畴，已很好地解决了复杂系统建模中的诸多问题，其广泛的应用及效果彰显了投影寻踪的深刻理论背景，且方法本身具有解决以下问题的能力："投影"以降维避免了由于"高维性"带来的"维数祸根"；"寻踪"以求得全局最优解能解决 7 大特征的混杂问题，本书第 3 章将会详细讲述复杂系统混杂性信息的 PPR 建模；它没有参数建模方法的模型假定和参数估计，并以数值函数对客观规律加以记忆，最少新定义和概念，最少主观任意性，并且不存在由于假定不合理或参数估计方法不充分所造成的不确定性。此外，PP 方法具有较强的兼容性，可引入稳健的统计方法，例如平滑方法、中位数估计等，方法无过多的新概念，唯一的基本概念是"投影-寻踪"。

2.2　投影寻踪判别分析

Fisher 于 1936 年作鸢尾花的判别分析时提出了线性判别分析的方法。X 为 P 维，有两个"样板"类，各含 n_K 个数据 x_1^1，$x_2^1\cdots$，$x_{n_1}^1$、x_1^2，x_2^2，…，$x_{n_2}^2$，由此可推导出判别函数：

$$Z=\boldsymbol{a}_1^{\mathrm{T}}X \tag{2.13}$$

其中，$\boldsymbol{a}_1$，$X\in R^P$，可定出一个阈值 τ，对某个类别待定的点 X，将它代入判别函数，若 $Z>\tau$ 判归第一类，否则判归第二类。

Fisher 导出线性判别函数的办法是把两个"样板"类的全体数据点投影到以 $\boldsymbol{a}$ 为方向的直线上去，得 $Z_j^k=\boldsymbol{a}^{\mathrm{T}}X_j^k$（$j$=1，2，…，$n_k$，$k$=1，2），以

$$Q=\frac{\text{两类中心的离差}}{\text{类内离差的平均}} \tag{2.14}$$

作为两类分离程度的度量，寻求使分离度达到最大的投影方向 $\boldsymbol{a}_1$ 的线性判别函数。在此投影轴上取两类中心的连线的中点，若数据落在中点的某侧，则判定它属于某一类。

这样的算法实质上是 PP 算法。它采用了特殊的分离度作为投影指标，同时以一维投影数据的重心——均值作为类中心的度量，以标准差作类内离差的度量。用它们的矩估计得到样本投影指标 $Q(\boldsymbol{a})$的极大方向 $\boldsymbol{a}_1$，归结为求组间离差阵 B 关于组内离差阵 W 的特征向量：

$$B\boldsymbol{a}_1=\lambda W\boldsymbol{a}_1 \tag{2.15}$$

可以变为

$$W^{-1}B\boldsymbol{a}_1=\lambda\boldsymbol{a}_1 \tag{2.16}$$

也就是 $\boldsymbol{a}_1$ 对应于 $W^{-1}B$ 的最大特征值。

以后寻求最优判决法则，使平均误判损失最小，又可以得到其他的判别准则。

既然 PP 的基本思想是用计算机来寻踪最优投影方向或平面，那么，不必只限于 Fisher 给出的分离度，而一般定义为

$$Q(Z)=\frac{B(Z)}{W(Z)}=\frac{\text{两类中心的离差}}{\text{类内散布的平均}} \tag{2.17}$$

其中，一维数据集：

$$Z=[Z^{(1)},\ Z^{(2)}],\quad Z^{(k)}=[Z_1^{(k)},\ Z_2^{(k)},\ \cdots,\ Z_{n_k}^{(k)}]\quad (k=1,\ 2),$$

$$Z_j^{(k)}=a^T Z_j^{(k)},\quad B(Z)=T[Z^{(1)}]-T[Z^{(2)}]$$

其中，$T[Z^{(k)}]$是第 k 类一维数据的中心位置，通常是刻度平移同变的位置估计。

$W(Z)=Ave\{S[Z^{(1)}],\ S[Z^{(2)}]\}$，$S[Z^{(1)}]$、$S[Z^{(2)}]$分别是该类一维数据的散布（dispersion），通常是刻度同变的刻度估计。Ave 表示在某种意义下的平均（Average），如算术平均，加权二次平均。

$$Ave\{S_1,S_2\}=\left[\frac{W_1S_1^2+W_2S_2^2}{W_1+W_2}\right]^{\frac{1}{2}} \tag{2.18}$$

如果取 $W_k=n_k$，则

$$Ave\{S_1,S_2\}=\left[\frac{n_1S_1^2+n_2S_2^2}{n_1+n_2}\right]^{\frac{1}{2}} \tag{2.19}$$

Fisher 线性判别就是取样本平均 $T[Z^{(k)}]=E[Z^{(k)}]$、样本标准差 $S[Z^{(k)}]=S_d[Z^{(k)}]$及 $W_k=n_k$ 的加权平均。

可以像前面那样，分别取截尾平均与截尾标准差：

$$T[Z^{(k)}]=T_m[Z^{(k)}]=\frac{\sum_{j=pn_k}^{(1-p)n_k} Z_j^{(k)}}{(1-2p)n_k} \tag{2.20}$$

$$S[Z^{(k)}]=S_t[Z^{(k)}]=\left(\frac{\sum_{j=pn_k}^{(1-p)n_k}\{Z_j^{(k)}-T[Z^{(k)}]\}^2}{(1-2p)n_k}\right)^{\frac{1}{2}} \tag{2.21}$$

此时假定 $Z_j^{(k)}$ 已排好序。

在上式中也可以取：

$$T[Z^{(k)}]=Med\{Z^{(k)}\}=Med\{Z_1^{(k)},Z_2^{(k)},\cdots,Z_{n_k}^{(k)}\} \tag{2.22}$$

即中位数（median）：

$$S[Z^{(k)}]=Mad\{Z^{(k)}\}=\underset{1\leqslant j\leqslant n_k}{Med}\{|Z_j{}^{(k)}-T[Z_2{}^{(k)}]|\} \tag{2.23}$$

即中位绝对偏差（Median Absolute Deviation）与前面 Friedman、Tukey 一样采用稳健估计，定义分离度为

$$Q(Z)=\frac{\text{两类中心的离差}}{\text{类内离差的散布}}=\frac{B(Z)}{D(Z)} \tag{2.24}$$

$D(Z)$是类内离差，即

$$Z^{(1)}-T[Z^{(1)}]=\{Z_1^{(1)}-T[Z^{(1)}]，\ Z_2^{(1)}-T[Z^{(1)}]，\cdots Z_{n_1}^{(1)}-T[Z^{(1)}]\} \tag{2.25}$$

与

$$Z^{(2)}-T[Z^{(2)}]=\{Z_1^{(2)}-T[Z^{(2)}]，\ Z_2^{(2)}-T[Z^{(2)}]，\cdots Z_{n_2}^{(2)}-T[Z^{(2)}]\} \tag{2.26}$$

并集的散布。

如果取各类的样本平均为中心的估计，就取所有的组内离差的标准差：

$$\begin{aligned}D(Z)&=S_d\int\{Z^{(1)}-T[Z^{(1)}]\}\cup\{Z^{(2)}-T[Z^{(2)}]\}\\&=\left(\frac{\sum_{j=1}^{n_1}\{Z_j^{(1)}-T[Z^{(1)}]\}^2+\sum_{j=1}^{n_2}\{Z_j^{(2)}-T[Z^{(2)}]\}^2}{n_1+n_2}\right)^{\frac{1}{2}}\end{aligned} \tag{2.27}$$

如果取截尾平均作为类的中心，则全部组内离差就用截尾标准差：

$$D(Z)=T_m(\{Z^{(1)}-T_m[Z^{(1)}]\}\cup\{Z^{(2)}-T_m[Z^{(2)}]\}) \tag{2.28}$$

如果取中位数作为类的中心，则可以取所有类内离差为中位绝对偏差：

$$D(Z)=Mad(\{Z^{(1)}-T[Z^{(1)}]\}\cup\{Z^{(2)}-T[Z^{(2)}]\}) \tag{2.29}$$

陈忠琏认为把前面稳健的中心估计如中位数、截尾平均用在这里能给出大部分数据密集的中心。但作为类内散布的估计，简单的截尾不一定很适合。要求每类的散布尽量小，是为了使每类更密集，从而使两个类更分开。假如第一类的中心 $T[Z^{(1)}]$在第二类中心 $T[Z^{(2)}]$的左边，那两侧尾部的点，对于两侧分开所起的作用是不对称的，因而在考虑离差时，宁可单侧截尾。

$$S[Z^{(1)}]=S_{tl}[Z^{(1)}]=\left(\frac{\sum_{j=pn_1}^{n_1}\{Z_j^{(1)}-T[Z^{(1)}]\}^2}{(1-p)n_1}\right)^{\frac{1}{2}} \tag{2.30}$$

$$S[Z^{(2)}]=S_{tr}[Z^{(2)}]=\left(\frac{\sum_{j=1_1}^{(1-p)n_2}\{Z_j^{(2)}-T[Z^{(2)}]\}^2}{(1-p)n_2}\right)^{\frac{1}{2}} \tag{2.31}$$

而要同时考虑中间那两个尾的影响的稳健性，改用旁侧截尾，中间侧缩尾的办法。

$$S[Z^{(1)}]=S_{tw}[Z^{(1)}]=\left(\frac{\sum_{j=n_1p}^{(1-p)n_1}\{Z_j^{(1)}-T[Z^{(1)}]\}^2+n_1q\{Z_{(1-q)n_1}^{(1)}-T[Z^{(1)}]\}^2}{(1-p)n_1}\right)^{\frac{1}{2}} \tag{2.32}$$

$$S[Z^{(2)}]=S_{wt}[Z^{(2)}]=\left(\frac{\sum_{j=n_2q}^{(1-p)n_2}\{Z_j^{(2)}-T[Z^{(2)}]\}^2+n_2q\{Z_{n_2q}^{(2)}-T[Z^{(2)}]\}^2}{(1-p)n_2}\right)^{\frac{1}{2}} \tag{2.33}$$

其中：$0\leqslant q\leqslant p\leqslant\frac{1}{2}$，$p$ 为截尾率，q 为缩尾率。对于中心估计也采用同样的截尾、缩尾方法。

$$T[Z^{(1)}]=T_{tw}[Z^{(1)}]=\frac{\sum_{j=pn_1}^{(1-q)n_1}Z_j^{(1)}+n_1qZ_{(1-q)n_1}^{(1)}}{(1-p)n_1} \tag{2.34}$$

$$T[Z^{(2)}]=T_{wt}[Z^{(2)}]=\frac{\sum_{j=qn_2}^{(1-q)n_2}Z_j^{(2)}+n_2qZ_{qn_2}^{(2)}}{(1-p)n_2} \tag{2.35}$$

以上为两类 Fisher 线性判别，推广到多类、d 类的 PP 判别。定义中心间的离差平均：

$$B(Z)=\left(\frac{\sum_{i<j}\{T[Z^{(i)}]-T[Z^{(j)}]\}^2}{\frac{d}{2}}\right)^{\frac{1}{2}} \tag{2.36}$$

或

$$B(Z)=\left(\frac{\sum_{i=1}^{d}\{T[Z^{(i)}]-T[Z]\}^2}{d}\right)^{\frac{1}{2}} \tag{2.37}$$

$$T(Z)=Ave\{T[Z^{(1)}],\ T[Z^{(2)}],\ \cdots,\ T[Z^{(d)}]\} \tag{2.38}$$

定义类内离差的平均：$W(Z)=Ave\{S[Z^{(1)}],\ S[Z^{(2)}],\ \cdots,\ S[Z^{(d)}]\}$

$$Q(Z)=\frac{B(Z)}{W(Z)} \tag{2.39}$$

或者定义类内离差的散布：

$$D(Z)=D(\{Z^{(1)}-T[Z^{(1)}]\}\cup\{Z^{(2)}-T[Z^{(2)}]\})\cdots(\{Z^{(d)}-T[Z^{(d)}]\}) \tag{2.40}$$

$$Q(Z)=\frac{B(Z)}{D(Z)} \tag{2.41}$$

将 X 投影到 $\boldsymbol{a}$ 方向上，$Z=\boldsymbol{a}^{\mathrm{T}}X$。记 $Q(\boldsymbol{a})=Q(\boldsymbol{a}^{\mathrm{T}}X)$，在此投影指标下 PP 算法即求出 $\boldsymbol{a}_1$，$\boldsymbol{a}_2$，…，$\boldsymbol{a}_K$ K 个投影轴。

$$\begin{aligned}
Q(\boldsymbol{a}_1)&=\max_{\|\boldsymbol{a}\|=1}Q(\boldsymbol{a})\\
Q(\boldsymbol{a}_2)&=\max_{\substack{\|\boldsymbol{a}\|=1\\ \boldsymbol{a}\perp\boldsymbol{a}_1}}Q(\boldsymbol{a})\\
Q(\boldsymbol{a}_3)&=\max_{\substack{\|\boldsymbol{a}\|=1\\ \boldsymbol{a}\perp\boldsymbol{a}_1,\boldsymbol{a}_2}}Q(\boldsymbol{a})\\
&\vdots\\
Q(\boldsymbol{a}_K)&=\max_{\substack{\|\boldsymbol{a}\|=1\\ \boldsymbol{a}\perp\boldsymbol{a}_1,\boldsymbol{a}_2,\cdots,\boldsymbol{a}_{K-1}}}Q(\boldsymbol{a})
\end{aligned} \tag{2.42}$$

其中

$$K=\min(d-1,p) \tag{2.43}$$

经典情况是一个特例，取

$$T[Z^{(i)}]=\bar{Z}^{(i)}=\frac{\sum_{j=1}^{n_i}Z_j^{(i)}}{n_i} \tag{2.44}$$

$$S^2[Z^{(i)}]=\frac{\sum_{j=1}^{n_i}[Z_j^{(i)}-\bar{Z}^{(i)}]^2}{n_i} \tag{2.45}$$

$$T(Z)=\frac{\sum_{i=1}^{d}\sum_{j=1}^{n_i}Z_j^{(i)}}{n}=\frac{\sum_{i=1}^{d}n_iT[Z^{(i)}]}{\sum_{i=1}^{d}n_i}=\bar{Z} \tag{2.46}$$

$$B^2(Z)=\sum_{i=1}^{d}[\bar{Z}^{(i)}-\bar{Z}]^2=\boldsymbol{a}^{\mathrm{T}}B_0\boldsymbol{a} \tag{2.47}$$

类间散布阵：

$$B_0=\sum_{i=1}^{d}[\bar{X}^{(i)}-\bar{X}][\bar{X}^{(i)}-\bar{X}]^{\mathrm{T}} \tag{2.48}$$

$$\bar{X}^{(i)}=\frac{\sum_{j=1}^{n_i}X_j^{(i)}}{n_i},\quad \bar{X}=\frac{\sum_{i=1}^{d}n_i\bar{X}^{(i)}}{n}=\frac{\sum_{i=1}^{d}\sum_{j=1}^{n_i}X_j^{(i)}}{n} \tag{2.49}$$

$$W^2(Z)=\sum_{i=1}^{d}n_iS^2[Z^{(i)}]=\sum_{i=1}^{d}\sum_{j=1}^{n_i}[Z_j^{(i)}-\bar{Z}^{(i)}]^2=\boldsymbol{a}^{\mathrm{T}}W_0\boldsymbol{a} \tag{2.50}$$

组内散布阵：

$$W_0=\sum_{i=1}^{d}\sum_{j=1}^{n_i}[X_j^{(i)}-\bar{X}^{(i)}][X_j^{(i)}-\bar{X}^{(i)}]^{\mathrm{T}} \tag{2.51}$$

$$Q^2(\boldsymbol{a})=\frac{\boldsymbol{a}^{\mathrm{T}}B_0\boldsymbol{a}}{\boldsymbol{a}^{\mathrm{T}}W_0\boldsymbol{a}} \tag{2.52}$$

定义$\|\boldsymbol{a}\|^2=\boldsymbol{a}^{\mathrm{T}}W_0\boldsymbol{a}$，$\boldsymbol{a}\perp\boldsymbol{b}$ 即$\boldsymbol{a}^{\mathrm{T}}W_0\boldsymbol{b}=0$。在$\|\boldsymbol{a}\|^2=1$的条件下求$Q^2(\boldsymbol{a})$的最大值，可能化为求$B_0\boldsymbol{a}=\lambda W_0\boldsymbol{a}$的特征值问题。

求最大的K个特征根$\lambda_1\geqslant\lambda_2\geqslant\cdots\geqslant\lambda_K$相应的特征向量$\boldsymbol{a}_1$，$\boldsymbol{a}_2$，…，$\boldsymbol{a}_K$。

$$Z_j^{(i)}=\boldsymbol{a}^{\mathrm{T}}X_j^{(i)}(i=1,\ 2,\ \cdots,\ d) \tag{2.53}$$

把经计算机直接搜寻$\boldsymbol{a}_1$，$\boldsymbol{a}_2$，…，$\boldsymbol{a}_K$转化为求特征向量$\boldsymbol{a}_1$，$\boldsymbol{a}_2$，…，$\boldsymbol{a}_K$。

颜光宇、夏结来据此提出可抗异常值干扰的稳健 Fisher 判别法。设有p项指标X_1，X_2，…，X_p，有两个总体π_1、π_2，从π_k中分别抽取n_k个样品（$n_1+n_2=n$）。从π_k中抽取的第i个样品记为$X_i^{(k)}=(X_{i1}^k,\ X_{i2}^k,\ \cdots,\ X_{ip}^k)$样本数矩阵为

$$X_i^{(k)}=\begin{bmatrix}X_1^{(k)}\\X_1^{(k)}\\\vdots\\X_{nk}^{(k)}\end{bmatrix}=\begin{bmatrix}X_{11}^{(k)}&X_{12}^{(k)}&\cdots&X_{1p}^{(k)}\\X_{21}^{(k)}&X_{22}^{(k)}&\cdots&X_{2p}^{(k)}\\\vdots&\vdots&&\vdots\\X_{n_k1}^{(k)}&X_{n_k2}^{(k)}&\cdots&X_{n_kp}^{(k)}\end{bmatrix}\triangleq X_{ij}^{(k)} \tag{2.54}$$

k类总体均值与协差阵分别用$\mu^{(k)}$，$\Sigma^{(k)}$表示。Fisher（1936）提出的判别方法是寻找一个投影方向$\boldsymbol{a}\in R^p$，将每个点$X_i^{(k)}$向该方向投影采用投影指标$Q=\dfrac{\bar{u}_1-\bar{u}_2}{\sigma_1^2+\sigma_2^2}$达到最大。$\bar{u}_k=\boldsymbol{a}^{\mathrm{T}}\mu^{(k)}$，$\sigma_k^2=\boldsymbol{a}'\sum^{(k)}\boldsymbol{a}$为两类点投影后的均值与方差。即

$$Q=\frac{\boldsymbol{a}^{\mathrm{T}}[\mu^{(1)}-\mu^{(2)}][\mu^{(1)}-\mu^{(2)}]^{\mathrm{T}}\boldsymbol{a}}{\boldsymbol{a}^{\mathrm{T}}[\Sigma^{(1)}+\Sigma^{(2)}]\boldsymbol{a}} \tag{2.55}$$

用 Lagrange 乘数法求解：

$$\boldsymbol{a}'=\sum{}^{-1}[\mu^{(1)}-\mu^{(2)}] \tag{2.56}$$

从而得线性判别函数为

$$u(X)=\boldsymbol{a}^{\mathrm{T}}X\sum{}^{-1}[\mu^{(1)}-\mu^{(2)}]X \tag{2.57}$$

其中：$\sum=\sum^{(1)}+\sum^{(2)}$，而两类分界点$u^*=\dfrac{\bar{u}_1\sigma_2+\bar{u}_2\sigma_1}{\sigma_1+\sigma_2}$

实际应用时总体参数 $\mu^{(k)}$、$\Sigma^{(k)}$分别用样本均值$\bar{X}^{(k)}$及样本协差阵 $S^{(k)}$估计。由于此类估计不稳健，因而影响对应的判别函数及分界点的不稳健，进一步影响判别的正确率。

为了抗干扰，颜光宇、夏结来提出用总体参数$\mu^{(k)}$、$\Sigma^{(k)}$的稳健估计$R_m^{(k)}$及$R_s^{(k)}$去取代$\bar{X}^{(k)}$与$S^{(k)}$。其中$R_m{}^{(k)}$采用截尾均值，$R_s^{(k)}$采用 Huber 的 M–估计。

目标函数：

$$Q=\frac{\boldsymbol{a}^{\mathrm{T}}[R_m^{(1)}-R_m^{(2)}][R_m^{(1)}-R_m^{(2)}]^{\mathrm{T}}\boldsymbol{a}}{\boldsymbol{a}^{\mathrm{T}}[R_s^{(1)}+R_s^{(2)}]\boldsymbol{a}} \tag{2.58}$$

线性判别函数：

$$u(X)=[R_s^{(1)}+R_s^{(2)}]^{-1}[R_m^{(1)}-R_m^{(2)}]X\triangleq\boldsymbol{a}^{\mathrm{T}}X \tag{2.59}$$

两类分界点$u^*=\dfrac{\bar{u}_1\sigma_2+\bar{u}_2\sigma_1}{\sigma_1+\sigma_2}$，$\bar{u}_k=\boldsymbol{a}^{\mathrm{T}}R_m^{(k)}$，$\sigma_k=\boldsymbol{a}^{\mathrm{T}}R_s^{(k)}\boldsymbol{a}$

以下以表 2.1 和表 2.2 中的数据为例来具体说明上述过程。

表 2.1　　　　**模　拟　数　据**

第　一　类			第　二　类		
例号	X_1	X_2	例号	X_1	X_2
1	1.8	2.68	11	2.71	4.37
2	1.24	2.91	12	1.04	4.95
3	1.5	3.85	13	1.5	5.84
4	2.42	3.83	14	1.5	4.3
5	0.51	3.1	15	12.97	20
6	1	4.02	16	6.5	9.17

续表

第一类			第二类		
例号	X_1	X_2	例号	X_1	X_2
7	2.01	3.55	17	2.09	5.08
8	2.94	3.18	18	1.88	4.8
9	2.12	3.58	19	2.2	5.04
10	10.47	20.79	20	1.45	4.78

对于该实例，用传统方法可得判别函数为 $\mu(x)=0.244x_1-0.211x_2$，分界点为 $\mu^*=-0.5350$ 样本回代判别符合率为 75%，用稳健 PP 方法可得判别函数为 $\mu(x)=-1.130x_1-4.071x_2$，分界点为 $\mu^*=-20.6755$，样本回代判别符合率为 90%。

表 2.2　　　　　某厂女工舒张压与血浆胆固醇测试数据

冠心病			正常组		
例号	X_1	X_2	例号	X_1	X_2
1	74	200	16	80	80
2	100	144	17	94	172
3	110	150	18	100	118
4	70	274	19	70	152
5	96	212	20	80	172
6	80	158	21	80	190
7	80	172	22	70	142
8	100	140	23	80	107
9	100	230	24	80	124
10	100	220	25	80	194
11	90	239	26	78	152
12	110	155	27	70	190
13	100	155	28	80	104
14	96	140	29	80	94
15	100	230	30	84	132
			31	70	140

对于该实例，用传统方法处理得判别函数为 $\mu(x)=0.183x_1+0.045x_2$，分

界点为 μ^*=23.2593，样本回代符合率为 80.64%；用稳健 PP 方法处理得判别函数 $\mu(x)$= $0.179x_1+0.033x_2$，分界点为 μ^*=21.2593，样本回代符合率为 83.87%。大量模拟显示稳健方法在抗异常点影响方面优于传统 Fisher 方法，而在训练样本中不含异常点时，稳健方法与传统方法结果相同。

2.3　投影寻踪聚类分析

聚类与判别是非常相似的问题，但前提是不一样的，因而前面提到的 Fisher 判别函数的思想并没有直接得到应用。聚类分析中通用的办法是确定一些参考型，作为聚类的核心，然后将数据点根据与不同参考型的接近（相似）程度不同而归入一定的类。在用计算机实现时还可以有不同的调整。

这里衡量两个点的接近（相似）程度的度量是用欧氏距离来表达：

$$d^2(x_1,x_2)=\sum_{i=1}^{p}(x_{i1}-x_{i2})^2 \tag{2.60}$$

这一度量是平移不变、正交（旋转）不变的，但在刻度变换下是会发生变化的，这里存在选取刻度的困难，换句话说，就是对于加权的欧氏距离：

$$d_w^2(x_1,x_2)=\sum_{i=1}^{p}w_i(x_{i1},x_{i2})^2 \qquad w_i\geqslant 0 \tag{2.61}$$

式中：w_i 如何选取的问题。对于记录的第 i 个分量 x_{ij}，作刻度变换：

$$x'_{ij}=\frac{x_{ij}}{S_i} \tag{2.62}$$

则有

$$d^2(x_1,x_2)=\sum_{i=1}^{p}(x'_{i1}-x'_{i2})^2=\sum_{i=1}^{p}\frac{1}{S_i^2}(x_{i1}-x_{i2})^2 \tag{2.63}$$

相当于取权重

$$w_i=\frac{1}{S_i^2} \tag{2.64}$$

此时，w_i 加大将增加该指标在度量点的相似程度上的作用，而哪些是在聚类中的多余变量？对于权重的选取并无依据，可以一般的取 S_i 为样本标准差，作刻度变换：

$$x'_{ij}=\frac{x_{ij}}{S_i} \tag{2.65}$$

使 x_{ij} 规格化为标准差为 1，此时多余变量会冲淡聚类结构，使得在 p 维空间中待聚类的点云分不开。

Switzer（1970）、Wright 和 Switzer（1971）在牙买加钱币虫科化石的数值分类中，把上述 Fisher 的思想用于聚类分析，提出了 PP 聚类的想法。

他们对 $n=88$ 个化石样品，测定了 8 个形态学特征值：胚胎腔的内经 X_1（单位：μm），螺旋总数 X_2，第一旋腔数 X_3，最后旋腔数 X_4，第一旋腔的最大高度 X_5，最后旋腔的最大高度 X_6，检验的最大直径 X_7^*（单位：mm），胚胎腔的壁厚 X_8^*（单位：μm）。其中的性状 X_7 与年龄有关，而 X_8 难以正确测量，因此，维数取 p=6，具体数据列于表 2.3。

表 2.3　　88 个牙买加钱币虫科化石样品的数据

样品	X_1	X_2	X_3	X_4	X_5	X_6	X_7	X_8	V_1	V_2
1	160	5.1	10	28	70	450	4.1	21	3.8	1.62
2	155	5.2	8	27	85	400	3.12	17	3.23	0.18
3	141	4.9	11	25	72	380	3.14	—	4.72	−1.25
4	130	5	10	26	75	340	2.5	19	2.85	−1.26
5	161	5	10	27	70	665	4.04	21	2.5	−2.16
6	135	5	12	27	88	570	3.05	23	2.22	−0.04
7	165	5	11	23	95	675	3.72	24	0.9	0.31
8	150	5	9	29	90	580	3.83	25	1.9	0.3
9	148	4.8	8	26	85	390	3.75	28	2.61	0.28
10	150	4.5	7	31	60	435	3.05	20	3.44	−2.28
11	120	4	6	33	55	440	2.78	18	3.04	−2.53
12	120	5.1	8	32	56	650	2.8	23	3.83	−3.24
13	190	4.2	8	30	55	640	3.46	27	2	−3.5
14	100	4.4	9	35	48	430	2.98	26	4.52	−3.37
15	150	4	7	29	65	650	2.84	20	1.15	−2.23
16	90	4.6	8	30	70	655	2.96	17	2.31	−1.68
17	75	4.2	8	28	60	640	3.4	—	2.19	−2.55
18	120	4.7	7	35	67	645	2.78	20	2.66	−1.8
19	200	4.3	9	30	62	660	3.2	23	1.69	−2.02
20	120	4.1	8	28	63	530	3.05	19	2.19	−2.13

续表

样品	X_1	X_2	X_3	X_4	X_5	X_6	X_7	X_8	V_1	V_2
21	105	5	7	27	64	435	3.55	27	4.08	−1.82
22	210	5.2	8	26	67	440	3.1	20	3.78	−2.1
23	90	4	10	25	68	430	3.41	21	2.38	−1.4
24	110	5.2	11	26	60	530	2.97	25	4.28	−2.8
25	100	4.3	9	25	70	440	3.65	17	2.61	−1.24
26	90	4.4	7	36	63	454	3.65	—	3.5	−1.66
27	70	4.5	8	23	64	450	3.4	19	3.21	−1.78
28	100	4.8	9	27	65	355	3.1	24	4.24	−1.59
29	130	5.2	9	25	70	380	2.8	29	4.26	−1.34
30	90	4.5	11	37	74	350	2.95	31	3.92	−0.4
31	80	4.6	10	32	78	450	2.12	32	3.11	−0.31
32	95	4.9	10	25	82	260	3.11	23	3.93	0.33
33	70	4.4	12	30	85	262	3.22	24	3.41	0.79
34	80	4.2	13	16	69	260	3.35	26	2.36	−2.88
35	95	85.1	15	31	70	265	3.4	29	5.48	−1.17
36	100	4.6	11	24	76	270	3.54	30	3.7	−0.37
37	95	4.8	10	27	74	355	3.63	31	3.83	−0.68
38	85	4.7	12	25	73	360	3.17	29	3.71	−0.9
39	70	4.8	11	26	78	365	3.18	30	3.69	−0.27
40	80	5.4	10	21	80	370	2.9	32	4.2	−0.23
41	85	5.5	13	33	81	355	3.12	35	5.03	−0.08
42	200	3.4	10	24	98	1210	4.1	40	−4.8	−0.49
43	260	3.1	8	21	110	1220	3.89	36	−6.57	0.61
44	195	3	9	20	105	1130	2.98	44	−5.69	0.5
45	195	3.2	9	19	110	1010	3.1	36	−5.06	1.27
46	220	3.3	10	24	95	1205	3.54	29	−4.87	0.86
47	220	3	8	25	90	1210	3.78	34	−5.19	−1.22
48	190	3.4	9	26	96	1070	3.36	30	−3.9	−0.23
49	285	3	11	19	100	990	4.23	31	−5.06	−0.17
50	200	3	9	20	102	1120	3.75	40	−5.97	0.2

续表

样品	X_1	X_2	X_3	X_4	X_5	X_6	X_7	X_8	V_1	V_2
51	225	3	10	22	105	985	3.8	25	–4.64	0.71
52	260	3.4	8	22	97	1090	2.94	38	–4.65	–0.46
53	280	3	8	20	112	1000	2.7	41	–6.9	0.79
54	300	3.4	10	20	108	835	3.2	45	–4.15	1
55	310	3	11	19	106	1055	3.45	37	–1.45	0.2
56	290	3.1	12	26	94	2140	3.5	41	–5.45	–1.38
57	260	3	8	22	98	1015	4.6	29	–4.99	–0.11
58	290	3.3	9	25	100	1010	3.45	32	–4.52	–0.59
59	160	3.1	11	20	79	1170	4.26	34	–3.98	–2.33
60	240	3.5	11	20	88	990	4.4	42	–3.3	–1.32
61	195	3.1	8	21	81	975	3.58	44	–3.41	–1.59
62	290	3.4	10	19	94	860	3.4	40	–3.5	–0.51
63	210	3.5	9	22	96	950	2.7	47	–3.42	–0.1
64	180	3	11	22	97	990	3.83	28	–4.23	–0.02
65	205	2.9	11	23	90	805	3.25	38	–3.16	–0.38
66	215	3.4	8	21	100	700	4.05	32	–2.7	0.95
67	270	3.1	8	20	111	1170	4.6	31	–6.48	0.79
68	290	3	9	23	102	1350	4.42	33	–6.95	–0.67
69	320	3.2	10	19	87	1160	3.64	38	–5.09	2.07
70	210	3	9	18	112	1010	3.81	45	–5.63	1.44
71	210	3	8	21	95	1190	4	40	–5.51	0.68
72	185	3.4	9	25	96	1055	4.18	41	–3.84	0.19
73	200	3.2	8	26	98	980	3.46	38	–4	0.25
74	170	2.9	9	20	95	1095	4.15	40	–4.99	–0.35
75	140	3	9	20	88	990	4.25	32	4.31	0.32
76	90	5.2	8	24	120	210	2.45	—	2.42	4.55
77	110	4.9	9	22	130	220	4.51	19	1.19	5.45
78	100	5.6	8	19	128	216	2.6	14	2.32	5.19
79	95	4.9	8	24	124	218	2.45	10	1.64	4.97
80	65	6.2	9	30	134	200	2.61	12	3.83	6.05

续表

样品	X_1	X_2	X_3	X_4	X_5	X_6	X_7	X_8	V_1	V_2
81	55	5	10	27	128	205	2.62	11	2.11	5.5
82	70	5.3	7	28	118	204	2.35	12	2.96	4.5
83	85	4.9	11	19	117	206	2.9	14	2.08	4.03
84	115	5	10	21	122	198	3.25	17	1.9	4.54
85	110	5.7	9	26	125	230	4.95	—	2.93	4.85
86	95	4.8	8	27	114	228	2.65	11	2.12	3.96
87	95	4.9	8	29	118	240	2.9	—	2.1	4.35
88	120	6.1	9	24	120	244	2.82	18	3.66	4.15

将 n 个数据点 X_j（j=1，2，…，n）对某一投影方向 $\boldsymbol{a}$ 进行投影，得到一维数据：$Z_j=\boldsymbol{a}^{\mathrm{T}}\mathrm{X}_j$（$j$=1，2，…，$n$）（按大小排序从小到大）分为两组。

$$S(a,n_1,n_2)=n_1n_2\frac{\overline{z}^2-\overline{z}^1}{[n_1S^{(1)2}+n_2S^{(2)2}]^{\frac{1}{2}}} \quad (2.66)$$

为样本均值，$S^{(K)2}$ 为样本方差。

$$Q(\boldsymbol{a})=\max_{\substack{n_1+n_2=n\\ n_1>0,\ n_2>0}} S(\boldsymbol{a};n_1,n_2)=S(\boldsymbol{a};n_1^{\boldsymbol{a}},n_2^{\boldsymbol{a}}) \quad (2.67)$$

$$Q(\boldsymbol{a}_1)=\max_{\|a\|=1} Q(\boldsymbol{a})=S(\boldsymbol{a}_1;n_1^{\boldsymbol{a}_1},n_2^{\boldsymbol{a}_1}) \quad (2.68)$$

其中，$\boldsymbol{a}_1$ 是从 96 个随机方向中寻求的最优方向，得到（非规格化）线性函数：

$$Z=16x_1-5300x_2+270x_3-670x_4+350x_5+135x_6 \quad (2.69)$$

第一类含 1～41 与 76～88，第二类含 42～75。然后按同样方法施于第一类，得线性函数：

$$Z=63x_1-2900x_2-470x_3+760x_4+1020x_5-77x_6 \quad (2.70)$$

分割为 A（1～41），B（76～88）施于第二类的线性函数：

$$Z=21x_1-9200x_2-30x_3-1140x_4+50x_5+41x_6 \quad (2.71)$$

分割为 C（42～54），D（55～75）。

用它们作为已知分类，数据送入逐步判别程序（BMDO7M），得两个主成分变量：

$$V_1=49x_1-16600x_2-620x_3-480x_4+560x_5+50x_6 \quad (2.72)$$

$$V_2=39x_1+1490x_2+600x_3-180x_4-115x_5+24x_6 \quad (2.73)$$

在（V_1，V_2）的散点图上，B 类和 C 类分辨不开，因此最后得到 3 个类：A、$B \cup C$、D。

逐步判别分析程序表明 x_2、x_5、x_6 是对判别最有用的变量。在此采用的投影指标的定义，分子具有平移不变、刻度同变，分母也是平移不变、刻度同变的，而指标则是仿射不变的。因此这样的 PP 聚类分析，对坐标分量的刻度选取是不变的。它对投影指标的最大值及相应分割法（$n^{\boldsymbol{a}_1}$，$n^{\boldsymbol{a}_2}$）没有影响，只影响 $\boldsymbol{a}_1$ 中分量的大小。当然其他的分离度度量也可以用在这里。在一维（二维）聚类方法中，可以给出的判别好坏的指标都可代替 S（$\boldsymbol{a}$；n_1，n_2）作 PP 聚类分析，当然，它要合理，具有一定的同变或不变性。Kruskal（1969）也有类似的聚类思想。

Friedman 和 Tukey 于 1974 年明确指出 PP 聚类的基本思想是在 1～2 维子空间上得到投影的数据构形。希望投影的图形、局部的投影点要密集，整体上投影点要散开，这两方面的要求各用一个指标反映，先考虑一维投影：$Z_j=\boldsymbol{a}^{\mathrm{T}}X_{\mathrm{j}}$（$j$=1，2，…，$n$），设 Z_j 已从小到大排好序 $Z_1 \leqslant Z_2 \leqslant \cdots \leqslant Z_n$。整体散开度量表示为

$$S(\boldsymbol{a})=\left[\frac{\sum_{j=pn}^{(1-p)n}\left(Z_j-\tilde{Z}\right)^2}{(1-2p)n}\right]^{\frac{1}{2}} \tag{2.74}$$

其中

$$\tilde{Z}=\frac{\sum_{j=pn}^{(1-p)n} Z_j}{(1-2p)n}$$

式中：$S(\boldsymbol{a})$为截尾标准差；$\tilde{Z}$ 为截尾均值，其中 $0<p<\frac{1}{2}$ 为截尾率。

它将 Z_j 中最小与最大的 pn 个数据剔除，避免了高离群值的过分影响。又定义

$$d(\boldsymbol{a})=\sum_{i<j} f(r_{ij})\, u(R-r_{ij}) \tag{2.75}$$

其中

$$r_{ij}=\left|Z_i-Z_j\right|$$

反映投影点的局部密集度。平滑函数 $f(t)$，对 $t>0$ 是光滑递减的且 $f(R)=0$，单位阶跃函数

$$u(t)=\begin{cases}1 & t \geqslant 0\\ 0 & t<0\end{cases} \tag{2.76}$$

给了一个窗。其中截断半径 R 是一个控制参数，它既使窗内样本点的个数

不太小，以免滑动平均偏差太大，又要使它不随 n 增加得太高（比 n 的阶要低）。

这里既希望 $S(\boldsymbol{a})$大，也希望 $d(\boldsymbol{a})$大，这是二指标的优化问题，将它们结合成单指标，定义投影指标：

$$Q(\boldsymbol{a})=S(\boldsymbol{a})d(\boldsymbol{a}) \tag{2.77}$$

寻求最感兴趣的投影方向 $\boldsymbol{a}_1$，使投影指标最大，则有

$$Q(\boldsymbol{a}_1)=\max_{\|\boldsymbol{a}\|=1} Q(\boldsymbol{a}) \tag{2.78}$$

对于二维 PP，$\boldsymbol{a}$、$\boldsymbol{b}$ 为两个投影方向 $\|\boldsymbol{a}\|=1$，$\|\boldsymbol{b}\|=1$，$\boldsymbol{a}\perp\boldsymbol{b}$，定义投影指标：

$$Q(\boldsymbol{a},\boldsymbol{b})=S(\boldsymbol{a},\boldsymbol{b})d(\boldsymbol{a},\boldsymbol{b}) \tag{2.79}$$

其中

$$S(\boldsymbol{a},\boldsymbol{b})=S(\boldsymbol{a})S(\boldsymbol{b}) \tag{2.80}$$

而

$$d(\boldsymbol{a},\boldsymbol{b})=\sum_{i<j} g(r_{ij})\bigcup(R-r_{ij}) \tag{2.81}$$

$$r_{ij}=(\left|Z_i^{\boldsymbol{a}}-Z_j^{\boldsymbol{a}}\right|+\left|Z_i^{\boldsymbol{b}}-Z_j^{\boldsymbol{b}}\right|)^{\frac{1}{2}} \tag{2.82}$$

其中：$Z_j^{\boldsymbol{a}}=\boldsymbol{a}^{\mathrm{T}}X_j$，$Z_j^{\boldsymbol{b}}=\boldsymbol{b}^{\mathrm{T}}X_j$（$j$=1，2，…，$n$），平滑函数 $g(t)$对于 $t>0$ 是光滑递减，且 $g(R)=0$。

寻求最感兴趣的投影方向 $\boldsymbol{a}_1$、$\boldsymbol{b}_1$ 使投影指标达到极大，使

$$Q(\boldsymbol{a}_1,\boldsymbol{b}_1)=\max_{\substack{\|\boldsymbol{a}\|=\|\boldsymbol{b}\|=1\\ \boldsymbol{a}\perp\boldsymbol{b}}} Q(\boldsymbol{a},\boldsymbol{b}) \tag{2.83}$$

根据 Friedman 与 Tukey 的经验，平滑函数的特征宽度为

$$\overline{r}=\frac{\int_0^R rf(r)\mathrm{d}r}{\int_0^R f(r)\mathrm{d}r} \tag{2.84}$$

$f(r)$、$g(r)$具体函数形式影响不大。$\overline{r}$ 是控制参数，要仔细选择，其选择要考虑：①数据的整体刻度；②关于点的多元密度变异的已知信息；③样本大小。$\overline{r}$ 应足够大，使每个投影点的平滑邻域有足够多的点，可以得到一个局部密度的估计，$\overline{r}$ 又不可过大，以免这种估计不精确。这正如一般平滑方法，要使 $\overline{r}$ 对于偏差与方差折中。实际计算中，往往要用不同的 $\overline{r}$ 试算。

这里采用平滑方法，使得投影指标作为投影方向的函数是光滑函数，因此可以采用比随机搜索收敛更快的寻优方法。

以下简要介绍随机搜索法，对方程组 $f_i(X_1，X_2，\cdots，X_n)=0$（$i$=1，2，…，

n）构造目标函数：$Q(X)=\sum_{i}^{n}\boldsymbol{a}_i^2 f_i^2(X)$，在求根区域 D 内寻找 $Q(X^*)<\varepsilon$ 的点 X^*。

给定或随机选取一点 X_0 作为随机搜索出发点。用改变不适当步长的随机搜索法寻找 X^*。预先给出一组参数，搜索初始步长 $\alpha_0>0$，搜索步长改变参数 $K>1$，精度控制参数 $\varepsilon>0$，搜索不适当控制步数 M 等。

假定在 j 步随机搜索过程中得到点 X_j，则由 j 步到 j+1 步随机搜索的计算过程是：

（a）计算第 j+1 步的随机搜索步长 α_{j+1}。

记前 j–1 步过程中 $Q(X)$的最小值为 $Q_{j-1}^*=\min\limits_{1\leqslant S\leqslant j-1}Q(X_{S_1})$，$m$ 为前 j 步中随机搜索不适当的步数。

当 $Q[X_{(j)}]<Q_{j-1}^*$ 时，$m\Rightarrow m$，$Q_j^*=X_{(j)}$，加大搜索步长 $\alpha_{j+1}=K\alpha_j$；当 $Q[X_{(j)}]>Q_{j-1}^*$ 时，$m+1\Rightarrow m$，$Q_j^*=Q_{j-1}^*$。

在 $m<M$ 时，搜索步长不变 $\alpha_{j+1}=\alpha_j$；在 $m>M$ 时，压缩搜索步长 $\alpha_{j+1}=\alpha_j/K$。

（b）计算第 j+1 步随机搜索改变量。

$$\Delta X_{ij+1}=\begin{cases}(2r_i-1)\alpha_{j+1} & Q[X_{(j)}]<Q_{j-1}^*\\(2r_i-1)\alpha_{j+1}-\Delta X_{ij} & Q[X_{(j)}]\geqslant Q_{j-1}^*\end{cases}$$

这里 r 为[0，1]上均匀分布的随机数。

（c）计算第 j+1 步的随机点。$X_{ij+1}=X_{ij}+\Delta X_{ij+1}$　（i=1，2，…，n）

（d）计算目标函数 $Q[X_{(j+1)}]$

当 $Q[X_{(j+1)}]<\varepsilon$ 时，取 $X^*=X_{(j+1)}$中止搜索，否则转回 a）进入新的迭代。

Friedman 和 Tukey（1974）的方法不是把投影点分成两类去计算它们的分离度，而是对全部投影点计算一个投影指标值。此值大则倾向于聚类结构，对于得到的一维投影点，根据其最优方向，可给出相应的直方图便于分开聚类。而对二维 PP 则显示出投影点的散点图，对于分得的类再作 PP 聚类分析，这需要具有交互作图能力的计算机数据分析系统。

Friedman 和 Tukey 指出在聚类分析中出现多个局部极值问题，因而解不唯一。这种情况应该是正常的。因为对于聚类分析的探索性的研究，把一切有兴趣的、有潜在价值的方向提供给研究者考虑是很有意义的，其中包括对不同结果所包含的实际意义、机制的解释与研究是特别重要的。

Friedman 和 Tukey 于 1974 年对四批数据进行了分析：

（1）球形对称分布数。用 Monte-Carlo 方法产生 14 维空间超球体内均匀分布的 975 个数据，分别用 4 个坐标轴及 14 个主轴作为起始方向，作一维 PP 及二维 PP。结构说明没有什么感兴趣的方向可以暴露聚类。这说明当数据不存在聚类结构时，PP 方法不会生造出结构来。

（2）单纯形顶点的正态分布数据。以 14 维空间的边长为 10 的单纯形的 15 个顶点分别为中心，用 Monte-Carlo 方法产生出方差是 1 的球对称正态分布的 65 个数据点，共 65×15=975 点，是结构很清楚的点集。对最大主轴方向投影的直方图，分不出聚类结构，而用一维 PP，以此作为起始方向得到的解方向，数据在它上面的投影点，画出直方图，可以看到 65 个点一个类，与 910 个点一个类相分开。对得到的类再用一维 PP 方法，以图像显示，用肉眼观察，再找出分开的类，依次进行下去，最后可分成 15 类，每个类 65 个点，二维 PP 也有类似结果。

（3）著名的鸢尾花数据。Fisher（1936）研究线性判别分析中使用的典型数据。以后常用作聚类方法的测试数据。它有三类：刚毛鸢尾、变色鸢尾、Virginia 鸢尾。四个指标：花萼、花瓣的长与宽，P=4，N=150。每类有 50 个样品点。利用两个最大主轴作为起始方向，作二维 PP。在结构的投影平面中，50 个点与 100 个点明显分开。一维 PP 也有类似结果。简单考虑原来数据也有此结果。对 100 个点的类，作两个最大主轴的二维投影，及一个最大主轴的一维投影，结果分不开。而从两个最大主轴方向出发作二维 PP 结果的投影图，似乎有两个可分辨的聚类，右下角的密度比平均密度高。如果把投影点标上已知类别，已知两个类别的前提下，得到的 Fisher 判别平面上的投影点，有差不多的分离情况。

（4）高能粒子物理散射试验的实际数据。7 维空间的 500 个点，在两个最大主轴平面上的散点图，显示数据可能有聚类结构，而从此出发的二维 PP 的解，可得到散点图，更清楚地显示出至少有三个类，其中一个与其他两个类区分很明显。

2.4 投影寻踪时间序列分析

PP 方法在解决时间序列分析问题中，也得到了富有成效的应用。现从以下几个方面作简要介绍。

2.4.1 作为锐化技术的最小熵反褶积

磨损、干扰与修复、还原是普遍存在的问题，如要从由于镜头微动有毛病的底片得到一张好的照片，或对一张长期使用存放声音变坏的老唱片改进复原都属于此类问题，我们自己的视觉系统就有这样的能力，它跟踪适度模糊的阶梯折线，可直接看到突显的直线。实践中这类问题与其解决方法随处可见，把这类方法统称为锐化技术（Sharpening Technique）。

通常的问题是研究的原序列混杂了起扰乱作用的干扰序列，而干扰序列的统计特性已知，要排除它得到原序列，则相当于滤波器的作用。而现在的特殊情况是滤波器未知，要从观察数据，同时构造出未知的滤波器与原序列，这就相当于把被观察的序列 Y，分解成两个不可观察的因子序列 f 与 X 的褶积。

$$Y=f*x \tag{2.85}$$

式中：f 为未知滤波器；x 为研究的原序列；*为褶积（convolution）。

在此背景下，即 Y 为时间系列在等距点上的观测值（…，y_t，y_{t+1}，…），$y_t=\sum f_s x_{t-s}$，现在要找出反褶积，q 为 f^{-1} 使 $q*Y=x$，准确表示为如下数学模型：

（1）反褶积（deconvolution）的数学模型。设 f_j 为实数序列，且有 $f_j=0$，当 $j<0$，$\sum\limits_{j=0}^{\infty}f_j^2<\infty$。$x_i$（$i=0$，$\pm1$，…）为随机变量序列，独立、同分布，$Ex_i=0$，$Ex_i^2<\infty$，令 $y_i=\sum\limits_{j=-\infty}^{i}f_{i-j}x_j$（$i=0$，$\pm1$，…）。

f_j、x_j 均未知，在只知道 y_i（$i=0$，±1，…）条件下，求找出一串实数 q_0，q_1，…，$\sum\limits_{i=0}^{\infty}q_i^2<\infty$，使 $\sum\limits_{j=-\infty}^{i}q_{i-j}y_j$（$i=0$，$\pm1$，$\pm2$，…）成为 x_i 在某种意义下良好的估计。

注：在实际问题中变为已知 y_1，y_2，…，y_n 条件下，找寻实数 q_0，q_1，q_2，…，q_P（其实 P 也可以用数学方法选择），使 $\sum\limits_{j=0}^{P}q_{i-j}y_j$（$i=1$，2，…，$N-P+1$）成为 x_i 的最优估计。

上述反褶积数学模型，可以看为维纳滤波的发展，当 x_j、y_j 为平稳序列，自身统计特性及 x_j 和 y_j 的互相关均完全知道，单单求 f_j 就成为典型的线性滤波问题，这个问题的复杂性在于 f_j、x_j 同时不知道，只知 y_j 的一段样本 y_1，…，y_n，要同时找出 f_j 和 x_j 的估计。

反褶积的数学模型也可以这样看，在已知 f_j（$j=0$，1，2，…）和 x_j（$j=0$，1，2，…），$y_i=\sum_{j=-\infty}^{i} f_{j-i}x_j$（$i=0$，$\pm1$，$\pm2$，…）一般称为褶积运算，由 f_j 与 x_j 褶积后产生出 y_j；反褶积的数学模型是，f_j 和 x_j 均不知道，只知道他们经过褶积运算的结果 y_i，要反求 f_j 和 x_j，为了求解，一般要对 f_j、x_j 作一些假定，反褶积模型中，对 f_j、x_j 的假定是可变动的，事实上也在不断修改中，但反褶积形式是比较稳定的，在石油地球物理勘探中反褶积模型得到发展应用是有生命力的。反褶积的解法已经有很多种，由于求解的需要，常对 f_j、x_j 加上许多条件，有些条件被实践证明是错误的。

（2）Wiggins 算法（Minimum Entropy Deconvolution）。在所有的反褶积解法中，较仔细地介绍 Wiggins（1978）的方法。

问题是如何从 y_1，y_2，…，y_N 出发，去定出 q_1，q_2，…，q_P 的值，令 $x_i=\sum_{j=1}^{P} q_j y_{i+j-1}$，$i=1$，2，…，$N-P+1$，选 q_1，q_2，…，q_P，使目标函数

$$V=\frac{\sum_{i=1}^{N-P+1} X_i^4}{\left(\sum_{i=1}^{N-P+1} X_i^2\right)^2} \tag{2.86}$$

达到极大，亦即使数组 x_1，x_2，…，x_{N-P+1} 的经验分布的熵达到极小，对这点，下面有说明。用微积分，化为解方程组：

$$\sum_{j=1}^{P} q_j \sum_{i=1}^{N-P+1} y_{i+j-1}y_{i+k-1}$$
$$=\frac{\left\{\sum_{i=1}^{N-P+1}\left[\left(\sum_{j=1}^{N-P+1} q_j y_{i+j-1}\right)^3 y_{i+k-1}\right]\right\}\left\{\sum_{i=1}^{N-P+1}\left[\sum_{j=1}^{P} q_j y_{i+j-1}\right]^2\right\}}{\sum_{i=1}^{N-P+1}\left(\sum_{j=1}^{P} q_j y_{i+j-1}\right)^4}(k=1,2,\cdots,P) \tag{2.87}$$

上述关于未知数 q_1，q_2，…，q_P 的高度非线性方程组，无法求出解析解。用下述迭代法可求解，初值 $q_j^{(0)}$（$j=1$，2，…，P）给出后，代入等

式右端，左端$\sum_{i=1}^{P} q_j \sum_{i=1}^{N-P+1} y_{i+j-1} y_{i+k-1}$不代入，其中$q_i$保持为未知数，得到一个陶布里兹型线性方程，此线性方程组由时间序列的已有成果可迅速解出q_1，q_2，…，q_P，记为$q_1(1)$，$q_2(2)$，…，$q_P(1)$，再代入等式右端，又得一线性方程，如此迭代下去。

（3）Wiggins 目标函数的讨论。从数据y_1，y_2，…，y_N出发，选不同的q_1，q_2，…，q_P得到不同的数列x_1，x_2，…，x_{N-P+1}。

这里：

$$x_i = \sum_{j=1}^{P} q_j y_{i+j-1}\text{，}\quad i = 1,2,\cdots,N-P+1 \tag{2.88}$$

可选q_1，…，q_P，使x_i尽可能简单，或者说它的经验分布的熵达到极小（最小熵反褶积）。

Wiggins 选择了目标函数

$$V = \frac{\sum_{i=1}^{N-P+1} x_i^4}{\left(\sum_{i=1}^{N-P+1} X_i^2\right)^2} \tag{2.89}$$

为什么上述目标函数选出的x_i的经验分布的熵就会达到极小呢？Wiggins 文中用计算例子来说明，如图 2.2 所示。

图 2.2 中是不同x_i取值对应的 V 值，第一图为x_i中只有一个不为 0，其他全为 0，此时 V 取值达到极大，V=1.00；第二图为x_i中有两个不为 0，且一个大一个小，则 V=0.85；第三图为有两个不为 0，但相等，V减小为 0.80；当有 11 个不为 0，且相等时，V 只取 0.09！从图 2.2 中看出x_i分布越接近均匀分布时，V越小，离均匀分布越远，越接近单点分布时 V 越大，因此上述目标函数客观上使x_i经验分布的熵达到极小。

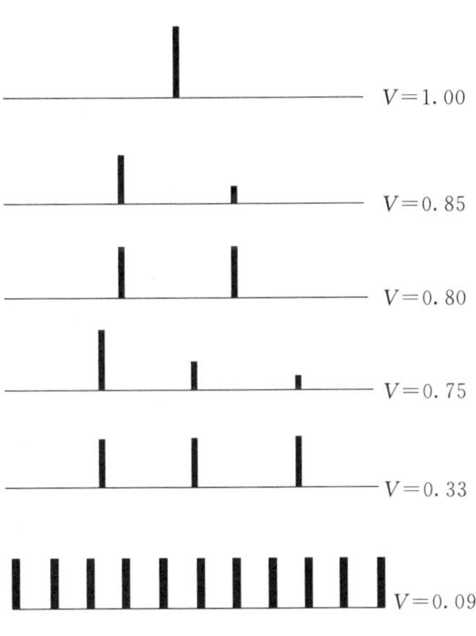

图 2.2　Wiggins 目标函数计算简图

需要说明的是，Wiggins 的目标函

数不是仿射不变量，不同于$\dfrac{C_4}{(C_2)^2}$，因为它没有减去平均数。

2.4.2　时间序列的 PPR 例子

2.4.2.1　数学模型

假定$y_t = x_t + N_t$，其中，$x_t = \sum_{j=1}^{l} f_j(t/p_j)$，$f_j$是以 1 为周期的非正弦周期函数，平均数为 0，即$\int_0^2 f_j(t)\mathrm{d}t = 0$；$p_j$在有理数域上线性独立；$N_t$为干扰，可以是白噪声，或平稳噪声，也可以是其他随机过程。

数据处理的目的是要从样本y_1，y_2，…，y_N出发，找出l、f_j与p_j。

Huber 指出上述模型不同于一般谱分析模型，关键在于要求f_j是非正弦周期函数，且这一方法的优点是一个时域数据处理方法而非频率域处理方法。

2.4.2.2　数据处理的计算步骤

已知：y_1，y_2，…，y_N对任意整数$1<p<N$。

计算Z_{pi}，i=1，2，…，p，设$N = Kp + \tau$，$0 \leqslant \tau < p$

对 $1 \leqslant i \leqslant p$ 固定，令

$$Z_{pi} = \begin{cases} \dfrac{1}{K+1}\sum_{j=0}^{N} y_{i+jp} & 1 \leqslant i \leqslant \tau \\ \dfrac{1}{K}\sum_{j=0}^{K\ 1} y_{i+jp} & p \leqslant i \leqslant \tau \end{cases} \tag{2.90}$$

将Z_{pi}周期延拓后，故在全直线上有定义。

再计算目标函数

$$Q(p) = \frac{1}{N}\sum_{i=1}^{N}(y_i - Z_{pi})^2 = \frac{1}{N}\sum_{i=1}^{N} y_i^2 - \frac{1}{p}\sum_{j=1}^{p} Z_{pj}^2 \tag{2.91}$$

以上第二个等号可简要证明如下：

先设N=Kp，一般情况证明与此类似。

$$\frac{1}{N}\sum_{i=1}^{N}(y_i - Z_{pi})^2 = \frac{1}{N}\sum_{i=1}^{N} y_i^2 + \frac{1}{N}\sum_{i=1}^{N} Z_{pi}^2 - 2\frac{1}{N}\sum_{i=1}^{N} y_i Z_{pi} \tag{2.92}$$

而

$$\frac{1}{N}\sum_{i=1}^{N} Z_{pi}^2 = \frac{K}{N}\sum_{j=1}^{p} Z_{pj}^2 = \frac{1}{p}\sum_{i=1}^{p} Z_{pj}^2 \tag{2.93}$$

$$\frac{1}{N}\sum_{i=1}^{N}y_i Z_{pi}=\frac{1}{p}\sum_{j=1}^{p}\left(Z_{pi}\bullet\frac{1}{K}\sum_{t=0}^{K-1}y_{j+tp}\right)=\frac{1}{p}\sum_{j=1}^{p}Z_{pj}\bullet Z_{pj}=\frac{1}{p}\sum_{j=1}^{p}Z_{pj}{}^{2} \quad (2.94)$$

对不同的 p 均做了计算后，选 p 使 $Q(p)$ 达极大，等价于使 $\frac{1}{p}\sum_{j=1}^{p}Z_{pj}^{2}$ 达极小，记为 p_1，则对任意 i，有

$$Z_{p_1 i}=f_1\left(\frac{i}{p_1}\right) \quad (2.95)$$

故 f_1 形式及 p_1 已找出。然后用 $y_i-Z_{p_1 i}$ 代替原来的 y_i，作上述同样的计算，选出 $Z_{p_2 i}$，如此往复循环，迭代适当次数为止。

实算经验证明，l 太小（比如 $l=1$）一般 Z_{pi} 曲线振幅太小；l 太大，$\hat{x}_i$ 振幅变大，但会引进假规律。

这个方法在技巧上具有重大意义，滤波理论可以说是源出于此。

在此模型中，假定 $y_t=x_t+N_t$，当 x_t 是一个已知形式的周期函数，与白噪声 N_t 相加，如图 2.3 所示，在 N_t 能量大于 x_t 的能量时，根据 y_t 看不出 x_t 的形状，于是提出问题，是否可以从 y_t 找出 x_t 呢？

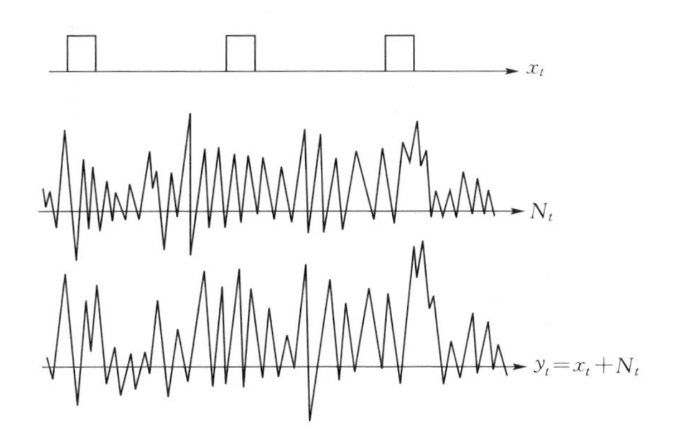

图 2.3　模型简图

回答是肯定的，希望就寄托在 x_t 是周期函数上，周期已知，而 N_t 是白噪声，其特点就是杂乱无规律，像农村麦收扬场时，利用麦粒、草、土的比重不同的特点，用扬场手段，借风之力，把麦粒、草、土自然分开了一样，对 x_t 与 N_t 混杂产生的 y_t，用周期叠加作手段，可以巧妙找出 x_t。

周期叠加，按下述运算：

设 x_t 周期为 T，$N=KT+\tau$，$0\leqslant\tau\leqslant T$

$$S_i=\begin{cases}\dfrac{1}{K+1}\sum\limits_{j=1}^{K+1}y_{i+jT} & 1\leqslant i\leqslant\tau\\ \dfrac{1}{K}\sum\limits_{j=1}^{K}y_{i+jT} & \tau+1\leqslant i\leqslant T\end{cases}\tag{2.96}$$

由于自噪声特点（独立同分布），叠加后，$\sum\limits_{j=1}^{K}N_{i+jT}$ 方差为 $\sqrt{K}$ 数量级，而周期函数 $\sum\limits_{j=1}^{K}x_{i+jT}$，周期函数的方差为 K 数量级。因此，理论上，当 $K\to\infty$，S_i 会变成 x_i，叠加适当多的次数，就会看出 x_i 形状。

但数学模型 $x_t=\sum\limits_{j=1}^{l}f_j(t/p_j)$ 的困难在于 x_t 为有 l 个（l 未知）周期函数相加，而每一个的周期也未知，但周期叠加的思想仍可借用。

在运用周期叠加原理时，采用逐个试算的方法，用各种周期 i（$2\leqslant i\leqslant m$，之所以大于等于 2，是因以 1 为周期函数本书不研究，m 一般应比 N 小很多倍，因为叠加次数太少，就起不到周期叠加的效果）去试算，若 i 是 l 个周期中的一员，则结果应为叠加的次数多了后，得到某个 f_i，若 i 不是 l 个周期中的一员，则结果应为叠加次数多了后，会趋近于零，也就是说，当 i 为 l 个周期中一员时，$\dfrac{1}{p}\sum\limits_{j=1}^{p}Z_{pj}^2$ 就会小，等价于 $Q(p)$ 就会大，这就是选取 $Q(p)$ 作目标函数的直观背景。

对使 $Q(p)$ 达极大的 p 要仔细分析，若 p_0 是真正一个周期，则它在 Kp_0 处，一切 $K\geqslant 1$ 处，均使 Q 值大。

又 p_i、p_j 为使 $Q(p)$ 达局部极值之点，p_i、p_j 在有理数域上不是线性独立。在适当选取单位后，$p_i=\dfrac{m_i}{n_i}$，$p_j=\dfrac{m_j}{n_j}$，设 t 为 n_jm_i 与 n_im_j 之最小公倍数，则在 $\dfrac{t}{n_in_j}$ 处 Q 也形成峰值。

由此可见，求解 x_t 的真正周期是一件难事。

2.4.2.3　本模型的周期图解法

设 $y_t=x_t+N_t$，对 x_t 作稍微不同的假定，若 $x_t=\sum\limits_{j=1}^{l}[A_j\cos(\lambda_jt)+B_j\sin(\lambda_it)]$ 即有限（l）个不同频率的正弦函数的线性组合，由于周期函数可作三角级数展开，周期图模型（即本段对 x_t 的假定）之解，可近似作 2.4.2.1 节中问题的解。

化为数据处理的问题，即假定：

$$y_i=\sum_{j=1}^{l}[A_j(\cos\lambda_j i)+B_j\sin(\lambda_j i)]+N_i \qquad i=1,2,\cdots,N \tag{2.97}$$

在已知y_1，y_2，…，y_N后，要求确定l、λ_j、A_j及B_j，这就是周期图模型。

周期图模型解法的要点是：对适当选取的某些λ值，计算：

$$I(\lambda)=\left|\frac{1}{2N}\sum_{i=1}^{N}[y_i\cos(i\lambda 2\pi)+y_i\sin(i\lambda 2\pi)]\right|^2 \tag{2.98}$$

画出相应的图形，如图 2.4 所示。

由$\rho=\dfrac{1}{\lambda}$可得周期值，选出$I(\lambda)$之局部极大点λ_1、λ_2、λ_3，图形系统地反映了y_1，y_2，…，y_N样本中所包含的信息。据此确定出$L=3$及相应的λ_1、λ_2、λ_3值。

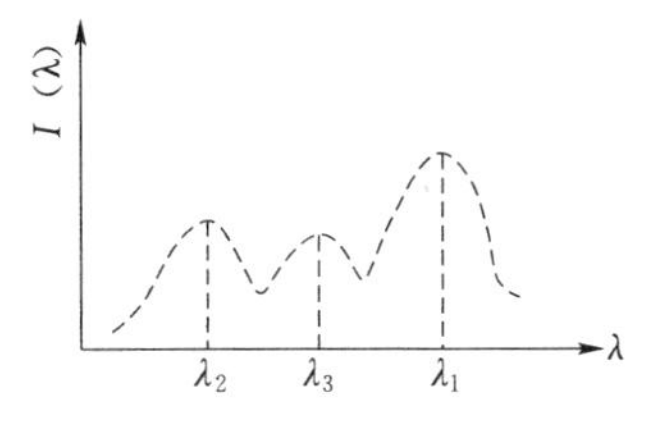

图 2.4　$I(\lambda)$图形

最后，通过最小二乘法确定 A_1、B_1、A_2、B_2、A_3、B_3，使

$$\sum_{i=1}^{N}\left(y_i-\left\{\sum_{j=1}^{3}[A_j\cos(\lambda_j 2\pi i)+B_j\sin(\lambda_j 2\pi i)]\right\}\right)^2 \tag{2.99}$$

达到极小值。则

$$\hat{x}_i=\sum_{i=1}^{3}[A_j\cos(\lambda_j 2\pi i)+B_j\sin(\lambda_j 2\pi i)] \qquad i=1,2,\cdots,N \tag{2.100}$$

为估计值。

由于三角函数是正交性，即$i\neq j$，$\int_{-\pi}^{\pi}\cos(2\pi i\lambda)\cos(2\pi j\lambda)\mathrm{d}\lambda=0$，故文中指出，若$p$为周期图的一个解，则$K>1$，$Kp$不再使$I(1/p)$成高峰（请对比）。这是谱分析的实质性优点。

2.4.2.4　依据 P.H.D 谱分析技巧改进的解法

假定

$$y(t)=x(t)+N(t) \tag{2.101}$$

其中

$$x(t)=\sum_{j=1}^{l}f_j\frac{t}{p_j} \tag{2.102}$$

f_j为非正弦以 1 为周期的函数，平均为 0，p_j在有理数域上线性独立，$N(t)$

为干扰，可以是白噪声或平稳过程，也可以是其他随机过程。

现从数据 $y(1)$，$y(2)$，…，$y(N)$ 出发，去找出 l、f_j 以及 p_j。

本书借用较流行的 P.H.D 谱分析技巧，提出一种更优的新算法。其理论依据的三个引理，其中引理三的证明和整个计算框架思想较新颖，具体计算步骤如下。

先证明作为理论依据的两个引理：

设 $f(i)$ 为以 p+1 为周期的函数，且 $\frac{1}{p+1}\sum_{i=1}^{p+1} f(i)=0$，则有任意 i，有

$$f(i)=-\sum_{j=1}^{p} f(i-j) \quad (*) \tag{2.103}$$

引理一　设 $y(i)=f(i)+N(i)$，其中，$N(i)$ 为平稳白噪声，均值为 0，方差 σ^2。$f(i)$ 是非随机以 p+1 为周期的函数，满足 $\frac{1}{p+1}\sum_{i=1}^{p+1} f(i)=0$，则 $y(i)$ 为特殊的 ARMA（Auto-regressive Moving Average，自回归滑动平均）序列。

证：由于

$$y(p+i)=f(p+i)+N(p+i) \tag{2.104}$$

对于一切 i，由式（2.103）得

$$y(p+i)=-\sum_{j=1}^{p} f(p+i-j)+N(p+i) \tag{2.105}$$

而

$$f(p+i)=y(p+i)-N(p+i) \tag{2.106}$$

故对一切 i，有

$$y(p+i)-\sum_{j=1}^{p} y(p+i-j)=N(p+i)-\sum_{j=1}^{p} N(p+i-j) \tag{2.107}$$

这是一个特殊的 ARMA 序列，证毕。

令

$$y'=(y(p+i),\ y(p+i-1),\cdots,y(i)) \tag{2.108}$$

$$A'=(1,1,\cdots,1) \tag{2.109}$$

$$N'=(N(p+i),N(p+i-1),\cdots,N(i)) \tag{2.110}$$

$$R_{yy}(k)=E[y(i)\ y(i+k)]=\begin{cases}\sigma^2+R_{ff}(\mathrm{o}) & k=0\\ R_{ff}(k) & k\neq 0\end{cases} \tag{2.111}$$

这里

$$R_{ff}(k)=\frac{1}{p+1}\sum_{i=1}^{p+1}f(i)f(i+k) \qquad k=0,1,2,\cdots \tag{2.112}$$

又记：

$$\Gamma_k(y)=\begin{bmatrix} R_{yy}(0) & R_{yy}(1) & \cdots & R_{yy}(k-1) \\ R_{yy}(1) & R_{yy}(0) & \cdots & R_{yy}(k-2) \\ \vdots & \vdots & & \vdots \\ R_{yy}(k-1) & R_{yy}(k-2) & \cdots & R_{yy}(0) \end{bmatrix}$$

$$\Gamma_k(f)=\begin{bmatrix} R_{ff}(0) & R_{ff}(1) & \cdots & R_{ff}(k-1) \\ R_{ff}(1) & R_{ff}(0) & \cdots & R_{ff}(k-2) \\ \vdots & \vdots & & \vdots \\ R_{ff}(k-1) & R_{ff}(k-2) & \cdots & R_{ff}(0) \end{bmatrix} \tag{2.113}$$

引理二 条件同上，有$\Gamma_{p+1}(y)A=\sigma^2 A$。

证：由引理一知：

$$y'A=N'A \tag{2.114}$$

故

$$yy'A=yN'A \tag{2.115}$$

$$E(yy')A=E(yN')A \tag{2.116}$$

由于

$$E(y'N)=E(f+N)N'=ENN'=\sigma^2 I \tag{2.117}$$

故

$$\Gamma_{p+1}(y)A=\sigma^2 IA=\sigma^2 A \tag{2.118}$$

证毕。

引理三 当$k\geqslant p+1$，有$\Gamma_k(y)$的最小特征值不变，恒等于σ^2。

证：（Ⅰ）首先注意到$R_{yy}(0)=R_{yy}(0)+\sigma^2$和$k\geqslant 1$，有$R_{yy}(k)=R_{ff}(k)$，由于$R_{ff}(p+1)=0$，故知$k\geqslant p+1$，$\Gamma_k(f)$非负定，即存在子空间$\Omega$，$A\in\Omega$有$\Gamma_k(f)A=0$，且若$B$为$\Gamma_k(f)$的特征方向，但$B\in\bar{\Omega}$，则必有$B$对应的特征值大于0。

（Ⅱ）因为$\Gamma_k(y)=\Gamma_k(f)+\sigma^2 I_{k\times k}$，故知$A$为$\Gamma_k(y)$之特征方向$\Leftrightarrow A$为$\Gamma_k(f)$的特征方向。

A为$\Gamma_k(y)$特征方向对应特征值为$\sigma^2+\lambda\Leftrightarrow A$为$\Gamma_k(f)$特征方向对应

特征值为λ。

$A\in\Omega$，则A作为$\Gamma_k(y)$特征方向对应的特征值为σ^2，而其他$B\in\Omega$，B为$\Gamma_k(y)$特征方向，则必有B对应的特征值大于σ^2。

证毕。

以上三个引理为实测样本数据提供了理论依据和搜索方向，具体步骤如下：

从$y(1)$，$y(2)$，…，$y(N)$出发，去确定i=1，2，…，p+1时的$p+1$以及$\hat{f}(i)$。

（a）计算：

$$\hat{R}_{yy}(K)=\frac{1}{K}\sum_{j=1}^{N-K}[y(i)-\overline{y}][y(i+K)-\overline{y}]\quad K=0,1,\cdots,t_0,\ t_0\leqslant N \tag{2.119}$$

其中

$$\overline{y}=\frac{1}{N}\sum_{j=1}^{N}y(j) \tag{2.120}$$

（b）对K递推地向上计算。计算$\Gamma_k(y)$之最小特征值$\lambda_{\min}^{(K)}$，若它比$\lambda_{\min}^{(K-1)}$下降不多，令$P+1=K-1$，转入（III），否则类似再计算Γ_{K+1}^{y}的最小特征值$\lambda_{\min}^{(K+1)}$，再用它与$\lambda_{\min}^{(K)}$比较。

（c）若已认定$P+1=K$，则令

$$\hat{x}_i=-\sum_{j=1}^{K-1}y(i-j)\quad i=K,K+1,\cdots,N \tag{2.121}$$

设

$$N-P=S(P+1)+\tau\quad 0\leqslant\tau\leqslant P+1 \tag{2.122}$$

令

$$\hat{f}(i)=\begin{cases}\dfrac{1}{S+1}\displaystyle\sum_{j=1}^{S+1}\hat{x}_{i-1+j(P+1)} & 1\leqslant i\leqslant\tau\\ \dfrac{1}{S}\displaystyle\sum_{j=1}^{S}\hat{x}_{i-1+j(P+1)} & \tau\leqslant i\leqslant P+1\end{cases} \tag{2.123}$$

（d）将$\hat{f}(i)$作周期延拓，记为$f_1(i)$，再用$y(i)-f_1(i)=\overline{y}(i)$（$i$=1，2，…，$N$）当作$y(i)$，返回上述（a）同样计算，找出$f_2(i)$，如此循环若干次。

这个计算方法不同于P.H.D技巧的地方很多，比如这里特征方向固定为（1，1，…，1）且是K阶，而P.H.D技巧对给定K，一般考虑2K+1阶矩阵，且特征方向需要求出，还需解高次方程，以定基频。

2.4.3　PP自回归模型［PPAR（K）］

新疆农业大学（原新疆八一农学院）杨力行、郑祖国、邓传玲、刘大秀在PP应用的基础上，把PP回归思想用于时间序列的分析处理中，并于1991年研制了PPAR(K)、PPMR(K)、PPTS软件包，以下对PPAR(K)模型简要介绍。

2.4.3.1　数据模型

对时间序列中的AR(K)模型

$$X_t=\phi_1 X_{t-1}+\phi_2 X_{t-2}+\phi_3 X_{t-3}+\cdots+\phi_k X_{t-k}+\alpha_t \tag{2.124}$$

式中：$\{X_t\}$为零均值平稳序列；$\{\alpha_t\}$为白噪声序列。由于它要求时间序列自身的线性相依关系，是一个很苛刻的限制，用它去描述和分析非线性的实际问题，就会出现过大偏差而失效。因而考虑采取限制放宽得多的PPR方法来解决这个问题，用线性投影的岭函数之和去拟合表达相依关系的回归函数，并称为PP自回归模型PPAR(K)。

设：

$$X_t=\sum_{j=1}^{m}\beta_i f_i(\alpha_{j0}X_{t-1}+\alpha_{j1}X_{t-2}+\cdots+\alpha_{jk-1}X_{t-k})+\alpha_t \tag{2.125}$$

式中：β_j为权系数；$\alpha_j=(\alpha_{j0},\ \alpha_{j1},\ \cdots,\ \alpha_{jk-1})^{\mathrm{T}}$为投影方向，且$\|\alpha_j\|=1$；$f_j$是$Z_{t-1}^{(j)}$具有一定光滑度的连续函数，$Z_{t-1}^{(j)}=\alpha_{j0}X_{t-1}+\alpha_{j1}X_{t-2}+\cdots+\alpha_{jk-1}X_{t-k}$。

根据$\{X_t\}$观测样本拟合回归，逐步找出最优的β_j，α_j，f_j，回归函数的极小化准则为

$$L_2=E\left\{Z_t-\sum_{j=1}^{m}\beta_j f_j[Z_{t-1}^{(j)}]\right\}^2=\min \tag{2.126}$$

这样可以把K阶自回归看成一个多变量输入，单变量输出的问题。在PPAR（K）模型中通过投影又将K维问题简化为一维问题。

应当指出当X_t是平稳序列时，通过投影得到Z_t也是平稳序列。

事实上，由于X_t是平稳的，有：$E(X_t)=u$，$E(X_t-u)(X_s-u)=\gamma_{t-s}$，对确定的方向：

$$\alpha=(\alpha_0,\cdots,\alpha_{k-1})^{\mathrm{T}},\quad \sum_{l=0}^{K-1}\alpha_l=C\ （C为确定常数）$$

则

$$EZ_t=E\sum_{l=0}^{K-1}\alpha_l X_{t-l}=\sum_{l=0}^{K-1}\alpha_l EX_{t-l}=\mu\sum_{l=0}^{K-1}\alpha_l=c\mu \tag{2.127}$$

$$
\begin{aligned}
&E(Z_t-\mu c)(Z_s-\mu c)\\
&=E\left(\sum_{l_1=0}^{K-1}\alpha_{l_1}X_{t-l_1}-\mu\sum_{l_1=0}^{K-1}\alpha_{l_1}\right)\left(\sum_{l_2=0}^{K-1}\alpha_{l_2}X_{s-l2}-\mu\sum_{l_2=0}^{K-1}\alpha_{l_2}\right)\\
&=E\left[\sum_{l_1=0}^{K-1}\alpha_{l1}(X_{t-l_1}-\mu)\right]\left[\sum_{l_2=0}^{K-1}\alpha_{l_2}(X_{s-l_2}-\mu)\right]\\
&=\sum_{l_1=0}^{K-1}\sum_{l_2=0}^{K-1}\alpha_{l_1}\alpha_{l_2}E(X_{t-l_1}-\mu)(X_{s-l_2}-\mu)\\
&=\sum_{l_1=0}^{K-1}\sum_{l_2=0}^{K-1}\alpha_{l_1}\alpha_{l_2}\gamma_{t-s+l_2-l_1}
\end{aligned}
\tag{2.128}
$$

由均值函数与相关函数的特点可知$\{Z_t\}$是平稳序列。

2.4.3.2 参数估计

模型方程：

$$
Z_t=\sum_{j=1}^{m}\beta_j f_j[Z_{t-1}^{(j)}]+\alpha_k \tag{2.129}
$$

$$
Z_{t-1}^{(j)}=\alpha_{j0}X_{t-1}+\alpha_{j1}X_{t-2}+\cdots+\alpha_{jk-1}X_{t-k} \tag{2.130}
$$

待估参数有β_j、α_j及函数$f_j(j=1，2，\cdots，M)$。对它们采取分组、分层，交替优化方法处理。将β_j、α_j、f_j划为一组，共有M组，现考虑对第j组β_j、α_j、f_j进行优化。

记

$$
L^{(j)}=X_t-\sum_{m=j}\beta_m f_m(\alpha_{m0}X_{t-1}+\alpha_{m1}X_{t-2}+\cdots+\alpha_{mk-1}X_{t-k}) \tag{2.131}
$$

则

$$
L_2=E[L^{(j)}-\beta_j f_j(\alpha_{j0}X_{t-1}+\alpha_{j1}X_{t-2}+\cdots+\alpha_{jk-1}X_{t-k})]^2 \tag{2.132}
$$

先考虑β_j的估计，取

$$
\frac{\partial L_2}{\partial\beta_j}=0 \tag{2.133}
$$

得

$$
E[L^{(j)}-\beta_j f_j]f_j=0 \tag{2.134}
$$

$$
EL^{(j)}f_j=\beta_j Ef_j^2 \tag{2.135}
$$

因而，β_j 的估计值为

$$\beta_j^* = E[L(j)f_j] / Ef_j^2 \tag{2.136}$$

当给定 M–1 组参数 β_m、α_m、$f_m(m\neq j)$及 f_j、α_j 时，β_j 由式（2.136）估计。

然后考虑 f_j 的估计，对于给定的 β_j^* 及 α_j 使 L_2 达到极小的 f_j，从理论上可得

$$f_j^* = \frac{E[L^{(j)} f_j \mid \alpha_j^{\mathrm{T}} X]}{\beta_j^{*2}} \tag{2.137}$$

但这个估计结果在仅有 $\{X_t\}$ 观测样本的基础上是难以具体操作实施的。这里采用了与 PPR 相应计算步骤不同的简化方法去处理。用分段线性回归函数作为 f_j 的估计。具体运算如下：

设第 i 个区间 $(\alpha_i,\ \alpha_{i+1})$ 中有 m 个投影变量 Z_t 的顺序统计量 $Z_{(j+1)}$，$Z_{(j+2)}$，…，$Z_{(j+m)}$，它们对应的 X_t 的值分别为 X_{tj1}，X_{tj2}，…，X_{tjm}，则 X 关于 Z 在区间 $(\alpha_i,\ \alpha_{i+1})$ 上回归直线为

$$X(i) = \hat{b}_0 + \hat{b}_1 Z^{(i)} \tag{2.138}$$

$$\hat{b}_0 = X(i) - \hat{b}_1 \overline{Z}^{(j)} \tag{2.139}$$

$$\hat{b}_1 = \frac{\sum_{l=1}^{m} [Z_{(j+1)} - \overline{Z}^{(i)}][X_{jtl} - \overline{X}^{(i)}]}{\sum_{l=1}^{m} [Z_{(j+l)} - \overline{Z}^{(i)}]^2} \tag{2.140}$$

$$\overline{X}^{(i)} = \frac{1}{m}\sum_{l=1}^{m} X_{jtl}，\quad \overline{Z}^{(i)} = \sum_{l=1}^{m} Z_{(j+l)} \tag{2.141}$$

当 $Z_t \in (\alpha_i,\ \alpha_{i+1})$ 时，f_m 的估计值为 $f_j^* = \hat{b}_0 + \hat{b}_1 Z_t$

最后，对投影方向 α_j 求最优解，根据 α_j 在优化目标函数 L_2 结构中的位置，用直接方法比较困难，将 L_2 写成如下形式：

$$L_2 = Eg^2(\alpha_j) = E\sum_{t=1}^{N} g_t^2(\alpha_j) \tag{2.142}$$

对此平方和形式的目标函数用 Gauss-Newton 最小二乘法求极小值点 α_j^*。步骤如下：

（a）取 α_j 的初值 $\alpha_j^{(0)}$

$$g[\alpha_j^{(0)}] = \{g_1[\alpha_j^{(0)}], g_2[\alpha_j^{(0)}], \cdots, g_N[\alpha_j^{(0)}]\}^{\mathrm{T}} \tag{2.143}$$

（b）记$\alpha_j^{(0)}$的校正量为$\Delta\alpha_j^{(0)}=\alpha_j-\alpha_j^{(0)}$，简记为$\Delta$，记：

$$A_0=\begin{bmatrix}\frac{\partial g_1}{\partial\alpha_{j0}} & \frac{\partial g_1}{\partial\alpha_{j1}} & \cdots & \frac{\partial g_1}{\partial\alpha_{jk-1}}\\ \frac{\partial g_2}{\partial\alpha_{j0}} & \frac{\partial g_2}{\partial\alpha_{j1}} & \cdots & \frac{\partial g_2}{\partial\alpha_{jk-1}}\\ \vdots & \vdots & & \vdots\\ \frac{\partial g_N}{\partial\alpha_{j0}} & \frac{\partial g_N}{\partial\alpha_{j1}} & \cdots & \frac{\partial g_N}{\partial\alpha_{jk-1}}\end{bmatrix}_{\alpha_j=\alpha_j^{(0)}} \tag{2.144}$$

则校正量Δ是方程组$A_0^{\mathrm{T}}A_0\Delta=-A_0^{\mathrm{T}}g[\alpha_j^{(0)}]$的解：

$$\Delta=-(A_0^{\mathrm{T}}A_0)^{-1}A_0^{\mathrm{T}}g[\alpha_j^{(0)}] \tag{2.145}$$

（c）记$\alpha_j^{(1)}=\alpha_j^{(0)}+\Delta$以代替初始值$\alpha_j^{(0)}$回到$i$)，往复循环上述过程，直到得到满足精度的结果为止。

在实际应用中，该模型显示了某些令人瞩目的优势，如：对非线性非正态样本数据的分析处理与常规方法相比有适应性强、误差小、预留检验精度高、抗干扰性能好等优点，具体实例分析详见本书第 3 章及第 4 章的相关内容。

2.5 投影寻踪回归（PPR）分析

2.5.1 回归函数的 PP 逼近

设（x，y）是一对随机变量，其中x是P维的，y是一维的，且有$f(x)=E(y|x)$，回归问题就是要用（x，y）的样本$(x_1,\ y_1)$，…，$(x_n,\ y_n)$来估计回归函数$f(x)$。

目前最常用的回归模型是线性模型，在线性模型中假设$f(x)$为x的线性函数，在实际问题中$f(x)$往往是非线性的，用线性逼近误差太大。另外一种是非参数方法，比如说最邻近方法、核估计方法等，这些方法对$f(x)$一般不作什么假定，理论上也有许多漂亮的结果，但把这种方法用于高维空间时，不能克服“维数祸根”，即样本太小，根本无法达到使用这些方法的要求。为了避免这些矛盾，PP 回归用一系列的岭函数的和来逼近回归函数，即

$$f(x) \sim \sum_{j=1}^{m} g_j(\boldsymbol{a}_j^{\mathrm{T}} x) \tag{2.146}$$

这样一来，可以用增大 m 的办法来减少模型的误差，又因为采用了投影方法，将高维问题转化为一维问题，从而克服了"维数祸根"。

不难看出，当 $m=1$，$g_1(t)=ct$ 时，式（2.146）就成了线性回归，因而 PP 回归也是线性回归的一种推广。

采用此模型后，人们自然要问，不断增大 m，是否一定能无限制地减少模型误差，即是否有

$$\sum_{j=1}^{m} g_j(\boldsymbol{a}_j^{\mathrm{T}} x) \to f(x) \tag{2.147}$$

其中，$\boldsymbol{a}_j$、$g_i(t)$（j=1，2，…，m）该如何选取，收敛的意义是什么？

我们知道，当维数 $P>2$ 时，岭函数在勒贝格（Lesbegue）测度下是不可积的，除非它退化为零。因此在考虑 L_1 或 L_2 收敛性时，必须引入一个有界的测度，比如概率测度 P，这样 L_2 收敛是指

$$\int \left[f(x) - \sum_{j=1}^{m} g_j(\boldsymbol{a}_j^{T} x) \right]^2 \mathrm{d}p \to 0 \tag{2.148}$$

在 $m \to n$ 时成立，这里的 $\boldsymbol{a}_j$、$g_j(t)$ 可以和 m 有关系。

关于这种逼近的可能性，由以下两个定理。

定理 1　设 α_i 为实数，$\boldsymbol{a}_i$ 为以非负整数为分量的向量，则形如 $\sum \alpha_i \mathrm{e}^{\boldsymbol{a}_i^{\mathrm{T}} x}$ 的函数在 d_∞ 意义下，在 $C[0，1]^P$ 中稠密。这里的 $C[0，1]^P$ 指在 $[0，1]^P$ 上连续实值函数全体。d_∞ 指以 $\sup|f(x)-g(x)|$ 为模，$f \cdot g \in C[0,1]^P$。

证明：对 $[0，1]^P$ 中的任一点 x，都存在两个形如 $ce^{\boldsymbol{a}^{\mathrm{T}} x}$ 的函数，使之在 x 点的值不等，且 $ce^{\boldsymbol{a}^{\mathrm{T}} x}$ 形函数在乘积下封闭，其线性组合就构成了一个可分代数，由泛函中的 Stone-Weier-strass 定理（参看吉田耕作著《泛函分析》），命题立即得证。

定理 2　当 P 为 $[0，1]^P$ 上的均匀分布时，形如：

$$\sum [\alpha_i \cos(2\pi \boldsymbol{a}_i^{\mathrm{T}} x) + \beta_i \sin(2\pi \boldsymbol{b}_i^{\mathrm{T}} x)] \tag{2.149}$$

的函数在 $L_2[0，1]^P$ 中稠密。

证明：在 Zygmund（1959）第二卷中证明了在 $L_2[0，1]^P$ 中的函数都可用它的 Fourier 展开逼近，这就是此定理的结论。

除了上述两个定理外，Donoho、Johnstone（1985）在 P 为正态或单位

球上均匀分布这两种特殊情况下证明了式（2.148）是能成立的，然而在一般情况下还没有什么解决办法。

在这个问题上，除以上的理论结果外，Donoho、Johnstone 等还做了一个关于 PPRA 的模拟工作，在维数 P=2 时，用 m 次多项式岭函数的和来逼近函数 $f(x_1, x_2)$，在把 P 取定为正态测度时，可估计出式（2.148）的逼近速度。

模拟结果表明当 $f(x_1, x_2)$ 为球对称函数时，即 $f(x_1, x_2)=g(x_1^2+x_2^2)$ 时，其收敛速度约为 $N^{-\frac{d}{1.5}}$，其中 $N=nm$（n 为岭函数的项数，m 为多项式次数）。因此，这里 N 实际上是参数的个数，d 是 $f(x_1, x_2)$ 的可导次数。

当 $f(x_1, x_2)$ 取为调和函数，并且在无穷远处使其上升很快，以致于在 d 阶以上的导函数非平方可积，这时，可发现其收敛速度为 $N^{-\frac{d}{2}}$。

Donoho 等认为，上述结果表明了当 $f(x)$ 接近线性时，其收敛速度就会比普通函数快些，比如说是球对称函数；反之在线性很差时，就只能具有普通的函数一样的收敛速度，例如在无穷远处上升很快的调和函数。

具体实现 PPRA 时，需要给出 $\boldsymbol{a}_j$、g_j 的选取方法。Friedman、Stuetzle（1984）提出了如下的逐步选取方法。由于此方法要求每一步都取得当时来说的最好效果，因而被有的人称为“贪婪法”（Gready Algorithm）。

其方法如下：在 $\boldsymbol{a}_j$、$g_j(t)$，$j<m$ 给定后，寻求 m、$\boldsymbol{a}_m$、$g_m(t)$，使

$$r_m(x)=f(x)-\sum_{j=1}^{m-1}g_j(\boldsymbol{a}_j^{\mathrm{T}}x) \tag{2.150}$$

的模

$$\int r_m^2(x)\mathrm{d}P \tag{2.151}$$

在 $m-1$ 升到 m 时，减少得最多。

当 $\boldsymbol{a}$ 固定时，有

$$\begin{aligned}Er_{m+1}^2(x)&=E[r_m(x)-g(\boldsymbol{a}^{\mathrm{T}}x)]^2\\&=E[r_m(x)-E(r_m(x)\mid\boldsymbol{a}^{\mathrm{T}}x)]^2+E[E(r_m(x)\mid\boldsymbol{a}^{\mathrm{T}}x)-g(\boldsymbol{a}^{\mathrm{T}}x)]^2\end{aligned} \tag{2.152}$$

因此，$g(\boldsymbol{a}^{\mathrm{T}}x)=E(r_m(x)\mid\boldsymbol{a}^{\mathrm{T}}x)$ 时，$Er_{m+1}^2(x)$ 最小。这里的条件期望是在认为 x 服从概率分布 p 的意义下给的，更进一步，$Er_{m+1}^2(x)=Er_m^2(x)-Eg^2(\boldsymbol{a}^{\mathrm{T}}x)$，因而 $\boldsymbol{a}_m$ 应选作使 $Eg^2(\boldsymbol{a}^{\mathrm{T}}x)$ 达到最大者。在一定条件下，Eg^2 连续地依赖于 $\boldsymbol{a}$，因此，不妨认为最大点是存在的。

利用归纳法，易见

$$Er_m^{\ 2}(x) = Ef^2(x) - \sum_{j=1}^{m-1} Eg_j^{\ 2}(\boldsymbol{a}_j^{\ \mathrm{T}}x) \geqslant 0 \tag{2.153}$$

所以，有

$$Eg_m^{\ 2}(\boldsymbol{a}_m^{\ \mathrm{T}}x) \to 0, \quad m \to \infty \tag{2.154}$$

因

$$E[r_{m-1}(x)\exp(is^{\mathrm{T}}x) \mid s^{\mathrm{T}}x] = E[r_{m-1}(x) \mid s^{\mathrm{T}}x]\exp(is^{\mathrm{T}}x) \tag{2.155}$$

再取期望就有

$$\begin{aligned}\hat{r}_{m-1}(s) &= E\{E[r_{m-1}(x)\exp(is^{\mathrm{T}}x) \mid s^{\mathrm{T}}x]\} \\ &= E\{E[r_{m-1}(x) \mid s^{\mathrm{T}}x]\exp(is^{\mathrm{T}}x)\}\end{aligned} \tag{2.156}$$

$$\left|\hat{r}_{m-1}(s)\right| \leqslant (E\{E[r_{m-1}(x) \mid s^{\mathrm{T}}x]^2\})^{1/2} \leqslant Eg_m^{\ 2}(\boldsymbol{a}_m^{\ \mathrm{T}}x) \tag{2.157}$$

由此知 $r_m(x)$ 的 Fourier 变换 $\hat{r}_m(s)$ 一致地趋于零。这结果虽然还不能推出 $r_m(x)$ 的收敛性。但显然增强了信心，它说明“贪婪法”的某种合理性，并在以下讨论中还要用到。

采用这种选取方法在 m（$m>1$）固定时，

$$f_m(x) = \sum_{j=1}^{m} g_j(\boldsymbol{a}_j^{\mathrm{T}}x) \tag{2.158}$$

不一定是形如式（2.146）的函数对 f 的最佳逼近。为此，可使用“返回拟合”法，即求得 $f_m(x)$ 后，任意去掉其中一项，重新寻找一个岭函数补上，使这一步的效果最佳，并反复使用这一方法，直到无甚改进为止。

下面讨论一下这些逼近方法的收敛性，因为即使式（2.146）型的逼近是可能的，采用这两种逼近法时，也还不能直接认为有收敛性成立。

现在假设在测度 P 下，有限个岭函数的线性组合在 $L_2(p)$ 中稠密。此假设至少在 P 为正态或单位球上均匀分布时是正确的，在此条件下，“贪婪法”是能使 $f_m(x)$ 弱收敛到 $f(x)$ 的。

任取一个固定的岭函数 $g(\boldsymbol{a}^{\mathrm{T}}x)$，考虑它与 m 步余量 $r_m(x)$ 的内积：

$$\begin{aligned}\{E[r_m(x)g(\boldsymbol{a}^{\mathrm{T}}x)]\}^2 &\leqslant E\{E[r_m(x) \mid \boldsymbol{a}^{\mathrm{T}}x]g(\boldsymbol{a}^{\mathrm{T}}x)\}^2 \\ &\leqslant (\sup_{\boldsymbol{a}} E\{E[r_m(x) \mid \boldsymbol{a}^{\mathrm{T}}x]^2\})E\{g^2(\boldsymbol{a}^{\mathrm{T}}x)\}\end{aligned} \tag{2.159}$$

根据式（2.154），可知式（2.159）在 m 趋于无穷时趋于零，根据假设有限个岭函数的线性组合在 $L_2(P)$ 中稠密。由式（2.159）就可知对任何 $g(x) \in L_2(p)$，同样有 $E\{r_m(x)g(x)\} \to 0$。由弱收敛定义便知 $r_m(x)$ 弱收敛于零，且由此知 $f_m(x)$ 弱收敛于 $f(x)$。

“贪婪法”加上返回拟合，其弱收敛性在上述假设下是显然的。希望能获得强收敛的结果（这里指泛函中模收敛于零这个定义），为此，设 P 具有“岭闭性”，这是说对任意固定的 n 个方向，以这 n 个方向岭函数的线性组合形成的空间，恰为 $L_2(P)$ 的闭子空间，同时假设返回拟合是有效的，这是指采用此方法后，能使 $f_m(x)$ 收敛到 f 在那个子空间的投影上去。这样，得到的 $f_m(x)$ 的模小于 $f(x)$ 的模，再由弱收敛性便导致了强收敛成立。

通过上述讨论，可以发现，什么样的 P 具有上面所述的各种性质是一个十分重要的问题。目前除了正态及均匀两分布外，还没有更多的例子。

2.5.2　能表示成有限个岭函数之和的函数

有些函数确能用有限个岭函数之和来表示，例如：

$$xy=\frac{1}{4}(x+y)^2-\frac{1}{4}(x-y)^2 \tag{2.160}$$

$$\max(x,y)=\frac{1}{2}|x+y|+\frac{1}{2}|x-y| \tag{2.161}$$

$$(xy)^2=\frac{1}{4}(x+y)^4+\frac{1}{4\cdot 3^3}(x-y)^4-\frac{1}{2\cdot 3^3}(x+2y)^4-\frac{2^3}{3^3}\left(x+\frac{1}{2}y\right)^4 \tag{2.162}$$

下面讨论式（2.146）能成为等式的条件，首先考虑特殊的情况，两变量的光滑函数，

$$f(x,y)=g(ax+by) \tag{2.163}$$

显然

$$\left[b\frac{\partial}{\partial x}-a\frac{\partial}{\partial y}\right]f=0 \tag{2.164}$$

如果 $f(x，y)$ 有如下形式：

$$f(x,y)=\sum_{i=1}^{m}g_i(a_ix+b_iy) \tag{2.165}$$

那么微分算子

$$L=\prod_{i=1}^{n}\left[b_i\frac{\partial}{\partial x}-a_i\frac{\partial}{\partial y}\right]=\sum_{i=1}^{n}C_i\frac{\partial^n}{\partial x^i\partial y^{n-i}} \tag{2.166}$$

作用于 f 后恒为零。下面给出逆定理。

定理 3 设 $f(x, y)\in C^n[0,1]^2$，即它是 $[0, 1]^2$ 上连续 n 阶可导的，又存在 C_0，…，C_n，使算子 $\sum_{i=0}^{n} C_i \frac{\partial^n}{\partial x^i \partial y^{n-i}}$ 作用于 f 时，其值为零。并且多项式 $\sum_{i=1}^{n} C_i Z^i$ 具有互不相同的实根，那么有 (a_i, b_i)（$i=1, 2, \cdots, n$）存在，使式（2.165）成立，且 $a_i x + b_i y$ 是互不相同的直线。

证明：根据假设，多项式 $\sum_{i=0}^{n} C_i x^i y^{n-i} = y^n \sum_{i=0}^{n} C_i \left(\frac{x}{y}\right)^i$ 可分解成不同的线性因子，那么 L 就可以写作 $\prod_{i=0}^{n}\left(b_i \frac{\partial}{\partial x} - a_i \frac{\partial}{\partial y}\right)$，且 $a_i x + b_i y$ 为互不相同的直线。下面用数学归纳法证明 $g_i(t)$，（i=1，2，…，n），使式（2.165）成立。

当 n=1 时，$b_1 \frac{\partial f}{\partial x} - a_1 \frac{\partial f}{\partial y} = 0$，表明 $f(x, y)$ 在 $(b_1 - a_1)$ 的方向上导数为零。因而 $f(x, y)$ 必然是其垂直方向即 (a_1, b_1) 上的函数，所以有 $g_1(t)$ 存在，使 $f(x, y) = g_1(a_1 x + b_1 y)$。

现设原命题在 $n \leqslant K$ 时成立，现证 $n = K+1$ 时命题也成立，将算子 L 适当改写：

$$
\begin{aligned}
L &= \prod_{i=1}^{K+1}\left(b_i \frac{\partial}{\partial x} - a_i \frac{\partial}{\partial y}\right) f \\
&= \prod_{i=1}^{K}\left(b_i \frac{\partial}{\partial x} - a_i \frac{\partial}{\partial y}\right)\left(b_{K+1} \frac{\partial}{\partial x} - a_{K+1} \frac{\partial}{\partial y}\right) f
\end{aligned} \tag{2.167}
$$

由归纳假设存在 $g_i(t)$，$1 \leqslant i \leqslant K$，使

$$
\left[b_{K+1} \frac{\partial}{\partial x} - a_{K+1} \frac{\partial}{\partial y}\right] f = \sum_{i=1}^{K} g_i(a_i x + b_i y) \tag{2.168}
$$

明显地，$f^*(x,y) = \sum_{i=1}^{k} h_i(a_i x + b_i y)$ 为式（2.168）的解，其中 $h_i(t) = (b_n a_i - a_n b_i)^{-1} \int_0^t g(s) \mathrm{d}s$，由于假定 $a_i x + b_i y$ 是互不相同的直线，因此 $h_i(t)$ 是有意义的，由此有

$$
\left(b_{K+1} \frac{\partial}{\partial x} - a_{K+1} \frac{\partial}{\partial y}\right)(f - f^*) = 0
$$

再用归纳假设知存在 $h_i(t)$，使

$$f(x,y)-f^{*}(x,y)=h_{K+1}(a_{K+1}x+b_{K+1}y) \tag{2.169}$$

即

$$f(x,y)=\sum_{i=1}^{K+1}h_i(a_ix+b_iy) \tag{2.170}$$

定理给出了一种明确的计算方法，如果确实存在 $n+1$ 个 C 使 $\sum C_i\frac{\partial^n}{\partial x^i\partial y^{n-i}}(f)=0$，那么取 $n+1$ 个不同点$(x_i，y_i)$代入此式中去，就可以解出 C_i，进而判断 $C_0+C_1Z+\cdots+C_nZ^n$ 是否有互不相同的实根，这在代数中已有确切可行的办法。以上几个步骤若有无法完成的，就说明式（2.165）不可能成立。如果求出 C_i 后并且使多项式有不同的实根，那么可把所有根求出，得到$(a_i，b_i)(i=1，2，\cdots，n)$。

常有这种简单的例子，使选择$(a_i，b_i)$时自由度很大，比如 $f(x，y)=xy$，$n=2$ 时，有

$$\prod_{i=1}^{2}\left(b_i\frac{\partial}{\partial x}-a_i\frac{\partial}{\partial y}\right)=b_1b_2\frac{\partial^2 f}{\partial x^2}-(b_1a_2+b_2a_1)\frac{\partial^2 f}{\partial x\partial y}+a_1a_2\frac{\partial^2 f}{\partial y^2} \tag{2.171}$$

因 $\frac{\partial^2 f}{\partial x^2}=\frac{\partial^2 f}{\partial y^2}=0$，$\frac{\partial^2 f}{\partial x\partial y}=1$，代入式（2.171）并令其为零，就可得到 $a_2b_1=-a_1b_2$，这样就可获得很多符合要求的解。

一般地，如果

$$f(x,y)=\sum_{i=1}^{n}g_i(a_ix+b_iy) \tag{2.172}$$

那么

$$\prod_{j\neq i}\left(b_j\frac{\partial}{\partial x}-a_j\frac{\partial}{\partial y}\right)f=C_ig_i^{(n-1)}(a_ix+b_iy) \tag{2.173}$$

式中：C_i 为某确定实数。

显然，g_i 的选择可自由地增减一个 $n-1$ 次多项式。

倘若 $f(x，y)$ 是多项式，那么事情就更好办了，对于 $x^a y^b$，$a+b=n$，只须考虑

$$\alpha_0x^n+\sum_{i=1}^{n}\alpha_i(x+\beta_iy)^n \tag{2.174}$$

这一种形式，展开后比较系数 $\alpha_0+\sum_{i=1}^{n}\alpha_i=0$

$$\sum_{i=1}^{n}\alpha_i\beta_i=0$$

$$\vdots$$

$$\sum_{i=1}^{n}\alpha_i\beta_i^b=1/\begin{bmatrix}n\\b\end{bmatrix} \tag{2.175}$$

$$\vdots$$

$$\sum_{i=1}^{n}\alpha_i\beta_i^n=0$$

其中有 n+1 个方程，2n+1 个未知数。任意给定不同的一组β_i，$i=1$，…，n，式（2.175）便成了关于α的线性方程，并且其系数矩阵恰为 Vandermonda 阵（除去第一个以后）。由于β_i各不相同，所以逆存在，解存在。

此定理的另外一个作用是可知e^{xy}是不能表示成有限个岭函数的和。

对于三变量及多变量的函数，也有类似结论成立，但不如两变量那么好。这里只讨论三变量情况，多变量类之。

易见 $f(x_1，x_2，x_3)$ 有 $g(x_3)$ 这种形式，当且仅当$\dfrac{\partial}{\partial x_1}f$，$\dfrac{\partial}{\partial x_2}f$ 都恒为零，这等价于要求$\left[b_1\dfrac{\partial}{\partial x_1}-b_2\dfrac{\partial}{\partial x_2}+b_3\dfrac{\partial}{\partial x_3}\right]f$ 对一切与 x_3 轴这个方向垂直的 $(b_1，b_2，b_3)$ 都恒为零，这样可获得定理 3 的如下推广。

定理 4 令Π_i，$i=1$，…，n为R^3中过原点的 n 个不同平面，令 $f\in C^n[0，1]^3$ 则f具有形式

$$\sum_{i=1}^{n}g_i(a_{i1}x_1+a_{i2}x_2+a_{i3}x_3) \tag{2.176}$$

当且仅当对一切$b_i\in\Pi_i$，其中$(a_{i1}，a_{i2}，a_{i3})$为Π_i的法向，使

$$\prod_{i=1}^{n}\left(b_{i1}\frac{\partial}{\partial x_1}+b_{i2}\frac{\partial}{\partial x_2}+b_{i3}\frac{\partial}{\partial x_3}\right)f\equiv 0 \tag{2.177}$$

证明：必要性是显然的，下证充分性。

n=1 时，命题显然成立。

设$n<K$时，命题也成立，那么在$n=K+1$时

$$\prod_{i=1}^{K+1}\left(b_{i1}\frac{\partial}{\partial x_1}+b_{i2}\frac{\partial}{\partial x_2}+b_{i3}\frac{\partial}{\partial x_3}\right)f$$

$$=\prod_{i=1}^{K}\left(b_{i1}\frac{\partial}{\partial x_1}+b_{i2}\frac{\partial}{\partial x_2}+b_{i3}\frac{\partial}{\partial x_3}\right)f\left(b_{K+1,1}\frac{\partial}{\partial x_1}+b_{K+1,2}\frac{\partial}{\partial x_2}+b_{K+1,3}\frac{\partial}{\partial x_3}\right)f\equiv 0 \tag{2.178}$$

由归纳假设知：

$$\left(b_{K+1,1}\frac{\partial}{\partial x_1}+b_{K+1,2}\frac{\partial}{\partial x_2}+b_{K+1,3}\frac{\partial}{\partial x_3}\right)f = \sum_{i=1}^{K} g_i(a_{i1}x_1+a_{i2}x_2+a_{i3}x_3) \tag{2.179}$$

其中：$(a_{i1}，a_{i2}，a_{i3})$为Π_i的法向量，由于Π_i互不相同，因而可选得$b_{K+1,1}a_{i1}+b_{K+1,2}a_{i2}+b_{K+1,3}a_{i3}\neq 0$，记：

$$h_i(t)=(a_{i1}b_{K+1,1}+a_{i2}b_{K+1,2}+a_{i3}b_{K+1,3})^{-1}\int_0^t g_i(s)\mathrm{d}s \tag{2.180}$$

那么

$$f^*(x_1,x_2,x_3)=\sum_{i=1}^{K} h_i(a_{i1}x_1+a_{i2}x_2+a_{i3}x_3) \tag{2.181}$$

为式（2.179）的一个特解，从而有

$$\left(b_{K+1,1}\frac{\partial}{\partial x_1}+b_{K+1,2}\frac{\partial}{\partial x_2}+b_{K+1,3}\frac{\partial}{\partial x_3}\right)(f-f^*)=0 \tag{2.182}$$

解之得

$$f-f^*=h_{K,K+1}(t_2,t_3) \tag{2.183}$$

其中

$$\begin{bmatrix} t_1 \\ t_2 \\ t_3 \end{bmatrix}=\begin{bmatrix} b_{K+1,1} & b_{K+1,2} & b_{K+1,3} \\ b_1' & b_2' & b_3' \\ b_1'' & b_2'' & b_3'' \end{bmatrix}\begin{bmatrix} x_1 \\ x_2 \\ x_3 \end{bmatrix} \tag{2.184}$$

$(b_1'，b_2'，b_3')\in\Pi_{K+1}$，且上面矩阵规定为正交阵，这显然是可行的，考察

$$\frac{\partial h_{k+1}(t_2,t_3)}{\partial_{t_2}}=\frac{\partial f}{\partial_{t_2}}-\frac{\partial f^*}{\partial_{t_2}} \tag{2.185}$$

$\dfrac{\partial f}{\partial t_2}=b_1'\dfrac{\partial f}{\partial x_1}+b_2'\dfrac{\partial f}{\partial x_2}+b_3'\dfrac{\partial f}{\partial x_3}$与式（2.179）比较后可知也是岭函数之和，直接计算可知$\dfrac{\partial f^*}{\partial t_2}$也是岭函数之和，这样$\dfrac{\partial h_{K+1}}{\partial t_2}$是能表示为有限个岭函数的和的。问题就与式（2.168）一样了，此时，$h_{K+1}(t_2，t_3)$必能表示为t_2垂直方向上岭函数与已有岭函数之和，合起来就有

$$f(x)=\sum_{i=1}^{K} g_i(a_{i1}x_1+a_{i2}x_2+a_{i3}x_3)+g_{k+1}(b_1^*x_1+b_2^*x_2+b_3^*x_3) \tag{2.186}$$

由于(b_1^*, b_2^*, b_3^*)对任选的$(b_1', b_2', b_3')\in \prod_{k+1}$都必须与之垂直，因而它必是$\prod_{k+1}$的法向。定理证毕。

从前面的叙述中，已经发现尽管有些函数能表成有限个岭函数的和，但表达式却不唯一，下面将证明，这种不唯一仅限于相差一个多项式的情况。

定理5 假设

$$f(x)=\sum_{j=1}^{n} g_i(\boldsymbol{a}_j{}^{\mathrm{T}}x)=\sum_{k=1}^{m} h_K(\boldsymbol{b}_K{}^{\mathrm{T}}x) \tag{2.187}$$

$(\boldsymbol{a}_1, \cdots, \boldsymbol{a}_n)$是两两独立的$p$维向量，$(\boldsymbol{b}_1, \cdots, \boldsymbol{b}_m)$也如是，$\|\boldsymbol{a}_j\|=\|\boldsymbol{b}_K\|=1$。$\boldsymbol{a}_j$，$\boldsymbol{b}_K$的第一个非零分量大于零，那么对任意$j$，除非$g_j$是一多项式，否则一定存在$K$，使$\boldsymbol{a}_j=\boldsymbol{b}_K$，$g_i-h_K$为一多项式。

证明：不失一般性，可认为$h_K=0(K=1, \cdots, m)$，这时只需证g_1必定是多项式就可以了。

选一方向$\boldsymbol{b}_1$，使$\boldsymbol{b}_1\perp\boldsymbol{a}_2$，但与$\boldsymbol{a}_1$不垂直，将各$g_i$关于$\boldsymbol{b}_1$求方向导数。

$$\frac{\partial}{\partial(\boldsymbol{b}_1{}^{\tau}x)}g_2(\boldsymbol{a}_2{}^{\mathrm{T}}x)=(\boldsymbol{a}_2{}^{\mathrm{T}}\boldsymbol{b}_1)g_2'(\boldsymbol{a}_2{}^{\mathrm{T}}x)=0$$

$$\frac{\partial}{\partial(\boldsymbol{b}_1{}^{\tau}x)}g_j(\boldsymbol{a}_j{}^{\mathrm{T}}x)=(\boldsymbol{a}_j{}^{\mathrm{T}}\boldsymbol{b}_1)g_j'(\boldsymbol{a}_j{}^{\mathrm{T}}x) \quad j=1,3,4,\cdots,n \tag{2.188}$$

代入式（2.187）得到

$$\sum_{j=3}^{n}(\boldsymbol{a}_j{}^{\mathrm{T}}\boldsymbol{b}_1)g_j'(\boldsymbol{a}_j{}^{\mathrm{T}}\boldsymbol{x})+(\boldsymbol{a}_1{}^{\mathrm{T}}\boldsymbol{b}_1)g_1'(\boldsymbol{a}_1{}^{\mathrm{T}}x)=0 \tag{2.189}$$

以此类推处理$\boldsymbol{b}_2, \cdots, \boldsymbol{b}_{n-1}$，最后有

$$\left[\prod_{i=1}^{n-1}(\boldsymbol{a}_1^{\mathrm{T}}\boldsymbol{b}_i)\right]g_1{}^{(n-1)}(\boldsymbol{a}_1{}^{\mathrm{T}}x)=0 \tag{2.190}$$

由$\boldsymbol{b}_i$的选法可知，g_i为不超过（n–2）次多项式。

2.5.3 回归函数的PP估计（PPRE）

在选定了逼近$f(x)$的m个函数g_j及方向$\boldsymbol{a}_j$时，下一步任务就是用样本观察值(x_i, y_i)，…，(x_n, y_n)来估计$\boldsymbol{a}_j$、g_j，然后用$\hat{f}_m(x)=\sum_{j=1}^{m}\hat{g}_j(\hat{\boldsymbol{a}}_j{}^{\mathrm{T}}x)$作为$f(x)$的估计，这是一个十分棘手的问题。目前采用的计算方法理论都尚未得到证明。如无偏、相合、正态性都尚无证明。主要是基于使用者对问

题的定性或定量的理解及该方法的使用效果。

在计算中关键的一步是要避开由数据缺乏、失真等布下的陷阱，例如，计算一开始就要避免拟合过度，如果仅 $\hat{g}_1(\hat{\boldsymbol{a}}_1^{\mathrm{T}}x)$ 就拟合得很好，会掩盖其真正的结构，使后几步逼近变得毫无意义；反之，引入项数过多，也会招致失败。

根据 Friedman、Stuetzle（1981）提出的算法，在一开始必须同时决定 $\hat{\boldsymbol{a}}_1$ 及 $\hat{g}_1$，使余量

$$r_j = y_j - \hat{g}_1(\hat{\boldsymbol{a}}_1^{\tau} x_j) \tag{2.191}$$

的平方和尽可能地小，之后用 r_j 代替 y_j 不断重复这一过程，直到平方和改变不大为止。

固定 $\boldsymbol{a}$ 以后，由前述知识可知，理想的 g_i 是条件期望

$$g_1(\boldsymbol{a}^{\mathrm{T}}x) = E(y \mid \boldsymbol{a}^{\mathrm{T}}x) \tag{2.192}$$

将 y_i 改写成

$$y_i = g_1(\boldsymbol{a}^{\mathrm{T}}x_i) + [f(x_i) - g_1(\boldsymbol{a}^{\mathrm{T}}x_i)] + \mu_i \tag{2.193}$$

从这个表达式可看出，即使 f 和 g 都很光滑，误差 μ_i 也很小。在用 $Z_i = \boldsymbol{a}^{\mathrm{T}}x_i$ 上作横坐标，y_i 作纵坐标描点图时，曲线仍显得很不协调，这就说明了为什么第一步拟合不宜过度，因为它会抹杀这种不一致，使以后的拟合毫无建树。

用数学的语言来讲，实际上是要极小化下面的目标函数：

$$Q = \sum r_j^{\,2} = \sum [y_i - g_1(\boldsymbol{a}_1^{\mathrm{T}}x_j)]^2 \tag{2.194}$$

假如对每个固定的 $\boldsymbol{a}$ 都能找到式（2.192）中的 g_1，那样目标函数 Q 就是 $\boldsymbol{a}$ 的函数了。这时，可以用现代最优化理论去解决此问题了，所以 PPR 计算中关键的一步是如何找到与 $\boldsymbol{a}$ 有关的 g_1。前面已经讲了理想 g_1 的形式，下面介绍一种具体的计算方法。

这种计算方法实际上是一种光滑化过程，处于种种考虑，具体过程分成如下几步：

（a）设（x_i，y_i）（$i=1$，2，…，n）为数据，以 $Z_i = \boldsymbol{a}^{\mathrm{T}}x_i$ 的大小来排序，得到 $Z_{(1)} \leqslant Z_{(2)} \leqslant \cdots \leqslant Z_{(n)}$ 及相应的 $y_{(1)}^{(1)}$，$y_{(2)}^{(1)}$，…，$y_{(n)}^{(1)}$。

（b）在任一 $Z_{(i)}$ 处，把 $y_{(i-1)}^{(1)}$，$y_i^{(1)}$，…，$y_{(i+1)}^{(1)}$ 的中位数，记为 $y_{(i)}^{(2)}$ 来替 $y_{(i)}^{(1)}$，以此作为初步光滑。

（c）在 $Z_{(i)}$ 处，给定与 i 无关数 δ，将 $\left|Z_{(j)} - Z_{(i)}\right| \leqslant \delta$ 的 $Z_{(j)}$ 及相应的 $y_{(j)}^{(2)}$

作线性回归，并以残差平方和来估计 $Z_{(i)}$ 处 y 的方差 $\sigma_{(i)}^{(0)}$。

（d）对（c）中所得的方差 $\sigma_{(i)}^{(0)}$，采用如同（b）中的光滑措施，得 $\sigma_{(i)}^{(1)}$。

（e）用 $\sigma_{(i)}^{(1)}$ 来定一正数 $\delta_{(1)}$，再作（c）中作过的线性回归。

把线性回归在 $Z_{(i)}$ 处的预报值 $\hat{y}_{(i)}$ 作为 $g(Z_i)$ 的值，然后就可对 $Q(\boldsymbol{a})$ 进行优化。

此过程的第（b）步可剔除孤立的异常值，但 $f(x)-g(\boldsymbol{a}^{\mathrm{T}}x)$ 的值大也表明 $\boldsymbol{a}$ 的改进余地大，剔除会抹杀这一情况，使在选择 $\boldsymbol{a}$ 时蒙受一定的损失。

在第（c）到第（e）步中，通常并不把第 i 个观察值本身加入计算，这样可防止拟合过度。局部线性化等，也是为了此目的。

为了帮助理解，可以把这种光滑化看作加入了 PP 思想的最近邻方法，普通的最近邻法由于样本量太小而无法实现，加入 PP 思想后，高维回归问题变成了一维，原来失效的方法重新发挥了作用，只是为了照顾到 PPR 的特殊性，在拟合前取了中位数，又作了线性回归，以防止拟合过度。

显然在第（b）步到第（e）步中，若不采用中位数，而用线性统计量，不用线性回归，而用其他一维回归方法，都将是合理的。事实上，一维回归有什么方法，就可以在这里使用什么方法，只要能照顾到 PPR 的特点就可以了。

这里给出计算过程在第（b）步光滑化的示意图，如图 2.5 所示，$\boldsymbol{a}$ 为某固定方向，$(\boldsymbol{a}^{\mathrm{T}}x_i，\ y_i)$ 在图 2.5 上用点表示，那么叉号就是第一步光滑所得的结果，实际上第（c）步、第（e）步也都是一种光滑化，只不过用的不是取中位数，而是求平均作线性回归而已，易见通过光滑化 y_i 变化很平稳。

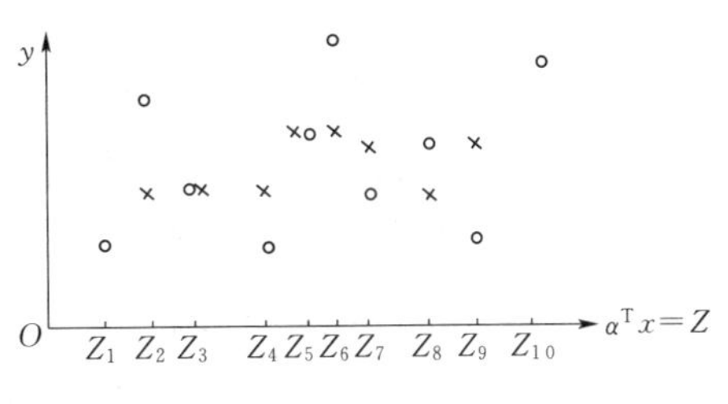

图 2.5 光滑化示意图

由于获得 $\hat{g}(\boldsymbol{a}^{\mathrm{T}}x)$ 后，还要对 $Q(\boldsymbol{a})$ 关于 $\boldsymbol{a}$ 求极小值，所以，上述过程中选用取中位数、线性回归是考虑了计算速度的要求，可以说是速度与精度的妥协。因此，以后在考虑使用不同的一维回归方法时，都必须考虑这个问题。另外，还可以看到，$\boldsymbol{a}$ 选择精度不高时，关系不大，后续的项会弥补不足，只不过在理论解释时不方便。

这样经过 m 次后，得 $\sum_{j=1}^{m}\hat{g}_j(\hat{\boldsymbol{a}}_j x)$，它并不一定是 f 的最优逼近，因而可采用返回拟合，直到改进不大为止。

计算完这一过程后，就可得到 $Q(\boldsymbol{a})$，对 $\boldsymbol{a}$ 的优化方法，将在后面讨论。

为了使 $\boldsymbol{a}_j$、g_j 的选择不受次序的影响，Friedman（1984）提出了一个直接选取 m 个 $\boldsymbol{a}_j$、g_j 的计算方法，并对原模型进行了推广。

设 Y 是 q 维随机变量，X 是 p 维随机变量，则

$$E(y_i \mid x_1,\cdots,x_p) = Ey_i + \sum_{m=1}^{M}\beta_{im} f_m(\sum_{j=1}^{p}(\alpha_{jm} x_j) \qquad (2.195)$$

其中，$Ef_m = 0$，$Ef_m{}^2 = 1$，$\sum_{j=1}^{P}\alpha_{jm}{}^2 = 1$，极小化准则为

$$L_2 = \sum_{i=1}^{q} W_i E\left[y_i - Ey_i - \sum_{m=1}^{M}\beta_{im} f_m\left(\sum_{j=1}^{p}\alpha_{jm} x_j\right)\right]^2 \qquad (2.196)$$

W_i 为使用者决定的权重，$1 \leqslant i \leqslant q$，期望值由下式计算：

$$E(Z) = \sum_{K=1}^{N} W_K Z_K \Big/ \sum_{K=1}^{N} W_K \qquad (2.197)$$

其中，Z_K 被认为是 Z 的观察值，α_{im}、β_{im}、f_m 为极小化参数。

这种方法与上一种方法的区别，主要在优化次序上，在本模型中 Friedman 采用了交替优化方法。具体做法是把全体参数分成几组，除其中一组外，都给定一初值，然后对留下的一组求最优，求得结果后，把这一组参数的极值点当作初值，另选一组参数在这一初值下求优，多次重复直到收敛。

现举一个人为的例子来说明，假设对 $Q(\alpha,\ \beta,\ \gamma)$ 进行优化，把 α、β、γ 各算作一组，取 $\beta=\gamma=0$ 为初值，优化 $Q(\alpha,\ 0,\ 0)$，设 α 的极值点为 1，下一步优化 $Q(1,\ \beta,\ 0)$ 得 β 极值点 2，再优化 $Q(1,\ 2,\ \gamma)$，得 γ 极值点为 3，再下面优化 $Q(\alpha,\ 2,\ 3)$，不断下去，使 α、β、γ 值收敛。

本例中，a_{jm}、β_{im} 及 f_m 划入一组，$1 \leqslant j \leqslant p$，$1 \leqslant i \leqslant q$，$m=1,\ 2,\ \cdots,\ M$，共有 M 组，固定其中 $M-1$ 组，而对某组 a_{jm_0}、β_{im_0}、f_{m_0} 优化。此时，将其分成三个子组，分别固定其中两子组，对第三子组求优化。

考虑一个特殊项，第 K 项，式（2.196）就可改写为

$$L_2 = L_2{}^{(K)} = \sum_{i=1}^{q} W_i E[R_{i(K)} - \beta_{iK} f_K(\alpha_K{}^{\mathrm{T}} x)]^2 \qquad (2.198)$$

其中，

$$R_{i(K)} = y_i - Ey_i - \sum_{m \neq K} \beta_{im} f_m(\alpha_m{}^{\mathrm{T}} x) \qquad (2.199)$$

下面描述一下 $L_2{}^{(K)}$ 对第 K 项的优化过程，而整体求优化就是不断地变换 K，重复这一过程，直到收敛为止。

在给定 $R_{i(K)}$ 后，固定 f_K 及 $\alpha_K{}^{\mathrm{T}}$，则 β_{iK} 的解可直接求出。

$$\beta_{iK}{}^{*} = \frac{E[R_{i(K)} f_K(\alpha_K{}^{\mathrm{T}} x)]}{E[f_K(\alpha_K{}^{\mathrm{T}} x)]^2} \quad (1 \leqslant i \leqslant q) \qquad (2.200)$$

证明这一点，只要注意到 $E[R_{i(K)}] = E[f_K(\alpha_K{}^{\mathrm{T}} x)] = 0$。

固定 β_{iK} 与 $\alpha_K{}^{\mathrm{T}}$ 时，f_K 的解也同样可简单地求出，改写一下 $L_2{}^{(K)}$。

$$L_2{}^{(K)} = E\left(E\left\{ \sum_{i=1}^{q} W_i [R_{i(K)} - \beta_{iK} f_K]^2 \mid \alpha_k{}^{\mathrm{T}} x \right\} \right) \qquad (2.201)$$

这样，易见解为

$$f_K{}^{*}(\alpha_K{}^{\mathrm{T}} x) = E\left[\sum_{i=1}^{q} W_i \beta_{iK} R_{i(K)} \mid \alpha_K{}^{\mathrm{T}} x \right] \Big/ \sum_{i=1}^{q} W_i \beta_{iK}{}^{2} \qquad (2.202)$$

这里出现了分母是因为有 $f_K{}^{*}$ 的期望为零，方差为 1 的要求。

易见，$f_K{}^{*}$ 的具体计算可用本节叙述过的光滑化方法进行。因而最后剩下的问题就是给定 β_{iK}、f_K 后，如何求 $L_2{}^{(K)}$ 对 α_K 的极小点了。α_K 在 $L_2{}^{(K)}$ 中表现不佳，求其极小点不像求 β、f 那么简单，现把 $L_2{}^{(K)}$ 与 α_K 的关系表成如下形式：

$$L_2(\alpha_K) = \sum_{i=1}^{q} W_i E[g_i(\alpha_K)]^2 \qquad (2.203)$$

其中

$$g_i(\alpha_K) = [R_{i(K)} - \beta_{iK} f_K(\alpha_K{}^{\mathrm{T}} x)] \qquad (2.204)$$

优化式（2.203）的经典方法是 Gauss-Newton 法，取 $\alpha_K^{(0)\mathrm{T}} = (\alpha_{1K}^{(0)}, \cdots, \alpha_{pK}^{(0)})$ 为优化初值，Gauss-Newton 法选取 $\alpha_K = \alpha_K^{(0)} + \varDelta$ 为下一步优化点，其中 $\varDelta$ 为下述方程的解：

$$\sum_{i=1}^{q} W_i E\left[\left(\frac{\partial g_i}{\partial \alpha_K} \right)^{\mathrm{T}} \left(\frac{\partial g_i}{\partial \alpha_K} \right) \right] \varDelta = -\sum_{i=1}^{q} W_i E\left[\left(\frac{\partial g_i}{\partial \alpha_K} \right)^{\mathrm{T}} g_i \right] \qquad (2.205)$$

其中，各项偏导在$\alpha_K^{(0)}$点取值，由式（2.204）可知：

$$\frac{\partial g_i}{\partial \alpha_K}[\alpha_K^{(0)}] = -\beta_{iK} f_K'[\alpha_K^{(0)^{\mathrm{T}}} x]x \tag{2.206}$$

$f'(\cdot)$表$f(\cdot)$的导函数，解出式（2.205）后得 Δ，再以α_K代替$\alpha_K^{(0)}$，重复这一过程，直到收敛。

用此方法有时不能使$L_2^{(K)}$减小，这时，可令：$\alpha_K = \alpha_K^{(0)} + \frac{1}{2}\Delta$或$\alpha_K^{(0)} + \frac{1}{4}\Delta$，如此下去。由于式（2.205）系数矩阵正定，$\Delta$不退化时是$L_2^{(K)}$的最速下降方向，除非$\alpha_K^{(0)}$已是极值点，否则一定能使$L_2^{(K)}$减小。

余下的问题是f_K'的计算问题。在实用程序中，因已用光滑化方法求得f_K，所以可用差分代替微分来解决这问题，当得到新的$\alpha_K = \alpha_K^{(0)} + \Delta$时，不必为求$f_K(\alpha_K^{\mathrm{T}} x)$而用$f_K[\alpha_K^{(0)^{\mathrm{T}}} x]$插值，因为这时计算量并不比使用光滑法方法求$f_K(\alpha_K^{\mathrm{T}} x)$少，所以具体计算中，并不把 Gass-Newton 迭代一直做到底，而是迭代一次后得$\alpha_K = \alpha_K^{(0)} + \Delta$，使用光滑化方法求$f_K^*(\alpha_K^{\mathrm{T}} x)$，以此新函数为起始值再用 Gauss-Newton 法，但在不得不用$\alpha_K = \alpha_K^{(0)} + \frac{1}{2}\Delta$等时，需作微小改动。

在程序设计中，还可以针对不同情况，采用不同的优化方案。总之这些工作还处于原始状态，将来肯定会有飞快的发展。

西北工业大学田铮、戎海武 1993 年 8 月在《应用概率统计》第 9 卷 3 期上介绍了课题组的研究成果：对 PPR 岭函数$g_i(\alpha_j^{\mathrm{T}} x)$ ($j=1$，2，…，m为多项式形式时，PPR 是否具有L_2收敛性？对岭函数为多项式形式的 PPR 能否给出具体算法？PPR 的实际应用如何？等问题给出了肯定的答案。

由于X、Y往往是有界的，$f(x) = E(Y \mid X = x)$，$f(x) \sim \sum_{j=1}^{m} g_j(\alpha_j^{\mathrm{T}} x)$只需在$R^K$的一个有界子集$S$上考虑 PPR 的$L_2$收敛性问题。令$S = \{(x_1, x_2, \cdots, x_k)$：$-c_1 \leqslant x_1 \leqslant c_1$，…，$-c_k \leqslant x_k \leqslant c_k\}$，其中，$c_j$是很大的正数，$j=1$，2，…，$k$，$L_2$收敛的定义为

$$m \to \infty, \int \left[f(x) - \sum_{j=1}^{m} g_j(a_j^{\mathrm{T}} x) \right]^2 I_s(x) \mathrm{d}P \to 0 \tag{2.207}$$

其中

$$I_s(x)=\begin{cases}1 & x\in S\\ 0 & x\overline{\in} S\end{cases}$$

是 S 的示性函数。

定理 6 设 $f(x)$ 是 k 维 Borel 域 B_k 上关于 p 可测的实函数，且 $\int f^2(x)\mathrm{d}P<\infty$，则总存在 $\boldsymbol{a}_j$ 与 $g_j(\alpha_j^{\mathrm{T}}x)$ 使得式（2.207）成立，其中 $g_j(\alpha_j^{\mathrm{T}}x)$ 为多项式。

定义： 设L是定义在 Ω 上的一族函数，满足条件：$f\in$ L. 则 f^+，$f^-\in$ L，函数族 L 称为 L-系，如果它满足条件：

i）$1\in L$（1 表示恒等于 1 的函数）。

ii）L 中有限个函数的线性组合如果有意义则仍属于 L。

iii）如果 $f_n\in L$，$0\leqslant f_n\uparrow f$，f 有界或 $f\in$ L，则 $f\in$ L。

引理： 设 $A=\{(x_1,\cdots,x_k):x_{11}\leqslant x_{12},\cdots,x_{k1}\leqslant x_k\leqslant x_{k2}\}$，其中 x_{ij} $(i=1,2,\cdots,k,\ j=1,2)$，为有限数，L 是使式（2.207）成立的函数 $f(x)$ 全体组成的函数族，则 $I_A(x)\in L$。由此引理证定理 6。

证明： 易证 L 是 L-系。事实上，

i）$1\in L$（1 表恒等于 1 的函数），显然只需取 $g_1=1$，$g_2=g_3=\cdots=g_m=0$ 即可。

ii）设 $f_1(x)\in L$，$f_2(x)\in L$，对任意 α_1，$\alpha_2\in R^1$，有

$$\int\left\{\alpha_1 f_1(x)+\alpha_2 f_2(x)-\left[\alpha_1\sum_{j_1=1}^{m}g_{j_1}(\boldsymbol{a}_{j_1}^{\mathrm{T}}x)+\alpha_2\sum_{j_2=1}^{m}g_{j_2}(\boldsymbol{a}_j^{\mathrm{T}}x)\right]\right\}^2 I_s(x)\mathrm{d}P$$

$$\leqslant 2\int\alpha_1^2\left[f_1(x)-\sum_{j_1=1}^{m}g_{j_1}(\boldsymbol{a}_{j_1}^{\mathrm{T}}x)\right]^2 I_s(x)\mathrm{d}P+2\int\alpha_2^2\left[f_2(x)-\sum_{j_2=1}^{m}g_{j_2}(\boldsymbol{a}_{j_2}^{\mathrm{T}})\right]^2 I_s(x)\mathrm{d}P\rightarrow 0 \tag{2.208}$$

当 $m\rightarrow\infty$ 时，即 $\alpha_1 f_1(x)+\alpha_2 f_2(x)\in L$。由归纳法易证对任意 $f_1(x)$，$\cdots$，$f_n(x)\in L$ 及任意的 α_1，$\cdots$，$\alpha_n\in R^1$，有 $\alpha_1 f_1(x)+\cdots+\alpha_n f_n(x)\in L$。

iii）若 $f_n(x)\in L$，$0\leqslant f_n(x)\uparrow f(x)$，其中 $f(x)$ 满足 $\int f^2(x)\,\mathrm{d}P<\infty$，则有

$$-f^2(x)\leqslant-[f(x)-f_n(x)]^2\uparrow 0 \tag{2.209}$$

且由 $f^2(x)$ 可积，则 $[f(x)-f_n(x)]^2$ 关于 p 也可积。由 Faton-Lebesgue 定理知

$$\int[f(x)-f_n(x)]^2\mathrm{d}P\rightarrow 0,n\rightarrow\infty \tag{2.210}$$

则必存在$f_n(x)$的系列$f_{nk}(x)$ ($k=1$，2，…)使得

$$\int [f_{nk}(x)-f(x)]^2 \mathrm{d}P < \frac{1}{2^k} \quad k=1,2,\cdots \tag{2.211}$$

成立。

而$f_n(x)\in L$，故$f_{nk}(x)\in L$，所以有

$$\int \left[f_{nk}(x)-\sum_{j=1}^{m} g_{jk}(a_{jk}^{\mathrm{T}}) \right]^2 I_s(x)\mathrm{d}P \to 0 \tag{2.212}$$

成立。则必存在正整数m_k，使得当$m \geqslant m_k$时，有

$$\int \left[f_{nk}(x)-\sum_{j=1}^{m} g_{jk}(a_{jk}^{\mathrm{T}}) \right]^2 I_s(x)\mathrm{d}P < \frac{1}{2^k} \quad k=1,2,\cdots \tag{2.213}$$

令$c_n=\dfrac{sup}{1\leqslant k\leqslant n}\{m_k\}$，则$c_n$为单调递增的正整数序列，由于式（2.207）中$\boldsymbol{a}_j$，$g_j(\bullet)$的取法可和$m$有关，就取

$$\left.\begin{aligned} &\boldsymbol{a}_j=\boldsymbol{a}_j(m)=\boldsymbol{a}_{jn} \\ &g_j(\boldsymbol{a}_j^{\mathrm{T}}x)=g_j(\boldsymbol{a}_j^{\mathrm{T}},m)=g_{jn}(\boldsymbol{a}_{jn}^{\mathrm{T}},x) \end{aligned}\right\} \tag{2.214}$$

这里，n是使$c_n\leqslant m\leqslant c_{n+1}$成立的最小的$n$，当$m<c_1$时就取$n=1$，于是，可得

$$\int \left[f(x)-\sum_{j=1}^{m} g_j(\boldsymbol{a}_j^{\mathrm{T}}x) \right]^2 I_s(x)\mathrm{d}P = \int \left[f(x)-\sum_{j=1}^{m} g_{jn}(\boldsymbol{a}_{jn}^{\mathrm{T}}x) \right]^2 I_s(x)\mathrm{d}P$$

$$\leqslant 2\int [f(x)-f_{nk}(x)]^2 I_s(x)\mathrm{d}P+2\int \left[f_{nk}(x)-\sum_{j=1}^{m} g_{jn}(a_{jn}^{\mathrm{T}}x) \right]^2 I_s(x)\mathrm{d}P$$

$$\leqslant 2\left(\frac{1}{2^n}+\frac{1}{2^n}\right) \to 0 \tag{2.215}$$

当$m\to\infty$，$n\to\infty$时，故$f(x)\in L$，由 i ）、ii ）、iii）知L是一个L-系。

令b是由形如引理中集合A的全体所组成的集类，则b是一个π系。而由b生成的最小σ-代数$\sigma(b)$是k维的Bored域，由引理知b中任一集合A的示性函数$L_A(x)\in L$，则由函数形式的单调类定理知，对一切B_k上关于p可则，且平方可积的函数$f(x)$，都有$f(x)\in L$，定理证毕。

岭函数为多项式形式的PPR计算方法：

（1）首先根据对实际问题的初步分析，选取 m 的大小和g_j（$j=1$，2，…，m）的次数。

最小化目标函数：

$$Q(\alpha,g)=\sum_{i=1}^{N}\left[y_i-\sum_{j=1}^{m}g_j(\boldsymbol{a}_j^{\mathrm{T}}x)\right]^2 \tag{2.216}$$

其中，$(x_1，y_1)$，…，$(x_N，y_N)$ $(x_i\in R^K，y_i\in R，i=1，2，\cdots，N)$是样本观测值，求得初步模型：

$$y^{(1)}(x)=\sum_{j=1}^{m}g_j(\boldsymbol{a}_j^{\mathrm{T}}x) \tag{2.217}$$

（2）对残量$y_i-y^{(1)}(x_i)$进行分析，是否与某一参数明显相关，如果与某个参数明显相关，则对残量$y_i-y^{(1)}(x_i)$再用回归函数拟合，得

$$y^{(2)}(x)=b_0+b_1x+\cdots+b_Px^P \tag{2.218}$$

式中：P为一适当选择的正整数。

（3）计算总残量平方和：

$$Q_0=\sum_{i=1}^{N}[y_i-y^{(1)}(x_i)-y^{(2)}(x_i)]^2 \tag{2.219}$$

（4）改变m和g_j的次数，重复第（2）、第（3），比较Q_0的大小，直到残量$\varepsilon_i=y_i-y^{(1)}(x_i)-y^{(2)}(x_i)$ $i=1，2，\cdots，N)$的绝对值$|\varepsilon_i|$不大某个给定的$\varepsilon>0$为止。

例　全向攻击导弹数据处理（Treatment of Data for All-round Missiles）歼击机发射导弹，影响命中目标的主要有以下六个参数：歼击机速度V_A，歼击机所处高度H，目标机速度与歼击机速度之比m，歼击机的过载n，进入角β，歼击机与目标机间的距离R。

V_A、H、m、n、β可以由显示系统显示出来。对一定型号的导弹，参数V_A、H、m、n、β一定时，导弹击中目标的距离是有一定范围的，最大值为$R_{\max}$，最小值为$R_{\min}$，$R_{\max}$、$R_{\min}$为有效攻击区域。歼击机的火控系统在两机处于一定状态时能立即显示有效攻击区域，则飞行员只需简单调整两机距离即可。

国内外的处理方法，分别用逐步回归及简化微分方程的办法，其运算速度与误差精度存在一定矛盾。

用岭函数为多项式形式的PPR计算方法，对168组数据进行处理。$R_{\max}$与$R_{\min}$的最大误差要求分别为ε=1000m与ε=800m。

数据预处理：$x_1=H/10$，$x_2=v_A/1000$，$x_3=m/10$，$x_4=n/10$，$x_5=\sin\pi\Big/\left(\beta-\dfrac{30}{360}\right)$

$$R_{\max}=0.0936+10(\boldsymbol{a}_1^{\mathrm{T}}x)+0.1956(\boldsymbol{a}_1^{\mathrm{T}}x)^2+29.3940(\boldsymbol{a}_1^{\mathrm{T}}x)^3+$$
$$10(\boldsymbol{a}_2^{\mathrm{T}}x)+1.6296(\boldsymbol{a}_2^{\mathrm{T}}x)^2+1.2813(\boldsymbol{a}_2^{\mathrm{T}}x)^3$$

其中　$\boldsymbol{a}_1^{\mathrm{T}}=(0.0203,\ -0.0368,\ -0.4982,\ -0.1137,\ 0.5365)$

$\boldsymbol{a}_2^{\mathrm{T}}=(0.2916,\ 0.0933,\ 1.7878,\ 0.1063,\ -0.3791)$

$x^{\mathrm{T}}=(x_1,\ x_2,\ x_3,\ x_4,\ x_5)$

$$R_{\min}=0.0591+10(\boldsymbol{a}_1^{\mathrm{T}}x)^2+4.1261(\boldsymbol{a}_1^{\mathrm{T}}x)^2+10(\boldsymbol{a}_2^{\mathrm{T}}x)+$$
$$16.1816(\boldsymbol{a}_2^{\mathrm{T}}x)^2+5.9171(\boldsymbol{a}_2^{\mathrm{T}}x)^3$$

$\boldsymbol{a}_1^{\mathrm{T}}=(-0.2862,\ -0.8317,\ 1.4700,\ 0.0068,\ -0.0494)$

$\boldsymbol{a}_2^{\mathrm{T}}=(0.1197,\ 0.6338,\ -0.8250,\ 0.0065,\ 0.0683)$

$x^{\mathrm{T}}=(x_1,\ x_2,\ x_3,\ x_4,\ x_5)$

在 1985 第 13 卷第 2 期出版的 *The Annals of Statistics* 期刊中还可以看到 Friedman、Bookstein 等学者关于 PPR 的讨论意见，这里不再赘述。

2.5.4　用 PPRE 解决判别问题

众所周知，判别分析与回归问题有着密切的联系。设 X 的响应值 Y 只能取有限个值$(c_1,\ c_2,\ \cdots,\ c_q)$，损失取为误判风险：

$$R=E\left[\min_{1\leqslant j\leqslant q}\sum_{i=1}^{q}l_{ij}P(i\mid x_1,\cdots,x_P)\right] \tag{2.220}$$

式（2.220）中，l_{ij} 为当 Y 真值为 C_i 而判为 C_j 的损失，条件概率 $P(i\mid x_1,\ \cdots,\ x_P)$ 为给定样本 $x_1,\ \cdots,\ x_P$ 时，Y 为 c_i 的概率；右边的和项为给定 $x_1,\ \cdots,\ x_P$ 时，y 被判为 c_j 时的损失，把 y 判为使和式最小的 j 时损失最小；R 是使用这种方法的平均损失或者说是期望损失，判别分析本质是要找到 $P(i\mid x_1,\ \cdots,\ x_P)$，这样，就可以找到使损失达到最小的判别。

定义如下变量：

$$h_{ik}=\begin{cases}1 & y_K=C_i,1\leqslant K\leqslant N\\ 0 & \text{其他},1\leqslant i\leqslant q\end{cases} \tag{2.221}$$

可以得到

$$p(i\mid x_1,\cdots,x_P)=\frac{\pi_i S}{S_i}E\left[H_i\mid x_i,\cdots,x_P\right] \tag{2.222}$$

π_i 为 $y=c_i$ 的先验概率，$S_i=\sum\limits_{K=1}^{N}W_K\delta(y_K,\ c_i)$ 及 $S=\sum\limits_{i=1}^{q}S_i$，这里

$$\delta(a,b)=\begin{cases}1 & a=b\\ 0 & a\neq b\end{cases} \tag{2.223}$$

将式（2.222）代入式（2.220）便得

$$R = E\left[\min_{1\leq j\leq q} S\sum_{i=1}^{q}\frac{\pi_i L_{ij}}{S_i}E(H_i \mid x_1,\cdots,x_P)\right] \tag{2.224}$$

这样，只需导出 $E(H_i \mid x_1, \cdots, x_P)$ 即可。而这就是一个多元回归问题，因而完全可以用 PPRE 的方法来解决，其中的 π_i 在求和时可用经验频率 $\hat{\pi} = S_i / S$ 来代替。

2.5.5 投影寻踪回归模型（PPR）

由美国斯坦福大学 Friedman 教授组织编制的 SMART（Smooth Multiple Additive Regression Technique）多重平滑回归计算软件，是投影寻踪回归（PPR）的一种具体实现和推广。SMART 模型具有如下形式：

$$\hat{Y}_i = E[y_i \mid (x_1, x_2, \cdots, x_P)] = \bar{y}_i + \sum_{m=1}^{MU}\boldsymbol{b}_{im}G_m\left(\sum_{j=1}^{P}\boldsymbol{a}_{jm}^2 X_j\right) \tag{2.225}$$

其中：$\vec{y}_i = Ey_i$，$EG_m = 0$，$EG_m^2 = 0$，$\sum_{j=1}^{P} a_{jm} = 1$ 参数 $\boldsymbol{b}_{im}$、$\boldsymbol{a}_{jm}$ 及岭函数值 G_m 是模型的参数，模型中线性组合的项数 MU 亦为待定参数。

SMART 模型的核心是采用分层分组迭代交替优化的方法最终估计出岭函数的项次 MU、岭函数 $G_m(Z)$ 以及系数 $\boldsymbol{b}_{im}$、$\boldsymbol{a}_{jm}$ 等。

SMART 模型的判别准则是：选择适当的参数 $\boldsymbol{b}_{im}$、$\boldsymbol{a}_{jm}$ 及函数值 G_m 和项数 MU 及因变量的权重 W_i，$(i=1,2,\cdots,Q$；$j=1,2,\cdots,p$；$m=1,2,\cdots,MU)$ 使

$$L_2 = \sum_{i=1}^{Q} W_i \cdot E\left[(y_i - \bar{y}_i) - \sum_{m=1}^{MU}\boldsymbol{b}_{im} \cdot G_m\left(\sum_{j=1}^{P}\boldsymbol{a}_{jm} \cdot x_j\right)\right]^2 = \min \tag{2.226}$$

据此准则确定最终模型的过程大致分为两步：

（1）局部优化过程。用逐步交替优化的方法，确定模型的最高线性组合项数 MU 及对参数 $\boldsymbol{a}$、$\boldsymbol{b}$、岭函数值 G_m 寻优。

1）求初始方向 $\vec{\boldsymbol{a}}_0$，其方法是：

a．设模型线性组合的项数 $m=1$。

b．对参数 $\boldsymbol{b}_{im}$ 给定初值 $b_{im} = 1$。

c．对因变量的第 i 个分量的观测值求偏差：

$$R_{ikm} = y_{ik} - \bar{y}_i (i = 1, \cdots, Q；\ k = 1, \cdots, n)$$

d．将 Q 维响应量按如下方式进行综合，使其成为一维响应量：

$$Y_k = \sum_{i}^{Q} W_i b_{im} R_{ikm} / \sum_{i=1}^{Q} W_i b_{im}^2$$

e．初始方向 $\vec{a}_0$ 由下列方程组求得

$$\boldsymbol{X}_{n\times p}^{\mathrm{T}} \vec{\boldsymbol{Y}} = \boldsymbol{X}_{n\times p}^{\mathrm{T}} \boldsymbol{X}_{n\times p} \vec{a}_0$$

式中：$\boldsymbol{X}$ 为自变量观测数据矩阵；$\vec{\boldsymbol{Y}}$ 为一维综合响应量列矩阵。

f．将 $\vec{a}_0$ 进行标准化处理：

$$\vec{a}_m = \frac{\vec{a}_0}{|\vec{a}_0|}$$

2）沿求得的初始方向 $\vec{a}_m$ 求岭函数 $G_m(\vec{a}_m \cdot x)$ 的值：

a．将 P 维自变量进行一维化降维处理：

$$T_k = \sum_{i=1}^{P} \boldsymbol{a}_{jm} \cdot x_{jk} \quad k = 1, \cdots, n$$

b．将 T_k 进行排序，响应量的第 i 个分量的值相应进行排列，且用取中值的方法对第 i 个分量 y_i 进行平滑处理。

c．运用局部线性回归方法，将线性回归在 T_k 处的预报值作为岭函数值 $G_m^{※}(T_k)$ 。

d．将 G_m 进行标准化处理：

$$G_m(T_k) = \frac{G_m^{※}(T_k) - \bar{G}_m^{※}(T_k)}{\sqrt{D[G_m^{※}(T_k)]}}$$

3）更新 b_{im} 的值，计算判别式值 $L_2(m)$ 。当 $L_2(m)$ 未满足要求时，进行下步计算；否则结束本过程转后续（2）继续寻优。

$$b_{im} = \frac{\sum_{k=1}^{N} WW_k \cdot R_{imk} \cdot G_m(T_k)}{\sum_{k=1}^{N} WW_k \cdot G_m^2(T_k)}$$

式中：WW_k 为第 k 次观测权重。

4）对 $\vec{a}_m$ 寻优，$\vec{a}_m$ 的增量 $\varDelta_m^{\mathrm{T}}$ 满足方程：

$$X^{\mathrm{T}} X \vec{\varDelta}_m = X^{\mathrm{T}} (\vec{Y} - \vec{G}_m)$$

其中：

$$\begin{matrix} G_m'(T_1)x_{11} & \cdots & G_m(T_1)x_{1N} \\ \vdots & & \vdots \\ G_m'(T_1)x_{P1} & \cdots & G_m'(T_1)x_{PN} \end{matrix}$$

式中：$G'_m(T_1)$ 为 G_m 在 T_k 处的导数，计算时可用差分代替之。

5）更新方 $\vec{a}_m=\vec{a}_m+\vec{\varDelta}_m$，返回 2）进行循环计算。若更新方向后不能使残差平方和减小，则将增量方向的步幅变为 $\varDelta_m/2$ 或 $\varDelta_m/4$，…，这种循环迭代直到 L_2 不再减少为止。

6）当 L_2 未能满足精度时，逐一增加模型的项数，重新计算 R：

$$R_{ikm+1}=R_{ikm}-b_{im}\bullet G_m\ (T_k)$$

返回 1）中 b. 进行循环迭代，直到 L_2 满足精度为止。

7）得到模型线性组合的最高项数 MU 及参数值和岭函数值。

（2）全局优化过程。为寻求较优模型，对线性组合项数 MU 及参数重新寻优。

逐一剔除模型中的不重要项，其重要性是由 $I_m=\sum_{i=1}^{Q}W_i\left|b_{im}\right|$ 测度的（$1<m<MU$）。将模型的项数依次降为 MU、MU-1、MU-2、…、1，对确定的项数 m 求使 L_2 最小的解。开始的参数值，对每一个 m 项模型来说，是前一个模型（m+1 项模型）中 m 个重要项的解值，对最大的模型（$m=MU$），其初始值是由（1）中逐步优化模型给出的。比较各模型的 L_2 值，其中 L_2 值最小的模型即为最终模型。

2.5.6　应用举例

本节以 Friedman 和 Stuetzle 在 1981 年发表在 *Journal of the American Statistical Association* 上的 *Projection Pursuit Regression* 一文中的 3 个实例为例，讲述投影寻踪在实际应用中的具体过程，以加深读者对投影寻踪基本理论的理解。

例 1　设（X_1，X_2）是（−1，1）×（−1，1）上均匀分布，ε 服从 N（0，0.04），$Y=X_1X_2+\varepsilon$，用计算机产生 200 个样本，图 2.6 显示了（X_2，Y）在平面上的散布情况。图 2.6 中：+表示数据点，数据表示不止一个点重合在此处，*号表示光滑化结果。

用 PP 方法进行搜索，可获得一方向 α_1=(0.71，0.70)^{T}，Y 关于 $Z_1=\alpha_1^{\mathrm{T}}X$ 的散布情况如图 2.7 所示，*表示光滑化后得到的 $\hat{Y}$，记为 $S_{\alpha1}$（$\alpha_1^{\mathrm{T}}X$）。

令 r_1（X_i）=Y_i−$S_{\alpha i}$（$\alpha_i^{\mathrm{T}}X$），把它代替 Y_i 搜索到 α_2=（0.72，−0.69）^{T}，将 r_1 与 $Z_2=\alpha_2^{\mathrm{T}}X$ 的散布情况绘制于图 2.8 上。

用 r_2（X_i）=r_1（X_i）−S_{α_2}（$\alpha_2{}^{\mathrm{T}}X$）时找到的第三个方向为 α_3=（−0.016，0.99），如图 2.9 所示。

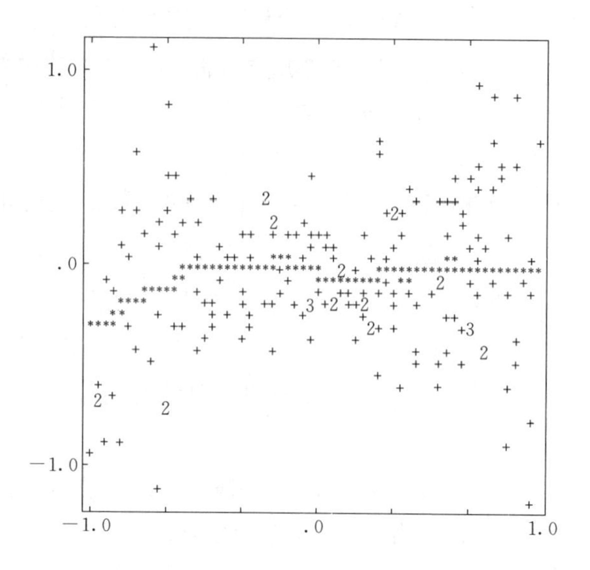

图 2.6　（X_2，Y）在平面上的散布图

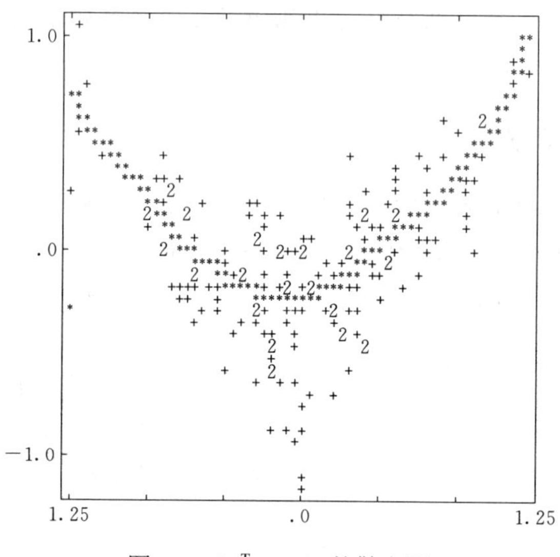

图 2.7　（$\alpha_1^{\mathrm{T}}X$，Y）的散布图

从图 2.9 中看出，第三个方向的选择未能对回归面有实质性的改进，而 α_1、$\alpha_{/2}$ 两个方向已基本揭示了模型本身，即 $y=\frac{1}{4}(X_1+X_2)^2-\frac{1}{4}(X_1-X_2)^2$。

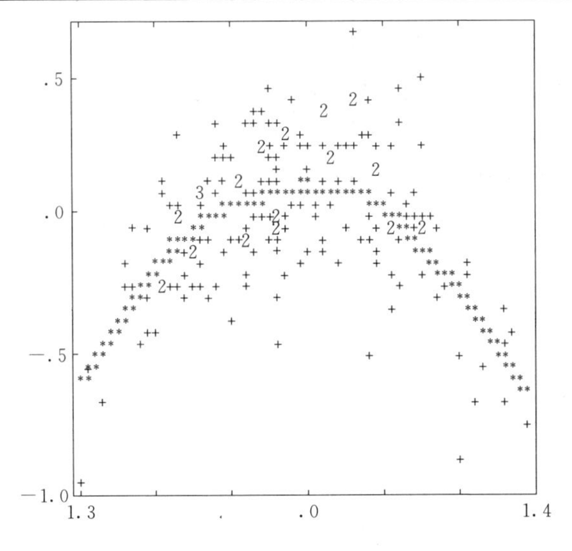

图 2.8 （$\alpha_2^{\mathrm{T}}X$，r_1）的散布图

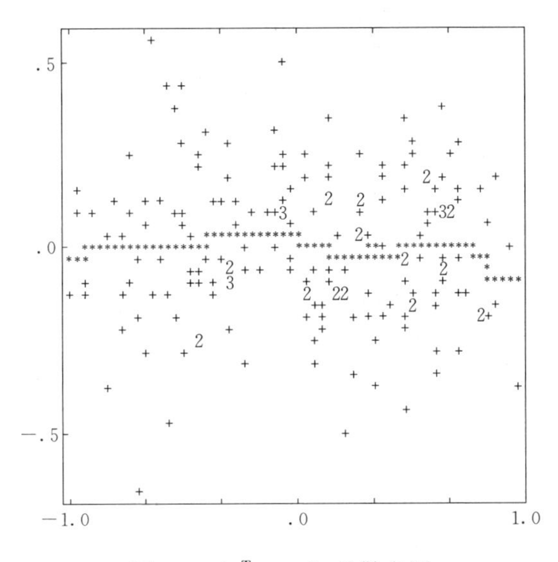

图 2.9 （$\alpha_3^{\mathrm{T}}X$，r_2）的散布图

例 2 此例将 PPR 用于分析空气污染数据。213 个数据取自美国海岸污染控制区的天气及污染状况，本例研究“漂浮物”Y 与平均风速 X_1、平均气温 X_2、日照 X_3 以及在上午四点和下午四点时的风向 X_4、X_5 的关系。

经过返回拟合，最后采用了三个方向：

α_1=（0.83，−0.55，0，0，0.10）

α_2=（0.16，0.29，0.17，0.91，0.16）

α_3=（0.16，0.21，0.01，−0.05，0.96）

图 2.10～图 2.12 分别显示了光滑后的悬浮物数值点与对应的 S_1、S_2、S_3 的关系，其中，每个光滑点的值均是添加最终模型残差的值。图 2.10 表明 Y 的一个很好的预报“者”是温度与风速的差值，当此值较小时，Y 基本上是线性的，此值大的时候，Y 是常值；图 2.11 及相应的方向（X_4 起主要作用）显示出对上午四点风向小得多的依赖关系，第三个方向只给依赖关系加一点补充，即对 X_5 的依赖性很小。

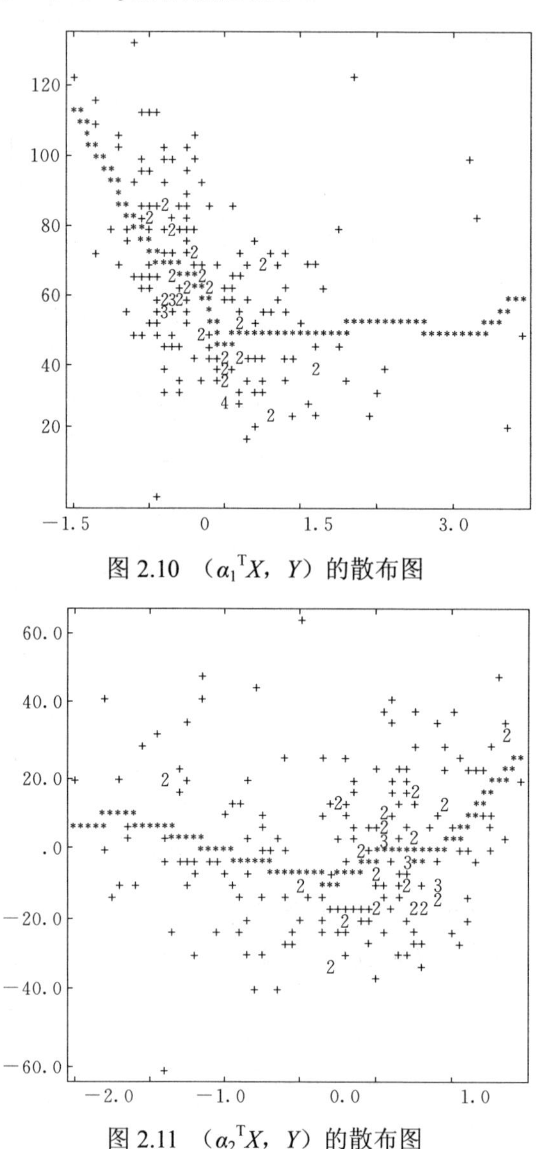

图 2.10 （$\alpha_1^{\mathrm{T}}X$，Y）的散布图

图 2.11 （$\alpha_2^{\mathrm{T}}X$，Y）的散布图

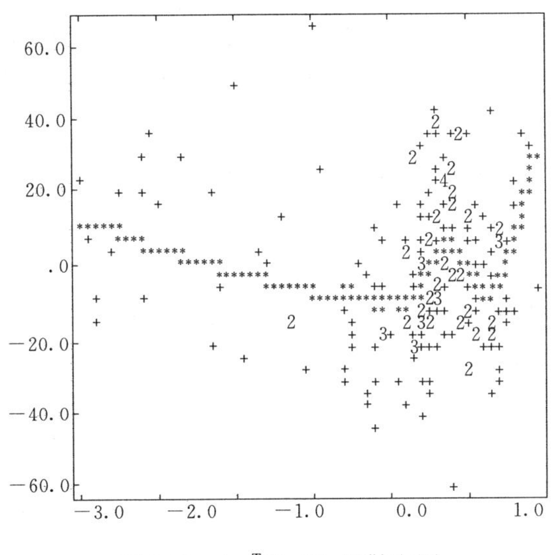

图 2.12 （$\alpha_3^{\mathrm{T}}X$，Y）的散布图

例 3 本例着重将 PPR 用到高维数据结构分析中。物理学中高维数据很普通，本例选取 Firedonnm、Tufeey（1974）的 300 个量子物理数据，采用 PPR 研究三个π–介子的综合能量 Y 与其他 6 个变量的关系。

图 2.13 为没有经过返回拟合所找到的方向上的拟合图。

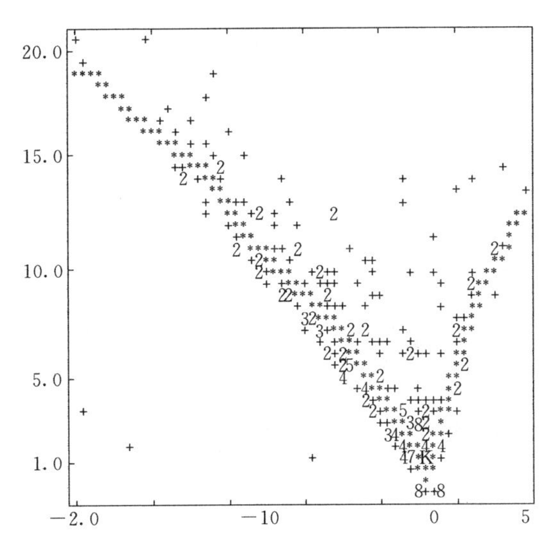

图 2.13 （$\alpha_1^{\mathrm{T}}X$，Y）的散布图（不计残差）

图 2.14～图 2.16 为通过返回拟合所获得的 9 个方向中的前三个，可以

看到用返回拟合对第一个方向的影响很大，图 2.15 与图 2.16 的非线性及数据所具有的高度结构，此模型能承担的 99%的变差。其中：

α_1=（0.83，0.54，0，−0.16，0，0）

α_2=（0，0.82，−0.05，0，−0.33，0.46）

α_3=（0.14，0.39，0.69，0.51，−0.16，0.26）

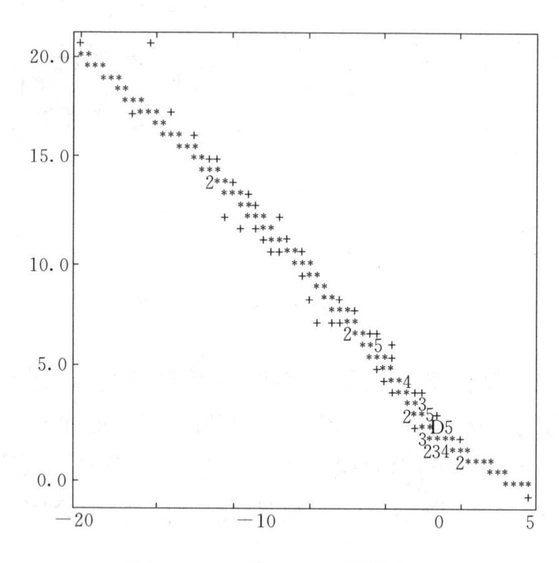

图 2.14　（$\alpha_1^{\mathrm{T}}X$，Y）的散布图

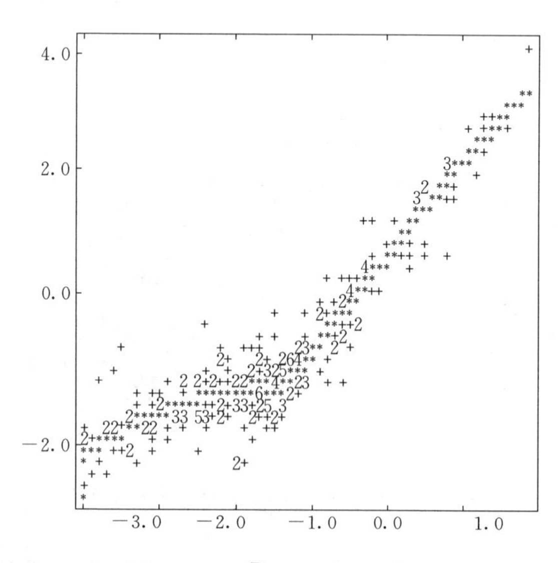

图 2.15　（$\alpha_2^{\mathrm{T}}X$，Y）的散布图

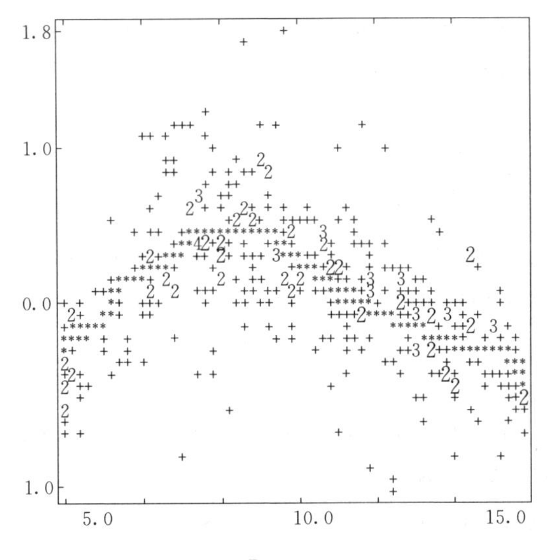

图 2.16 （$\alpha_3^{\mathrm{T}}X$，Y）的散布图

参考文献

［1］ 成平，李国英，陈忠琏，等．投影寻踪讲义［R］．北京：中国科学院系统科学所，1986．

［2］ 李国英．散布阵及主成分的稳健的投影寻踪估计的收敛性（英文）［J］．系统科学与数学，1984（1）：1-14．

［3］ 成平，李国英．投影寻踪——一类新兴的统计方法［J］．应用概率统计，1986（3）：267-276．

［4］ 李国英．什么是投影寻踪［J］．数理统计与管理，1986（4）：21-23，36．

［5］ Friedman J H，Stuetzle W．Projection Pursuit Regression［J］．Journal of the American Statistical Association，1981，76（376）：817-818．

［6］ Tukey P A，Tukey J W．Graphical Display of Data Sets in Three or More Dimensions［A］．In Barnett V（ed.）．Interpreting Multivariate Data［C］．Chichester U K：John Wiley，1981：189-213．

［7］ Kruskal J B．Toward a practical method which helps uncover the structure of a set of multivariate observations by finding the linear transformation which optimizes a new index of condensation［A］．In Milton R C，Nelder J A（ed.）．Statistical computation［C］．New York：Academia Press，1969．

[8] Kruskal J B. Linear transformation of multivariate data [A]. In Kruskal J B (ed.). Theory and Application in the Behavioral Science [C]. New York and London: Semimar Press, 1972.

[9] Switzer P, Wright R M. Numerical classification applied to certain Jamaican eocene nummulitids [J]. Mathematical Geology, 1971, 3 (3): 297-311.

[10] Friedman J H, Turkey J W. A projection pursuit algorithm for exploratory data analysis [C]. IEEE Trans Computers C-23, 1974: 23 (9): 881-889.

[11] Friedman J H, Stuetzle W. Projection pursuit regression [C]. J. Amer. Statist. Assoc., 1981: 817-823.

[12] Donoho D L, Huber P J. The use of kinematic displays to represent high dimentional data [A]. In Eddy W F (ed.). Computer Science and Statistics: Proceedings of 13th Symposium on the interface [C]. NewYork: Semimar Press, 1981.

[13] Diaconis P, Friedman J H. Asymptotics of graphical projection pursuit [C]. Annal of statistics, 1984: 793-815.

[14] Huber P J. Project Pursuit (With discussion) [J]. Annal of statistics, 1985, 13 (2): 435-525.

[15] 陈家骅．自回归模型中的矩估计 [J]．应用数学学报，1986 (4)：461-469.

[16] 崔恒建，成平．散布阵检验统计量的P-值 [J]．科学通报，1993 (6)：564-567.

[17] 张健．两类探索性投影寻踪指标的渐近性 [J]．应用概率统计，1993 (1)：18-26.

[18] 田铮，肖华勇．非线性时间序列的投影寻踪建模与预报 [J]．西北工业大学学报，1995 (3)：478-480.

[19] 郑祖国，刘大秀．投影寻踪自回归和多维混合回归模型及其在大河长河段洪水预报中的应用 [J]．水文，1994 (4)：6-10，65.

[20] 杨力行，刘金清．投影寻踪应用技术在水文领域中喜获丰收 [J]．水文，1993 (2)：57-53.

[21] 郑祖国，邓传玲，刘大秀．PP回归在新疆春旱长期预报工作中的应用 [J]．八一农学院学报，1990 (3)：7-12.

[22] 邓传玲．SMART——多重平滑回归技术的原理及计算软件 [J]．八一农学院学报，1988 (4)：47-55.

[23] 田铮，林伟．投影寻踪方法与应用 [M]．西安：西北工业大学出版社，2008.

[24] 田铮，戎海武，刘康民．高维观测数据的投影寻踪回归法及其应用 [J]．西北工业大学学报，1992 (1)：126-132.

[25] 田铮，戎海武．PPR 的收敛性和全面攻击导弹数据处理 [J]．应用概率统计，1993

（3）：319-325.

［26］ 颜光宇，夏结来．稳健因子分析方法及其医学应用［J］．中国卫生统计，1994，11（3）：12-15.

［27］ 颜光宇，夏结来．PP稳健Fisher判别分析方法［J］．中国卫生统计，1991，10（2）：16-19.

［28］ 付强，赵小勇．投影寻踪模型原理及应用［M］．北京：科学技术出版社，2006.

第3章　复杂系统混杂性信息的PPR建模

自然科学试验数据自变量之间是具有密切的物理、化学原理和内在成因的数据，是有稳定的内在客观规律的数据，有自己独特的内在数据结构。即使是存在多重共线性，其数据结构可能是确定的，也可能是不确定的；可能是线性的，也可能是非线性的；可能是正态的，也可能是非正态的；可能是定性的，也可能是定量的；可能是静态的，也可能是动态的；可能是宏观的，也可能是微观的；可能是平衡的，也可能是不平衡的。甚至有些既是非正态又是非线性的复杂数据结构，是在重复试验中依然继续存在的数据结构，也是不可替代的数据结构。自然科学试验数据的处理方法，首先应当尊重客观规律，抛弃违背客观规律的假定，选择无假定建模方法，或者选择少假定建模方法。PPR 无假定非参数建模的优势，首先表现在能克服复杂系统高维数据的“维数祸根”，其次表现在能兼容各种复杂系统的混杂信息，建模功能强大。由于是无假定和非参数建模，PPR 方法定义的新概念极少，简单易学，实用性强。

3.1　确定性与不确定性信息混杂

在工程、科学和社会的许多领域，要利用数学模型描述复杂信息的过程。一方面，在选择模型的时候，都希望模型能包含一切重要变量的信息，而变量的重要性又强烈地依赖于所选择的模型，这就带来了数学建模中的“先有鸡还是先有蛋”的难题。问题的根源在于常规的回归建模方法都属于有假定建模方法，其最重要的前提条件，都是在正态性假定下建立起来的模型。但是客观试验数据绝大部分都是非正态性的，即使采用正交试验和均匀试验设计，自变量都是正态性的，但试验结果（因变量）却往往是非正态性的。这就导致了建模时的假定前提与客观实际并不相符，经常会出现某个变量在一个模型中非常重要，而在另一个模型中却突然变得不重要，甚至可以删去，即模型中变量选择存在不确定性问题。另一方面，数学模型中的有些信息是确定的，有些信息是不确定的或是未知的，数值模拟输入的初始条件往往也是不完美的。如天气和气候预测必须要以当前状态的数据为依据，而对当前状态数据并不知道或不能准确知道，即模型中变量信息也存在不确定性问题。

数学建模和计算机科学在过去 20 年间取得了巨大的进步，并将进一步快速发展。然而，除非数学模型能够准确表达和模拟真实的过程，否则这种数值模拟的作用是有限的，甚至会带来错误的结果。为了能更好地解决这些问题，《2025 年的数学科学》提出了“不确定性量化”的新领域，它可以实现通过计算模拟解决真正复杂过程的精确建模和预测之目的。1986—1992 年笔者团队研制的 PPR 无假定非参数建模技术在不确定性量化研究方面取得了很大进展，建模过程没有人为干预和调整，是一种最苛刻的、客观的建模方法，不仅可以解决确定性与不确定性信息混杂问题，而且可以进行精确预报。后来将其推广扩充到时间序列分析，又研制了 PPAR、PPMR 模型软件包，详见第 2.4 节。

从有假定建模到 PPR 无假定非参数建模，可以说是人类认识客观事物方法论上的一次突破。由于 PPR 在对任何学科中的复杂系统建模时，人为调控的只有 *S*、*MU* 和 *M* 三个投影指标。形象地比喻，PPR 是研究高维空间的一架照相机，*S* 类似于调焦，*M* 类似于选则不同角度拍照的张数，*MU* 是从 *M* 中挑选出的最优拍照张数。当然，照相机本身也有好坏之别，但其拍摄的照片无论好坏总是客观的，是一种无假定非参数的建模。下面通过几个实例分析来看 PPR 无假定非参数建模技术在解决确定性与不确定性信息混杂方面的优势。

例 3.1　回归拟合中的“鸡和蛋”问题

方开泰、马长兴通过一个经典例子详细介绍了回归拟合中“先有蛋还是先有鸡”的难题。该经典例子是 Hald（1952）书中一个水泥凝固放热数据，常常被国内外文献和各种教科书所引用，因为该实例很容易表达筛选变量的方法和统计量，同时也揭示了变量选择对回归方程的作用强烈地依赖于它所在的模型。

水泥凝固放热试验（凝固时水化学放出的总热量）*Y*（cal/g[1]）与 4 种化学成分有关，试验数据见表 3.1，各变量的数据剖析见表 3.2。

[1] 1cal=4.184J

表3.1和表3.2中，X_1为C_3A（%），发热量254，平均含量7%，变幅达21倍；X_2为C_3S（%），发热量160，平均含量48%，变幅2.7倍，含量与X_4近似成反比；X_3为C_4AF（%），发热量136，平均含量12%，变幅5.7倍；X_4为C_2S（%），发热量84，平均含量30%，变幅10倍，含量与X_2近似成反比。

表3.1　　水泥凝固放热试验数据

序号	X_1/%	X_2/%	X_3/%	X_4/%	Y/（cal/g）
1	7	26	6	60	78.5
2	1	29	15	52	74.3
3	11	56	8	20	104.3
4	11	31	8	47	87.6
5	7	52	6	33	95.9
6	11	55	9	22	109.2
7	3	71	17	6	102.7
8	1	31	22	44	72.5
9	2	54	18	22	93.1
10	21	47	4	26	115.9
11	1	40	23	34	83.8
12	11	66	9	12	113.3
13	10	68	8	12	109.4

表3.2　　变 量 数 据 剖 析

项目	X_1	X_2	X_3	X_4	Y
平均含量/%	7	48	12	30	95.4
变差系数C_v	0.788	0.323	0.544	0.558	0.158
偏态系数C_s	0.793	–0.054	0.704	0.380	–0.225
相关系数	0.7307	0.8162	–0.5346	0.8213	—
变幅/倍	21/1=21	71/26=2.7	23/4=5.7	60/6=10	115.9/72.5=1.7

1. 逐步回归产生“鸡和蛋”难题的过程

如果只选择一个变量，X_4是最重要的变量，被筛选通过进入模型；如果选择两个变量，X_4和X_1最重要，X_4和X_1分别被筛选通过进入模型；当再把X_2加入模型后，X_4的贡献却变得可以忽略，从而被从模型中剔除，变

量 X_4 从最重要的变量（只含一个变量的回归方程）变为可以忽略并被剔除的变量（若模型中含有 X_1、X_2、X_4 时）。

上述逐步回归过程，出现了同一个变量 X_4 在一个模型中非常重要，而在另一个模型中却可以完全忽略，这一事实充分说明：变量对回归方程的贡献强烈地依赖于它所在的模型。因此，研究面临着"先有蛋还是先有鸡"的难题困扰，给试验数据回归拟合带来了极大的不确定性和人为任意性。

类似的产生"鸡和蛋"难题的例子，在自然科学试验数据回归拟合分析中是很容易发现的，并非个别特例。在非试验性数据的社会科学领域，例如，计量经济学中存在着更多的产生"鸡和蛋"难题的例子。

2. 传统解决途径——筛选变量简化模型的方法

文献［2］和文献［3］都认为造成上述"鸡和蛋"难题的原因是自变量之间的相关性（或者说自变量的共线性）。于是采用了筛选变量的方法，从有共线性的所有变量中筛选出对因变量影响显著的代表性变量，淘汰其他次要影响的变量，建立一个简化回归模型，由此来避免"先有蛋还是先有鸡"难题的困扰。这种方法是从数理统计角度出发考虑问题，找出的一种简化替代处理方法。

逐步回归对上述试验数据筛选变量，简化建模的结果是：最终筛选出 X_1、X_2 两个变量，其简化模型为

$$Y=52.5773+1.4683X_1+0.6623X_2 \tag{3.1}$$

该模型其残差的总计（绝对值和）为 24.82，比用全部 4 个变量的残差绝对值和 20.63 增大了 20.3%，说明逐步回归简化建模方法，出现了明显的残差增大的倒退现象。但其残差的均方根误差为 2.406，比用全部 4 个变量的 2.446 还稍小一点，却没有表现出误差增大的倒退现象。为什么总计的残差变大后，残差的均方根误差还会稍小一点，这是因为在计算残差的均方误差时，分母中从减去 4 个自由度变成减去 2 个自由度，分母的增大就微妙地掩盖了残差绝对值和增大 1/5 的事实。

残差是评价建模好坏的主要工具。但是，残差有正负性，人们为了消除残差的正负性，于是先计算残差平方再求和，再求平均，然后开方求出均方根误差，其计算过程复杂，还容易出现掩盖真实的残差绝对值增大现象。残差平方虽然可以消除正负性，但是，绝对值大于 1 的残差平方后就变得越来越大。例如残差为−2 的平方值是 4，绝对值增大 2 倍；相反，绝对值小于 1 的残差平方后却变得越来越小，残差是−0.2 的平方值是 0.04，绝对值缩小 5 倍。实质上是在对每个残差进行各自独立变化权重的加权平

均，这一大一小的反向加权平均值变化，突出了少数绝对值很大的残差在残差评价中的作用，而扭曲了残差的本来面目。其实，若用残差的绝对值和替代平方和，同样可以直接消除残差的正负性，同样可以真实地评价回归建模误差的增大或者减小；而且，正负残差还可以点绘残差图，直接判断残差究竟增大了还是变小了；还可以从喇叭形残差图判断数据的非正态性，不仅直观而且更加简便。

从物理化学角度看，简化回归模型必然要舍弃部分变量数据的许多有益信息。如上述例子中，水泥凝固时释放的水化热 Y 值，是 4 种矿物发热量的总和，4 种矿物因为其化学成分不同，其发热量水平完全不同，可以相差 2～3 倍，而且具有不可替代性。况且 13 种水泥中同一个化学成分含量的百分数，并非常数，而是个变化量，同一种矿物在不同水泥之间可以相差 2.7～21 倍！所以试验数据中隐含了大量宝贵的信息，通过逐步回归方法筛选变量必然要舍弃这其中大量的宝贵信息，用这种办法来解决回归建模中“鸡和蛋”难题，信息量损失太多，建模效率就必然不高，残差必然增大。

3. PPR 无假定建模技术解决“鸡和蛋”的难题

如果对表 3.1 中水泥水化热试验的 13 组数据进行 PPR 建模分析，反映投影灵敏度指标的光滑系数 S=0.10，投影方向初始值 M=5，最终投影方向 MU=4。水化热计算值的自变量权重系数 β=（1.0262，0.1430，0.1004，0.0492）。

投影方向 α_1=（0.9439，0.3131，0.0377，−0.0980）

α_2=（0.5955，0.3169，0.6078，0.4189）

α_3=（0.4462，0.5184，0.5561，0.4721）

α_4=（−0.4846，−0.5052，−0.5150，−0.4947）

各个自变量的相对贡献权重为（按从大到小排序）：

X_4：1.0000（单位发热量最小，平均含量第二，但是含量与 X_2 近似成反比；C_v 第二；C_s 第三）

X_2：0.9089（单位发热量第二，平均含量最大，但是含量与 X_4 近似成反比；C_v 最小；C_s 最小）

X_3：0.4533（单位发热量第三，平均含量第三；C_v 第三；C_s 第二）

X_1：0.4415（单位发热量最大，平均含量最小；C_v 最大；C_s 最大）

结果表明：矿物含量越大的自变量发热量越大，贡献自然就越大；变量上下边界变幅越大贡献越大（13 种水泥各个矿物含量的变幅达 2.7～21

倍，其中 X_4 为 10 倍，X_2 为 2.7 倍，X_3 为 5.7 倍，X_1 为 21 倍），虽然 X_4 含量第二，但是含量的变幅是 X_2 的 3 倍多，所以相对贡献权重排在第一位；当平均含量接近时（X_4 占 30%和 X_2 占 48%），C_v 和 C_s 越大贡献越大，X_2 的含量虽然达到 48%，但是 C_s 接近于零，贡献就小，所以相对贡献权重比 X_4 稍小一点；矿物单位发热量（X_4 为 84cal/g，X_2 为 160cal/g，X_3 为 136cal/g，X_1 为 254cal/g），变幅较小（2～3 倍）影响不大。各自变量相对贡献权重的物理意义清晰明确。PPR 模拟残差的绝对值和为 3.443，残差大幅度下降，各种模型残差对比见表 3.3。

表 3.3　　残 差 对 比 表

建模方法	线性回归	逐步回归	PPR
自变量	X_1，X_2，X_3，X_4	X_1，X_2	X_1，X_2，X_3，X_4
残差绝对值和	20.6328	24.8123	3.4430

从三种不同类型模型的残差对比可以看出：逐步回归残差比线性回归的增大了 20.3%；PPR 残差比线性回归的下降了 83.3%，比逐步回归的下降了 86.1%。PPR 模型全面充分地利用了所有自变量各自提供的信息，客观地概括了水泥水化热发热现象的物理化学规律，克服回归拟合中的“鸡和蛋”难题的困扰。

研究对象的日益复杂使得很多问题难以精确化，致使许多科技工作者从实践中总结出一条所谓的“不相容原理”，或者说是复杂性与精确性的“互克性”。即“当一个系统复杂性增加时，人们使它精确化的能力将减少。在达到一定阈值（即限度）之上时，复杂性与精确性将互相排斥”。模糊数学家认为，复杂性越高，有意义的精确化能力就越低，人们无法全部、仔细地去考察众多因素，只有抓住其中主要的、忽略次要的，引用描述定性变量的模糊数学作为工具，作为架设在形式化思维和复杂系统之间的桥梁。这样不但会把许多本身确定的物理概念模糊化，同时也把这些物理概念和观测数据的变量模糊化了。

总之，PPR 无假定非参数建模技术可以克服“鸡和蛋”难题，客观地分析观测数据的内在规律。

例 3.2　鄱阳湖年最高水位长期预报

目前，灾害预测中面临的困难是影响因素多而复杂，非线性非正态问题突出，当预见期增加后，统计预测的精度下降，被迫降低要求，从定量预报改为定性预报。而采用 PPR 无假定建模分析则可直接进行定量预报，而放弃蜕化性定性趋势预报的做法，使灾害预测工作走上一个新台阶。

鄱阳湖年最高水位是造成湖周地区涝灾的主要因素。其影响因子十分复杂，长期预报难度较大，文献［5］和文献［6］对影响湖年最高水位的六个定量实测因子（x_1、x_2、x_3、x_4、x_5、x_6）分别用模糊数学、人工神经网络做了蜕化性的分三级的定性趋势预报。原始数据列于表 3.4。最高水位 y 值变幅 Δ_m=21.58−15.87=5.71m，0.2Δ_m=1.14m。

表 3.4　　鄱阳湖年最高水位预测

序号	年份	x_1	x_2	x_3	x_4	x_5	x_6	y	$\hat{y}_{pp}$	Δ	结果判断
1	1963	0.51	0.10	0.18	0.08	0.39	0.10	16.12	15.89	−0.23	√
2	1964	0.73	0.90	0.43	0.64	0.59	0.56	19.27	19.49	0.22	√
3	1965	0.34	0.07	0.02	0.23	0.20	0.04	17.23	17.22	−0.01	√
4	1966	0.87	0.63	0.57	0.49	0.39	0.50	18.27	18.90	0.63	√
5	1967	0.49	0.37	0.41	0.39	0.37	0.45	18.61	18.65	0.04	√
6	1968	0.36	0.77	0.39	0.49	0.29	0.60	19.93	19.88	−0.05	√
7	1969	0.74	0.93	0.62	0.99	0.81	0.75	20.11	20.02	−0.09	√
8	1970	0.57	0.40	0.55	0.55	1.00	0.78	19.40	19.43	0.03	√
9	1971	0.80	0.27	0.51	0.39	1.00	0.57	18.22	18.71	0.49	√
10	1972	0.50	0.13	0.19	0.49	0.03	0.21	15.87	16.08	0.21	√
11	1973	1.00	0.77	0.97	1.00	1.00	0.57	20.81	20.96	0.15	√
12	1974	0.58	0.37	0.74	0.61	0.55	0.65	19.91	20.08	0.17	√
13	1975	0.80	0.57	0.27	0.42	0.90	0.88	19.79	19.72	−0.07	√
14	1976	0.77	0.40	0.57	0.21	0.23	0.35	19.80	19.63	−0.17	√
15	1977	0.75	0.57	0.46	0.79	0.63	0.75	20.54	19.72	−0.82	√
16	1978	0.84	0.23	0.44	0.49	0.39	0.61	16.94	16.75	−0.19	√
17	1979	0.31	0.63	0.14	0.51	0.07	0.28	18.01	18.11	0.01	√
18	1980	0.41	0.50	0.12	0.49	0.27	0.36	20.44	19.80	−0.64	√
19	1981	0.60	0.57	0.27	0.72	0.55	0.74	17.80	18.61	0.81	√
20	1982	0.65	0.77	0.62	0.57	0.45	0.56	19.75	19.40	−0.35	√

续表

序号	年份	x_1	x_2	x_3	x_4	x_5	x_6	y	$\hat{y}_{pp}$	Δ	结果判断
21	1983	0.88	0.77	0.43	0.85	0.74	0.93	21.58	21.32	–0.26	√
22	1984	0.64	0.33	1.00	0.64	1.00	0.93	18.26	18.20	–0.06	√
23	1985	0.72	0.23	0.64	0.42	0.23	0.67	17.00	17.14	0.14	√
24	1986	0.72	0.40	0.68	0.37	0.37	0.55	17.82	17.57	–0.25	√
25	1987	0.52	0.53	0.52	0.39	0.52	0.71	18.63	18.82	0.19	√
26	1988	0.72	0.93	0.72	0.63	1.00	1.00	20.01	19.75	–0.26	√

采用 25 年资料进行 PPR 建模，预留一年检验，投影指标 S=0.2、MU=4、M=5，以 0.2Δ_m 为允许误差，25 年拟合还原全部合格，预留一年也合格。预留一年误差仅为–0.26m，只有允许误差的 23%。PPR 建模预报结果与文献［5］和文献［6］建模预报结果对比见表 3.5。

表 3.5　　　　三种建模预报对比表（Δ_m=5.71m）

对比内容	模糊数学	人工神经网络	PPR
预报性质	分三级定性预报	分三级定性预报	定量预报
25 年还原合格率	84%（等级合格率）	92%（等级合格率）	100%（等级合格率）
1988 年预留检验	≥20m	≥20m	19.75m

从表 3.5 明显可以看到，模糊数学与人工神经网络都只能作大中小分三级的水位长期预报，虽然都预报正确，但都是定性趋势预报，而 PPR 可以作出准确的定量预报。PPR 甚至还可以用 23 年建模，预留三年检验，结果预留检验的三年也全部合格，结果见表 3.6。说明 PPR 建模方法比模糊数学及人工神经网络法的预报效果更好，从三级定性趋势预报向不分级的定量预报跨越了一大步，实现了灾害长期预测方法上质的飞跃。

表 3.6　　　PPR 建模预留三年检验的预报结果（S=0.2，M=5，MU=4）

年份	y	$\hat{y}$	Δy	相对误差/%	结果判断
1986	17.82	18.04	0.22	3.85	√
1987	18.63	18.67	0.04	0.70	√
1988	20.01	20.21	0.20	3.50	√

例 3.3　大伙房水库汛期水量预报

对辽宁省大伙房水库汛期（7 月 11 日至 9 月 20 日）的平均流量 30 年资料系列及对应的五个前期气象因素，陈守煜进行了模糊建模统计推断分析，胡铁松等进行了人工神经网络方法建模分析与预报，均取得了较理想的成果。但这两种方法均属于有假定建模范畴，例如：平均流量分级假定及临界值、神经网络结构的假定、数据变换等，这些都有人为任意性。

为了避免成果因人而异的不确定性，采用无假定 PPR 建模无疑是一种有效的方法。虽然无法进行人为干预，但用 PPR 方法所预测的结果并不比进行了人为假定人为干预的模糊及神经网络方法结果差。

大伙房汛期平均流量资料及影响因素的原始数据列入表 3.7，特征因子如下：沈阳站 700×10^2Pa19 时 1 月平均位势高（相对差）值 x_1；沈阳站 700×10^2Pa19 时 2 月平均位势高（相对差）值 x_2；亚洲地区（45°W～60°N，60°～105°E）500×10^2Pa 1 月纬向环流指数值 x_3；沈阳站 700×10^2Pa19 时 1 月气温平均值 x_4；沈阳站 700×10^2Pa19 时 2 月气温平均值 x_5。

表 3.7　　大伙房汛期水量及影响因素原始数据表

序号	y/mm	x_1/m	x_2/m	x_3	x_4/℃	x_5/℃
1	248.8	68	100	1.07	−24.1	−21.6
2	307.7	88	123	1.13	−20.4	−16.6
3	133.4	100	81	1.13	−21.0	−12.5
4	152.6	61	76	0.93	−22.5	−21.7
5	188.6	121	102	1.53	−17.5	−22.8
6	25.0	108	120	1.11	−19.8	−18.2
7	146.1	81	170	1.20	−21.1	−14.4
8	307.7	90	131	0.97	−20.7	−15.2
9	79.4	92	104	1.22	−21.9	−18.0
10	105.2	103	101	1.35	−19.3	−18.1
11	118.6	15	116	0.96	−23.7	−18.1
12	317.7	151	143	1.55	−15.7	−18.8
13	61.3	94	106	1.28	−20.5	−19.2
14	141.0	85	109	1.45	−20.2	−16.0
15	218.8	114	120	1.58	−19.7	−19.5

续表

序号	y/mm	x_1/m	x_2/m	x_3	x_4/℃	x_5/℃
16	63.8	66	85	0.61	−20.9	−22.8
17	138.9	73	97	1.00	−20.5	−21.4
18	89.3	99	111	0.96	−21.0	−18.8
19	239.1	118	112	1.53	−18.3	−19.2
20	37.4	154	105	1.43	−14.8	−19.7
21	178.6	146	112	1.74	−16.7	−17.7
22	46.1	129	107	0.80	−19.1	−19.3
23	222.9	102	95	1.67	−20.1	−20.2
24	73.1	80	144	0.99	−21.0	−15.0
25	78.5	72	92	0.34	−24.7	−21.3
26	30.8	75	104	1.33	−20.4	−20.0
27	95.7	113	105	1.64	−17.9	−15.3
28	82.4	77	104	0.85	−22.2	−21.3
29	38.6	101	100	0.64	−21.1	−20.2
30	38.8	102	148	1.43	−20.1	−17.6

文献［7］模糊聚类推断，用 26 年资料建模，先对原始数据进行分级和变换，1952—1978 年 26 年作为建模样本，1979—1982 年四年资料作为预报检验，预留 4 年作为预留检验，分三级定性预报，四年中三年报对，75%合格率，见表 3.8。文献［8］神经网络建模，用 20 年资料建模，也需要先对原始数据进行分级和变换，并把 1972 年和 1976 年资料对调，即 1952—1971 年及 1976 年共 20 年作为样本，1972—1975 年、1977—1982 年共 10 年资料作为预报检验，分三级定性预报，结果十年中八年报对，合格率为 80%，见表 3.9。

如果针对上述两种预报方式，全部改为 PPR 方法，对原始数据不作任何分级或变换，投影指标统一用 S=0.5、MU=2、M=3，同样用 26 年建模，4 年作为定量预报的预留检验，以上述三级分界值标准衡量，也可做到 3 年合格，75%合格率，见表 3.8。若用 20 年建模，仍用 S=0.5、MU=2、M=3，10 年留作定量预报的预留检验，也以上述三级分界值标准衡量，能做到 9 年合格，合格率 90%。但 PPR 可以省去大量原始数据的人为分级和变换工作，也不需要进行 1972 年和 1976 年资料调换工作，更没有因人而异的人为任意性，又一次显示了 PPR 无假定建模的重要优势。

表 3.8　　PPR 与模糊聚类推断预报对比

年份	实测值/mm	模糊聚类预报值/mm	预测结果	PPR 法预报值/mm	预测结果
1979	95.7	$170>y\geqslant 75$	√	141.0	√
1980	82.4	$170>y\geqslant 75$	√	114.5	√
1981	38.6	$y<75$	√	49.6	√
1982	38.8	$170>y\geqslant 75$	×	251.7	×
合格率			75%		75%

表 3.9　　神经网络预报与 PPR 预报对比

改进 BP 算法神经网络法				PPR 法			
年份	实测值/mm	预测值/mm	预测结果	年份	实测值/mm	预测值/mm	预测结果
1972	37.4	$y<75$	√	1973	178.6	168.7	√
1973	178.6	$y\geqslant 170$	√	1974	46.1	−117.2	√
1974	46.1	$y<75$	√	1975	222.9	172.3	√
1975	222.9	$y\geqslant 170$	√	1976	73.1	341.9	×
1977	78.5	$170>y\geqslant 75$	√	1977	78.5	136.1	√
1978	30.8	$y\geqslant 170$	×	1978	30.8	62.2	√
1979	95.7	$y<75$	×	1979	95.7	183.3	√
1980	82.4	$70>y\geqslant 75$	√	1980	82.4	138.5	√
1981	38.6	$y<75$	√	1981	38.6	−37.1	√
1982	38.8	$y<75$	√	1982	38.8	29.3	√
合格率			80%	合格率			90%

例 3.4　用民间谚语进行降水量预报

为了预报江淮地区汛期降水量情况，文献［9］对当地民间谚语“冻大水大”进行分析和总结，建立了以下的汛期降水预报模糊识别模型。

冰冻三尺，非一日之寒。“冻大”必须具备两个条件：一是要气温低；二是要低温持续时间长。为此，选取以下 4 个特征因子：2 月份最低气温不高于−5℃的天数 x_1；冬季 12 月至次年 2 月极端最低气温 x_2；极端最低

气温出现时间 x_3；冬季 12 月至次年 2 月平均气温 x_4。

y 为 6—8 月降水距平值，最大为 354.7mm，最小为–281.3mm，其最大变幅 Δ_m=636mm。由于原作者已把 x 转换为隶属函数，极值都从某一门限值规定为 0 或 1，已无法还原为原观测值，故借用其隶属函数值作为 x 值，列入表 3.10。原文献只能作多水少水两级定性预报，现用 PPR 技术，可用同样资料进行定量预报，以误差 Δ 小于 $\pm 0.2\Delta_m = \pm 127$mm 为合格。

表 3.10　　　　　　　模糊聚类和 PPR 建模检验对比表

项目	序号	年份	y /mm	x_1	x_2	x_3	x_4	$\hat{y}_{模糊}$	结果	$\hat{y}_{pp}$ /mm	Δ /mm	结果
建模	1	1967	–216.3	0.00	1.00	0.00	1.00	少水	√	–177	39	√
	2	1968	354.7	0.86	0.67	0.00	1.00	多水	√	373	18	√
	3	1969	86.6	0.94	1.00	1.00	1.00	多水	√	145	58	√
	4	1970	–81.3	0.00	0.99	0.57	0.33	少水	√	–109	–28	√
	5	1971	–160.7	0.69	0.35	1.00	0.00	少水	√	–5	156	×
	6	1972	298.6	0.86	1.00	1.00	1.00	多水	√	84	–214	×
	7	1973	–82.7	0.00	0.19	0.00	0.17	少水	√	–174	–91	√
	8	1974	244.7	0.69	0.99	0.00	1.00	多水	√	224	–21	√
	9	1975	179.4	0.00	0.10	0.63	0.67	多水	√	157	–22	√
	10	1976	–281.3	0.00	0.14	0.40	1.00	少水	√	–186	95	√
	11	1977	22.3	0.86	1.00	1.00	1.00	多水	√	84	62	√
	12	1978	–195.4	0.00	0.16	0.60	0.00	少水	√	–124	71	√
	13	1979	–46.8	0.00	0.45	0.57	0.00	少水	√	–171	–124	√
预留检验	14	1980	353.8	0.80	0.70	1.00	0.50	多水	√	58	–296	×
	15	1981	–208.3	0.00	0.50	0.00	1.00	少水	√	–177	31	√
	16	1982	271.5	0.00	0.31	0.66	1.00	多水	√	157	–114	√
	17	1983	90.5	0.00	0.20	1.00	1.00	多水	√	157	67	√

从表 3.10 预报结果可以明显看出：PPR（S=0.1，MU=1，M=2）的拟合结果，定性 100%正确，定量 85%合格。四年预留预报结果：定性 100%正确，定量 75%合格。

从这个例子可以看到，对已观测到的数据，完全不必要先模糊化算出隶属函数再做模式识别推断，而应更注重原始数据本身的客观自然规律，直接对原始观测值用 PPR 建模进行统计推断和模式识别。

3.2　线性与非线性信息混杂

如果两个变量之间的关系是一次函数关系的—图像是直线，这样的两个变量之间的关系就是“线性关系”，如果不是一次函数关系的—图像不是直线，就是“非线性关系”。自然界普遍存在着非线性现象，特别是线性与非线性特性混杂时，会给建模带来了许多困难。这里从几个典型的复杂非线性问题的不同解决方法来看 PPR 对线性与非线性的兼容优势。

例 3.5　天然河道的水位流量关系

天然河道的水位流量关系受复杂因素影响，一般在低水位较为弯曲，中高水位较为顺直，线性与非线性特性混杂是比较典型的，拟合十分困难，文献［10］曾提出用分段回归来解决水位流量关系中的复杂非线性难题，如果不分段，即使有时采用高达十阶的多项式也拟合不好。李正最以黄丰桥水文站 1986 年 55 次实测水位流量资料为例，在实测水位变幅 2.485m（0.165～2.65m）内，从 0.8m 及 1.3m 两处截断，分成三段分别回归，回归前要对数据进行数据变换，并采用样条函数将相邻段曲线光滑对接，其回归公式为

$$\ln Q = 3.3617 + 2.1582\ln Ze - 1.1261\ln^2 Ze - 0.4086\ln^3 Ze + 0.7889(\ln Ze - \ln 0.8)^3 + 0.0473(\ln Ze - \ln 1.3)^3 \tag{3.2}$$

其分段回归的结果及相对误差：$P=(Q_{测}/Q_{计}-1)\times 100\%$列入表 3.11，检验结果列入表 3.12。

表 3.11　　水位–流量关系计算成果对比表

Z	Q/（m³/s）	$\hat{Q}_{三段}$/（m³/s）	P/%	$\hat{Q}_{PP}$/（m³/s）	P/%
0.165	0.180	0.166	8.434	0.163	10.429
0.175	0.190	0.190	0.000	0.193	−1.554
0.175	0.180	0.190	−5.263	0.193	−6.736
0.180	0.220	0.204	7.843	0.209	5.263
0.185	0.240	0.218	10.092	0.219	9.589
0.185	0.210	0.218	−3.670	0.219	−4.110
0.190	0.230	0.233	−1.288	0.226	1.770

续表

Z	Q/（m^3/s）	$\hat{Q}_{三段}$/（m^3/s）	P/%	$\hat{Q}_{PP}$/（m^3/s）	P/%
0.195	0.230	0.249	−7.631	0.239	−3.766
0.200	0.260	0.266	−2.256	0.250	4.000
0.230	0.350	0.388	−9.794	0.371	−5.660
0.255	0.540	0.523	3.250	0.501	7.784
0.266	0.540	0.593	−8.938	0.572	−5.594
0.295	0.790	0.812	−2.709	0.800	−1.250
0.320	1.080	1.045	3.349	1.080	0.000
0.330	1.140	1.151	−0.956	1.188	−4.040
0.365	1.700	1.585	7.256	1.709	−0.527
0.420	2.770	2.480	11.694	2.713	2.101
0.445	3.280	2.981	10.030	3.292	−0.365
0.460	3.360	3.311	1.480	3.547	−5.272
0.525	5.190	5.013	3.531	5.141	0.953
0.540	5.440	5.469	−0.530	5.537	−1.752
0.575	6.810	6.626	2.777	6.518	4.480
0.595	6.930	7.346	−5.663	7.097	−2.353
0.630	8.100	8.704	−6.939	8.267	−2.020
0.635	8.520	8.908	−4.356	8.482	0.448
0.670	9.810	10.405	−5.718	10.018	−2.076
0.690	11.600	11.313	2.537	10.945	5.984
0.760	13.900	14.766	−5.865	14.363	−3.224
0.810	17.000	17.462	−2.646	17.146	−0.852
0.820	18.200	18.021	0.993	17.860	1.904
0.840	18.900	19.158	−1.347	18.989	−0.469
0.870	21.200	20.909	1.392	21.027	0.823
0.890	22.400	22.105	1.335	22.505	−0.467
0.900	23.500	22.712	3.470	23.155	1.490
0.910	23.400	23.324	0.326	23.581	−0.768
0.910	23.200	23.324	−0.532	23.581	−1.616
0.920	25.500	23.941	6.512	24.309	4.899

续表

Z	Q/（m³/s）	$\hat{Q}_{三段}$/（m³/s）	P/%	$\hat{Q}_{PP}$/（m³/s）	P/%
0.950	24.900	25.826	−3.586	26.176	−4.875
1.000	29.500	29.072	1.472	29.338	0.552
1.060	33.900	33.130	2.324	33.344	1.667
1.090	35.200	35.223	−0.065	35.316	−0.328
1.180	41.700	41.755	−0.132	41.147	1.344
1.300	49.500	51.041	−3.019	50.310	−1.610
1.320	52.200	52.653	−0.860	52.182	0.034
1.380	57.300	57.600	−0.521	57.419	−0.207
1.400	58.000	59.287	−2.171	59.257	−2.121
1.430	64.800	61.855	4.761	62.261	4.078
1.490	67.500	67.124	0.560	67.353	0.218
1.650	82.000	82.104	−0.127	83.044	−1.257
1.930	113.000	112.035	0.861	114.261	−1.104
2.090	130.000	131.635	−1.242	133.450	−2.585
2.250	155.000	153.370	1.063	155.188	−0.121
2.340	175.000	166.639	5.017	168.511	3.851
2.590	209.000	207.987	0.487	206.371	1.274
2.650	211.000	218.996	−3.651	215.457	−2.069

表 3.12　　曲线检验成果表

检验方法	整体多项式		分段多项式		PPR	
	统计量	检验结果	统计量	检验结果	统计量	检验结果
$U_{符}$<1.15	0.27	合格	0	合格	1.08	合格
$U_{适}$<1.28	4.22	不合格	0	合格	0	合格
$\lvert t_{偏}\rvert$<1.30	0.93	合格	0.33	合格	0.16	合格
不反曲检验	反曲		不反曲		极微小的反曲	
Se/%	6.69		4.69		3.64	
$\lvert \varDelta\rvert$≥8%的比重	23.6%		10.9%		3.6%	

采用 PPR 法进行曲线拟合时，对原始数据不作任何变换，只是为了使

拟合曲线更光滑，把55组水位流量数据再重复二遍，使样本数 $n=3\times55=165$，选 $S=0.1$，$MU=4$，$M=5$，进行投影寻踪回归，拟合检验成果列入表 3.11。全部检验指标均合格，而且误差 Se 与分段多项式比下降了 22.4%，点的相对误差$|\varDelta|$超过 8%的比重大幅度下降，仅为 3.6%，而分三段多项式的则达 10.9%，整体多项式的达 23.6%，都远远不如 PPR 法拟合的结果，而 PPR 建模不用假定函数形式，不用分段，不用对数据进行预处理，简单方便。

水位流量关系拟合，在天然河道存在漫滩时，可能出现漫滩后平均流速随水位升高而减小，升至一定水位后又加大的反曲现象，并已被模型试验所证实。所以局部水位流量关系曲线出现微小反曲是可能的，也是合理的。

例 3.6　腻子的生产工艺控制

文献［11］是关于工业中线性与非线性混杂的例子。过氯乙烯腻子是一种涂料，广泛应用于机械工业，其用量占总涂料量一半以上，耐油性指标是质量控制的关键。通过正交试验方法，从影响腻子耐油性指标的众多因子中找到了颜料体积浓度 PVC 值是主要影响因子，进而利用耐油性指标（耐油时间）与 PVC 值之间的关系来寻找最理想的生产工艺。但是，从专业知识无法推求它们的理论公式，只有用统计方法推求。文献［11］进行了四种回归模型统计分析，其中双曲线回归最好，即 $\hat{y}=a+bx'$，$x'=\dfrac{1}{x-p}$，式中参数 p 要经过大量试算，使拟合的残差平方和最小，等于 1068，见表 3.13。拟合结果见表 3.14 和图 3.1 中。

从图 3.1 看，双曲线最上端偏高，偏离点群中心；曲线在 PVC 值为 62.5 附近又偏低于点群中心；曲线在 PVC 值 65～67 区间又偏高于点群中心；曲线下端最低部分又明显偏低于点群中心，出现了–4h 的不符合实际的数值。说明双曲线模型拟合并不十分理想，特别是尾部有一段接近于水平线的线性段，双曲线无法拟合。

表 3.13　　　　**五种回归模型残差值**

回　归　模　型		残差平方和
直线回归	$y=484.28-7.17x$	4398
指数回归	$y=10^{86.046}\cdot x^{-47.065}$	3578
抛物回归	$y=6939-205.1x+1.51x^2$	1220

续表

回 归 模 型		残差平方和
双曲回归	y=−20.56+181.22/（x−59.1）	1068
投影寻踪回归	S=0.2，MU=1	987

表 3.14 拟合结果对比表

序号	x/%	y/h	$\hat{y}_{PP}$/h	相对误差/%	$\hat{y}_{双曲}$/h	相对误差/%
1	60.93	85.00	68.24	−19.72	78.47	−7.69
2	61.22	58.00	62.85	8.36	64.92	11.93
3	61.43	50.00	58.95	17.90	57.22	14.43
4	61.44	53.00	58.75	10.85	56.88	7.33
5	62.50	30.00	39.26	30.85	32.74	9.13
6	62.65	36.00	36.31	0.87	30.49	−15.31
7	62.69	45.00	35.68	−20.71	29.92	−33.51
8	62.73	48.00	35.09	−26.89	29.36	−38.83
9	63.33	19.50	23.76	21.83	22.28	14.26
10	63.37	15.00	23.72	58.14	21.28	45.87
11	63.55	24.00	21.24	−11.49	20.16	−15.99
12	63.64	14.00	19.39	38.48	19.36	38.26
13	64.31	6.50	12.65	94.60	14.22	118.82
14	64.40	11.00	11.91	8.30	13.63	23.93
15	64.66	16.00	9.88	−38.27	12.03	−24.79
16	65.01	6.00	7.72	28.63	10.10	68.39
17	65.36	7.67	5.84	−23.81	8.39	9.37
18	65.71	5.50	4.10	−25.46	6.86	24.66
19	65.80	1.83	3.74	104.54	6.49	254.52
20	66.04	3.83	2.81	−26.56	5.55	44.97
21	66.32	0.66	1.84	179.23	4.54	587.84
22	66.44	2.16	1.57	−27.21	4.13	91.17
23	66.69	0.25	1.12	348.37	3.32	1226.46
24	66.81	2.16	0.91	−57.84	2.94	36.32
25	67.18	2.10	0.62	−70.28	1.87	−11.04
26	67.56	1.67	0.38	−77.24	0.86	−48.45

续表

序号	x/%	y/h	$\hat{y}_{PP}$/h	相对误差/%	$\hat{y}_{双曲}$/h	相对误差/%
27	67.94	0.50	0.17	−66.97	−0.06	−112.00
28	68.12	0.33	0.08	−74.51	−0.47	−242.15
29	68.33	0.42	−0.02	−104.39	−0.93	−320.52
30	69.12	0.25	−0.36	−245.95	−2.47	−1089.67
31	69.72	0.33	−0.63	−289.90	−3.50	−1159.39
32	70.12	0.12	−0.80	−767.65	−4.12	−3529.47

注　y 为涂料耐油时间，x 为 PVC 含量。

如果改用 PPR 来处理这种线性与非线性混杂数据，其拟合效果有明显改进，表 3.13 中 PPR 残差平方和为 987，比双曲线回归的 1068 下降了 7.6%，残差绝对值之和为 120.461，比双曲线回归的 136.49 下降了 11.7%。PPR 两种误差都明显变小，说明 PPR 无假定建模比双曲线回归建模步骤少，简便而且效果好。三个投影操作参数为 S=0.2，MU=1，M=4。为了使拟合曲线更光滑，与前例类似地把样本再重复二次，使样本数 n=3×32=96，将数据增多后再投影。拟合图形绘于图 3.1 中 b，拟合曲线基本上全部从点群带状中心通过，特别是曲线上端、中间、下端都能分别拟合好，拟合直观效果明显优于双曲线回归模型。

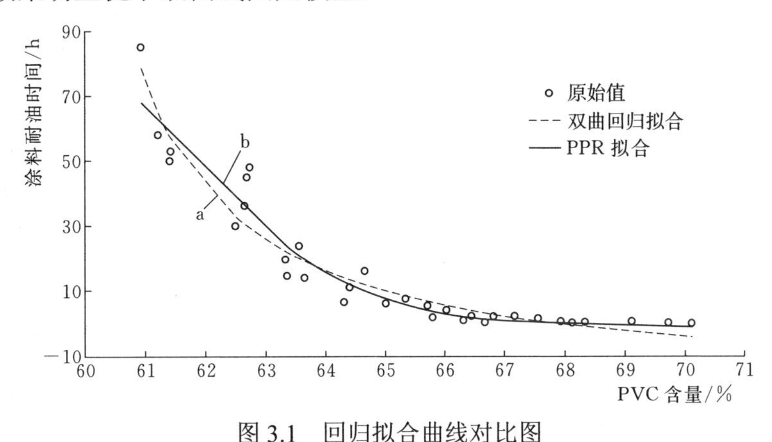

图 3.1　回归拟合曲线对比图

例 3.7　闪光装置的配方问题

在很多实际问题中，参加试验设计的因子（P 个）全部是以成分含量百分比计算的，它们加起来必须等于 1，有 P–1 个独立变量。也就是说 P–1

个因子成分百分比可以在一定范围内变动，而剩下的一个因子成分在这 $P-1$ 个因子成分含量确定后也就确定了，具有这种约束条件的试验称为混料试验。混料试验设计一般有单形格子设计、单形重心设计、极端顶点设计等方法，文献［12］介绍了关于寻求某种闪光剂装置最亮配方的极端顶点设计，下面用 PPR 方法对该原始试验观测值进行分析，并与原文献的多项式回归分析进行对比。

某种闪光装置的化学成分：镁 x_1，$0.4 \leqslant x_1 \leqslant 0.6$；硝酸钠 x_2，$0.1 \leqslant x_2 \leqslant 0.5$；硝酸锶 x_3，$0.1 \leqslant x_3 \leqslant 0.5$；固定剂 x_4，$0.03 \leqslant x_4 \leqslant 0.08$。要预测的指标是亮度，单位是 1000 烛光，问题是寻找出最亮的配方，这是一个混料试验设计问题。参加试验的 4 个因子成分是含量的百分比，它们加起来必须等于 1（即 100%），其中 3 个因子成分的含量百分比为 $1-q$，可以在一定范围内任意变动，剩下的一个因子成分的含量为 q，在其余 3 个因子成分含量确定后也就确定了。文献［12］中采用极端顶点设计，得到 8 个极端顶点，标上 1～8 的试验号，画在单形坐标上得到一个子集，这个子集包含 8 个顶点的 6 个面。这 6 个面每一个面定一个重心，加上六面体的重心，共 7 个重心点，分别标为 9～15 号试验，实验结果见表 3.15。

表 3.15　　试验结果表

序号	x_1	x_2	x_3	x_4	y
1	0.4	0.1000	0.4700	0.030	75
2	0.4	0.1000	0.4200	0.080	180
3	0.6	0.1000	0.2700	0.030	195
4	0.6	0.1000	0.2200	0.080	300
5	0.4	0.4700	0.1000	0.030	145
6	0.4	0.4200	0.1000	0.080	230
7	0.6	0.2700	0.1000	0.030	220
8	0.6	0.2200	0.1000	0.080	350
9	0.5	0.1000	0.3450	0.055	220
10	0.5	0.3450	0.1000	0.055	260
11	0.4	0.2725	0.2725	0.055	190
12	0.6	0.1725	0.1725	0.055	310
13	0.5	0.2350	0.2350	0.030	260
14	0.5	0.2100	0.2100	0.080	410
15	0.5	0.2225	0.2225	0.055	425

15 次试验亮度 y（C_s=0.285）属于正偏态变量，实测最大亮度为 425。文献［13］对上述试验结果，用二次多项式进行了拟合，方程为

$$\hat{y}=-1558x_1-2351x_2-2426x_3+14372x_4+8300x_1x_2+8076x_1x_3-6625x_1x_4+3213x_2x_3-16998x_2x_4-17127x_3x_4$$

Ruth P Merrill 利用非线性规划方法求出的最亮配方是（x_1=0.5233，x_2=0.2299，x_3=0.1668，x_4=0.08），代入上式求得预测亮度 $\hat{y}$=397.48，虽然该值比较大，但仍然还是小于 15 次试验中已经观测到的两个大亮度值(410 和 425)。这说明该多项式对空间曲面的拟合欠佳，没有充分利用原始观测资料中非正态和非线性的信息，导致了上述不合理现象的产生。

若采用 PPR 进行分析，投影操作指标选 S=0.1、MU=6、M=7，建模拟合结果见表 3.16。从表 3.16 中对比可见，PPR 的剩余误差 $Q_{剩}$ 仅仅为多元多项式剩余误差的 5.1%，说明 PPR 拟合情况明显优于多元多项式。各因素贡献大小见表 3.17。

表 3.16　　　　　　　　拟合误差对比表

序号	y	多元多项式		PPR	
		$\hat{y}$	$y-\hat{y}$	$\hat{y}$	$y-\hat{y}$
1	75	61.95	13.05	71.39	–3.61
2	180	172.80	7.20	183.64	3.64
3	195	190.33	4.67	198.28	3.28
4	300	325.44	–25.44	298.62	–1.38
5	145	124.29	20.71	139.27	–5.73
6	230	228.78	1.22	232.30	2.30
7	220	226.59	–6.59	211.54	–8.46
8	350	351.81	–1.81	352.77	2.77
9	220	279.47	–37.69	220.31	0.31
10	260	328.16	–45.24	268.83	8.83
11	190	240.34	–41.90	200.05	10.05
12	310	292.06	30.24	315.26	5.26
13	260	310.79	–31.23	264.66	4.66
14	410	390.46	19.54	411.06	1.06
15	425	340.05	95.32	402.03	–22.97
$Q_{剩}=\sum(y-\hat{y})^2$		17948.53		913.51	

表 3.17　　　　　　　　　　影响因素贡献排序表

序号	1	2	3	4
因素	x_2 硝酸钠	x_3 硝酸锶	x_4 固定剂	x_1 镁
权重	1.000	0.890	0.879	0.733

从贡献权重来看，硝酸钠最大，硝酸锶第二位，固定剂为第三位，镁再次之。有了上述建模结果，便可以利用 PPR 所找到的数据结构和规律来进行计算机仿真试验，寻找出最优配方。试验可以先固定某个贡献小一些的变量，取一合理的常数值，变动其他因素来进行。例如先固定 x_4=0.08，变动 x_2 和 x_3，余下 x_1=1.00–0.08–x_2–x_3，则 x_1 将随着 x_2 和 x_3 的确定而确定。问题便简化为试验和讨论 $y=f$（x_2、x_3）的等值线图问题，通过 PPR 仿真试验，便可以绘制出 y 的等值线图，见图 3.2。

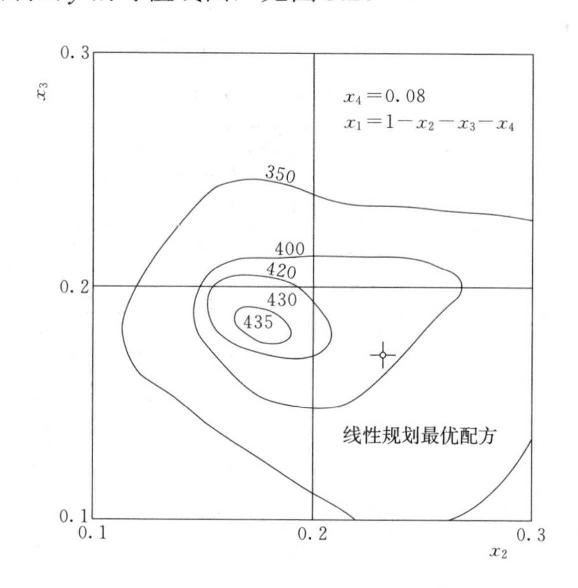

图 3.2　亮度 y 值的 PPR 仿真图

从图 3.2 中可以看到存在着一个明显的非线性非正态空间曲面，闪光剂的配方比例存在着一个优化区，而且分布极不对称，为闪光材料试验者提供了有益信息和极好的参考图，有利于综合经济等多方面因素，选择出合理的最佳配方。即 x_1=0.56，x_2=0.18，x_3=0.18，x_4=0.08 时，$\hat{y}$=435。从图 3.2 中还可以看到非线性规划法的最亮配方点偏离最高值区较远，而在 400 等值线附近，再次说明非线性规划没有找到最佳配方。

3.3　正态与非正态信息混杂

无论是正交试验或是均匀试验，所设计的自变量 x 一般都是正态分布的，但大量实例证明其试验结果 y 值很少是正态的，不是正偏态就是负偏态，即使只有 9 次试验值，也很容易在正态概率网格纸上判别其非正态性。

如文献［12］中例 2–4，五吨冷风冲天炉为提高铁水质量所作的正交试验，按 $L_9(3^4)$ 方案安排试验，试验结果熔化速度的偏态系数值 $C_s = \sum\left(\frac{x_i}{\bar{x}}-1\right)^3 \Big/ (n-1)C_v^3 = 0.264$，在正态概率网格纸上 $p=\frac{m}{n+1}$ 呈现明显的正偏态（点群带状分布向上弯曲），见图 3.3，在 46 组试验值中，偏态系数的绝对值 $|C_s| \geqslant 0.25$ 的就占 71.7%，$|C_s| \geqslant 1$ 的占 32.6%，最大 $|C_s| \geqslant 2.72$。由此可见，工业正交试验中存在着不容忽视的偏态现象。而农业正交试验的影响因素比工业更复杂，试验值的偏态程度也将大于工业试验设计。

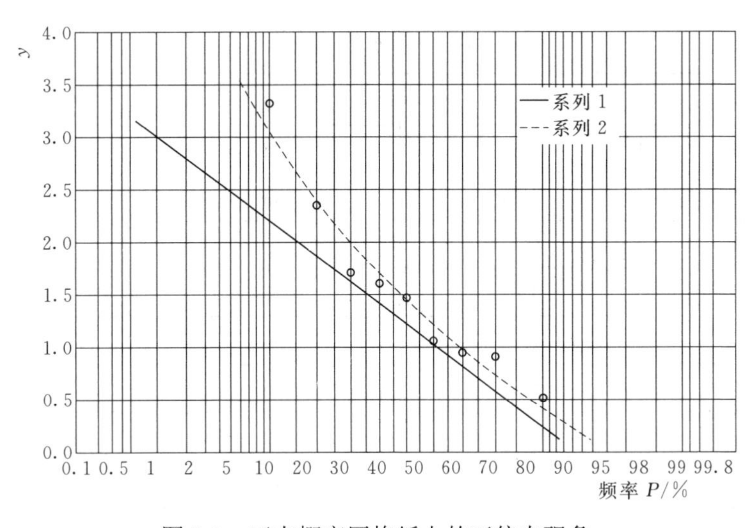

图 3.3　正态概率网格纸上的正偏态现象

例 3.8　某合金配方问题

现行有假定数学函数形式的建模，其函数公式都是在正态假定条件下推导出来的，严格地说，只适用于正态条件，否则将会使建模模拟仿真结果脱离客观实际而出现偏差。下面用某试验设计教科书中一个合金配方问题作为典型实例，观察分析正态与非正态混杂条件下的建模问题。

为研究某合金的膨胀系数能控制在0.5～1.5之间，寻求三种金属的合理配方区间，进行了三因子（x_1、x_2、x_3）不同水平（三、三、四）的全因子试验，其中x_1、x_2均为正态分布数据（C_s=0），而x_3为非正态分布数据（C_s=0.324），测得36组试验结果，变量y为正偏态数据（C_s=0.673）。

文献［12］对上述数据采用了三元正交多项式回归模型进行拟合，并进一步根据生产实际需要和以往经验设定x_3=0，即把三因子变成二因子问题，共剩下9组全因子试验结果，见表3.18，并建立了二元正交多项式模型。去掉的因子x_3是唯一非正态分布（C_s=0.324）的因子，剩下两个因子都属于正态分布数据，理论上其二因子试验结果的偏态程度应当下降或接近于正态。事实上却相反，y的偏态程度从C_s=0.673增大到了C_s=1.183。这一现象说明：当非线性关系存在时，自变量完全正态的试验设计方案，并不能保证因变量的正态性；非正态的因子试验设计方案也并不一定会增大因变量的非正态性，甚至还可能会减小其非正态性。这类正态与非正态的混杂是一种无法回避的客观困难。

表3.18　　合金膨胀系数试验值

试验号	y	x_1	x_2
1	3.32	33	3
2	1.71	33	6
3	0.52	33	9
4	1.61	36	3
5	0.91	36	6
6	0.95	36	9
7	1.06	39	3
8	1.47	39	6
9	2.35	39	9

文献［12］还根据生产需要得到y值（膨胀系数）在0.5～1.5之间的合金配方，从二元正交多项式进一步分析了其双曲抛物面的特征值、主径面上抛物线顶点（38.3226，1.9677）、y=0.5及y=1.5的两组双曲线方程，给出了在这两条双曲线之间，除去$x_2 \leqslant 0$的区域，就是对应膨胀系数在0.5～1.5之间的合金成分x_1和x_2的取值范围，见表3.19。

表 3.19　　二元正交多项式拟优区间（x_3=0，0.5＜y＜1.5）

x_2 \ x_1	31	32	33	34	35	36	37	38	39	40	41
11				0.69							
10				0.62							
9	0.57		0.52	0.63	0.84						
8	1.03	0.82	0.72	0.71	0.81						
7		1.23	1.00	0.87	0.86	0.95					
6			1.36	1.11	0.98	0.96	1.06				
5				1.42	1.17	1.04	1.04				
4					1.43	1.19	1.08	1.11			
3						1.42	1.20	1.12	1.18		
2							1.38	1.20*	1.16	1.27	
1								1.34	1.20	1.22	1.39

用 PPR 来处理上述正态与非正态混杂的试验数据，取 S=0.5，MU=2，M=5，建模后进行仿真拟优及验证，并与二元正交多项式进行对比，见表 3.20。

表 3.20　　PPR 拟优区间表（x_3=0，0.5＜y＜1.5）

x_2 \ x_1	31	32	33	34	35	36	37	38	39	40	41
11	0.71	0.89	1.06	1.22	1.38						
10	0.78	0.66	0.82	0.94	1.10	1.33					
9	0.97	0.78	0.60	0.72	0.84	1.04	1.47				
8	1.44	1.07	0.77	0.59	0.62	0.82	1.18				
7			1.14	0.71	0.59	0.63	0.92	1.32			
6				1.18	0.75	0.74	0.68	1.07	1.46		
5					1.22	0.89	0.79	0.83	1.22	1.46	
4						1.31	1.06	0.99	1.08	1.23	1.41
3								1.35	1.18	1.20	1.18
2								*		1.35	1.25
1											1.44

注：*为二元正交多项式抛物线顶点（38.3，1.97）。

从表 3.19 与表 3.20 的对比中可以看到：拟优区间并非以抛物线顶点

（38.3，1.97）为对称点；左上角也不存在 y<0.5 的区域；拟优区间范围远远大于二元正交多项式的结果。

此外，为了验证上述推导，还选了三个配方进行验证试验，结果见表 3.21。从验证结果来看，PPR 的验证误差要更小一些，比二元正交多项式的效果更好。而且从 3、4、5、6 炉合金验证结果看，x_2=9 不变时，随着 x_1 的变小 y 值增大，说明优化区左上角 y 值会变小，并出现小于 0.5 的可能性证据不足。

表 3.21　　PPR 验证试验结果

炉号	配方成分		$y_{实测}$	二元正交多项式		PPR	
	x_1	x_2		y	Δy	y	Δy
1	39.0	3	1.17	1.18	0.01	1.213	0.043
2	39.0	3	1.43	1.18	–0.25	1.213	–0.217
3	34.5	9	0.68	0.71	0.03	0.798	0.118
4	34.5	9	0.71	0.71	0.00	0.798	0.088
5	33.0	9	0.79	0.52	–0.27	0.617	–0.173
6	33.0	9	0.74	0.52	–0.22	0.617	–0.123

这个实例充分说明，正态条件下推导出的多元多项式模型不适于非正态的正交试验结果的建模分析、仿真与预测，而 PPR 则可以较好地胜任这一工作，有明显优势。

例 3.9　玉米遗传性状分析

文献［13］利用中国农业科学院作物品种资源研究所曹镇北等对国内外 13 个玉米品种、12 个性状的观测值，进行了遗传相关、通径分析等数量遗传研究，原观测数据列入表 3.22，遗传相关、通径分析及 PPR 分析（S=0.1，MU=3、M=4）所得因子影响力贡献排序结果列入表 3.23。

表 3.22　　玉米遗传性状表

试验号	小区产量	穗长	穗粗	穗行数	一行粒数	穗粒重	出籽率	百粒重	株高	穗位高	叶片数	出苗至抽穗
		x_1	x_2	x_3	x_4	x_5	x_6	x_7	x_8	x_9	x_{10}	x_{11}
1	1.38	15.4	4.1	14.4	23.9	69.0	57.42	21.2	167	82	19.5	68
2	0.89	16.0	3.6	13.2	23.6	54.5	58.18	20.7	175	85	20.5	75

续表

试验号	小区产量	穗长	穗粗	穗行数	一行粒数	穗粒重	出籽率	百粒重	株高	穗位高	叶片数	出苗至抽穗
		x_1	x_2	x_3	x_4	x_5	x_6	x_7	x_8	x_9	x_{10}	x_{11}
3	0.40	13.9	3.9	13.2	21.4	40.0	58.89	20.1	157	75	20.8	71
4	0.24	9.9	3.0	10.0	16.5	20.0	54.76	16.6	123	46	16.6	55
5	0.29	8.8	3.5	10.0	12.8	36.3	62.34	22.4	126	49	16.8	53
6	0.24	14.2	3.2	11.3	23.0	40.0	57.17	18.9	107	43	16.4	55
7	0.61	13.5	3.0	12.4	24.5	30.5	57.92	11.9	95	33	13.1	48
8	0.69	13.7	3.2	12.2	32.8	34.5	54.94	14.8	105	40	14.7	48
9	0.47	13.1	3.1	11.1	19.9	26.1	58.24	12.4	99	37	13.3	48
10	0.56	13.5	3.2	11.2	22.8	28.0	57.92	12.0	89	32	14.8	49
11	0.65	12.9	3.2	11.8	21.4	32.5	59.80	14.3	103	32	14.4	47
12	1.43	15.4	3.6	12.2	29.2	71.5	64.67	12.4	93	36	15.0	48
13	0.39	12.7	3.0	9.7	16.7	32.5	59.02	18.6	100	31	14.1	43
14	0.53	12.9	3.0	9.2	19.5	26.5	59.02	18.5	105	37	15.1	44
15	0.10	10.6	2.5	8.0	14.0	8.3	41.27	18.6	98	28	14.0	48
16	0.55	15.2	3.6	12.8	32.7	28.4	56.23	13.5	114	54	15.8	48
17	0.67	12.1	3.4	11.8	26.2	33.5	57.10	12.4	118	55	16.5	50
18	0.42	10.3	3.1	11.6	20.1	23.3	55.37	14.5	113	53	15.7	52
19	0.62	12.0	3.1	12.0	15.7	31.0	57.61	15.0	111	52	15.1	48
20	0.47	10.9	3.0	11.2	17.4	23.5	58.24	15.0	102	41	15.3	49
21	0.41	10.2	2.9	10.6	17.0	20.5	56.48	14.0	109	49	15.3	50
22	0.92	11.7	3.8	17.0	22.1	46.0	61.62	15.1	131	65	17.8	56
23	0.93	10.3	3.9	17.8	21.2	46.5	61.27	14.0	120	58	18.6	57
24	0.91	11.1	4.0	16.2	21.9	45.5	61.89	16.1	130	58	17.5	58
25	3.61	21.7	4.8	12.8	40.4	183.0	64.16	35.8	206	100	20.8	63
26	3.37	21.7	4.7	12.0	38.6	168.5	63.87	36.5	205	98	21.0	63
27	3.48	21.7	4.6	13.2	38.5	174.0	63.94	34.3	202	97	20.3	61
28	0.86	15.9	3.1	11.4	29.5	43.0	57.86	15.0	106	41	13.1	45
29	0.30	9.8	2.8	11.4	16.4	15.0	50.07	13.4	87	36	13.2	46
30	0.41	12.4	2.9	10.8	19.8	20.5	53.19	12.2	97	40	12.9	43
31	0.69	12.8	3.5	12.4	24.3	34.5	56.17	14.0	101	30	15.5	44

续表

试验号	小区产量	穗长	穗粗	穗行数	一行粒数	穗粒重	出籽率	百粒重	株高	穗位高	叶片数	出苗至抽穗
		x_1	x_2	x_3	x_4	x_5	x_6	x_7	x_8	x_9	x_{10}	x_{11}
32	0.37	9.9	3.1	12.0	16.5	18.5	53.67	11.9	88	27	14.3	46
33	0.37	11.3	3.5	11.1	20.1	27.1	56.23	16.8	92	32	14.4	44
34	0.26	7.1	2.7	14.0	15.0	13.0	58.18	8.2	89	44	15.9	49
35	0.15	6.2	2.7	12.8	13.1	9.4	55.67	8.0	87	35	14.7	48
36	0.14	6.7	2.2	10.3	13.3	10.0	59.15	7.5	85	42	14.1	49
37	0.18	7.8	2.3	13.6	15.1	9.0	52.00	5.7	83	37	14.1	47
38	0.08	7.6	2.2	13.3	11.0	6.7	51.65	6.2	85	27	13.7	47
39	0.03	8.8	1.9	9.3	13.0	5.0	45.00	7.3	89	32	13.6	47

表 3.23　　影响力（贡献）大小排序

方法	遗传相关			通径分析			PPR 分析		
序号	变量	变量名	相关系数	变量	变量名	通径系数	变量	变量名	相对权重
1	5	穗粒重	0.9934	8	株高	11.972	5	穗粒重	1.00
2	4	一行粒数	0.9191	4	一行粒数	6.079	7	百粒重	0.268
3	1	穗长	0.9032	11	出苗至抽穗	0.591	8	株高	0.260
4	7	百粒重	0.8763	10	叶片数	–0.046	9	穗位高	0.227
5	8	株高	0.8651	7	百粒重	–0.106	1	穗长	0.214
6	2	穗粗	0.8392	3	穗行数	–0.178	11	出苗至抽穗	0.178
7	9	穗位高	0.8123	6	出籽率	–0.630	4	一行粒数	0.130
8	6	出籽率	0.8098	5	穗粒重	–0.676	10	叶片数	0.127
9	10	叶片数	0.7115	2	穗粗	–1.471	6	出籽率	0.117
10	11	出苗至抽穗	0.5473	1	穗长	–6.528	2	穗粗	0.050
11	3	穗行数	0.2649	9	穗位高	–8.303	3	穗行数	0.028

从表 3.23 中三种数量遗传分析方法的贡献大小排序结果对比，可以明显看到遗传相关与通径分析在前三名的结论上有较大矛盾：①遗传相关定为第一位的因子穗粒重 x_5，却被通径分析定为第八位（通径系数为–0.676），

为次要因子；②通径分析定为第一位的因子 x_8 株高，却被遗传相关定为第五位，较次要因子；③遗传相关定为第三位的因子穗长 x_1，却被通径分析定为第十位，非常次要的因子，对应的通径系数为–6.528；④通径分析定为第三位的因子出苗至抽穗 x_{11}，却被遗传相关定为第十位，非常次要的因子。

PPR 分析的结果兼顾了上述两种有假定建模方法的长处，避免了其短处，使上述四大矛盾迎刃而解。且集中突出了穗粒重和百粒重（即穗大、粒大）两个重要遗传性状在玉米小区产量中的最重要作用。同时在第三、第四位因子上显示了生物产量（株高及穗位高）的重要作用，这一点与国内外关于禾谷、豆类育种要注重生物产量的观点是一致的。至于一行粒数 x_4 这个因子已经隐含在穗粒重（粒多粒大）和穗长（粒多）因子中，因而 x_4 被 PPR 判断为较次要（第七位）因子也是合理的。

为什么遗传相关与通径分析找出的主要影响因子会有矛盾？为什么 PPR 分析却能够统一这些矛盾，能够给出客观正确的结论，原因在什么地方？

首先检查一下原始数据是否属于正态分布，采用 C_s 值来检查变量的正态性。当 $|C_s|=0$ 或接近与 0 时，属正态分布，若偏离 0 值（无论正或负）愈大则非正态性愈严重。表 3.24 列出了上述 11 个自变量和 1 个因变量的 C_s 值及判别。

表 3.24　　变量的统计特征值

统计特征 \ 变量	小区产量	穗长	穗粗	穗行数	一行粒数	穗粒重	出籽率	百粒重	株高	穗位高	叶片数	出苗至抽穗
	y	x_1	x_2	x_3	x_4	x_5	x_6	x_7	x_8	x_9	x_{10}	x_{11}
偏态系数 C_s	2.607	0.904	0.426	0.850	1.015	2.605	–1.206	1.546	1.659	1.355	0.975	1.487
分布类型	正偏态	正偏态	正偏态	正偏态	正偏态	正偏态	负偏态	正偏态	正偏态	正偏态	正偏态	正偏态

12 个变量中没有一个是正态分布，绝大部分是正偏态，只有一个是负偏态，$|C_s|$ 最小值为 0.426。前面已论述过当 $|C_s|>0.25$，用肉眼可以在正态纸上直接进行识别。而 0.426 已远远超出肉眼判别正态或偏态的临界值，都属于显著的非正态数据。

常规数量遗传相关和通径分析公式全是在正态假定条件下推导出来的，严格讲，只能用于正态分布数据。勉强把遗传相关公式和通径分析公式用于非正态数据，必然产生主观背离客观的现象，暴露出各种矛盾。

PPR 则相反，由于没有任何正态的前提假定，既可适用于正态也可适用于非正态，不会出现背离客观的错误，PPR 方法的生命力也就在于此。

这是 13 个国内外玉米品种的遗传性状分析，下面再举一个水稻同一品种的不同分蘖节位的 7 个区组 10 个性状与产量间关系的分析例子。

例 3.10　水稻产量与遗传性状分析

金华是浙江省重点产粮区，高产优质的杂交水稻品种及配套栽培技术基本成熟，但对杂交水稻不同分蘖节位的数量性状间的内在联系尚缺乏充分认识，徐孝银根据系统观测资料进行过通径分析，原始资料见表 3.25。

表 3.25　　汕优 10 号 7 个分蘖节位区组观测值

区组	区组产量	茎蘖个数	占总茎比例	成穗数	占总穗比例	成穗率	穗长	每穗总粒	每穗实粒	结实率	千粒重
	y	x_1	x_2	x_3	x_4	x_5	x_6	x_7	x_8	x_9	x_{10}
1	50.760	16.333	3.257	14.667	5.313	89.027	25.157	151.920	116.983	76.827	29.077
2	37.667	13.677	2.723	12.333	4.470	90.563	24.473	134.537	100.437	74.670	28.800
3	47.233	17.000	3.390	16.667	6.037	97.777	24.183	132.553	99.363	74.937	28.573
4	24.847	13.667	2.727	12.000	4.347	71.480	21.550	86.583	66.813	77.933	26.977
5	31.717	19.333	3.850	14.000	5.070	76.503	22.800	110.003	78.590	71.470	28.743
6	35.817	43.667	8.700	20.000	7.247	48.153	21.593	87.353	62.837	70.623	27.667
7	2.907	42.333	8.433	2.330	0.843	5.773	19.167	58.010	46.833	81.123	25.603

注：本表数据系区组的平均值。

为了对比把原文通径分析结果与 PPR 分析（S=0.5，MU=2，M=3）的结果同列见表 3.26。PPR 分析时因区组样本只有 7 个，为增加样本数量，将所有数据重写一遍，变为 14 个。

表 3.26　　产量的影响因素排序对比

序号		1	2	3	4	5	6	7	8	9	10
遗传相关	因素	千粒度	穗长	每穗总粒	每穗实粒	成穗率	成穗数	占总穗比例	茎蘖个数	占总茎比例	结实率
	r	0.996	0.991	0.982	0.946	0.926	0.764	–0.764	*	*	*

续表

序号		1	2	3	4	5	6	7	8	9	10
表现型相关	因素	成穗数	占总穗比例	穗长	每穗总粒	成穗率	每穗实粒	千粒度	占总茎比例	茎蘖个数	结实率
	r	0.858	0.830	0.822	0.817	0.808	0.786	–0.283	–0.284	–0.822	*
环境相关	因素	成穗数	占总穗比例	每穗总粒	每穗实粒	成穗率	穗长	千粒度	占总茎比例	茎蘖个数	结实率
	r	0.946	0.821	0.797	0.693	0.639	0.432	0.421	0.420	*	*
通径相关	因素	成穗数	占总茎比例	每穗实粒	每穗总粒	成穗率	穗长	结实率	茎蘖个数	占总穗比例	千粒度
	r	86.240	6.217	1.186	0.074	0.055	–0.282	–0.407	–6.193	–85.610	*
PPR 分析	因素	每穗总粒	每穗实粒	成穗数	结实率	穗长	千粒度	占总穗比例	茎蘖个数	成穗率	占总茎比例
	r	1.000	0.597	0.277	0.187	0.147	0.035	0.035	0.025	0.010	0.001

注：*为原文缺数据。

从通径分析结果可以看出影响产量的首位因子是成穗数，通径系数为 86.240，第二位因子是占总径比例，通径系数为 6.217，比 86.24 小了十多倍。虽然这两因子都突出了分蘖数的作用，却忽略了结实率的作用（排在第七位，通径系数只有–0.407）。而 PPR 分析的结果是：影响产量的第一位因子是每穗总粒数，突出了攻大穗的显著作用，与当地农民实践经验完全吻合。影响产量的第二位因子是每穗实粒，突出了结实率的作用，与当地农民实践经验也是吻合的。PPR 的结果与原作者强调的要控制无效分蘖，确保攻大穗，强调抓结实率，确保总产的观点是不谋而合的。相反，通径分析结果不能为原作者提供可靠的依据。

为什么出现这种现象？与前面的实例一样，常规数量遗传分析公式也是源于正态分布的假定。而实际情况是观测数据绝大部分属于非正态，表 3.27 中 C_s 值充分说明了这一点，除 x_7（每穗总粒）、x_8（每穗实粒）、x_9（结实率）三个变量接近正态分布以外，其他变量都属于显著的正偏态或负偏态分布。

原假定与实际的脱离使主观与客观背离，这就是通径分析在分析主要影响因子时产生矛盾的根本原因。该实例再次证明了 PPR 无假定建模方法的客观性，再次证明 PPR 分析主要影响因子的科学性，对主要矛盾的正确分析为进一步的决策或预测提供了可靠的科学依据。因此 PPR 技术为人类认识世界和改造世界提供了一种崭新的手段和工具。

表 3.27　　各变量 C_s 值统计表

统计特征变量	小区产量	茎蘖个数	占总茎比例	成穗数	占总穗比例	成穗率	穗长	每粒总数	每穗实粒	结实率	千粒重
	y	x_1	x_2	x_3	x_4	x_5	x_6	x_7	x_8	x_9	x_{10}
偏态系数 C_s	−1.186	1.223	1.224	−1.347	−1.347	−1.583	−0.638	−0.269	0.059	0.224	−1.276
分布类型	负偏态	正偏态	正偏态	负偏态	负偏态	负偏态	负偏态	负偏态	正偏态	正偏态	负偏态

3.4　定性与定量信息混杂

定性和定量研究都属于社会学方法。定性研究则是主要由熟悉情况和业务的专家根据个人的直觉、经验，凭研究对象过去和现在的延续状况及最新的信息资料，对研究对象的性质、特点、发展变化规律作出判断的一种方法，进行研究判断，提出初步意见，然后进行综合，作为预测未来状况和发展趋势的主要依据。定量研究是指运用现代数学方法对有关的数据资料进行加工处理，统计数据，建立反映有关变量之间规律性联系的各类预测模型，并用数学模型计算出研究对象的各项指标及其数值的一种方法。正交试验设计中常遇到定性与定量信息混杂的情况，一般只能画趋势图看一看和算一算，估计一下结果的好坏，很难进行较精确的建模仿真预测与控制。下面通过实例分析 PPR 对定性与定量混杂信息建模的优势。

例 3.11　双异质结激光器试验

如文献［15］中的例 2-10，在试验双异质结激光器中，试验设计要考虑 5 种影响因素：x_1 饱和度（定性四级）、x_2 进片温度（随饱和度设八级定量活动水平）、x_3 竖直梯度（定性二级）、x_4 冷却速度（定量二级）、x_5 底片种类（定性二级），因变量 y 为三种定性分的综合评分，是一个典型的定性与定量混杂的复杂系统，试验数据列入表 3.28。

表 3.28　　　　双异质结激光器试验数据表

试号	x_1	x_2	x_3	x_4	x_5	y	说　明
1	1	828	2	1.0	1	5.0	x_1 饱和度在表中次序随机化，但位级从 1 到 4 分别对应于最低、较低、次高、高，这样便于饱和度连续变化。
2	2	830	2	0.5	1	70.5	
3	4	840	2	1.0	2	58.5	
4	3	838	2	0.5	2	30.0	
5	1	825	1	0.5	2	10.0	
6	2	833	1	1.0	2	7.5	
7	4	843	1	0.5	1	54.0	
8	3	835	1	1.0	1	57.0	

文献［15］对试验结果的分析与通常的一样，看一看，算一算，直接比较好的条件为第 2 号试验，得分 70.5 分；第 3 号为自制的乙种底片，得分 58.5 分，价低又易得。故把第 2、第 3 号条件都直接定为比较好的条件。从计算可知，饱和度、进片温度与底片种类是显著因素。饱和度愈高愈好，进片温度低一些好，底片用甲种好。以上分析结论基本上都属于定性范畴的结论，无法进一步作出定量结论。

如果采用 PPR 分析，由于只有 8 组试验，样本太小，只要先把样本重复几遍，就可直接建模仿真寻优。如再重复 7 遍，就得 $n=8\times8=64$ 的大样本。选 $S=0.5$，$M=5$，$MU=4$ 建模后，因子贡献大小的排序及权重为：饱和度（1.000）、进片温度（0.738）、底片种类（0.185）、冷却速度（0.094）、竖直梯度（0.044）。最主要的影响因子是饱和度和进片温度，其次是底片种类。为了定量地模拟仿真寻优，对 x_1（1～4）、x_2（826～842）、$x_5=1$、$x_3=2$、$x_4=0.5$ 进行仿真试验，并绘出等值线图，见图 3.4。可明显地看到存在着优化区，70 分和 72 分的等值线均位于高饱和度区，最高分可达 72.8 分（$x_1=4$、$x_2=838$、$x_3=2$、$x_4=0.5$、$x_5=1$）。随着饱和度增高，进片温度也应相应增高，其近似公式为：$x_2=819+5x_1$。利用 PPR 仿真试验的结果，就明确了高饱和度与之优化配合的进片温度的定量关系，可以大幅度加快试验进程，节省大量人力、财力和时间。

通过这个例子，可以看到 PPR 在兼容定性、定量信息利用方面的显著优势，为复杂系统的建模提供了较完善的技术条件。

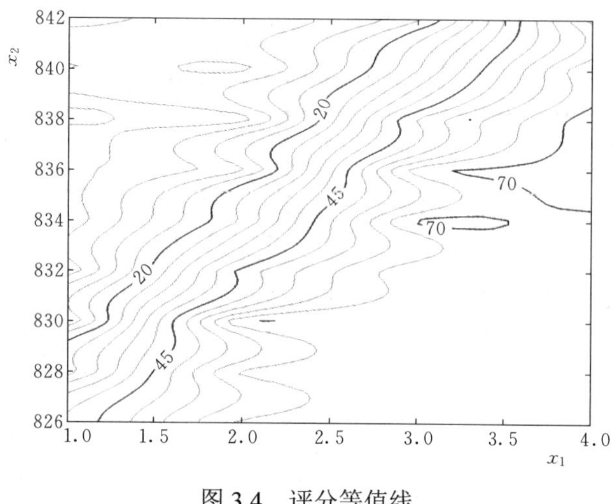

图 3.4　评分等值线

例 3.12　集成电路的分类识别

专家系统是人工智能系统中三大支柱之一。但专家系统实质上是通过牺牲通用问题求解能力来换取在某一狭窄领域中的高性能。加之人们对知识及过程知之甚少，限制了专家系统广泛有效应用，大有处于“山重水复疑无路”的境地，神经网络本质上是针对这类问题的，用学习来解决知识表示的困难，本质上是一个“万能”非线性代数变换，但当问题一旦复杂，学习训练集的设计及收敛就成问题了，即无法解决“维数灾难”问题。此外，由于神经网络配置优化的概念至今没有一个明确的定义，因而对网络节点的互联方式、转换函数类型、隐含节点个数和网络初始参数等的选择，除进行若干技术处理外，主要还要依靠建模者的观察和经验判断，无法回避因人而异的不确定性。

PPR 用于专家系统，则可以免除上述弊端，现拿一个经典产生式专家系统来说明此性能—数字逻辑集成电路的分类、识别、性能问题。此例主要是说明 PPR 如何用于经典产生式专家系统，如何省略掉专家系统的程序设计语言，如何构成独特的 PPR 专家系统及操作运行方式与结果，可作为已知型号的性能查询用。

型号一般由 10 个数字（0…9）及 26 个拉丁字母（A～Z）组成，因此可以约定 0～9 仍由 0～9 表示，而 A～Z 则分别由 11～36 表示，例如 11 表示 A，13 表示 C，20 表示 J，30 表示 T，36 表示 Z。把型号的字母按顺序表示为 x_1、x_2、…、x_n，n 表示最长型号字符个数。数字逻辑集成电路型号字符个数最多为 7 个，就开一个七维自变量数组，型号类型与性质用因变量 y 表示。无字符均记为 0，非某字符记为–xx，例如非 A 就记为–11，非 Z 就记为–36。该例共有 22 条规则，24 种情况，可将其全部数值化，列入表 3.29。

表 3.29　　　　　　数字逻辑集成电路型号性能表

序号	性　能	y	x_1	x_2	x_3	x_4	x_5	x_6	x_7
1	线性集成电路其他数字逻辑电路，超范围	1	–7	0	0	0	0	0	0
2	线性集成电路其他数字逻辑电路，超范围	1	–4	0	0	0	0	0	0
3	国际公司 4000 系列高速 C-MOS 数字逻辑集成电路	2	4	0	0	0	0	0	0
4	Motorola 公司 4500 系列	3	4	5	0	0	0	0	0
5	国际 74 系列	4	7	4	0	0	0	0	0
6	国际 74 系列标准型	5	7	4	–29	0	0	0	0
7	国际 74 系列标准型	5	7	4	–16	0	0	0	0
8	且属 TTL 的高速型（国际 74）	6	7	4	16	0	0	0	0
9	且属 TTL 的肖特基型（国际 74）	7	7	4	29	0	0	0	0
10	且属 TTL 的先进低功耗肖特基型（国际 74）	8	7	4	11	22	0	0	0
11	且属 TTL 的先进肖特基型（国际 74）	9	7	4	11	29	0	0	0
12	且属高速 C-MOS 电路（国际 74）	10	7	4	18	13	0	0	0
13	为 C-MOS 的工作电平（国际 74）	11	7	4	18	13	–30	0	0
14	“HCT”，为 TTL 的工作电平（国际 74）	12	7	4	18	13	30	0	0
15	且属 TTL 的低功耗肖特基型（国际 74）	13	7	4	22	29	0	0	0
16	国产系列高速 C-MOSL	14	13	13	0	0	0	0	0
17	国产，且属 4000 系列	15	13	13	4	0	0	0	0

续表

序号	性　能	y	x_1	x_2	x_3	x_4	x_5	x_6	x_7
18	国产，且属 4500 系列	16	13	13	4	5	0	0	0
19	国产 74 系列	17	13	13	7	4	0	0	0
20	国产 74 系列 C-MOS 的工作电平	18	13	13	7	4	–18	–13	–30
21	国产 74 系列 TTL 的工作电平	19	13	13	7	4	18	13	30
22	国际系列高速 C-MOSL	20	13	14	0	0	0	0	0
23	国际高速 C-MOS，4000 系列	21	13	14	4	0	0	0	0
24	国际高速 C-MOS，4500 系列	22	13	14	4	5	0	0	0

PPR 处理表 3.31 数据文件时 S=0.1、MU=7、M=8，$\hat{y}$ 合格率为 100%（四舍五入取整数），说明 PPR 完全有能力识别数字编号的信息，可以省略人工智能程序设计语言，又可达到专家系统的同样功能和效果，实践再次证明了 PPR 解决定性和定量信息混杂方面的建模优势。

例 3.13　心肌梗塞预测

某研究者对若干名健康人和心肌梗塞病人的心电图做了分析对比，选出了其中 4 项指标 x_1、x_2、x_3、x_4，其中 x_1 是定性指标，其余三个为定量指标，建模时 x_1=0 表示不吸烟，x_1=1 表示吸烟，y=1 表示心肌梗塞病人，y=2 表示健康人，资料见表 3.30。

表 3.30　　　　健康人和心肌梗塞病人观察数据

健　康　人					心肌梗塞病人				
编号	x_1	x_2	x_3	x_4	编号	x_1	x_2	x_3	x_4
1	吸	236.70	49.59	2.32	11	吸	510.47	67.64	1.73
2	不吸	290.67	30.02	2.46	12	吸	510.41	62.71	1.58
3	不吸	352.53	36.23	2.36	13	吸	470.30	54.40	1.68
4	不吸	340.91	38.28	2.44	14	不吸	364.12	46.26	2.09
5	不吸	332.83	41.92	2.28	15	吸	416.07	45.37	1.90
6	不吸	319.97	31.42	2.49	16	吸	515.70	84.50	1.75

续表

健　康　人					心肌梗塞病人				
编号	x_1	x_2	x_3	x_4	编号	x_1	x_2	x_3	x_4
7	不吸	361.31	37.99	2.02	17	吸	344.52	57.78	1.19
8	不吸	366.50	39.87	3.42	18	吸	556.08	56.36	1.80
9	不吸	292.56	26.07	2.16	19	吸	515.70	85.59	1.95
10	吸	276.84	16.60	2.91	20	吸	675.70	86.59	1.85

采用投影寻踪回归 PPR 处理上述数据，选择 S=0.3，M=5，MU=3，用 20 组数据建模，还原合格率为 100%，结果见表 3.31。

表 3.31　　　　　　　　　建 模 计 算 表

编号	实测值	拟合值	绝对误差	相对误差	编号	实测值	拟合值	绝对误差	相对误差
1	2	1.96	−0.04	−1.93	11	1	1.08	0.08	8.11
2	2	2.14	0.14	7.00	12	1	0.94	−0.06	−5.95
3	2	1.96	−0.04	−2.25	13	1	0.99	−0.01	−1.29
4	2	1.95	−0.05	−2.40	14	1	1.19	0.19	19.30
5	2	1.84	−0.16	−7.86	15	1	1.20	0.20	19.91
6	2	2.07	0.07	3.45	16	1	0.83	−0.17	−17.48
7	2	1.77	−0.23	−11.53	17	1	1.01	0.01	1.15
8	2	2.04	0.04	1.84	18	1	0.91	−0.09	−8.87
9	2	2.05	0.05	2.37	19	1	1.08	0.08	7.95
10	2	2.02	0.02	0.95	20	1	0.98	−0.02	−2.11

对预留的 5 名会诊人进行检验，检验结果取整后与文献［20］用多元统计作出的判别结果完全一致。对 5 名会诊人预测合格率为 100%，结果见表 3.32。

表 3.32　　　　　　　　预 留 检 验 结 果 表

编号	x_1	x_2	x_3	x_4	预报值	实际值
1	吸	256.67	34.57	1.92	1.503	2
2	吸	211.34	45.56	3.96	2.630	2
3	吸	233.53	36.34	1.76	1.463	1

续表

编号	x_1	x_2	x_3	x_4	预报值	实际值
4	吸	367.23	40.32	1.67	1.143	1
5	吸	453.12	56.12	3.78	2.193	2

3.5　静态与动态信息混杂

静态与动态数据混杂是复杂系统的又一个重要统计特性，实际上是一个多维时间序列问题，与一维时间序列分析一样，数据本身就存在着非正态、非线性的问题，只不过多维时序问题显得更复杂一些。采用 PP 混合回归方法（PPMR），即 PP 自回归 PPAR 与 PPR 的混合建模，可以较简便地解决静态数据与动态数据混杂的复杂系统建模问题，并取得较满意的结果。

河段洪水预报就是以本站流量为时间序列，上游站流量或区间流量为影响因子的多维时序问题。现行解决这类问题的办法都是求得净雨后，用单位线和流量演算来解决的，最先进的就是综合约束线性系统（SCLS）模型了。现以三峡地区河段洪水预报为例，看一下 PPMR 在处理复杂的多维时序问题，即处理静态与动态混杂数据方面的功能与优势。

例 3.14　三峡区间洪水预报

长江三峡地区洪水预报受到国内外学者的普遍关注，并做过大量的工作，但至今三峡区间洪水预报仍是难题。文献［21］介绍，目前运行最好的综合线性约束系统（SCLS）模型预报的精度仍然依赖于预见期内降水定量预报的精度，而当前降水定量预报（特别是 24h 以上预见期的定量预报）还未达到实用水平。如区间降水较大的 1982 年 7 月 18 日洪水预报误差最大，48h 预报（寸滩—宜昌）洪峰误差为–21%，即使输入实测降水（无预见期）仍有–3%的误差。

如果采用 PPMR 技术，不用降水，只用流量，甚至不用重庆寸滩站的流量，只用万县站流量，预见期 48h，见表 3.33。因变量 $y=Q_{\text{宜昌}\,t}$，自变量 $x_1=Q_{\text{宜昌}\,t-48}$，$x_2=Q_{\text{宜昌}\,t-49}$，$x_3=Q_{\text{万县}\,t-48}$，$x_4=Q_{\text{万县}\,t-49}$，投影寻踪混合回归 PPMR 的 S=0.2，MU=3，M=4。建模用 1981 年 7 月 18 日洪峰和 1981 年 8 月 21 日洪峰（区间都基本无雨）的两次洪水。建模结果为：两次洪峰误差分别为–1.7%和–0.1%，见表 3.34。

表 3.33　　投影寻踪混合回归 PPMR 建模数据 Δt=6h　　单位：$10^2 m^3/s$

序号	$Q_{宜t}(y)$	$Q_{宜t-48}(x_1)$	$Q_{宜t-49}(x_2)$	$Q_{万t-48}(x_3)$	$Q_{万t-49}(x_4)$
1	471	272	272	294	292
2	520	278	276	313	310
3	560	294	289	358	349
4	606	316	313	419	404
5	638	332	329	503	489
6	663	344	343	581	571
7	692	376	370	635	627
8	706	427	422	678	672
9	708	471	462	711	707
10	705	520	512	736	732
11	695	560	552	755	753
12	688	606	599	764	763
13	667	638	634	762	763
14	651	663	657	755	757
15	621	692	689	739	743
16	595	706	704	699	710
17	563	708	708	665	671
18	535	705	705	631	637
19	509	695	697	598	604
20	483	688	690	568	572
21	454	667	671	538	543
22	442	651	653	510	514
23	423	621	622	489	492
24	408	595	600	469	472
25	388	563	568	453	456
26	386	535	540	438	441
27	381	509	514	426	428
28	380	483	487	417	418
29	410	233	232	299	293
30	425	237	235	336	330
31	442	248	245	372	366

续表

序号	$Q_{宜t}(y)$	$Q_{宜t-48}(x_1)$	$Q_{宜t-49}(x_2)$	$Q_{万t-48}(x_3)$	$Q_{万t-49}(x_4)$
32	459	271	268	404	399
33	460	294	290	436	431
34	458	324	316	459	456
35	457	352	350	477	475
36	451	375	370	489	488
37	442	410	408	494	493
38	435	425	422	496	495
39	429	442	440	494	495
40	420	459	458	488	489
41	414	460	460	478	480
42	412	458	458	469	470
43	412	457	457	460	461
44	411	451	451	453	454
45	407	442	443	446	447
46	403	435	436	441	442

表 3.34　　两种建模方法回归结果对比

序号	实测值/($10^2m^3/s$)	PPMR 混合回归			多元回归		
		模拟值/($10^2m^3/s$)	绝对误差/($10^2m^3/s$)	相对误差/%	模拟值/($10^2m^3/s$)	绝对误差/($10^2m^3/s$)	相对误差/%
1	471	459.145	−11.855	−2.5	351.291	−119.709	−25.4
2	520	509.412	−10.588	−2.0	386.051	−133.949	−25.8
3	560	523.365	−36.635	−6.5	505.047	−54.953	−9.8
4	606	577.312	−28.688	−4.7	607.999	1.999	0.3
5	638	646.249	8.249	1.3	645.907	7.907	1.2
6	663	667.887	4.887	0.7	631.748	−31.252	−4.7
7	692	695.354	3.354	0.5	668.780	−23.220	−3.4
8	706	700.351	−5.649	−0.8	671.277	−34.723	−4.9
9	708	696.186	−11.814	−1.7	693.071	−14.929	−2.1
10	705	718.805	13.805	2.0	710.028	5.028	0.7
11	695	706.465	11.465	1.6	702.302	7.302	1.1
12	688	685.972	−2.028	−0.3	697.146	9.146	1.3

续表

序号	实测值/（$10^2m^3/s$）	PPMR混合回归			多元回归		
		模拟值/（$10^2m^3/s$）	绝对误差/（$10^2m^3/s$）	相对误差/%	模拟值/（$10^2m^3/s$）	绝对误差/（$10^2m^3/s$）	相对误差/%
13	667	665.399	−1.601	−0.2	660.487	−6.513	−1.0
14	651	673.229	22.229	3.4	658.490	7.490	1.2
15	621	610.032	−10.968	−1.8	613.373	−7.627	−1.2
16	595	553.028	−41.972	−7.1	500.023	−94.977	−16.0
17	563	560.306	−2.694	−0.5	533.123	−29.877	−5.3
18	535	544.799	9.799	1.8	513.276	−21.724	−4.1
19	509	507.554	−1.446	−0.3	482.414	−26.586	−5.2
20	483	508.692	25.692	5.3	489.230	6.230	1.3
21	454	456.927	2.927	0.6	445.773	−8.227	−1.8
22	442	442.389	0.389	0.1	450.203	8.203	1.9
23	423	442.185	19.185	4.5	451.122	28.122	6.6
24	408	406.948	−1.052	−0.3	414.616	6.616	1.6
25	388	386.665	−1.335	−0.3	400.314	12.314	3.2
26	386	374.959	−11.041	−2.9	387.231	1.231	0.3
27	381	366.758	−14.242	−3.7	388.699	7.699	2.0
28	380	372.621	−7.379	−1.9	397.099	17.099	4.5
29	410	430.917	20.917	5.1	403.106	−6.894	−1.7
30	425	438.488	13.488	3.2	430.047	5.047	1.2
31	442	443.217	1.217	0.3	457.556	15.556	3.5
32	459	445.088	−13.912	3.0	466.990	7.990	1.7
33	460	459.767	−0.233	−0.1	494.168	34.167	7.4
34	458	486.419	28.419	6.2	507.997	49.997	10.9
35	457	451.000	−6.000	−1.3	478.918	21.918	4.8
36	451	450.210	−0.790	−0.2	492.642	41.642	9.2
37	442	444.092	2.092	0.5	485.489	43.489	9.8
38	435	456.531	21.531	4.9	494.286	59.286	13.6
39	429	423.997	−5.003	−1.2	465.646	36.646	8.5
40	420	421.392	1.392	0.3	459.761	39.761	9.5
41	414	411.306	−2.694	−0.7	436.487	22.487	5.4

续表

序号	实测值/(10²m³/s)	PPMR 混合回归			多元回归		
		模拟值/(10²m³/s)	绝对误差/(10²m³/s)	相对误差/%	模拟值/(10²m³/s)	绝对误差/(10²m³/s)	相对误差/%
42	412	410.975	−1.025	−0.2	443.555	31.555	7.7
43	412	421.432	9.432	2.3	438.268	26.268	6.4
44	411	425.970	14.970	3.6	433.309	22.309	5.4
45	407	402.336	−4.664	−1.1	422.638	15.638	3.8
46	403	402.870	−0.130	0.0	418.655	15.655	3.9

用区间有 200mm 降水的 1982 年 7 月 17—20 日洪水作为预报检验，SCLS 模型所报 1982 年 7 月 18 日洪峰误差为−26.1%，PPMR 模型在没有用寸滩流量和降雨量资料的前提下，48h 预报误差仅为−3.1%，见表 3.35，与 SCLS 模型无预见期（输入实测降水）的计算值误差相当。说明 PPMR 在处理多维时序的动态与静态混杂数据方面具有显著优势，并且采用同一模型对 1983 年 8 月 4 日区间仅有小雨的洪水检验也是成功的（误差仅为 2.2%），说明 PPMR 用区间无降雨洪水所建模型，完全可以用于区间有降雨和无降雨洪水的实时预报。

表 3.35　　1982 年 7 月洪水预报检验对比

序号	实测值/(10²m³/s)	PPMR 混合回归			多元回归		
		预报值/(10²m³/s)	绝对误差/(10²m³/s)	相对误差/%	预报值/(10²m³/s)	绝对误差/(10²m³/s)	相对误差/%
1	410	514.083	104.083	25.4	290.609	−119.391	−29.1
2	467	521.988	54.988	11.8	303.637	−163.363	−35.0
3	499	485.239	−13.761	−2.8	305.054	−193.946	−38.9
4	498	461.921	−36.079	−7.2	367.021	−130.979	−26.3
5	501	454.218	−46.782	−9.3	383.717	−117.283	−23.4
6	510	520.763	10.763	2.1	367.537	−142.463	−27.9
7	515	498.803	−16.197	−3.1	380.463	−134.537	−26.1
8	501	518.950	17.950	3.6	365.970	−135.030	−27.0
9	484	494.306	10.306	2.1	450.615	−33.385	−6.9
10	470	484.195	14.195	3.0	496.640	26.640	5.7
11	462	465.618	3.618	0.8	409.758	−52.242	−11.3
12	452	440.493	−11.507	−2.5	436.237	−15.763	−3.5

上述建模与预测是在 PPMR 尚没有充分利用寸滩—万县还有一天左右传播时间的不利条件下进行对比的。而 SCLS 模型则利用了寸滩—万县的一天传播时间，这一点更加突显了 PPMR 的优势。

例 3.15　夏季降水量预报

表 3.16 中给出了某地 1954—1981 年夏季（6—8 月）降水量 y 及其有关的 4 个预报因子的观测值，其中 4 个预报因子分别是：某地夏季降水量 y（mm），青藏高原地区 500hPa 高度 2 月和 3 月之和 x_1（m），上一年 12 月亚洲地面纬向环流指数 x_2，75°N～85°N，180°W～170°W 极地 2 月 500hPa 高度 x_3（m）。当年 4 月副热带高压指数 x_4。

采用无假定的投影寻踪回归模型处理数据，选择 S=0.2、M=2、MU=1，用前 23 组数据建模，若判别标准为相对误差在 10%以内合格，还原合格率为 60.9%；若判别标准为相对误差在 20%以内合格，还原合格率为 91.3%，后 5 组数据预留检验的合格率为 100%，均比文献［22］采用的投影寻踪门限回归模型 PPTR 的合格率高，计算结果见表 3.36。

表 3.36　　某地夏季降水量观测值及建模检验表

序号	年份	x_1/m	x_2	x_3/m	x_4	y/mm	y_j/mm	绝对误差/mm	相对误差/%
1	1954	14	1.38	–34	16	582	551.0	–31.01	–5.33
2	1955	10	0.52	–29	2	458	419.0	–39.00	–8.51
3	1956	13	1.70	–32	13	559	554.0	–5.03	–0.90
4	1957	24	0.80	24	1	322	321.7	–0.30	–0.09
5	1958	12	1.83	41	11	399	418.9	19.91	4.99
6	1959	6	1.77	–50	7	523	541.3	18.27	3.49
7	1960	18	1.23	27	4	322	355.6	33.60	10.44
8	1961	–10	0.28	–8	6	358	321.5	–36.52	–10.20
9	1962	0	1.20	66	6	354	371.1	17.14	4.84
10	1963	14	1.75	–60	6	574	551.5	–22.51	–3.92
11	1964	12	1.78	–70	7	489	548.1	59.12	12.09
12	1965	–18	1.37	–15	0	232	325.1	93.07	40.11
13	1966	16	1.38	0	4	440	444.3	4.34	0.99
14	1967	–4	0.29	–9	–7	421	372.6	–48.39	–11.49

续表

序号	年份	x_1/m	x_2	x_3/m	x_4	y/mm	y_j/mm	绝对误差/mm	相对误差/%
15	1968	−23	1.12	−12	−14	181	194.0	13.00	7.18
16	1969	5	1.52	0	10	426	469.9	43.93	10.31
17	1970	−16	0.63	34	4	364	343.8	−20.20	−5.55
18	1971	−1	1.32	22	−7	375	369.7	−5.32	−1.42
19	1972	−18	1.18	4	−11	224	220.8	−3.17	−1.42
20	1973	8	1.50	−11	5	514	460.7	−53.28	−10.37
21	1974	−8	1.43	4	−12	381	345.6	−35.43	−9.30
22	1975	−11	0.74	10	0	275	357.6	82.65	30.05
23	1976	−19	1.07	−5	0	426	341.1	−84.86	−19.92
24	1977	21	1.13	−17	4	517	475.3	−41.67	−8.06
25	1978	−19	1.52	18	1	420	349.5	−70.54	−16.79
26	1979	−19	1.93	63	8	400	358.6	−41.41	−10.35
27	1980	−14	1.59	6	5	288	342.2	54.16	18.81
28	1981	−5	0.95	34	7	342	339.2	−2.76	−0.81

上述计算中预报因子均为静态变量，若将 x_5（表示该地前一年的夏季降水量）作为因素引入模型，则为动态与静态混杂数据，用无假定的投影寻踪回归模型同样可以处理，计算结果见表 3.37。选择 S=0.2、M=2、MU=1，用前 22 组数据建模（由于引入变量 x_5 使数据组比原先少 1 组），若判别标准为相对误差在 10%以内合格，还原合格率为 45.5%；若判别标准为相对误差在 20%以内合格，还原合格率为 86.4%，后 5 组数据预留检验的合格率为 100%，也比文献［22］采用的投影寻踪门限回归模型 PPTR 的合格率高。

表 3.37　　　　动态和静态混杂数据建模及检验结果

序号	年份	x_1/m	x_2	x_3/m	x_4	x_5/mm	y/mm	y_j/mm	绝对误差/mm	相对误差/%
1	1955	10	0.52	−29	2	582	458	443.6	−14.4	−3.13
2	1956	13	1.70	−32	13	458	559	550.1	−8.9	−1.59
3	1957	24	0.80	24	1	559	322	360.7	38.7	12.02

续表

序号	年份	x_1/m	x_2	x_3/m	x_4	x_5/mm	y/mm	y_j/mm	绝对误差/mm	相对误差/%
4	1958	12	1.83	41	11	322	399	401.8	2.8	0.70
5	1959	6	1.77	−50	7	399	523	510.2	−12.8	−2.45
6	1960	18	1.23	27	4	523	322	358.8	36.8	11.44
7	1961	−10	0.28	−8	6	322	358	339.1	−18.9	−5.28
8	1962	0	1.20	66	6	358	354	330.8	−23.2	−6.55
9	1963	14	1.75	−60	6	354	574	547.2	−26.8	−4.67
10	1964	12	1.78	−70	7	574	489	549.2	60.2	12.31
11	1965	−18	1.37	−15	0	489	232	318.1	86.1	37.13
12	1966	16	1.38	0	4	232	440	462.8	22.8	5.18
13	1967	−4	0.29	−9	−7	440	421	364.2	−56.8	−13.50
14	1968	−23	1.12	−12	−14	421	181	212.2	31.2	17.25
15	1969	5	1.52	0	10	181	426	470.7	44.7	10.50
16	1970	−16	0.63	34	4	426	364	363.8	−0.2	−0.04
17	1971	−1	1.32	22	−7	364	375	352.5	−22.5	−6.00
18	1972	−18	1.18	4	−11	375	224	249.5	25.5	11.37
19	1973	8	1.50	−11	5	224	514	455.0	−59.0	−11.48
20	1974	−8	1.43	4	−12	514	381	284.0	−97.1	−25.47
21	1975	−11	0.74	10	0	381	275	340.5	65.5	23.81
22	1976	−19	1.07	−5	0	275	426	352.1	−73.9	−17.34
23	1977	21	1.13	−17	4	426	517	493.1	−23.9	−4.62
24	1978	−19	1.52	18	1	517	420	342.9	−77.1	−18.36
25	1979	−19	1.93	63	8	420	400	330.0	−70.0	−17.49
26	1980	−14	1.59	6	5	400	288	325.0	37.0	12.85
27	1981	−5	0.95	34	7	288	342	329.1	−12.9	−3.76

3.6　宏观与微观信息混杂

随着新一轮科技革命席卷全球，微观数据正成为重要的基础性战略资源。每个月，国家统计局都会发布经济运行的数据，大家所熟悉的经济指标：GDP、工业增加值增速、固定资产投资增速、社会消费品零售总额增速、消费物价指数 CPI、工业品价格指数 PPI 等都会逐一公布，而所有这些指标，有一个共同特性，就是都属于宏观的总量数据指标。比如说，GDP 衡量的是中国经济整体的走势，工业增加值增速衡量的是中国工业的整体走势，固定资产投资增速衡量的是中国投资的整体走势等。

除了宏观数据以外，国家统计局也会发布微观层面的数据，比如说发电量增速、地产销售增速、钢铁产量增速等，衡量的是某一类产品在全国的生产或者销售情况。而除了国家统计局以外，其实某些行业、协会乃至某些公司也会发布部分产品的产销数据，比如中汽协和乘联会都会定期发布全国汽车销售数据，国家能源局会发布全国电力产销数据，主要的地产和汽车上市公司都会在每个月月初发布其地产和汽车的产销数据等。那么问题来了，这么多的经济数据指标，在做数据分析时不可避免会遇到宏观与微观信息混杂问题，到底该如何使用这些数据呢？下面通过实例分析 PPR 解决宏观与微观、静态和动态混杂信息建模的优势。

例 3.16　宏观经济指标对上证指数的影响分析

上证指数是股票市场中的重要指标，上证指数分析对股票投资者至关重要，投资者可以把握投资机会，规避市场风险。以影响上证指数的宏观经济指标为研究对象，选取了 1992—2016 年共 25 年的每年最后一个交易日的收盘价 y，选择了对我国宏观经济中影响较大的几个因素，x_1（股票筹资额，亿元）、x_2（GDP，万亿元）、x_3（汇率，1 美元兑换人民币），宏观数据引用国家统计年鉴，各数据见表 3.38。

表 3.38　　PPR 建 模 数 据

序号	y	x_1	x_2	x_3	年份	序号	y	x_1	x_2	x_3	年份
1	780	94	27195	5.51	1992	8	1366	944	90564	8.28	1999
2	833	375	35673	5.76	1993	9	2073	2103	100280	8.28	2000
3	648	327	48637	6.82	1994	10	1646	1252	110863	8.28	2001
4	555	150	61340	8.35	1995	11	1357	962	121717	8.28	2002
5	917	425	71814	8.31	1996	12	1497	1358	137422	8.28	2003
6	1194	1293	79715	8.29	1997	13	1266	1511	161840	8.28	2004
7	1147	841	85196	8.28	1998	14	1161	1882	187319	8.19	2005

续表

序号	y	x_1	x_2	x_3	年份	序号	y	x_1	x_2	x_3	年份
15	2675	5594	219438	7.97	2006	21	2269	4134	540367	6.31	2012
16	5261	8680	270232	7.6	2007	22	2110	3869	595244	6.19	2013
17	1821	3852	319516	6.94	2008	23	3234	7087	643974	6.14	2014
18	3277	6125	349081	6.83	2009	24	3539	10975	685506	6.22	2015
19	2808	11972	413030	6.77	2010	25	3104	16257	744127	6.64	2016
20	2199	5814	489301	6.46	2011						

选择 S=0.4、M=5、MU=4，用前 20 组数据建模，若判别标准为相对误差在 20%以内合格，还原合格率为 85.0%，后 5 组数据预留检验的合格率仅为 40%，检验合格率较低，结果见表 3.39。

表 3.39　　　　PPR 建模及检验结果表

序号	实际值	预报值	绝对误差	相对误差/%	序号	实际值	预报值	绝对误差	相对误差/%
1	780	454.3	−325.7	−41.8	14	1161	1260.8	99.8	8.6
2	833	859.0	26.0	3.1	15	2675	2600.0	−75.0	−2.8
3	648	1035.3	387.3	59.8	16	5261	5199.9	−61.1	−1.2
4	555	641.3	86.3	15.5	17	1821	2132.0	311.0	17.1
5	917	868.0	−49.0	−5.3	18	3277	3066.1	−210.9	−6.4
6	1194	1644.7	450.7	37.7	19	2808	2905.0	97.0	3.5
7	1147	1170.5	23.5	2.0	20	2199	2238.4	39.4	1.8
8	1366	1204.9	−161.1	−11.8	21	2269	1808.5	−460.5	−20.3
9	2073	2098.3	25.3	1.2	22	2110	1840.1	−269.9	−12.8
10	1646	1375.4	−270.6	−16.4	23	3234	920.7	−2313.3	−71.5
11	1357	1170.4	−186.6	−13.8	24	3539	1225.7	−2313.3	−65.4
12	1497	1389.2	−107.8	−7.2	25	3104	3403.6	299.6	9.7
13	1266	1167.7	−98.3	−7.8					

上述计算中各因子为静态变量，如果将 x_4（表示前一年末最后一个交易日的上证指数）引入模型，则为动态与静态混杂数据，用无假定的投影寻踪回归模型同样可以处理，结果见表 3.40。选择 S=0.5、M=8、MU=5，用前 19 组数据建模，若判别标准为相对误差在 20%以内为合格，还原合

格率为84.0%，后5组数据预留检验的合格率为100%。

表3.40　　混杂数据建模及检验表

序号	年份	y	x_1	x_2	x_3	x_4	拟合值	绝对误差	相对误差/%
1	1993	833	375	35673	5.76	780	950.9	117.9	14.1
2	1994	648	327	48637	6.82	833	794.5	146.5	22.6
3	1995	555	150	61340	8.35	648	570.8	15.8	2.9
4	1996	917	425	71814	8.31	555	805.0	−112.0	−12.2
5	1997	1194	1293	79715	8.29	917	1402.3	208.3	17.4
6	1998	1147	841	85196	8.28	1194	1188.7	41.7	3.6
7	1999	1366	944	90564	8.28	1147	1188.5	−177.5	−13.0
8	2000	2073	2103	100280	8.28	1366	2069.9	−3.1	−0.2
9	2001	1646	1252	110863	8.28	2073	1674.8	28.8	1.8
10	2002	1357	962	121717	8.28	1646	1218.8	−138.2	−10.2
11	2003	1497	1358	137422	8.28	1357	1383.0	−114.0	−7.6
12	2004	1266	1511	161840	8.28	1497	1396.9	130.9	10.3
13	2005	1161	1882	187319	8.19	1266	1423.4	262.4	22.6
14	2006	2675	5594	219438	7.97	1161	2597.8	−77.2	−2.9
15	2007	5261	8680	270232	7.60	2675	4485.2	−775.8	−14.7
16	2008	1821	3852	319516	6.94	5261	1775.1	−45.9	−2.5
17	2009	3277	6125	349081	6.83	1821	3078.5	−198.5	−6.1
18	2010	2808	11972	413030	6.77	3277	3499.7	691.7	24.6
19	2011	2199	5814	489301	6.46	2808	2197.0	−2.0	−0.1
20	2012	2269	4134	540367	6.31	2199	2092.0	−177.0	−7.8
21	2013	2110	3869	595244	6.19	2269	2184.6	74.6	3.5
22	2014	3234	7087	643974	6.14	2110	2687.9	−546.1	−16.9
23	2015	3539	10975	685506	6.22	3234	2975.9	−563.1	−15.9
24	2016	3104	16257	744127	6.64	3539	3427.9	323.9	10.4

例3.17　我国1995年金融通胀影响因素分析

在不同的经济周期阶段，人们往往会关注不同的经济指标，对某些经济指标的公布翘首以待，却不怎么注意其他指标。这是因为，在经济发展的不同阶段，同一个经济指标的重要性是不同的。例如，在经济蓬勃发展的时期，人们往往会关注 CPI 这样的度量通货膨胀的指标，而在经济衰退的阶段，通货膨胀就不再是人们关注的焦点了，因而相应的经济指标也会退居次要位置。只有结合经济周期，才能在万千经济指标中抓住重点。

1995 年通货膨胀曾引起全国上下的高度重视，究其根源后才能对症下药。当时学术界众说纷纭，各强调其侧重面，文献［24］归纳起来主要有以下几种：一是高经济增长带来高通胀；二是投资、消费、信用膨胀增加了市场上的货币流通量；三是主要农副产品价格放开，粮食调价带动其他商品价格上涨；四是工业品出厂价上涨等。但都停留在定性分析阶段，还没有上升到定量分析水平。贺秀荣通过汇总前人的大量分析研究成果，归纳出了影响通胀的 9 个宏观和微观经济指标，进一步用 PPR 方法进行因子贡献大小的定量分析与排位，以便抓住主要矛盾，及早走出通胀误区。其变量选择如下：

通胀率指标，以商品零售价格上涨幅度作为反映通胀率的指标 y（%），当年货币发行量增幅 x_1（%），前一年货币发行量增幅 x_2（%），当年贷款增幅 x_3（%），全社会固定资产投资增幅 x_4（%），前一年全社会固定资产投资增幅 x_5（%），职工工资总额增幅 x_6（%），农副产品收购价涨幅 x_7（%），工业品出厂价涨幅 x_8（%），国民经济增长速度 x_9（%）。

原始数据列入表 3.41 中。PPR 分析采用 S=0.1、MU=3、M=5，得出各自变量贡献大小排列于表 3.42。

表 3.41　　通胀因子分析资料　　%

序号	年份	y	x_1	x_2	x_3	x_4	x_5	x_6	x_7	x_8	x_9
1	1981	2.4	14.5	29.3	3.4	28.8	6.7	6.2	5.9	0.2	4.5
2	1982	1.9	10.8	14.5	11.2	24.9	28.8	7.6	2.2	–0.2	8.5
3	1983	1.5	20.7	10.8	7.9	19.2	24.9	6.0	4.4	–0.1	10.2
4	1984	2.8	49.5	20.7	28.8	28.2	19.2	21.2	4.0	1.4	14.5
5	1985	8.8	24.7	49.5	33.6	38.1	28.2	22.1	8.6	8.7	12.9
6	1986	6.0	23.3	24.7	28.5	18.8	38.1	20.0	6.4	3.8	8.5
7	1987	7.3	19.4	23.3	19.0	20.6	18.8	9.5	12.0	7.9	11.1
8	1988	18.5	46.8	19.4	16.8	23.5	20.6	27.4	23.0	15.0	11.3
9	1989	17.8	9.8	46.8	17.6	–8.0	23.5	13.1	15.0	18.6	4.3
10	1990	2.1	12.8	9.8	22.2	7.5	–8.0	12.7	–2.6	4.1	3.9

续表

序号	年份	y	x_1	x_2	x_3	x_4	x_5	x_6	x_7	x_8	x_9
11	1991	2.9	20.2	12.8	19.0	23.8	7.5	12.6	–2.0	6.2	8.0
12	1992	5.4	36.4	20.2	19.8	42.6	23.8	18.5	3.4	6.8	13.6
13	1993	13.2	35.3	36.4	22.4	58.6	42.6	24.8	13.4	24.0	13.4
14	1994	21.7	24.3	35.3	19.4	27.8	58.6	35.3	39.9	19.5	11.8

表 3.42　　　　PPR 分析通胀影响因子排序表

时期	项目	1	2	3	4	5	6	7	8	9
1981—1993 年	自变量因子	x_6	x_8	x_4	x_3	x_9	x_1	x_7	x_2	x_5
	影响权重	1	0.629	0.615	0.579	0.476	0.411	0.304	0.190	0.070
1981—1994 年	自变量因子	x_6	x_3	x_8	x_2	x_4	x_9	x_7	x_5	x_1
	影响权重	1	0.694	0.690	0.646	0.577	0.428	0.410	0.387	0.368

从表 3.42 中 PPR 对通胀因子影响大小的排序，可以得出以下结论：

（1）我国 1995 年通胀是由多种因素促成的，上述九个因子或多或少都在起作用，因此，通胀治理不是某一方面的责任，要从多方面入手分析，抓住主要矛盾，有的放矢，通力协作，综合治理；

（2）影响通胀的因素，从影响大小来说，影响最大的是职工工资总额增幅过大，即消费基金增长太快，工资改革速度超越生产力发展速度；其次是工业品出厂价提价过猛，加剧了农副产品价格上涨；三是经济发展过快，固定资产投资超过了经济承受能力，倒逼银行增加贷款，超量发行货币，造成信用膨胀。

3.7　平衡与非平衡信息混杂

这几年来，机器学习和数据挖掘非常火热，它们逐渐为世界带来实际价值。与此同时，越来越多的机器学习算法从学术界走向工业界，而在这个过程中会有很多困难。数据不平衡问题虽然不是最难的，但绝对是最重要的问题之一。

什么是不平衡数据呢？顾名思义即数据集样本类别比例不均衡。数据不平衡问题主要存在于有监督机器学习任务中。当遇到不平衡数据时，以总体分类准确率为学习目标的传统分类算法会过多地关注多数类，从而使得少数类样本的分类性能下降。绝大多数常见的机器学习算法对于不平衡数据集都不能很好地工作。

在学术研究与教学中，很多算法都有一个基本假设，那就是数据分布是均匀的。当把这些算法直接应用于实际数据时，大多数情况下都无法取得理想的结果。因为实际数据往往分布得很不均匀，都会存在“长尾现象”，也就是所谓的“二八原理”。比如可以看到大部分微博的总互动数（被转发、评论与点赞数量）在 0～5 之间，交互数多的微博（多于 100）非常之少。如果去预测一条微博交互数所在档位，预测器只需要把所有微博都预测为第一档（0～5）就能获得非常高的准确率，这样的预测显然没有任何使用价值。

下面通过实例分析 PPR 解决平衡与非平衡混杂信息建模的优势。

例 3.18　分类模式识别

某种现象主要受二种因素 x_1、x_2 的影响，在二维平面图上明显呈现出三种类型分区（y=1，2，3），而且区域极不规则，很难用函数形式描述和表达，见图 3.5。

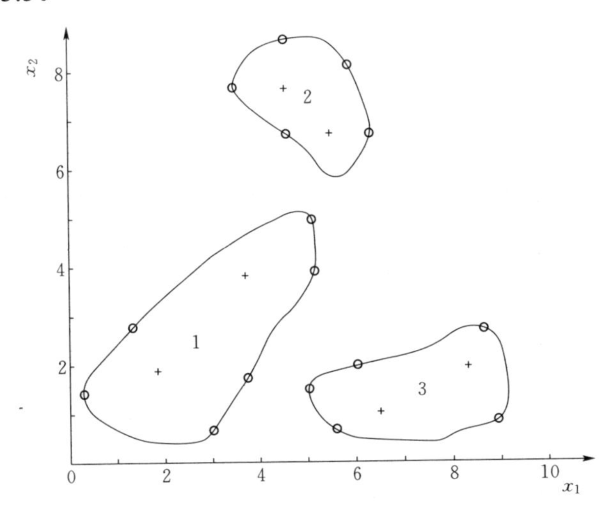

图 3.5　PPR 分类模式识别图

为了用 PPR 进行模式识别，从三个区域的边界上任取若干个点，列入表 3.43 作为 PPR 建模用，其中 1 区和 2 区边界上各取了 6 个点，3 区边界上取 5 个点，并在各区域内任取 2 个点作预留检验用，显然 3 个区的样本数量是不平衡的。建模时用 S=0.1、MU=4、M=5，还原拟合 $\hat{y}$ 的取整值全部正确，预留 6 次检验 $\hat{y}$ 取整值也全部正确。这说明 PPR 对不平衡的分区型变量有极好的建模记忆与模式识别能力。这个例子虽是平面分区图形，但也充分说明 PPR 可代替肉眼识别功能。对于高维空间的区域型分类变量，肉眼识别毫无办法。PPR 有降维功能，因而能轻而易举地识别。PPR 不仅不需要任何建模假定，也不需要任何数据变换，就能通过投影寻踪自动找出反映客观规律的投影图像，而且自动加以记忆，再用于预测、仿真或决策。这就为 PPR 的广泛应用创造了良好的前提条件，无疑 PPR 将会渗透到各学科复杂的模式识别问题中去，可以用最简捷的方法解决复杂系统的难题。

表 3.43　　PPR 模式识别

项目	序号	y	x_1	x_2	$\hat{y}_{PP}$	$\hat{y}_{取整}$	判断结果
建模	1	1	0.3	1.5	0.985	1	√
	2	1	1.5	2.9	1.138	1	√
	3	1	5.6	4.0	1.163	1	√
	4	1	5.6	5.2	1.277	1	√
	5	1	3.3	0.7	1.067	1	√
	6	1	4.0	1.8	0.951	1	√
	7	2	3.8	8.0	2.056	2	√
	8	2	5.0	9.1	1.860	2	√
	9	2	5.0	7.0	1.890	2	√
	10	2	6.0	6.0	1.802	2	√
	11	2	6.5	8.5	2.068	2	√
	12	2	6.9	7.0	1.956	2	√
	13	3	5.4	1.5	2.670	3	√
	14	3	6.0	0.6	3.050	3	√
	15	3	6.5	2.0	3.011	3	√
	16	3	9.4	2.8	3.079	3	√
	17	3	9.7	0.7	2.978	3	√
预留检验	18	1	2.0	2.0	1.136	1	√
	19	1	4.0	4.0	0.974	1	√
	20	2	6.0	7.0	1.845	2	√

续表

项目	序号	y	x_1	x_2	$\hat{y}_{PP}$	$\hat{y}_{取整}$	判断结果
预留检验	21	2	5.0	8.0	1.998	2	√
	22	3	7.0	1.0	3.114	3	√
	23	3	9.0	2.0	3.107	3	√

例 3.19　冲积河流河型的影响因素分析

冲积河流成型位于冲积平原，河床可由水沙运动自行塑造的河流，具有不同的河型，各自在河床形态、水沙运动及河床演变方面遵循不同的规律，其对人类生产活动的影响各有不同，治理原则及具体工程措施也存在很大的差异，这些早已为河流泥沙界所公认。正因为如此，为了能较为确切地回答河型的影响因素以及权重关系，发现对河型形成和转化起着关键性作用的因素，通过这些影响因素建立河型判别方程，进而对冲积河流河型作出较为准确的判断，分析各种河型的演变规律，不仅具有理论上的意义，而且具有重大的实际意义。

根据河型的分类，将河型分为顺直型、弯曲型、分汊型和游荡型四类。实际河流中也有一些特殊的河段，如在黄河下游、新疆塔里木河干流上存在着介于游荡型和弯曲型河段中间的河段，称为过渡型河段。对于弯曲型河段本身而言也存在自由弯曲型河段和限制性弯曲型河段。因此，本次将河型按河型从稳定–不稳定进行分级，依次为顺直型、自由弯曲型、限制性弯曲型、游荡–弯曲型（过渡型）、分汊型、游荡型六级。河型分级量化表见 3.44。

表 3.44　　河型分级量化表

河型	顺直	自由弯曲	限制性弯曲	游荡-弯曲	分汊	游荡
编码 y	1	2	3	4	5	6

钱宁曾对我国部分冲积河流河型影响因素进行了统计，本次分析选择了资料较全的 12 个断面，长江中下游上荆江、下荆江、簰州湾、汉口段、马鞍山段，黄河下游花园口、孙口、洛口，汉水丹江口—钟祥、钟祥—河口，渭河咸阳、华县。自变量 x_1 为河岸可动性 M_W，x_2 为河岸与河床相对可动性 II，x_3 为含沙量 S，x_4 为床沙质/冲泻质 N，x_5 为洪峰变差系数 C_v。河型影响因素统计见表 3.45，图 3.6 为河型量化值与各影响因素的关系。

表 3.45 冲积河流河型影响因素统计表

河流	断面	河岸可动性 M_W/%	河岸与河床相对可动性 II	含沙量 S/(kg/m³)	床沙质/冲泻质 N	洪峰变差系数 C_v	河型	河型编码
长江中下游	上荆江	92.0	0.20	1.16	0.16	0.20	弯曲	2
	下荆江	76.0	0.18	0.96	0.12	0.26	弯曲	2
	簰州湾	60.7	0.21	0.60	0.12	0.16	弯曲	2
	汉口段	36.2	0.47	0.62	0.12	0.17	分汊	5
	马鞍山段	22.6	0.66	0.54	0.10	0.24	分汊	5
黄河下游	花园口	15.1	0.96	37.50	0.82	0.48	游荡	6
	孙口	34.3	0.34	26.00	0.67	0.32	游荡-弯曲	4
	洛口	21.2	0.42	25.00	0.82	0.15	限制性弯曲	3
汉水	丹江口-钟祥	16.2	1.37	2.60	0.33	0.67	游荡	6
	钟祥-河口	91	0.14	1.90	0.11	0.19	弯曲	2
渭河	咸阳	52.4	1.28	26.80	1.22	0.44	游荡	6
	华县	79.9	0.24	42.80	1.22	0.34	弯曲	2

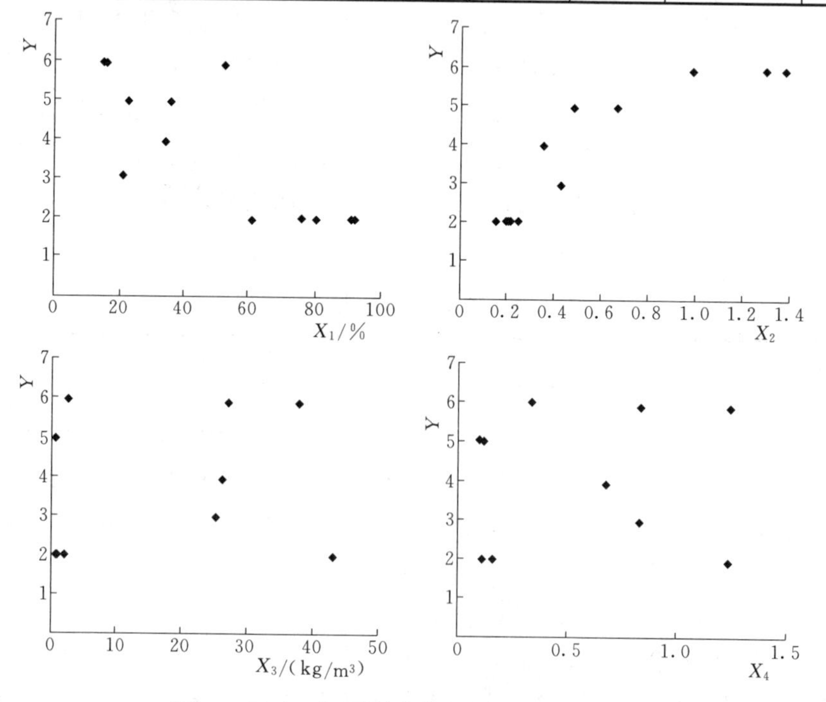

图 3.6（一） 河型量化值与各影响因素关系

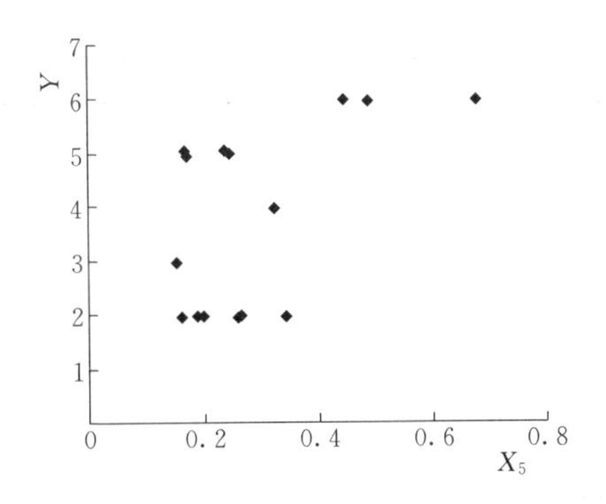

图 3.6（二）　河型量化值与各影响因素关系

由图 3.6 可以看出，河型量化值与各影响因素间具有明显的非线性现象，除了 x_2–y 散点图有明显的非线性规律之外，其他关系图非常复杂几乎没有什么明显规律。因此，有必要进一步探索和挖掘河型及各影响因素中的非线性规律。

变量的非正态性采用常规的统计分析方法，即通过计算变量偏态系数 C_s 分析和判断：C_s=0 为正态变量；C_s>0 为正偏态变量；C_s<0 为负偏态变量，偏态系数计算结果见表 3.46。

表 3.46　　　　变量偏态系数计算结果

变量	x_1	x_2	x_3	x_4	x_5	y
名称	M_W	Π	S	N	C_v	河型
偏态系数 C_s	0.272	1.120	0.712	0.751	1.305	0.220

表 3.46 中变量的偏态系数均为 C_s>0，甚至 $C_s \gg 0$，说明都是服从正偏态分布的变量，都是非正态的原始数据。线性回归是在假定变量服从正态分布和线性的前提下进行统计推断的。如果，原始数据性质与方法的原假定不符，其统计推断结论就必然会产生偏差。因此，有必要进一步探索和挖掘河型及各影响因素中的非正态性规律。

从实测资料表 3.45 中的 12 组数据可以看出，河型编码为 2 的有 5 个，编码为 3 和 4 的各有 1 个，编码为 5 和 6 的各有 2 个，样本数据极不均衡。采用 PPR 进行建模分析，反映投影灵敏度指标的光滑系数 S=0.10，投影方向初始值 M=4，最终投影方向取 MU=2。

表 3.47 为河型计算值与量化值比较结果，若以误差 Δy 绝对值小于 0.5 为计算合格标准，则采用投影寻踪回归分析法（PPR）建模合格率为 100%。

表 3.47　　　　河型计算值与量化值比较

量化值	PPR 非线性回归		
	计算值	误差	相对误差/%
y	$\hat{y}$	Δy	$\Delta y/y$
2.00	2.10	0.10	5.0
2.00	1.63	−0.37	−18.5
2.00	2.15	0.15	7.5
5.00	4.88	−0.12	−2.4
5.00	5.20	0.20	4.0
6.00	6.02	0.02	0.3
4.00	3.61	−0.39	−9.8
3.00	3.16	0.16	5.3
6.00	6.11	0.11	1.8
2.00	1.98	−0.02	−1.0
6.00	6.06	0.06	1.0
2.00	2.11	0.11	5.5

根据河型的影响因素分析与选择，对新疆塔里木河干流 5 个典型断面的河槽边界条件、来水、来沙条件进行了调查统计及资料收集，用投影寻踪回归分析法（PPR）建立的模型进行实证检验，结果见表 3.48。

表 3.48　　　　塔里木河干流河型检验结果

河流断面	河型	量化值	PPR 非线性回归		
			计算值	误差	相对误差/%
		y	$\hat{y}$	Δy	$\Delta y/y$
阿拉尔	游荡型	6	5.54	−0.46	−7.7
新其满	过渡型	4	4.02	0.02	0.5
英巴扎	弯曲型	2	2.11	0.11	5.5
大坝	弯曲型	2	2.11	0.11	5.5
乌斯满	弯曲型	2	2.11	0.11	5.5

可以看出，检验合格率也为 100%，从建模结果也反证了对于非线性、

非正态数据采用 PPR 建模进行统计推断是可靠和有效的。建模数据都是采用的内地典型河型数据，被检验的是塔里木河各典型河段的数据，这也说明干旱区内陆河流的河型变化规律，与内地湿润地区河流的河型变化规律在本质上是相同的。

由投影寻踪回归分析法对非线性、非正态变量贡献相对权重统计推断，结果见表 3.49。

表 3.49　　影响因素贡献相对权重值

变量	x_1	x_2	x_3	x_4	x_5
影响因素	河岸可动性 M_W	河岸与河床相对可动性 Π	含沙量 S	床沙质/冲泻质 N	洪峰变差系数 C_v
PPR 变量贡献相对权重	0.20	1.00	0.51	0.64	0.44

可以看出，河岸与河床相对可动性 Π 贡献最大，也就是第一位的重要影响因素，即河槽边界条件在河型形成和转化中起着关键作用。M_W 的贡献最小，处于倒数第一。

河岸中粉沙、黏土含量 M_W 与河岸可动性成反比，M_W 越大，固岸作用越大，河岸可动性越小。因此，确切地说，M_W 应该称为河岸不可动性或者称为河岸稳定性。而在 Π 变量中，早就已经隐含和考虑了 M_W 因素的作用，（因为，$\Pi=100\times D_{50}/M_W$），这一方面说明单独再考虑河岸可动性对河型的影响作用已不大。

黄河游荡河道数千年来的治理工程实践也证明了这一点：花园口以下 664km 河长内，修建了 8974 道固岸坝垛总长 647.34km，并抛投了数百万立方米的根石，已经极大地超过了河岸粉黏量 M_W 的固岸作用，但是仍然没有改变黄河游荡的特性。所以，河岸可动性并不是河型的决定性因素，而是最次要的因素。

因此，河道治理可以从改变河槽边界条件出发，一方面可以从常规固堤护岸角度出发，用坝垛工程去减小河岸的可动性，应急抢险，但是无法从根本上改变河型；更主要还应从增加河岸与河床相对可动性的角度出发，研究用深层埋管人工线源液化起动泥沙以提高河床相对可动性，进而达到选择性冲刷中泓河床、溯源冲刷之目的，则有可能改变河型，使游荡河型变为限制性弯曲河型或顺直河型，从根本上达到整治游荡型河道的目标。

参考文献

[1] 美国科学院国家研究理事会，刘小平译. 2025年的数学科学 [M]. 北京：科学出版社，2014.

[2] 方开泰，马长兴. 正交与均匀试验设计 [M]. 北京：科学出版社，2001.

[3] 高惠璇. 处理多元线性回归中自变量共线性性的几种方法 [J]. 数理统计与管理，2000（5）：49-55.

[4] 施惠生，黄小亚. 硅酸盐水泥水化热的研究及其进展 [J]. 水泥，2009（12）：4-9.

[5] 闵骞，汪泽培. 模糊数学在鄱阳湖年最高水位长期预报中的应用 [J]. 水文，1992（4）：38-43.

[6] 蔡煜东，许伟杰. 自组织人工神经网络在鄱阳湖年最高水位长期预报中的应用 [J]. 水文科技情报，1993（2）：27-29.

[7] 陈守煜. 水利水文水资源与环境模糊集分析 [M]. 大连：大连工学院出版社，1987.

[8] 胡铁松，丁晶. 径流长期分级预报的人工神经网络方法研究 [C] //全国首届水文资源水环境中不确定性分析新理论新方法研讨会论文集. 成都：成都科技大学出版社，1994.

[9] 吴望名，等. 应用模糊集方法 [M]. 北京：北京师范大学出版社，1985.

[10] 李正最. 水位流量关系分段回归分析方法 [J]. 江西水利科技，1993（2）：115-119.

[11] 项静恬，史久恩等. 动态和静态数据处理 [M]. 北京：气象出版社，1991.

[12] 茆诗松，等. 回归分析及其试验设计 [M]. 上海：华东师范大学出版社，1981.

[13] 张贤珍，等. BASIC语言农业数理统计计算程序 [M]. 北京：农业出版社，1990.

[14] 徐孝银. 汕优10号不同分蘖节位性状与产量的通径分析 [J]. 南京农业大学学报，1995，18（3）：23-27.

[15] 中国质量管理协会. 质量管理中的试验设计方法 [M]. 北京：北京理工大学出版社，1991.

[16] 孙雅明. 人工智能基础 [M]. 北京：水利电力出版社，1995.

[17] 黄可鸣. 传统的数据处理，人工智能与专家系统 [J]. 计算机应用与软件，1989（3）：10-14.

[18] 蒋新松. 智能科学与智能技术 [J]. 信息与控制，1994，23（1）：38-39.

[19] 高洪深，陶有德. BP神经网络模型的改进 [J]. 系统工程理论与实践，1996，16（1）：67-71.

[20] 郭秀花. 医学统计学习题与SAS实验 [M]. 北京：人民军医出版社，2003.

[21] 张瑞芳．长江三峡洪水预报系统简介［J］．水利水电技术，1994（9）：48-53．

[22] 付强，赵小勇．投影寻踪模型原理及其应用［M］．北京：科学出版社，2006．

[23] 中华人民共和国国家统计局．2017 中国统计年鉴［M］．北京：中国统计出版社，2017．

[24] 贺秀荣．再探近年通胀之成因［J］．金融发展评论，1995（10）：12-15．

[25] 钱宁，张仁，周志德．河床演变学［M］．北京：科学出版社，1987．

[26] 胡春宏，王延贵，郭庆超，等，塔里木河干流河道演变与整治［M］．北京：科学出版社，2005．

[27] 黄浩，何建新，王新忠，等．基于投影寻踪回归的河型影响因素分析［J］．水电能源科学，2010（6）：83-85．

第4章　PPR无假定建模技术特点

20世纪80年代新疆农业大学（原新疆八一农学院）就开始研究投影寻踪技术，90年代初PPR软件研究成功并应用，并被任露泉院士编入教育部推荐的研究生教学用书。PPR无假定建模技术与传统的统计推断技术完全不同，传统的统计推断要求在分析数据前模型是已知的，即CDA建模方法。然而，在目前的实践中，通常是在数据分析后选择一个模型，即EDA建模方法。PPR无假定建模技术正是这种全新的数学思维，事先不选择任何投影寻踪的经验分布函数形式去描述岭函数，而是直接用数值函数来描述投影得到的岭函数；同时，也不选择或者规定任何特定的投影寻踪算法，更加不用对实际观测数据进行任何的人为假定、分割或者变换预备处理，不论数据分布是正态还是偏态，也不论其是白色量、灰色量、模糊量还是黑色系统，也不论是多元高维数据还是时间序列都可以进行有效的处理和分析，是进行数据挖掘，探索潜在信息和客观规律的有效建模技术，并具有抗干扰性和跨学科通用的特点。

4.1　EDA建模技术

1977年，美国统计学家John W. Tukey出版了《探索性数据分析》一书，引起了统计学界的关注。该书指出了统计建模应该结合数据的真实分布情况，对数据进行分析，而不应该从理论分布假定出发去构建模型。EDA重新提出了描述统计在数据分析中的重要性，它为统计学指明了新的发展方向。探索性数据分析是对调查、观测所得到的一些初步的杂乱无章的数据，在尽量少的先验假定下进行处理，通过作图、制表等形式和方程拟合、计算某些特征量等手段，探索数据的结构和规律的一种数据分析方法。

传统的统计分析方法通常是先假定数据服从某种分布，然后用适应这种分布的模型进行分析和预测。但实际上，多数数据（尤其是实验数据）并不能保证满足假定的理论分布。因此，传统方法的统计结果常常并不令人满意，使用上受到很大的局限。传统的统计分析方法是以概率论为理论基础，对各种参数的估计、检验和预测给出具有一定精度的度量方法和度量值。而 EDA 在探索数据内在的数量特征、数量关系和数量变化时，什么方法可以达到这一目的就采用什么方法，灵活对待，灵活处理。方法的选择完全取决于数据本身的规律、特点和研究目的。传统的统计分析方法都比较抽象和深奥，一般人难于掌握，EDA 则更强调直观及数据可视化，使分析者能一目了然地看出数据中隐含的有价值的信息，显示出其遵循的普遍规律及与众不同的突出特点，促进发现规律，得到启迪，满足分析者的多方面要求，这也是 EDA 对于数据分析的主要贡献，PPR 无假定建模正是这种 EDA 建模技术。

例 4.1　条码识别

模式识别是人工智能核心问题之一，目前已经有了许多方法，但归根结底是要建立客观的有判别能力的模型。由于 PPR 能在无假定条件下最客观地建立各种复杂系统的模型，并能够自动生成判别规律，因而也更有能力建立通用型的判别模型。

以数字条码为例，每个数字 y 可用 5 个条码 $x_1 \cdots x_5$ 来确定，白条记为 0，黑条记为 1，x—y 建模样本见表 4.1。

表 4.1　　数字条码标准因子表

y	x_1	x_2	x_3	x_4	x_5
0	1	1	1	0	0
1	1	1	0	1	0
2	1	0	1	1	0
3	0	1	1	1	0
4	1	1	0	0	1
5	1	0	1	0	1
6	0	1	1	0	1
7	1	0	0	1	1
8	0	1	0	1	1
9	0	0	1	1	1

由于条码印刷中可能产生污点、飞白点、颜色深浅不一样等缺陷，因

而条码识别时每条上取四次灰度值（0～1之间，1表示纯黑，0表示纯白，0～1之间表示灰度深浅）。

PPR识别时，先用表4.1数据建立识别模型，把条码机测到的四组灰度值作为预留检验。当条码的出现概率大于等于3/4时，则判定该条码所对应的数字为识别结果。例如对表4.1数据用S=0.9，M=9，MU=4（其中y=0用y=0.0001代替）建模，预留检验的四组观测数据见表4.2。

表4.2　　PPR判别结果

序号	x_1	x_2	x_3	x_4	x_5	$\hat{y}$	$\hat{y}_{取整}$
1	0.5	0.8	0.5	0.1	0.3	−0.0104	0
2	0.5	0.9	0.9	0.2	0.2	−0.1779	0
3	0.3	0.5	0.9	0.8	0.3	−0.2863	0
4	0.4	0.5	0.0	0.5	0.5	0.0495	0

PPR预留检验值为$\hat{y}$，4个$\hat{y}$取整值中有4个等于0，因而判定$\hat{y}$=0。

文献［5］用模糊识别法，先要人为定义一个判别用的函数，即接近度ρ，再拿样本与0～9的标准样板逐个进行对照，计算其相应的接近度，并以接近度最大的判别规则来判定样本条码所代表的数据，结果见表4.3。按ρ=11.8的最大原则，选$\hat{y}$=0，结果同PPR判别。但$\rho \geqslant 11$的值有三个（ρ_0、ρ_3、ρ_6），而且其中ρ_3=11.6与ρ_0=11.8相差很小，如果条码印刷再差一点，或者定义不同的接近度，可能会出现$\hat{y}$=3的情况。说明模糊判决的可靠度并不高，而且ρ的定义因人而异，更增加了模糊判别的不确定性。PPR判别却不存在这一问题，无须假定一个判别用的函数，而是通过投影寻踪自动生成标准条码的识别规律，自动判别4个观测样本的归属，人为任意性最小，稳健性更好。

表4.3　　模糊判决结果

样板y	0	1	2	3	4	5	6	7	8	9
接近度ρ	11.8	10.4	9.6	11.6	9.8	9.0	11.0	7.6	9.8	8.8

从这个条码的实例，可以看到PPR模式识别不同于以往模式识别，特别是在无假定非参数条件下能自动找出判别规律，并自动记忆其规律，属于EDA的建模方法，并具有指导学习能力和人工生命的特性。

例 4.2　随机数识别

随机数也有规律，但它的规律是随机变化的，是不确定的，更是不能进行预测的。取文献［6］中随机数表的第 1 列作为因变量 y，第 2、3、4、5、…、12、13 列作为自变量 x_1、x_2、…、x_{11}、x_{12}，n 取 50，列入表 4.4。不进行任何数据变换和假定，然后分别对前 20、30、40 组变量进行 PPR 分析，均采用 S=0.1、MU=2、M=4，相应分别预留后 30、20、10 组数据作为检验。建模还原的合格率都分别为 90%、83%和 85%，而且自变量个数愈多时（x 个数至少要 10 个以上）模型建立的愈好，但相应的预留检验合格率分别为 13%、5%和 20%，根本不能进行预报，岭函数见图 4.1～图 4.3。原因是反映其规律的岭函数变化规律都不相同，数值函数都在随机地发生变化，PPR 无假定非参数建模证明了随机数不能进行预测也是符合客观事实的。

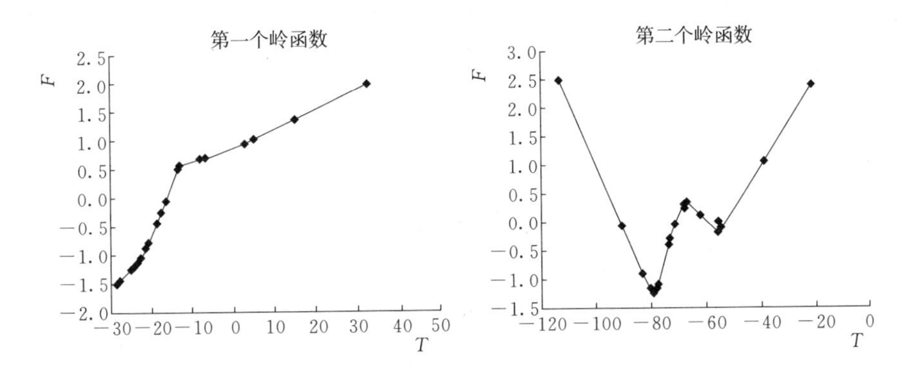

图 4.1　20 组数据建模岭函数 T—F 图

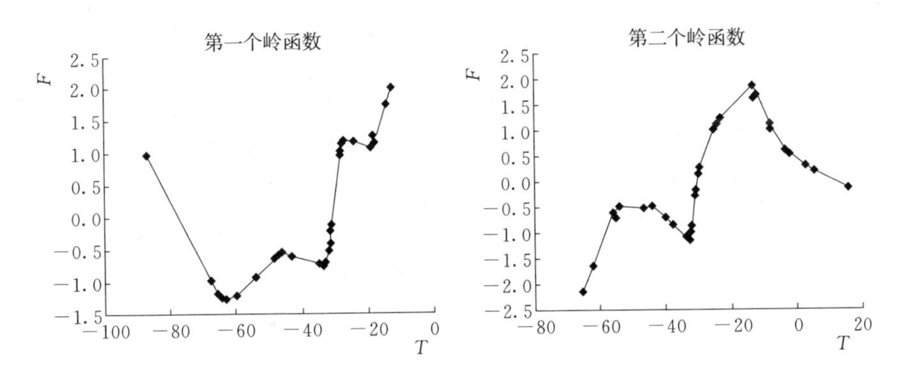

图 4.2　30 组数据建模岭函数 T—F 图

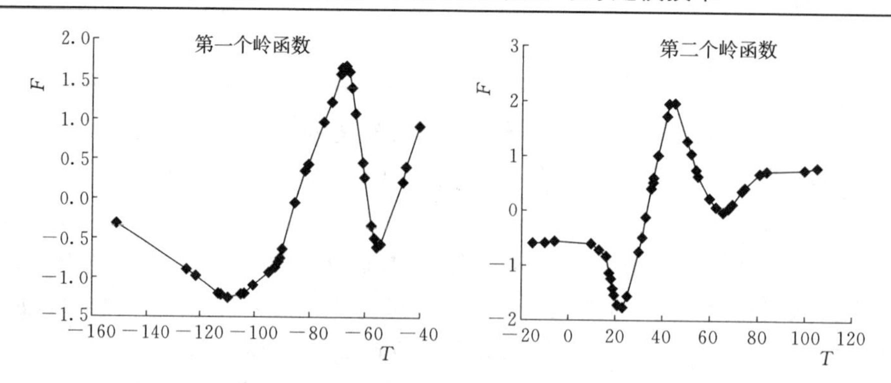

图 4.3　40 组数据建模岭函数 T—F 图

表 4.4　　　　　　**随机数建模表**

序号	y	x_1	x_2	x_3	x_4	x_5	x_6	x_7	x_8	x_9	x_{10}	x_{11}	x_{12}
1	3	47	43	73	86	36	96	47	36	61	46	98	63
2	97	74	24	67	62	42	81	14	57	20	42	53	32
3	16	76	62	27	66	56	50	26	71	7	32	90	79
4	12	56	85	99	26	96	96	68	27	31	5	3	72
5	55	59	56	35	64	38	54	82	46	22	31	62	43
6	16	22	77	94	39	49	54	43	54	82	17	37	93
7	84	42	17	53	31	57	24	55	6	88	77	4	74
8	63	1	63	78	59	16	95	55	67	19	98	10	50
9	33	21	12	34	29	78	64	56	7	82	52	42	7
10	57	60	86	32	44	9	47	27	96	54	49	17	46
11	18	18	7	92	45	44	17	16	58	9	79	83	86
12	26	62	38	97	75	84	16	7	44	99	83	11	46
13	23	42	40	64	74	82	97	77	77	81	7	45	32
14	52	36	28	19	95	50	92	26	11	97	0	56	76
15	37	85	94	35	12	83	39	50	8	30	42	34	7
16	70	29	17	12	13	40	33	20	38	26	13	89	51
17	56	62	18	37	35	96	83	50	87	75	97	12	25
18	99	49	57	22	77	88	42	95	45	72	16	64	36
19	16	8	15	4	72	33	27	14	34	9	45	59	34
20	31	16	93	32	43	50	27	89	87	19	20	15	37
21	68	34	30	13	70	55	74	30	77	40	44	22	78

续表

序号	y	x_1	x_2	x_3	x_4	x_5	x_6	x_7	x_8	x_9	x_{10}	x_{11}	x_{12}
22	74	57	25	65	76	59	29	97	68	60	71	91	38
23	27	42	37	86	53	48	55	90	65	72	96	57	69
24	1	39	68	29	61	66	37	32	20	30	77	84	57
25	29	94	98	94	24	68	49	69	10	82	53	75	91
26	16	90	82	66	59	83	62	64	11	12	67	19	0
27	11	27	94	75	6	6	9	19	74	66	2	94	37
28	35	24	10	16	20	33	32	51	26	38	79	78	45
29	38	23	16	86	38	42	38	97	1	50	87	75	66
30	31	96	25	91	47	96	44	33	49	13	34	86	82
31	66	67	40	67	14	64	5	71	95	86	11	5	65
32	14	90	84	45	11	75	73	88	5	90	52	27	41
33	68	5	51	18	0	33	96	2	75	19	7	60	62
34	20	46	78	73	90	97	51	40	14	2	4	2	33
35	64	19	58	97	79	15	6	15	93	20	1	90	10
36	5	26	93	70	60	22	35	85	15	13	92	3	51
37	7	97	10	88	23	9	98	42	99	64	61	71	62
38	68	71	86	85	85	54	87	66	47	54	73	32	8
39	26	99	61	65	53	58	37	78	80	70	42	10	50
40	14	65	52	68	75	87	59	36	22	41	26	78	63
41	17	53	77	58	71	71	41	61	50	72	12	41	94
42	90	26	59	21	19	23	52	23	33	12	96	93	2
43	41	23	52	55	99	31	4	49	69	96	10	47	48
44	60	20	50	81	69	31	99	73	68	68	35	81	33
45	91	25	38	5	90	94	58	28	41	36	45	37	59
46	34	50	57	74	37	98	80	33	0	91	9	77	93
47	85	22	4	39	43	73	81	53	94	79	33	62	46
48	9	79	13	77	48	73	82	97	22	21	5	3	27
49	88	75	80	18	14	22	95	75	42	49	39	32	82
50	90	96	23	70	0	39	0	3	6	90	55	85	78

从这个例子还可以看到无假定非参数建模能够真正识别随机数，一方

面是数值函数表现的极不稳定，另一方面是建模还原合格率较高而预留检验合格率极低。现行大量的有假定建模方法是很难做到真正识别随机数的，甚至还有可能利用对类似于随机数的复杂系统建模成功，来借以显示其建模方法的先进性和广泛适用性，势必会带来错误的判断。

无假定建模必然是非参数方法，属 EDA 的建模方法，但非参数方法并不一定无假定，许多非参数方法也是有若干个假定的，属 CDA 建模方法。PPR 方法属于无假定的非参数 EDA 建模方法，而不是有假定的非参数方法，它既然能够鉴别随机数，相应地也应能鉴别各种用有假定建模方法所建模型的真伪性。这一优势是其他有假定建模方法所不具备的。

例 4.3 鸢尾花的分类问题

PPR 建模方法具有指导学习的能力，可以对已知的测试数据进行学习，达到预测的目的。如果事先已知测试数据的分类结果或类型，模型要在多个选项中预测其中一个，这就是一个有监督分类问题，或者说有指导学习问题。最著名的一个例子是 1936 年 Fisher 的鸢尾花数据（Iris Data），这是进行多因素分析的典型数据。数据是对已知类别的 3 种鸢尾花进行编号：刚毛鸢尾花 y=1、变色鸢尾花为 y=2、弗吉尼亚鸢尾花为 y=3；各采集 50 个样本，测量其花萼长度 x_1、花萼宽度 x_2、花瓣长度 x_3、花瓣宽度 x_4，单位为 mm。数据集中的每一朵鸢尾花都属于 3 个类别之一，这是一个三分类问题，鸢尾花样本观测数据见表 4.5。

表 4.5　150 个鸢尾花样本观测数据

序号	y	x_1	x_2	x_3	x_4	序号	y	x_1	x_2	x_3	x_4
1	1	50	33	14	2	11	2	61	30	46	14
2	3	64	28	56	22	12	2	60	27	51	16
3	2	65	28	46	15	13	3	65	30	52	20
4	3	67	31	56	24	14	2	56	25	39	11
5	3	63	28	51	15	15	3	65	30	55	18
6	1	46	34	14	3	16	3	58	27	51	19
7	3	69	31	51	23	17	3	68	32	59	23
8	2	62	22	45	15	18	1	51	33	17	5
9	2	59	32	48	18	19	2	57	28	45	13
10	1	46	36	10	2	20	3	62	34	54	23

续表

序号	y	x_1	x_2	x_3	x_4	序号	y	x_1	x_2	x_3	x_4
21	3	77	38	67	22	52	1	51	38	16	2
22	2	63	33	47	16	53	3	61	30	49	18
23	3	67	33	57	25	54	1	48	34	19	2
24	3	76	30	66	21	55	1	50	30	16	2
25	3	49	25	45	17	56	1	50	32	12	2
26	1	55	35	13	2	57	3	61	26	56	14
27	3	67	30	52	23	58	3	64	28	56	21
28	2	70	32	47	14	59	1	43	30	11	1
29	2	64	32	45	15	60	1	58	40	12	2
30	2	61	28	40	13	61	1	51	38	19	4
31	1	48	31	16	2	62	2	67	31	44	14
32	3	59	30	51	18	63	3	62	28	48	18
33	2	55	24	38	11	64	1	49	30	14	2
34	3	63	25	50	19	65	1	51	35	14	2
35	3	64	32	53	23	66	2	56	30	45	15
36	1	52	34	14	2	67	2	58	27	41	10
37	1	49	36	14	1	68	1	50	34	16	4
38	2	54	30	45	15	69	1	46	32	14	2
39	3	79	38	64	20	70	2	60	29	45	15
40	1	44	32	13	2	71	2	57	26	35	10
41	3	67	33	57	21	72	1	57	44	15	4
42	1	50	35	16	6	73	1	50	36	14	2
43	2	58	26	40	12	74	3	77	30	61	23
44	1	44	30	13	2	75	3	63	34	56	24
45	3	77	28	67	20	76	3	58	27	51	19
46	3	63	27	49	18	77	2	57	29	42	13
47	1	47	32	16	2	78	3	72	30	58	16
48	2	55	26	44	12	79	1	54	34	15	4
49	2	50	23	33	10	80	1	52	41	15	1
50	3	72	32	60	18	81	3	71	30	59	21
51	1	48	30	14	3	82	3	64	31	55	18

续表

序号	y	x_1	x_2	x_3	x_4	序号	y	x_1	x_2	x_3	x_4
83	3	60	30	48	18	114	2	67	31	47	15
84	3	63	29	56	18	115	2	63	23	44	13
85	2	49	24	33	10	116	1	54	37	15	2
86	2	56	27	42	13	117	2	56	30	41	13
87	2	57	30	42	12	118	2	63	25	49	15
88	1	55	42	14	2	119	2	61	28	47	12
89	1	49	31	15	2	120	2	64	29	43	13
90	3	77	26	69	23	121	2	51	25	30	11
91	3	60	22	50	15	122	2	57	28	41	13
92	1	54	39	17	4	123	3	65	30	58	22
93	2	66	29	46	13	124	3	69	31	54	21
94	2	52	27	39	14	125	1	54	39	13	4
95	2	60	34	45	16	126	1	51	35	14	3
96	1	50	34	15	2	127	3	72	36	61	25
97	1	44	29	14	2	128	3	65	32	51	20
98	2	50	20	35	10	129	2	61	29	47	14
99	2	55	24	37	10	130	2	56	29	36	13
100	2	58	27	39	12	131	2	69	31	49	15
101	1	47	32	13	2	132	3	64	27	53	19
102	1	46	31	15	2	133	3	68	30	55	21
103	3	69	32	57	23	134	2	55	25	40	13
104	2	62	29	43	13	135	1	48	34	16	2
105	3	74	28	61	19	136	1	48	30	14	1
106	2	59	30	42	15	137	1	45	23	13	3
107	1	51	34	15	2	138	3	57	25	50	20
108	1	50	35	13	3	139	1	57	38	17	3
109	3	56	28	49	20	140	1	51	38	15	3
110	2	60	22	40	10	141	2	55	23	40	13
111	3	73	29	63	18	142	2	66	30	44	14
112	3	67	25	58	18	143	2	68	28	48	14
113	1	49	31	15	1	144	1	54	34	17	2

续表

序号	y	x_1	x_2	x_3	x_4	序号	y	x_1	x_2	x_3	x_4
145	1	51	37	15	4	148	2	67	30	50	17
146	1	52	35	15	2	149	3	63	33	60	25
147	3	58	28	51	24	150	1	53	37	15	2

采用投影寻踪回归 PPR 处理上述数据，选择 S=0.1、M=5、MU=4，用 150 组数据建模，还原合格率为 100%，最大绝对误差为 0.456，仍小于 0.5，计算结果见表 4.6。

表 4.6　　PPR 回归结果表

序号	实测值	预报值	绝对误差	相对误差/%	序号	实测值	预报值	绝对误差	相对误差/%
1	1	1.004	0.004	0.4	21	3	2.958	−0.042	−1.4
2	3	3.003	0.003	0.1	22	2	2.064	0.064	3.2
3	2	2.108	0.108	5.4	23	3	3.039	0.039	1.3
4	3	2.982	−0.018	−0.6	24	3	3.105	0.105	3.5
5	3	2.544	−0.456	−15.2	25	3	2.979	−0.021	−0.7
6	1	1.023	0.023	2.3	26	1	1.067	0.067	6.7
7	3	3.002	0.002	0.1	27	3	3.074	0.074	2.5
8	2	2.085	0.085	4.3	28	2	1.927	−0.073	−3.7
9	2	2.397	0.397	19.9	29	2	1.868	−0.132	−6.6
10	1	0.979	−0.021	−2.1	30	2	2.036	0.036	1.8
11	2	2.075	0.075	3.8	31	1	1.073	0.073	7.3
12	2	2.369	0.369	18.4	32	3	2.916	−0.084	−2.8
13	3	2.901	−0.099	−3.3	33	2	1.991	−0.009	−0.4
14	2	2.041	0.041	2.1	34	3	2.958	−0.042	−1.4
15	3	3.080	0.080	2.7	35	3	3.017	0.017	0.6
16	3	2.913	−0.087	−2.9	36	1	0.962	−0.038	−3.8
17	3	2.996	−0.004	−0.1	37	1	0.982	−0.018	−1.8
18	1	0.972	−0.028	−2.8	38	2	1.991	−0.009	−0.4
19	2	1.891	−0.109	−5.4	39	3	3.016	0.016	0.5
20	3	2.941	−0.059	−2.0	40	1	0.991	−0.009	−0.9

续表

序号	实测值	预报值	绝对误差	相对误差/%	序号	实测值	预报值	绝对误差	相对误差/%
41	3	3.033	0.033	1.1	71	2	2.015	0.015	0.7
42	1	1.096	0.096	9.6	72	1	0.989	−0.011	−1.1
43	2	2.087	0.087	4.4	73	1	0.993	−0.007	−0.7
44	1	1.023	0.023	2.3	74	3	2.928	−0.072	−2.4
45	3	3.047	0.047	1.6	75	3	2.977	−0.023	−0.8
46	3	2.918	−0.082	−2.7	76	3	2.913	−0.087	−2.9
47	1	1.071	0.071	7.1	77	2	1.982	−0.018	−0.9
48	2	2.000	0.000	0.0	78	3	2.875	−0.125	−4.2
49	2	1.839	−0.161	−8.0	79	1	0.997	−0.003	−0.3
50	3	2.944	−0.056	−1.9	80	1	1.104	0.104	10.4
51	1	0.939	−0.061	−6.1	81	3	3.041	0.041	1.4
52	1	0.983	−0.017	−1.7	82	3	3.071	0.071	2.4
53	3	2.777	−0.223	−7.4	83	3	2.726	−0.274	−9.1
54	1	1.051	0.051	5.1	84	3	3.047	0.047	1.6
55	1	1.015	0.015	1.5	85	2	1.842	−0.158	−7.9
56	1	0.929	−0.071	−7.1	86	2	2.023	0.023	1.1
57	3	3.022	0.022	0.7	87	2	1.925	−0.075	−3.8
58	3	3.054	0.054	1.8	88	1	0.937	−0.063	−6.3
59	1	1.006	0.006	0.6	89	1	0.995	−0.005	−0.5
60	1	1.035	0.035	3.5	90	3	2.882	−0.118	−3.9
61	1	1.005	0.005	0.5	91	3	2.973	−0.027	−0.9
62	2	1.848	−0.152	−7.6	92	1	1.041	0.041	4.1
63	3	2.839	−0.161	−5.4	93	2	1.933	−0.067	−3.4
64	1	0.952	−0.048	−4.8	94	2	2.067	0.067	3.3
65	1	0.975	−0.025	−2.5	95	2	1.984	−0.016	−0.8
66	2	2.060	0.060	3.0	96	1	1.018	0.018	1.8
67	2	2.008	0.008	0.4	97	1	1.033	0.033	3.3
68	1	0.945	−0.055	−5.5	98	2	2.067	0.067	3.3
69	1	1.020	0.020	2.0	99	2	1.957	−0.043	−2.2
70	2	2.139	0.139	6.9	100	2	2.031	0.031	1.5

续表

序号	实测值	预报值	绝对误差	相对误差/%	序号	实测值	预报值	绝对误差	相对误差/%
101	1	0.997	−0.003	−0.3	126	1	1.050	0.050	5.0
102	1	1.059	0.059	5.9	127	3	2.987	−0.013	−0.4
103	3	2.933	−0.067	−2.2	128	3	2.851	−0.149	−5.0
104	2	1.997	−0.003	−0.2	129	2	2.132	0.132	6.6
105	3	3.078	0.078	2.6	130	2	1.966	−0.034	−1.7
106	2	2.015	0.015	0.7	131	2	2.056	0.056	2.8
107	1	0.994	−0.006	−0.6	132	3	3.049	0.049	1.6
108	1	1.003	0.003	0.3	133	3	2.944	−0.056	−1.9
109	3	3.042	0.042	1.4	134	2	2.012	0.012	0.6
110	2	2.027	0.027	1.4	135	1	1.054	0.054	5.4
111	3	3.080	0.080	2.7	136	1	1.005	0.005	0.5
112	3	2.912	−0.088	−2.9	137	1	0.993	−0.007	−0.7
113	1	1.048	0.048	4.8	138	3	2.933	−0.067	−2.2
114	2	1.927	−0.073	−3.6	139	1	1.046	0.046	4.6
115	2	1.942	−0.058	−2.9	140	1	1.021	0.021	2.1
116	1	1.032	0.032	3.2	141	2	2.019	0.019	0.9
117	2	1.993	−0.007	−0.4	142	2	2.022	0.022	1.1
118	2	2.183	0.183	9.1	143	2	1.974	−0.026	−1.3
119	2	2.045	0.045	2.3	144	1	0.947	−0.053	−5.3
120	2	1.961	−0.039	−2.0	145	1	1.080	0.080	8.0
121	2	1.899	−0.101	−5.1	146	1	0.988	−0.012	−1.2
122	2	1.985	−0.015	−0.8	147	3	2.988	−0.012	−0.4
123	3	3.015	0.015	0.5	148	2	2.226	0.226	11.3
124	3	3.018	0.018	0.6	149	3	3.044	0.044	1.5
125	1	1.040	0.040	4.0	150	1	1.039	0.039	3.9

文献［7］采用了典则变量方法进行分类，典则变量与原始变量关系为

$$CAN1=0.2201211656x_3+0.281046039x_4-0.0829377642x_1-0.1534473068x_2+C_1 \tag{4.1}$$

$$CAN2=-0.0931921210x_3+0.2839187853x_4+0.0024102149x_1+0.2164521235x_2+C_2 \tag{4.2}$$

根据列出的数据可推出 C_1、C_2 的近似值：$C_1=-2.1051$，$C_2=-6.66147$

上述典则判别公式还原检验结果：150 次还原合格的 147 次，合格率 98%。如果事先并不知道测试数据的分类结果或类型，模型要通过对统计数据进行审视，寻找数据客观规律后进行自动分类，这就是一个无监督分类问题，或者说无指导学习功能，PPR 正是具备这样的功能。同样还是上面的问题，150 组鸢尾花测量数据为已知，但事先并不知道分类结果，不知道 y 值。如果令 $y=x_3-x_2$，将前 50 组数据用来建模，后 100 组数据进行检验，计算结果见表 4.7。

表 4.7　　变换后鸢尾花建模检验计算结果

检验类别	序号	y /mm	x_1 /mm	x_2 /mm	x_3 /mm	x_4 /mm	拟合值 /mm	相对误差 /%	序号	y /mm	x_1 /mm	x_2 /mm	x_3 /mm	x_4 /mm	拟合值 /mm	相对误差 /%
还原检验	1	−19	50	33	14	2	−19.029	0.2	22	14	63	33	47	16	14.072	0.5
	2	28	64	28	56	22	28.090	0.3	23	24	67	33	57	25	24.158	0.7
	3	18	65	28	46	15	18.015	0.1	24	36	76	30	66	21	36.053	0.1
	4	25	67	31	56	24	25.131	0.5	25	20	49	25	45	17	20.055	0.3
	5	23	63	28	51	15	23.014	0.1	26	−22	55	35	13	2	−22.024	0.1
	6	−20	46	34	14	3	−19.999	−0.0	27	22	67	30	52	23	22.116	0.5
	7	20	69	31	51	23	20.120	0.6	28	15	70	32	47	14	15.023	0.2
	8	23	62	22	45	15	22.975	−0.1	29	13	64	32	45	15	13.051	0.4
	9	16	59	32	48	18	16.096	0.6	30	12	61	28	40	13	12.008	0.1
	10	−26	46	36	10	2	−25.991	−0.0	31	−15	48	31	16	2	−15.042	0.3
	11	16	61	30	46	14	16.029	0.2	32	21	59	30	51	18	21.076	0.4
	12	24	60	27	51	16	24.025	0.1	33	14	55	24	38	11	13.969	−0.2
	13	22	65	30	52	20	22.084	0.4	34	25	63	25	50	19	25.039	0.2
	14	14	56	25	39	11	13.973	−0.2	35	21	64	32	53	23	21.138	0.7
	15	25	65	30	55	18	25.057	0.2	36	−20	52	34	14	2	−20.026	0.1
	16	24	58	27	51	19	24.066	0.3	37	−22	49	36	14	1	−22.015	0.1
	17	29	68	32	59	23	27.121	**−6.5**	38	15	54	30	45	15	15.059	0.4
	18	−16	51	33	17	5	−15.999	−0.0	39	26	79	38	64	20	26.101	0.4
	19	17	57	28	45	13	17.012	0.1	40	−19	44	32	13	2	−19.021	0.1
	20	20	62	34	54	23	20.158	0.8	41	24	67	33	57	21	24.110	0.5
	21	29	77	38	67	22	29.126	0.4	42	−19	50	35	16	6	−18.967	−0.2

续表

检验类别	序号	y /mm	x_1 /mm	x_2 /mm	x_3 /mm	x_4 /mm	拟合值 /mm	相对误差 /%	序号	y /mm	x_1 /mm	x_2 /mm	x_3 /mm	x_4 /mm	拟合值 /mm	相对误差 /%
还原检验	43	14	58	26	40	12	13.987	−0.1	73	−22	50	36	14	2	−22.005	0.0
	44	−17	44	30	13	2	−17.037	0.2	74	31	77	30	61	23	31.081	0.3
	45	39	77	28	67	20	39.022	0.1	75	22	63	34	56	24	22.165	0.7
	46	22	63	27	49	18	22.045	0.2	76	24	58	27	51	19	24.066	0.3
预留检验	47	−16	47	32	16	2	−16.032	0.2	77	13	57	29	42	13	13.023	0.2
	48	18	55	26	44	12	17.990	−0.1	78	28	72	30	58	16	28.012	0.0
	49	10	50	23	33	10	9.966	−0.3	79	−19	54	34	15	4	−19.008	0.0
	50	28	72	32	60	18	28.050	0.2	80	−26	52	41	15	1	−25.983	−0.1
	51	−16	48	30	14	3	−16.036	0.2	81	29	71	30	59	21	29.074	0.3
	52	−22	51	38	16	2	−21.994	−0.0	82	24	64	31	55	18	24.067	0.3
	53	19	61	30	49	18	19.074	0.4	83	18	60	30	48	18	18.077	0.4
	54	−15	48	34	19	2	−15.022	0.1	84	27	63	29	56	18	27.052	0.2
	55	−14	50	30	16	2	−14.055	0.4	85	9	49	24	33	10	8.977	−0.3
	56	−20	50	32	12	2	−20.035	0.2	86	15	56	27	42	13	15.010	0.1
	57	30	61	26	56	14	29.985	−0.1	87	12	57	30	42	12	12.019	0.2
	58	28	64	28	56	21	28.078	0.3	88	−28	55	42	14	2	−25.991	−7.2
	59	−19	43	30	11	1	−19.045	0.2	89	−16	49	31	15	2	−16.044	0.3
	60	−28	58	40	12	2	−25.991	−7.2	90	43	77	26	69	23	39.022	−9.3
	61	−19	51	38	19	4	−18.973	−0.1	91	28	60	22	50	15	27.974	−0.1
	62	13	67	31	44	14	13.025	0.2	92	−22	54	39	17	4	−21.970	−0.1
	63	20	62	28	48	18	20.056	0.3	93	17	66	29	46	13	16.997	−0.0
	64	−16	49	30	14	2	−16.051	0.3	94	12	52	27	39	14	12.035	0.3
	65	−21	51	35	14	2	−21.015	0.1	95	11	60	34	45	16	11.089	0.8
	66	15	56	30	45	15	15.055	0.4	96	−19	50	34	15	2	−19.022	0.1
	67	14	58	27	41	10	13.970	−0.2	97	−15	44	29	14	2	−15.047	0.3
	68	−18	50	34	16	4	−17.999	−0.0	98	15	50	20	35	10	14.940	−0.4
	69	−18	46	32	14	2	−18.027	0.2	99	13	55	24	37	10	12.958	−0.3
	70	16	60	29	45	15	16.037	0.2	100	12	58	27	39	12	11.996	−0.0
	71	9	57	26	35	10	8.971	−0.3	101	−19	47	32	13	2	−19.029	0.2
	72	−29	57	44	15	4	−25.991	**−10.4**	102	−16	46	31	15	2	−16.036	0.2

续表

检验类别	序号	y /mm	x_1 /mm	x_2 /mm	x_3 /mm	x_4 /mm	拟合值 /mm	相对误差 /%	序号	y /mm	x_1 /mm	x_2 /mm	x_3 /mm	x_4 /mm	拟合值 /mm	相对误差 /%
	103	25	69	32	57	23	25.121	0.5	127	25	72	36	61	25	25.166	0.7
	104	14	62	29	43	13	14.010	0.1	128	19	65	32	51	20	19.102	0.5
	105	33	74	28	61	19	33.024	0.1	129	18	61	29	47	14	18.020	0.1
	106	12	59	30	42	15	12.051	0.4	130	7	56	29	36	13	7.033	0.5
	107	–19	51	34	15	2	–19.024	0.1	131	18	69	31	49	15	18.026	0.1
	108	–22	50	35	13	3	–22.000	–0.0	132	26	64	27	53	19	26.049	0.2
	109	21	56	28	49	20	21.094	0.4	133	25	68	30	55	21	25.086	0.3
	110	18	60	22	40	10	17.926	–0.4	134	15	55	25	40	13	14.998	–0.0
	111	34	73	29	63	18	34.020	0.1	135	–18	48	34	16	2	–18.018	0.1
	112	33	67	25	58	18	33.008	0.0	136	–16	48	30	14	1	–16.060	0.4
	113	–16	49	31	15	1	–16.056	0.3	137	–10	45	23	13	3	–10.084	0.8
预留检验	114	16	67	31	47	15	16.034	0.2	138	25	57	25	50	20	25.066	0.3
	115	21	63	23	44	13	20.958	–0.2	139	–21	57	38	17	3	–20.997	–0.0
	116	–22	54	37	15	2	–22.008	0.0	140	–23	51	38	15	3	–22.980	–0.1
	117	11	56	30	41	13	11.035	0.3	141	17	55	23	40	13	16.982	–0.1
	118	24	63	25	49	15	23.992	–0.0	142	14	66	30	44	14	14.020	0.1
	119	19	61	28	47	12	18.988	–0.1	143	20	68	28	48	14	19.994	–0.0
	120	14	64	29	43	13	14.005	0.0	144	–17	54	34	17	2	–17.034	0.2
	121	5	51	25	30	11	4.995	–0.1	145	–22	51	37	15	4	–21.976	–0.1
	122	13	57	28	41	13	13.017	0.1	146	–20	52	35	15	2	–20.019	0.1
	123	28	65	30	58	22	28.101	0.4	147	23	58	28	51	24	23.134	0.6
	124	23	69	31	54	21	23.093	0.4	148	20	67	30	50	17	20.046	0.2
	125	–26	54	39	13	4	–25.965	–0.1	149	27	63	33	60	25	27.164	0.6
	126	–21	51	35	14	3	–21.003	0.0	150	–22	53	37	15	2	–22.005	0.0

同样采用投影寻踪回归 PPR 处理上述数据，选择 S=0.9、M=2、MU=1，用前 50 组数据建模，还原合格率为 100%，最大相对误差仅为–6.5%，后 100 组数据进行检验，检验合格率也为 100%，最大相对误差为–10.4%。

以 $y=x_3-x_2$ 为纵坐标，分别以 x_1、x_2、x_3、x_4 为横坐标绘制出鸢尾花分类图 4.4，可以明显看出：第 1 类和其他点很明显就区分开了，第 2 类和第 3 类在 4 个平面图上略有交集。如图 4.4（c）中将 $x_3<20$ 分为第 1 类有 50 个，30<

x_3<49 分为第 2 类有 49 个，x_3>49 分为第 3 类有 46 个。但 x_3=49 的还有 5 个，在平面上不好区分类别。从鸢尾花无监督空间分类图 4.5 中可以较明显地看出 3 种类别，画出的空间点图对聚类结果的表达更直观。从这个例子可以看出 PPR 无假定建模具有无监督指导学习的功能，是很好的 EDA 建模技术。

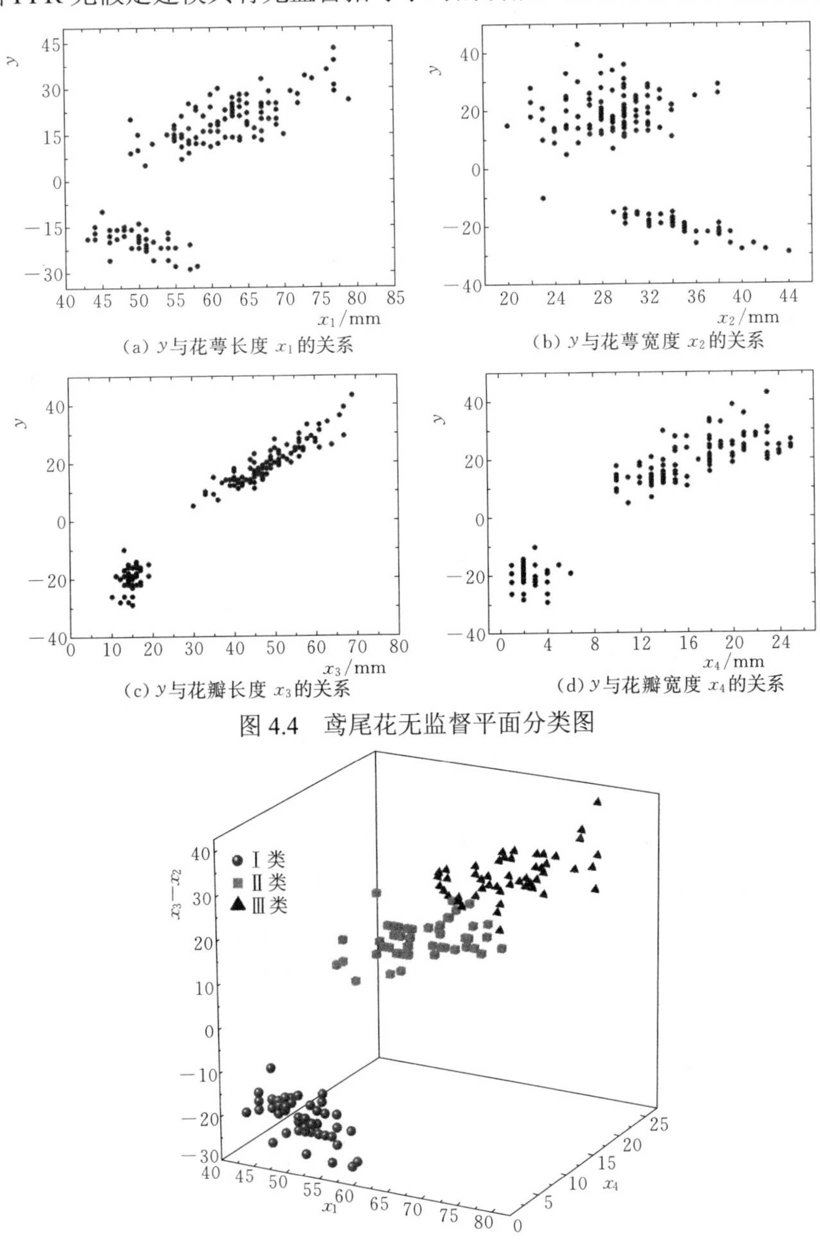

(a) y 与花萼长度 x_1 的关系

(b) y 与花萼宽度 x_2 的关系

(c) y 与花瓣长度 x_3 的关系

(d) y 与花瓣宽度 x_4 的关系

图 4.4　鸢尾花无监督平面分类图

图 4.5　鸢尾花无监督空间分类图

例 4.4　糖尿病患者 C 反应蛋白的影响因素分析

第 3 章例 3.1 的“鸡和蛋”难题在医学统计学界也已经体会到了，传统的 CDA 建模思路的模型选择和变量选择之间存在不确定的问题，但并不知道问题的根源所在。现通过下面这个例子来说明用 EDA 建模思路比传统 CDA 建模思路的优越性。

为了研究糖尿病患者 C 反应蛋白 y 与年龄 x_1 和体重指数 x_2 的关系，文献［8］调查了 60 名糖尿病患者，测量和收集了 C 反应蛋白 y（mg/L）与年龄 x_1 和体重指数 x_2，数据见表 4.8。

表 4.8　　60 例糖尿病患者观察数据

序号	y	x_1	x_2	序号	y	x_1	x_2	序号	y	x_1	x_2
1	2	48	26.2	21	2.5	66	26.6	41	2	65	24.6
2	2	81	26.3	22	2	79	26	42	2.5	63	27
3	1	67	25.6	23	2	65	25.4	43	1.2	77	25.9
4	2.4	51	26.2	24	0.6	53	23.4	44	2	48	25.4
5	1.7	52	24.4	25	1.2	66	25.3	45	2.2	83	27.2
6	1	78	26.1	26	1	62	23	46	2.2	80	25.4
7	1	49	21.7	27	1.7	55	26.8	47	3.5	82	29.7
8	1.2	54	23.8	28	2	76	25.9	48	1.6	61	24.1
9	2	75	24.9	29	1.7	46	22.4	49	1.3	51	23.5
10	1.6	74	26.2	30	1.2	50	22	50	1.7	47	24
11	2.4	74	26.3	31	1.2	46	22.4	51	2.5	75	28.1
12	1.1	63	25.2	32	1.6	53	22.4	52	2.5	67	27
13	2.2	78	26.1	33	2.7	73	25.7	53	2	81	27.3
14	2.2	60	27	34	3.2	74	27.3	54	1.1	56	23.6
15	2.5	80	26.5	35	2	67	24.7	55	1.1	53	25.9
16	1.8	61	24.1	36	2.5	81	25.7	56	0.4	57	23.8
17	2.7	60	23.7	37	2.7	60	26.7	57	2.5	80	29.4
18	3	81	28.1	38	1.2	46	21.9	58	0.5	51	22.9
19	2.7	75	27.7	39	1.8	61	25.6	59	1.3	74	27.0
20	2.4	75	26.2	40	2.4	69	27.5	60	1.8	64	23.7

采用投影寻踪回归 PPR 处理上述数据，选择 S=0.1、M=9、MU=7，用 60 组数据建模，合格率为 80%，计算结果见表 4.9。

表 4.9　　PPR 建模检验表

序号	实测值	拟合值	绝对误差	相对误差/%	序号	实测值	拟合值	绝对误差	相对误差/%
1	2.0	2.113	0.113	5.6	28	2. 0	1.728	−0.272	−13.6
2	2.0	2.127	0.127	6.3	29	1.7	1.335	−0.365	−21.5
3	1.0	1.250	0.250	25.0	30	1.2	1.086	−0.114	−9.5
4	2.4	2.222	−0.178	−7.4	31	1.2	1.335	0.135	11.3
5	1.7	1.394	−0.306	−18.0	32	1.6	1.308	−0.292	−18.3
6	1.0	1.656	0.656	65.6	33	2.7	2.415	−0.285	−10.5
7	1.0	0.989	−0.011	−1.1	34	3.2	2.899	−0.301	−9.4
8	1.2	1.339	0.139	11.6	35	2. 0	1.691	−0.309	−15.4
9	2. 0	1.902	−0.098	−4.9	36	2.5	2.696	0.196	7.9
10	1.6	1.961	0.361	22.5	37	2.7	2.550	−0.150	−5.5
11	2.4	2.195	−0.205	−8.5	38	1.2	1.456	0.256	21.3
12	1.1	1.537	0.437	39.7	39	1.8	1.683	−0.117	−6.5
13	2.2	1.656	−0.544	−24.7	40	2.4	2.460	0.060	2.5
14	2.2	2.188	−0.012	−0.5	41	2.0	1.729	−0.271	−13.6
15	2.5	2.392	−0.108	−4.3	42	2.5	2.509	0.009	0.3
16	1.8	1.806	0.006	0.3	43	1.2	1.219	0.019	1.6
17	2.7	2.237	−0.463	−17.2	44	2.0	1.822	−0.178	−8.9
18	3.0	2.988	−0.012	−0.4	45	2.2	2.092	−0.108	−4.9
19	2.7	2.860	0.160	5.9	46	2.2	2.043	−0.157	−7.2
20	2.4	2.063	−0.337	−14.0	47	3.5	3.262	−0.238	−6.8
21	2.5	2.223	−0.277	−11.1	48	1.6	1.806	0.206	12.8
22	2.0	2.061	0.061	3.0	49	1.3	1.188	−0.112	−8.6
23	2.0	1.592	−0.408	−20.4	50	1.7	1.945	0.245	14.4
24	0.6	0.536	−0.064	−10.6	51	2.5	2.651	0.151	6.0
25	1.2	1.401	0.201	16.8	52	2.5	2.681	0.181	7.2
26	1.0	1.144	0.144	14.4	53	2.0	2.022	0.022	1.1
27	1.7	1.814	0.114	6.7	54	1.1	1.041	−0.059	−5.3

续表

序号	实测值	拟合值	绝对误差	相对误差/%	序号	实测值	拟合值	绝对误差	相对误差/%
55	1.1	1.427	0.327	29.7	58	0.5	0.992	0.492	98.5
56	0.4	0.801	0.401	100.3	59	1.3	1.744	0.444	34.2
57	2.5	2.920	0.420	16.8	60	1.8	1.817	0.017	1.0

从病理学知识可知C反应蛋白（炎症蛋白）与冠状动脉狭窄程度正相关，而糖尿病是导致血管炎症和动脉狭窄的元凶，年龄越大的糖尿病患者病程越长、血管炎症累积时间越长，必然导致C反应蛋白浓度越高。所以糖尿病患者的年龄和C反应蛋白浓度有病理学依存关系。而不是文献［8］所说的“年龄通过体重指数x_2相关及x_2与C反应蛋白y相关，造成年龄与C反应蛋白相关的假象，这种现象称为混杂因素作用。”因此，不应该说是假象，而是病理学真相，而EDA思路的PPR方法可以客观地从数据中挖掘这个真相的规律。

文献［8］发现并且警告：“逐步回归的结果可推断某个因素与应变量有关联，但不能用逐步回归的结果推断某个因素与应变量无关联。在实验性研究的统计分析一般不宜用逐步回归。”

这是一个在医学领域用EDA思路建模的PPR方法，能够解决统计学中统计推断结论不确定性——“鸡和蛋”难题的实证。文献［8］认为：年龄x_1与C反应蛋白y无统计学意义。但是，PPR分析结果：x_1、x_2都有贡献，相差无几（影响权重分别为1.0和0.9155）。

4.2 数据结构挖掘技术

计算机技术和通信技术的迅猛发展将人类社会带入到了信息时代。在最近十几年里，数据库中存储的数据急剧增大。数据挖掘就是信息技术自然进化的结果，数据挖掘可以从大量的、不完全的、有噪声的、模糊的、随机的实际应用数据中，提取隐含在其中的，人们事先不知道的但又是潜在有用的信息和知识的过程。数据挖掘吸纳了诸如数据库和数据仓库技术、统计学、机器学习、高性能计算、模式识别、神经网络、数据可视化、信息检索、图像和信号处理以及空间数据分析技术的集成等许多应用领域的大量技术。

数据挖掘主要包括以下方法：统计分析方法、投影寻踪分析法、神经网络方法、遗传算法、决策树方法、粗糙集方法、覆盖正例排斥反例方法、模糊集方法。传统的统计方法（如方差分析和极差分析方法）都基于变量服从正态分布假定的前提条件。但在客观世界里，大多数变量都是非正态变量，正态的只是少数（这一现象在第3章已有详述），这就造成了传统统计方法的局限性，勉强使用后，往往会带来不必要的失误和损失。由于 PPR 方法无正态假定，可兼顾正态与非正态变量，因而在影响因素贡献大小的显著性分析中，PPR 方法能得到最客观的结论，是一种较好的信息挖掘技术。

例 4.5　投影寻踪回归（PPR）技术在水泥配方优化中的应用

下面是一个在材料学科中充分利用失败数据进行信息深度挖掘的成功典范，并得到了令人满意的结果。某水泥制品厂在制作自应力钢丝网水泥管时，需要使用由普通水泥、高铝水泥及石膏配制成的硅酸盐自应力水泥。为进一步提高其抗侵蚀性能，拟将原组分中一部分普通水泥替换为硅粉等掺合材料，因此需要研究内掺硅粉的硅酸盐自应力水泥的最优配方，其三项考核指标分别为：①自由膨胀率≈1%；②自应力值＞3.0MPa；③抗压强度＞30.0MPa。

文献［9］根据经验先选择硅粉替代量、高铝水泥掺量、石膏掺量为主要因素进行三因子三水平的正交试验。从表 4.10 中序号为 1～9 所列试验结果可明显看出：这批硅酸盐自应力水泥的第一项指标（自由膨胀率）均未满足要求，第二项指标（自应力值）有 6 次未满足要求，只有第三项指标（抗压强度）全部满足要求。因此，从总体上说这 9 次试验是全部失败的，还须做多次试验探索。

表 4.10　　正 交 试 验 结 果

序号	内掺材料				考核指标		
	粉煤灰 x_1/%	硅粉 x_2/%	高铝水泥 x_3/%	石膏 x_4/%	膨胀率 y_1/%	自应力 y_2/MPa	抗压强度 y_3/MPa
1	0	5	12	18	0.37	3.98	46.2
2	0	5	14	16	0.47	4.26	45.9
3	0	5	16	14	0.20	3.45	44.8
4	0	10	12	16	0.08	1.18	45.6

续表

序号	内掺材料				考核指标		
	粉煤灰 x_1/%	硅粉 x_2/%	高铝水泥 x_3/%	石膏 x_4/%	膨胀率 y_1/%	自应力 y_2/MPa	抗压强度 y_3/MPa
5	0	10	14	14	0.08	1.49	51.1
6	0	10	16	18	0.12	2.13	44.4
7	0	15	12	14	0.05	–0.01	46.5
8	0	15	14	18	0.06	1.06	48.2
9	0	15	16	16	0.06	1.29	40.2
10	15	0	12	18	2.89	3.76	11.9
11	15	0	14	16	1.68	3.34	22.5
12	15	0	16	14	1.09	3.37	29.3
13	20	0	12	16	2.5	4.17	13.9
14	20	0	14	14	1.03	3.23	29.6
15	20	0	16	18	2.74	4.54	13.4
16	25	0	12	14	1.87	3.89	15.7
17	25	0	14	18	3.78	4.25	3.7
18	25	0	16	16	2.14	3.83	15.6

那么再次试验之前，能否先从这批失败试验中找出一些成功的信息呢？从第一项考核指标来看，这批自应力水泥的自由膨胀率均远小于 1，也就是说，在试验区内根本就没有达标点，即使存在优化区也应在试验区以外。但优化区的确切位置在哪里呢？仅凭这批试验回答这个问题，信息量颇感不足。为了增加信息量，又对另一批看似与内掺硅粉无关的三因子三水平 9 次内掺粉煤灰的正交试验数据进行了分析，表 4.10 中序号为 10～18 所列试验结果可知，这批未掺硅粉的自应力水泥，其自由膨胀率均大于 1，自应力值也能满足要求。由此想到，在这批数据中很可能蕴藏着对寻找成功方向十分有用的信息，可以设想将这两批试验数据合并，并定义未掺某种因素（硅粉或粉煤灰）时相应变量赋值为零，这样就可使试验点扩大一倍，有效地增加数据的结构信息。

采用 PPR 分析这 18 组数据，模型参数为：S=0.5，M=5，MU=3。三项指标的回归值与实测值的误差见表 4.11。从表 4.11 中可以看出，所有指标的 PPR 模型计算值与实测试验结果拟合较好，自由膨胀率的绝对误差小于±0.29%，自应力的绝对误差小于±0.44MPa，抗压强度的绝对误差小于

±2.2MPa。这说明 PPR 模型基本能反映各内掺因子的交互作用以及对硅酸盐自应力水泥性能影响的内在规律。

由于在试验区内没有最优点，因此还需借助 PPR 模型寻找出的数据内在结构，利用计算机进行模拟外延试验。为了直观地绘出优化平面等值线图或立体曲面图，在模拟时要先分析一下各种掺合材料对硅酸盐自应力水泥性能的影响情况。变化某一因子，而将其余诸因素固定在某个定值上，即可得到这一因子的最优值。以此类推，逐一变化各因子，最后就可得到一个最优点。但实用上还要考虑可操作性，因此最好能定出一个优化区域。

表 4.11　　PPR 模型计算结果分析表

序号	膨胀率/%			自应力/MPa			抗压强度/MPa		
	实测值	计算值	绝对误差	实测值	计算值	绝对误差	实测值	计算值	绝对误差
1	0.37	0.64	0.27	3.98	4.01	0.03	46.2	45.2	–1.0
2	0.47	0.18	–0.29	4.26	3.82	–0.44	45.9	47.5	1.6
3	0.20	0.36	0.16	3.45	3.63	0.18	44.8	44.4	–0.4
4	0.08	0.00	–0.08	1.18	1.43	0.25	45.6	46.3	0.7
5	0.08	0.12	0.04	1.49	1.20	–0.29	51.1	48.9	–2.2
6	0.12	0.18	0.06	2.13	2.49	0.36	44.4	45.0	0.6
7	0.05	–0.11	–0.16	–0.01	0.05	0.06	46.5	47.4	0.9
8	0.06	0.05	–0.01	1.06	1.21	0.15	48.2	47.0	–1.2
9	0.06	0.07	0.01	1.29	0.92	–0.37	40.2	41.1	0.9
10	2.89	2.86	–0.03	3.76	3.82	0.06	11.9	12.5	0.6
11	1.68	1.53	–0.15	3.34	3.67	0.33	22.5	23.6	1.1
12	1.09	0.98	–0.11	3.37	3.42	0.05	29.3	30.0	0.7
13	2.50	2.39	–0.11	4.17	3.78	–0.39	13.9	11.8	–2.1
14	1.03	1.25	0.22	3.23	3.39	0.16	29.6	27.9	–1.7
15	2.74	2.75	0.01	4.54	4.19	–0.35	13.4	13.2	–0.2
16	1.87	1.97	0.10	3.89	3.98	0.09	15.7	17.7	2.0
17	3.78	3.68	–0.10	4.25	4.27	0.02	3.7	3.9	0.2
18	2.14	2.30	0.16	3.83	3.93	0.10	15.6	15.1	–0.5

从实际观测到的内掺硅粉试验数据来看，当硅粉替代量大于 10%时，自由膨胀率显示出低值；而当硅粉替代量小于 5%时，则水泥的抗侵蚀能力又受到影响，权衡考虑可将硅粉替代量 x_2 定为 7%。由于内掺硅粉的水

泥中没有粉煤灰，可令其取值 x_1=0。因此具体优化时只需变化高铝水泥的掺量 x_3 和石膏的掺量 x_4。根据（y_1，y_2，y_3）=f（0，7，x_3，x_4）可做出三个等值线图。进而对三张图做重合分析，可直观定出三项指标都能满足的优化区，详见图 4.6 和图 4.7。

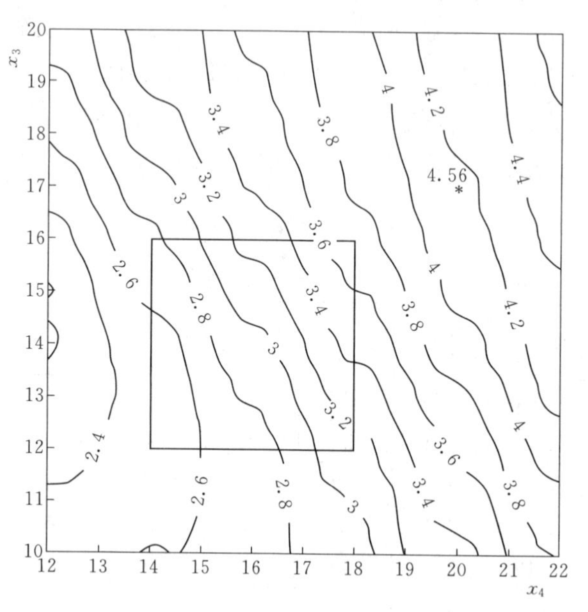

图 4.6　自由应力等值线图

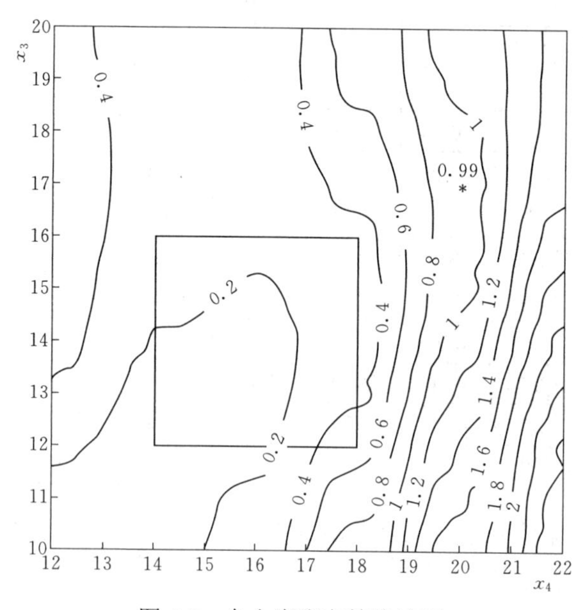

图 4.7　自由膨胀率等值线图

从图 4.6 和图 4.7 中可发现模拟的优化区在试验区之外的右边，为一狭窄带状区。为验证该优化区的存在，必须进行必要的补点试验。取（x_1，x_2，x_3，x_4）=（0，7，17，20）补试结果为：（y_1，y_2，y_3）=（0.99，4.56，44.7），确实落在模拟优化区内，这就证实了 PPR 找出的优化区确实是存在的，而且补点试验值还可随时加入原数据文件中再作 PPR 分析，为下一步试验提供更确切的参考依据。

PPR 可以从失败的试验数据中分析出失败规律、指明成功的方向和优化区的位置。事实上，欲从失败的、看似无关的数据中发掘蕴藏的成功信息并不是一件易事。首先是“维数祸根”的困扰，由于每增加一维因子，数据点需要以几何级数的速度增长才能保持原有的空间密度，否则将会造成空间点云愈加稀疏，其结果不仅无法利用增加的信息，而且还会冲淡原有的信息浓度。其次是非正态问题，由于实际数据大多属偏态分布，若采用源于“正态分布”推导的常规统计分析方法，从根本上说，不仅无法利用数据的偏态信息，而且还会歪曲数据的固有结构。第三是数据分析的方法问题，由于传统的证实性数据分析方法过于形式化、数学化，往往只注重于单纯证明某种假设是否成立，而对直接从客观现实中得到的观测数据本身注意不够。实际上，最本质的应该是后者，而不是“假定”和“准则”，“假定”和“准则”都应该服务于实际数据。

本例中再一次看出，PPR 是一种崭新的多元统计分析技术，它属于新兴的一类探索性数据分析方法，它能充分利用试验数据中非正态、非线性信息，客观分析原始数据中各种有用信息和真实规律，通过探索数据内在结构解决寻优问题。这种技术最少假定也无须对数据做任何变换、分割等预处理，能成功地克服“维数祸根”，尤其适用于分析处理来自非正态总体、非线性因子的高维数据，其获取信息的能力强，是一种行之有效的试验数据分析方法。

例 4.6　泥沙起动流速影响因素的权重分析

水流流动时的拖曳力与上举力构成了泥沙的起动力矩，泥沙有效重力构成抵抗力矩。当起动力矩大于抵抗力矩时，泥沙开始起动，是泥沙起动的一种基本形式，一般发生在床沙的表层，其流速测定可以在水槽中完成。当河床渗流现象显著时，泥沙颗粒还要承受渗透压力的作用。通过人工加压装置由下而上提供渗流力，使土体颗粒有效重量降低，利用较小水流流速便可使泥沙起动。人工加压使沙土受到向上的渗透力后，因为渗透力方向垂直向上，沙土的重度向下，而沙土受到的实际重度是两者的差值，泥沙产生部分失重，即有效重度下降，起动流速将会随之下降。

在研究泥沙起动流速的影响因素中，传统的研究仅为泥沙粒径和起动流速的关系。通过试验表明，在渗透力的作用下，泥沙起动流速有减小的趋势。为了研究渗透力及泥沙粒径对起动流速的影响规律，哪个影响因素的权重更大一些？

文献［11］采用了投影寻踪回归进行分析，光滑系数 S=0.10、M=3、MU=2，β=（0.9809 0.2912）、α_1=（0.9733 −0.2296）、α_2=（0.9999 0.0148），PPR 模型计算结果见表 4.12。

表 4.12　　　PPR 模型计算结果表

泥沙粒径/mm	渗流力/（kN/cm^3）	起动流速（试验值）/（m/s）	起动流速（PPR值）/（m/s）	相对误差/%	泥沙粒径/mm	渗流力/（kN/cm^3）	起动流速（试验值）/（m/s）	起动流速（PPR值）/（m/s）	相对误差/%
1	0.00	0.21	0.213	1.4	2.0	3.92	0.24	0.256	6.8
1	0.98	0.20	0.190	−5.0	2.0	4.90	0.23	0.236	2.5
1	1.96	0.19	0.181	−4.7	2.0	5.88	0.22	0.214	−2.5
1	2.94	0.18	0.176	−2.1	2.0	6.86	0.20	0.192	−4.1
1	3.92	0.17	0.169	−0.5	2.5	0.00	0.51	0.496	−2.8
1	4.90	0.16	0.157	−1.9	2.5	0.98	0.41	0.430	4.9
1	5.88	0.15	0.146	−2.3	2.5	1.96	0.36	0.378	5.1
1	6.86	0.14	0.135	−3.4	2.5	2.94	0.34	0.337	−0.9
1.25	0.00	0.35	0.339	−3.0	2.5	3.92	0.30	0.298	−0.6
1.25	0.98	0.29	0.294	1.5	2.5	4.90	0.28	0.278	−0.8
1.25	1.96	0.28	0.268	−4.3	2.5	5.88	0.27	0.258	−4.3
1.25	2.94	0.25	0.245	−2.0	2.5	6.86	0.25	0.238	−4.7
1.25	3.92	0.21	0.223	6.3	3.0	0.00	0.54	0.542	0.3
1.25	4.90	0.19	0.200	5.2	3.0	0.98	0.45	0.472	4.9
1.25	5.88	0.18	0.178	−1.0	3.0	1.96	0.39	0.404	3.6
1.25	6.86	0.16	0.158	−1.4	3.0	2.94	0.35	0.357	1.9
2	0.00	0.46	0.438	−4.9	3.0	3.92	0.32	0.321	0.3
2	0.98	0.39	0.380	−2.5	3.0	4.90	0.29	0.288	−0.8
2	1.96	0.33	0.332	0.6	3.0	5.88	0.28	0.277	−1.1
2	2.94	0.27	0.284	5.1	3.0	6.86	0.26	0.269	3.6

可以看出：PPR 计算结果中合格项数为 40 项，合格率为 100%。水头-粒径-起动流速之间存在明显的非线性、非正态关系，虽然水头、粒径 2 个自变量都是正态分布的变量（C_s 接近于零），但是，起动流速却是明显的偏态变量（C_s=0.803，C_s/C_v=2.25）。PPR 无假定建模的相对误差百分比的绝对值小于 7%，说明 PPR 能够真实模拟非线性、非正态数值关系。PPR 分析能够客观地分析自变量的相对贡献权重，自变量水头的绝对变幅达到 14cm，是自变量粒径的绝对变幅 2mm 的 70 倍，但是 PPR 分析结果是：粒径的相对贡献权重最大，水头的相对贡献权重只有粒径的 43%，信息的挖掘结果是客观的，也是符合实际的。

4.3　高维数据建模技术

随着数据采集技术的进步，当代大数据愈发呈现高维特征。数据的高维性状给传统统计方法提出了巨大挑战。如各种贸易交易数据、基因表达数据、文档词频数据、用户评分数据、WEB 使用数据及多媒体数据等，它们的维度（属性）通常可以达到成百上千维，甚至更高，这些数据在统计处理中通常称为高维数据。

人类所处的空间是 3 维的，在 3 维或以下空间人类可以有比较直接的认知，例如，一个点是 0 维，一条直线是 1 维的，一个正方形是 2 维的，一个立方体是 3 维的，但到了 4 维以上就很难用简单直观的图来表示，不能用直接感知的普通方式对其思考，因此直观描述高维数据是一件比较困难的事情。

在分析高维数据时，存在以下两个主要困难：一是欧氏距离问题。在 2～10 维的低维空间中欧氏距离是有意义的，可以用来度量数据之间的相似性，但在高维空间就没有太大意义了。由于高维数据的稀疏性，将低维空间中的距离度量函数应用到高维空间时，随着维数的增加，数据对象之间距离的对比性将不复存在，其有效性大大降低。二是维数膨胀问题。在分析高维数据过程中，碰到最大的问题就是维数的膨胀，也就是通常所说的“维数灾难”。当维数越来越多时，数据计算量迅速上升，所需的空间样本数会随维数的增加而呈指数增长，分析和处理多维数据的复杂度和成本也是呈指数级增长的，因此就有必要对高维数据采用降维处理。PPR 的基本思想是把高维数据投影到低维子空间上，寻找能反映高维数据特征和结构的投影，以达到分析高维数据的目的。下面通过实例分析说明 PPR 投影寻踪回归具有较强的降维功能。

例 4.7 影响浙江降水的大气环流主要因子筛选研究

影响降水的大气环流特征因子杂乱繁多，目前研究大多是定性分析或两三个因子的低维数据定量计算，亟须从众多因子中筛选出关键因子。针对这一问题，文献［12］应用投影寻踪回归技术对大气环流特征因子非正态非线性高维数据进行无假定建模，获得各因子的权序信息，通过多个样本的综合对比分析，进而从中筛选出影响浙江全省各月降水的主要因子。

降水采用浙江水文局提供的全省390站面降水1952—2005年逐月均值资料，大气环流因子数据采用国家气候中心气候诊断预测室提供的1952—2005 年 74 项大气环流因子逐月均值资料。研究变量 y 为浙江全省某月平均降水；影响因子 $X=\{x_1, x_2,\cdots, x_{74}\}$ 对应该月 74 个大气环流特征因子的月均值，数据容量为 648 组（54 年×12 月）。毋庸置疑，采用的 74 个大气环流特征量影响因子逐月变化数据属于典型的高维数据，并且各因子间信息相互混杂干扰，要从中找出影响浙江全省月降水的主要因子并非易事。大气环流特征量 74 个因子列入表 4.13。

表 4.13 大气环流特征量 74 个因子列表

因子名称	因子名称	因子名称
1．北半球副高面积指数（5E-360）	9．南海副高面积指数（100E-120E）	17．东太平洋副高强度指数（175W-115W）
2．北非副高面积指数（20W-60E）	10．北美大西洋副高面积指数（110W-20W）	18．北美副高强度指数（110W-60W）
3．北非大西洋北美副高面积指数（110W-60E）	11．太平洋副高面积指数（110E-115W）	19．大西洋副高强度指数（55W-25W）
4．印度副高面积指数（65E-95E）	12．北半球副高强度指数（5E-360）	20．南海副高强度指数（100E-120E）
5．西太平洋副高面积指数（110E-180）	13．北非副高强度指数（20W-60E）	21．北美大西洋副高强度指数（110W-20W）
6．东太平洋副高面积指数（175W-115W）	14．北非大西洋北美副高强度指数（110W-60E）	22．太平洋副高强度指数（110E-115W）
7．北美副高面积指数（110W-60W）	15．印度副高面积强度指数（65E-95E）	23．北半球副高脊线（5E-360）
8．大西洋副高面积指数（55W-25W）	16．西太平洋副高强度指数（110E-180）	24．北非副高脊线（20W-60E）

续表

因子名称	因子名称	因子名称
25．北非大西洋北美副高脊线（110W-60E）	42．南海副高北界（100E-120E）	59．大西洋欧洲环流型 C
26．印度副高脊线（65E-95E）	43．北美大西洋副高北界（110W-20W）	60．大西洋欧洲环流型 E
27．西太平洋副高脊线（110E-150E）	44．太平洋副高北界（110E- 115W）	61．欧亚纬向环流指数（IZ，0-150E）
28．东太平洋副高脊线（175W-115W）	45．西太平洋副高西伸脊点	62．欧亚经向环流指数（IM，0-150E）
29．北美副高脊线（110W-60W）	46．亚洲区极涡面积指数（1 区，60E-150E）	63．亚洲纬向环流指数（IZ，60E-150E）
30．大西洋副高脊线（55W-25W）	47．太平洋区极涡面积指数（2 区，150E-120W）	64．亚洲经向环流指数（IM，60E-150E）
31．南海副高脊线（100E-120E）	48．北美区极涡面积指数（3 区，120W-30W）	65．东亚槽位置（CW）
32．北美大西洋副高脊线（110W-20W）	49．大西洋欧洲区极涡面积指数（4 区，30W-60E）	66．东亚槽强度（CQ）
33．太平洋副高脊线（110E- 115W）	50．北半球极涡面积指数（5 区，0-360）	67．西藏高原（25N-35N，80E-100E）
34．北半球副高北界（5E-360）	51．亚洲区极涡强度指数（1 区，60E-150E）	68．西藏高原（30N-40N，75E-105E）
35．北非副高北界（20W-60E）	52．太平洋区涡强度指数（2 区，150E-120W）	69．印缅槽（15N-20N，80E-100E）
36．北非大西洋北美副高北界（110W-60E）	53．北美区极涡强度指数（3 区，120W-30W）	70．冷空气
37．印度副高北界（65E-95E）	54．大西洋欧洲区极涡强度指数（4 区，30W-60E）	71．编号台风
38．西太平洋副高北界（110E-150E）	55．北半球极涡强度指数（5 区，0-360）	72．登陆台风
39．东太平洋副高北界（175W-115W）	56．北半球极涡中心位置（JW）	73．太阳黑子
40．北美副高北界（110W-60W）	57．北半球极涡中心强度（JQ）	74．南方涛动指数
41．大西洋副高北界（55W-25W）	58．大西洋欧洲环流型 W	

我们知道，很多情况下都是只能通过样本间接获知总体。对于样本而言，一方面由于样本仅仅包含总体某部分信息，样本数据结构（因子贡献率）与总体相比必然存有一定差异；而另一方面，因样本或多或少总包含有总体信息，样本的数据结构（因子贡献率）也必然能够反映总体的某种特征。因此，当对来自同一总体的多个样本数据结构进行综合对比分析时，如果发现某几个权重较大的因子频频出现，说明总体的某些特征特别明显，从而也就可以认定这些因子就是构成总体（或大样本）数据结构的主要因子。

基于这一思路，研究中遇到难以直接针对大样本数据进行分析计算的情况时，从 648 组（54 年×12 月）逐月变化大样本数据中，随机抽取 1/10 数据组成一个 65 组数据小样本（1—12 月各月数据均匀分布）用于投影寻踪回归模型建模，其余 9/10 数据则用于预留检验。建模计算时通过反复调整数值函数平滑系数 *S*、数值函数最多个数 *M*、数值函数最优个数 *MU*，使建模拟合合格率达到 70%以上，且要求与预留检验合格率大体一致，然后记录该样本各因子的权重信息。对如此构成的 30 个随机样本（3 倍于大样本数据容量）逐一进行上述建模计算和预留检验，统计每个样本权重较大的前 10 个因子，其结果详见表 4.14。

进一步对表 4.14 所列全部权重因子进行统计可以发现，30 个计算样本中权重出现在前 10 位的共有 24 个因子，对每个因子出现频次和出现频率进行统计后可以明显看出，出现频次最高（出现频率在 90%以上）的共有 8 个因子，具体筛选情况详见表 4.15。

表 4.14　大气环流特征量 30 个样本前 10 个权重因子统计表

样本＼权序	1	2	3	4	5	6	7	8	9	10
1	15	70	37	4	65	26	66	1	3	2
2	26	37	4	15	70	14	65	12	66	13
3	15	4	26	37	12	70	65	14	1	13
4	37	26	15	4	14	70	13	65	66	12
5	37	26	4	15	12	1	65	70	14	3
6	26	37	4	15	12	70	65	1	11	14
7	26	37	4	12	70	65	1	14	15	3
8	37	26	4	12	15	14	70	65	1	66
9	4	26	70	65	15	12	14	22	66	3

续表

样本 \ 权序	1	2	3	4	5	6	7	8	9	10
10	26	4	37	15	12	70	14	65	3	1
11	4	15	26	37	65	70	66	12	1	14
12	15	4	12	26	14	37	1	65	70	13
13	70	15	4	37	26	12	14	65	16	66
14	37	26	4	15	12	1	65	70	14	3
15	37	4	26	15	70	65	12	1	14	34
16	4	15	26	37	12	14	28	39	7	68
17	70	4	37	15	26	12	65	14	68	67
18	4	15	12	14	70	26	65	13	1	21
19	4	37	15	12	26	14	70	65	1	3
20	15	4	26	12	70	65	14	37	1	22
21	26	15	37	4	66	70	68	67	1	39
22	15	4	26	70	12	65	37	14	66	13
23	26	4	37	15	12	65	70	14	22	3
24	4	15	26	12	70	14	65	22	1	68
25	4	15	37	26	70	12	65	14	68	13
26	26	37	4	15	65	70	12	14	35	67
27	15	4	12	14	37	26	70	1	13	65
28	37	15	26	14	13	4	21	12	70	1
29	26	4	15	37	65	12	70	68	66	67
30	4	15	26	37	12	70	1	65	14	22

表 4.15　　浙江月降水之大气环流主要影响因子统计筛选表

序号	因子名称（中文）	因子名称（英文）	出现频次	频率/%
1	4．印度副高面积指数（65E-95E）	4．Area index for the Indian Subtropical high（65E-95E）	30	100
2	15．印度副高面积强度指数（65E-95E）	15．Area intensity index for the Indian subtropical high（65E-95E）	30	100
3	26. 印度副高脊线(65E-95E）	26．Ridge line for the Indian subtropical high（65E-95E）	30	100

续表

序号	因子名称（中文）	因子名称（英文）	出现频次	频率/%
4	70．冷空气	70．Cold air	29	97
5	12．北半球副高强度指数（5E-360）	12．Intensity index for the Northern Hemisphere subtropical High（5E-360）	28	93
6	14．北非大西洋北美副高强度指数（110W-60E）	14．Intensity index for the North Africa，Atlantic and North American subtropical high（110W-60E）	27	90
7	37.印度副高北界(65E-95E)	37．The northern boundary of the subtropical high in India（65E-95E）	27	90
8	65．东亚槽位置（CW）	65．Position of the East Asian trough（CW）	27	90
9	1.北半球副高面积指数（5E-360）	1．Area index for the Northern Hemisphere subtropical high（5E-360）	19	63
10	66．东亚槽强度（CQ）	66．Intensity of the East Asian trough（CQ）	10	33
11	13．北非副高强度指数（20W-60E）	13．Intensity index for the Northern Hemisphere subtropical high（5E-360）	9	30
12	3.北非大西洋北美副高面积指数（110W-60E）	3．Area index for the North Africa，Atlantic and North American subtropical high（110W-60E）	8	27
13	68．西藏高原（30N-40N，75E-105E）	68．Tibetan Plateau（30N-40N，75E-105E）	6	20
14	22．太平洋副高强度指数（110E-115W）	22．Intensity index for the Pacific subtropical high（110E-115W）	5	17
15	67．西藏高原（25N-35N，80E-100E）	67．Tibetan Plateau（25N-35N，80E-100E）	4	13
16	21．北美大西洋副高强度指数（110W-20W）	21．Intensity index for the North American and Atlantic subtropical high（110W-20W）	2	7
17	39．东太平洋副高北界（175W-115W）	39．The northern boundary of the subtropical high in Eastern Pacific（175W-115W）	2	7
18	2．北非副高面积指数（20W-60E）	2．Area index for the North African subtropical high（20W-60E）	1	3
19	7．北美副高面积指数（110W-60W）	7．Area index for the North American subtropical high（110W-60W）	1	3
20	11．太平洋副高面积指数（110E-115W）	11．Area index for the Pacific subtropical high（110E-115W）	1	3

续表

序号	因子名称（中文）	因子名称（英文）	出现频次	频率/%
21	16. 西太平洋副高强度指数（110E-180）	16. Intensity index for the western Pacific subtropical high（110E-180）	1	3
22	28. 东太平洋副高脊线（175W-115W）	28. Ridge line for the Eastern Pacific subtropical high（175W-115W）	1	3
23	34. 北半球副高北界（5E-360）	34. The northern boundary of the subtropical high in Northern Hemisphere（5E-360）	1	3
24	35. 北非副高北界（20W-60E）	35. The northern boundary of the subtropical high in North Africa（20W-60E）	1	3

分析结果表明：

（1）对浙江省各月降水影响较大的 8 个大气环流特征因子是：印度副高面积指数，印度副高面积强度指数，印度副高脊线，冷空气，北半球副高强度指数，北非大西洋北美副高强度指数，印度副高北界，东亚槽位置。

（2）在 74 个大气环流特征因子中筛选出 8 个主要因子，大大减轻了“维数祸根”问题的困扰，为进一步进行简捷实用的浙江省旱涝情势分析，也为传统方法获得更加准确的定量计算奠定了基础。

（3）投影寻踪回归方法是一种探索性数据分析方法，它不用事先假定任何模型结构，而是采用非参数方法揭示、记忆复杂系统的内在结构或规律；不用事先假定任何因子判别指标，能够自动给出各因子的权序信息。显然这都是传统方法所不具备的一种独有技术优势。

（4）探索性数据分析方法的要点就是根据样本信息构造数据结构。本例应用投影寻踪回归无假定建模技术，首先获得每个样本客观真实的数据结构，然后通过多个样本的综合对比分析，依据因子贡献率和出现频次的大小，进而筛选出构成总体结构的主要因子，这种做法是因子筛选工作的一种新尝试。

例 4.8　夏旱预报

PPR 技术找到了克服“维数祸根”的金钥匙，是实现复杂性与精确性统筹兼顾的金桥。下面用文献［13］中的一个高维数据模糊聚类、预报的实例进行剖析。李文彬、林国钧（贵州大学数学系）等曾用模糊聚类方法对黔东北地区 1980 年和 1981 年夏旱做了预报，实际效果较好。具体情况如下：

根据历年气象资料中选夏季降水距平（mm）作为因变量 y，1952—1980 年共 29 年资料，但 1981 年降水距平实测值未给出。自变量共有 10 个预报因子，由于最后两个因子有人为主观因素干扰，故未采用，其余 8 个因子（原文刊印数据无原始值，均为标准化归一值）分别是：上年 8 月 500 毫巴乌拉尔地区 7 个网格点高度距平和 x_1，上年 8 月 500 毫巴长江流域 3 个网格点高度距平和 x_2，上年 10 月 500 毫巴西藏高原 6 个网格点高度距平和 x_3，当年 2 月 500 毫巴欧洲西海岸 3 个网格点高度距平和 x_4，当年 3 月 500 毫巴鄂海地区 10 个网格点高度距平和 x_5，上年 10 月 100 毫巴西藏高原地区 5 个网格点高度距平和 x_6，当年 3 月 100 毫巴乌拉尔以东地区 3 个网格点高度距平和 x_7，当年 4 月 100 毫巴我国东部沿海地区 6 个网格点高度距平和 x_8。

以上全部变量列入表 4.16。29 年模糊聚类预报结果见图 4.8，在截值水平 λ=0.910 水平上，夏旱降水距平截值水平 y 可分为两大类：多雨年及

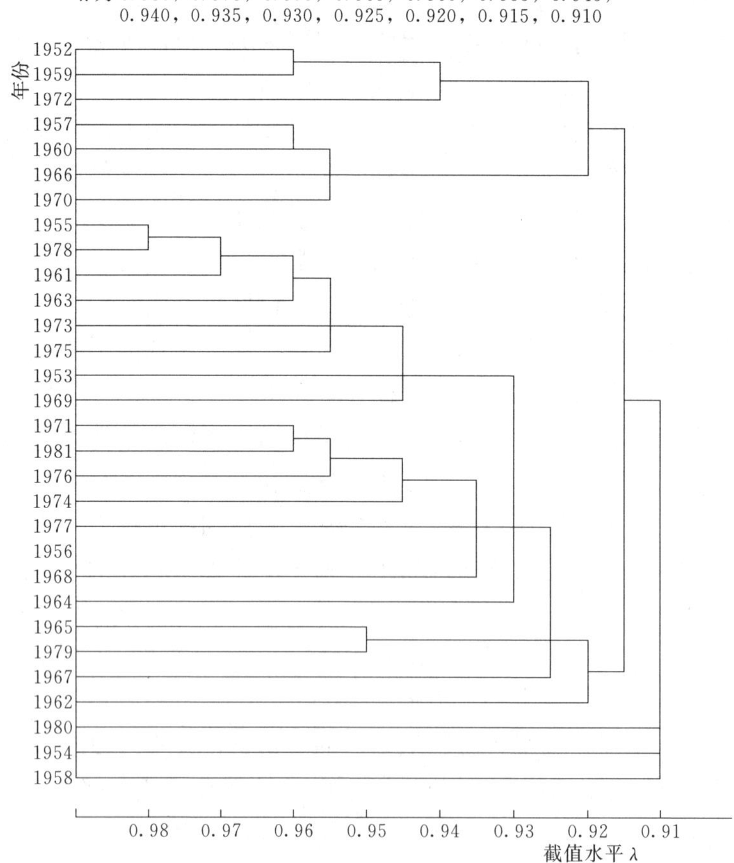

图 4.8　模糊聚类预报截值水平

正常年（加干旱年）；在截值水平 λ=0.915 水平上，y 可分为三大类：多雨年、正常年、干旱年。这三类的分界点可取累积频率的 30%及 75%的临界 y 值，$y_{p=30\%}$=32mm，$y_{p=75\%}$=−70mm，以此为标准判断模糊聚类的效果。$y \geq$ 32mm 属多雨年，32mm＞$y \geq$−70mm 属正常年，y＜−70mm 属干旱年。

由图 4.8 可以看出 29 年拟合合格率接近 50%，2 年预留检验合格率也为 50%，合格率均接近气候概率，无明显效果。可以看出模糊聚类预报并不理想，其原因是模糊方法不能对复杂系统降维，而是假定在忽略某些观测信息的基础上，再假定一些准则进行聚类和预报。

表 4.16　　　　夏旱期降水距平及因子

序号	y/mm	x_1	x_2	x_3	x_4	x_5	x_6	x_7	x_8
1	2	0.06	0.81	0.36	0.37	0.59	0.67	0.53	0.50
2	−44	0.23	0.62	0.42	0.43	0.76	0.53	0.39	0.41
3	320	0.00	0.00	0.00	0.29	0.23	0.31	0.16	0.29
4	−61	0.67	0.37	0.24	0.13	0.39	0.62	0.48	0.45
5	−72	0.85	0.44	0.42	0.80	0.49	0.62	0.94	0.76
6	74	0.59	0.44	1.00	0.06	0.41	0.50	0.25	0.37
7	−9	0.49	0.31	0.73	0.06	0.00	0.00	0.30	0.48
8	−90	0.31	0.69	0.73	0.80	1.00	0.85	0.63	0.61
9	−2	0.97	0.50	1.00	0.19	0.66	0.79	0.62	0.33
10	−85	0.68	0.31	0.58	0.43	0.52	0.9	0.53	0.37
11	3	0.90	0.31	0.24	0.51	0.08	0.31	0.29	0.46
12	75	0.92	0.37	0.42	0.41	0.74	0.51	0.78	0.53
13	56	0.92	0.31	0.85	0.58	0.61	0.52	0.91	0.00
14	−57	0.81	0.50	0.70	1.00	0.40	0.70	0.05	0.40
15	−109	0.89	0.56	0.66	0.15	0.68	0.88	0.22	0.42
16	92	0.45	0.50	0.15	0.27	0.04	0.57	0.23	0.29
17	58	0.32	0.37	0.15	0.32	0.54	0.21	0.49	0.48
18	151	0.40	0.56	0.00	0.27	0.09	0.40	0.45	0.22
19	23	0.61	0.50	0.45	0.00	0.16	0.47	0.23	0.49
20	−31	0.82	0.31	0.55	0.49	0.30	0.84	0.55	0.30
21	−160	0.97	0.69	0.48	0.55	0.85	0.87	1.00	1.00
22	5	0.23	0.37	0.45	0.02	0.28	0.50	0.32	0.30

续表

序号	y/mm	x_1	x_2	x_3	x_4	x_5	x_6	x_7	x_8
23	80	0.60	0.25	0.45	0.25	0.49	1.00	0.64	0.64
24	−99	0.95	1.00	0.48	0.82	0.82	0.98	1.00	0.55
25	−32	0.92	0.50	0.36	0.57	0.26	0.45	0.29	0.63
26	−9	0.31	0.44	0.24	0.25	0.41	0.51	0.25	0.36
27	−90	0.96	0.56	0.66	0.26	0.76	0.20	0.68	0.61
28	16	0.86	0.73	0.64	0.36	0.34	0.43	0.00	0.43
29	24	0.40	0.44	0.91	0.51	0.06	0.44	0.25	0.49

采用投影寻踪回归 PPR 处理上述数据，则不进行任何假定或准则，选择 S=0.5，M=5，MU=3，用 n=19 年建模，则可得到降维后的三张岭函数（数值函数）图像，见图 4.9～图 4.11。计算机用数值函数记下这三张岭函

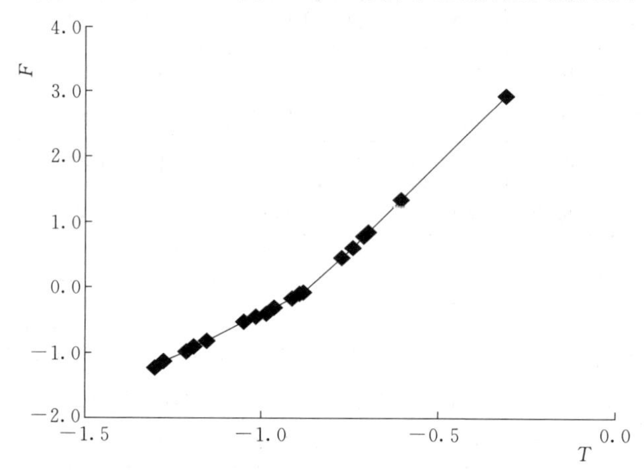

图 4.9　第一个岭函数 T—F 图

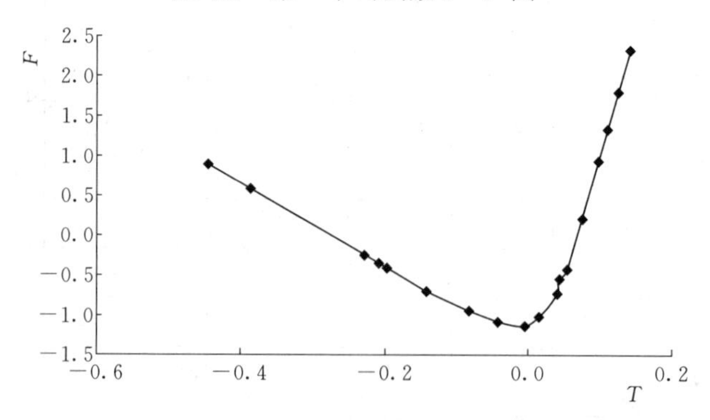

图 4.10　第二个岭函数 T—F 图

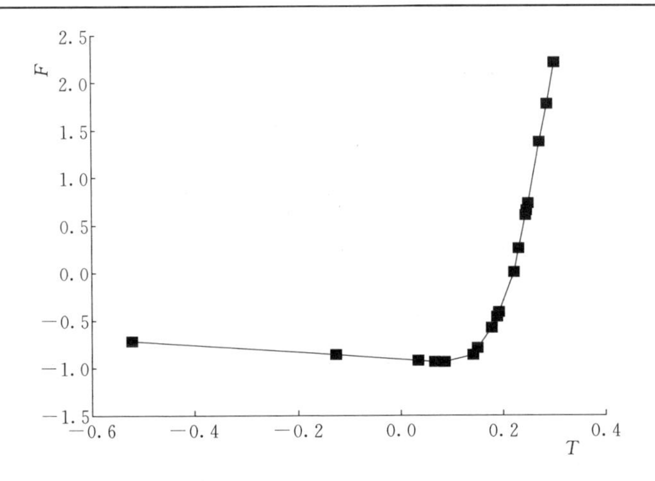

图 4.11　第三个岭函数 T—F 图

数图像及相应的投影方向，便可进行预测。同样采用上述标准衡量，19 年的还原合格率为 100%，预留 10 年检验的合格率为 90%，计算结果见表 4.17。

表 4.17　　　　　　　　PPR 建模检验表

检验类别	序号	年份	y/mm	$\hat{y}$ /mm	Δy/mm	结果判断
还原检验	1	1952	2.000	−0.188	−2.188	√
	2	1953	−44.000	−61.348	−17.348	√
	3	1954	320.000	329.819	9.819	√
	4	1955	−61.000	−43.372	17.628	√
	5	1956	−72.000	−80.221	−8.221	√
	6	1957	74.000	41.025	−32.975	√
	7	1958	−9.000	7.521	16.521	√
	8	1959	−90.000	−75.112	14.888	√
	9	1960	−2.000	−13.031	−11.031	√
	10	1961	−85.000	−62.626	22.374	√
	11	1962	3.000	12.466	9.466	√
	12	1963	75.000	52.537	−22.463	√
	13	1964	56.000	54.895	−1.105	√
	14	1965	−57.000	−62.369	−5.369	√
	15	1966	−109.000	−104.574	4.426	√
	16	1967	92.000	104.971	12.971	√

续表

检验类别	序号	年份	y/mm	$\hat{y}$ /mm	Δy/mm	结果判断
还原检验	17	1968	58.000	59.082	1.082	√
	18	1969	151.000	155.337	4.337	√
	19	1970	23.000	10.188	−12.812	√
	合格率					100%
预留检验	1	1971	−31.000	−53.042	−22.042	√
	2	1972	−160.000	−77.333	82.667	√
	3	1973	5.000	47.233	42.233	√
	4	1974	80.000	87.023	7.023	√
	5	1975	−99.000	−77.650	21.350	√
	6	1976	32.000	−27.623	−59.623	√
	7	1977	−9.000	27.662	36.662	√
	8	1978	−90.000	21.846	111.846	×
	9	1979	16.000	−57.941	−73.941	√
	10	1980	24.000	−10.830	−34.830	√
	合格率					90%

合格标准：$|\Delta y| \leqslant 0.2(y_{max}-y_{min})=0.2\times[320-(-160)]=96\text{mm}$

通过这个例子，一方面看到了 PPR 的降维功能及数值函数图像，另一方面看到了降维后观测信息得到了充分利用，使建模后预报精度大幅度提高，这就是 PPR 投影降维在解决“维数祸根”难题方面的优势。

4.4　时间序列分析技术

对非线性、非正态的时序数据，现行较先进的方法不外乎叠合模型及门限自回归模型（简称 TAR），但它们都要进行假定和数据预处理，属于有假定建模和参数模型。由于待估参数的复杂性，往往要用层层解剖的方法，甚至多次反复调整试算才能成功。因此项静恬等认为“对非线性系统不可能找到一种建模的一般方法，只可能在一些限制条件下建立特殊的非线性模型”。但是投影寻踪在时序分析中的应用，打破了这一格局，为非线性系统建模找到了一种通用的无假定非参数建模的一般方法——PPAR 和

PPMR。下面用两个国际统计界熟知的经典例子来说明 PPR 时序建模的独特功能与效果。

例 4.9　山猫时序分析与建模

加拿大山猫捕获量资料一共有 114 年（1821—1934 年）的记录，它是一个有趣的自然界生态平衡过程系统中典型非线性时序例子，曾引起国际统计界的广泛关注和极大兴趣，成为检验各种时序统计方法的试金石。

山猫从出生到具有生殖能力的成熟期时间为两年，当山猫数处于低谷时，食物相对丰富，两年后成熟的山猫生殖能力旺盛，山猫数逐渐增多。若干年后，由于山猫过多，食物相对缺乏，饥饿的成年山猫繁殖力下降，山猫数日益减少，直到食物又相对丰富为止，再开始新的一轮循环。在一轮循环中，一般上升的半周期大于下降的半周期，上升慢而下降快。平均 9～10 年为一个周期。114 年观测资料中，周期长度分析结果是 9 年的 6 次，10 年的 4 次，12 年 1 次，以 9 年周期为主。上升段以 5～6 年为主，下降段以 4 年为主，见表 4.18。

表 4.18　　山 猫 时 序 数 据

年份	0	1	2	3	4	5	6	7	8	9
1820—1829	—	269	321	585	871	1475	2821	3928	5943	4950
1830—1839	2577	523	98	184	279	409	2285	2685	3409	1824
1840—1849	409	151	45	68	213	546	1033	2129	2536	957
1850—1859	361	377	225	360	731	1638	2725	2871	2119	684
1860—1869	299	236	245	552	1623	3311	6721	4254	687	255
1870—1879	473	358	784	1594	1676	2251	1426	756	299	201
1880—1889	229	469	736	2042	2811	4431	2511	389	73	39
1890—1899	49	59	188	377	1292	4031	3495	587	105	153
1900—1909	387	758	1307	3465	6991	6313	3794	1836	345	382
1910—1919	808	1388	2713	3800	3091	2985	3790	674	71	80
1920—1929	108	229	399	1132	2432	3574	2935	1537	529	485
1930—1939	662	1000	1590	2657	3396	—	—	—	—	—

山猫时序数据具有较大的变差系数和偏态系数，114 年系列的 C_v=1.031，C_s=1.368，属于显著的正偏态分布数据。各种线性统计模型都对这一数据进行过描述，但终究因线性模型和正态分布假定的局限性，都没

有得到理想结果。后来通过对原始观测值取以 10 为底的对数做变换处理，把 C_s 从 1.368 降至–0.372，C_s 的绝对值几乎下降了 1.0，这样使变量接近于正态分布，再对新数据用自激励门限自回归 SETAR（2；8；3）或门限自回归滑动平均 SETARMA（2；1，3；1，1）建模。建立门限自回归模型时，由于待估计的参数多而复杂，互相影响，往往要用层层解剖试算法，即先固定某些变量，例如把判断门限用的滞时 d 和门限值大小先初步固定，再在一定范围内试算求出分模型，循环往复逐步逼近最优的滞时 d 和相应门限值的最佳搭配及率定各分模型阶数和参数。但参数太多，根本无法全面进行搭配筛选，许多变量只能靠经验人为确定，导致计算成果的人为任意性。例如用于长期趋势预测的 SETAR（2；8；3）山猫模型参数为：滞时 d=2，门限值 r_1=3.1163，分模型阶数为 8 阶和 3 阶。即

$$x_n=0.5239+1.0359x_{n-1}-0.1756x_{n-2}+0.1753x_{n-3}-0.4339x_{n-4}+0.3457x_{n-5}-0.3032x_{n-6}+0.2165x_{n-7}+0.0043x_{n-8}+\varepsilon_n^{(1)}\quad(x_{n-2}\leqslant 3.1163)\tag{4.3}$$

$$x_n=2.6559+1.4246x_{n-1}-1.1618x_{n-2}-0.1094x_{n-3}+\varepsilon_n^{(2)}\quad(x_{n-2}\leqslant 3.1163)\tag{4.4}$$

该模型外推预测结果为：上升阶段长度为 6 年，下降阶段长度为 3 年，形成等幅的极限环状态。下降段长度偏小了 25%，因为实际下降段多为 4 年。

而用于短期预测的 SETARMA（2；1，3；1，1）山猫模型参数则与长期预测完全不同，滞时 d=2，门限值改为 r_1=2.3599，分模型阶数分别为 1 阶和 3 阶，即

$$x_n=0.1865+1.0525x_{n-1}+\varepsilon_n^{(1)}+1.1131\varepsilon_{n-1}^{(1)}\quad(x_{n-2}\leqslant 2.3599)\tag{4.5}$$

$$x_n=2.7705+0.6510x_{n-1}+0.0808x_{n-2}-0.650x_{n-3}+\varepsilon_n^{(1)}+1.766\varepsilon_{n-1}^{(1)}\quad(x_{n-2}>2.3599)\tag{4.6}$$

上述两种完全不同的建模结果，充分反映了现行建模方法的复杂性和任意性。若采用 PPAR 建模，则不需要作任何门限假定，也不需要对数据作任何变换，对一般时序过程取二阶就足够了，即取 x_{t-1}、x_{t-2} 作自回归。作长期趋势预测时可取较小的光滑系数，使投影细致和灵敏一些，例如取 S=0.1（即接近于主周期长度），取 MU=3、M=4 建模一次成功，外推 100 年趋势预测为 8～9 年的不等幅周期，8 年占 4 个，9 年占 4 个，10 年占 1 个，11 年占 1 个。上升段以 5 年为主，下降段多为 4 年，见图 4.12，完全符合上升慢下降快的客观规律，比较客观地描述了山猫时序客观规律的基本特征，呈现了自然界有趣的生态平衡。

为了与作短期预测的 SETARMA 模型对比（原文预留 1926—1934 年共 9 年作检验，建模长度 n=114–9–3=102，模型阶数为 3 阶），PPAR 采用多种建模长度（n=10，20，…，90，103；其中，103=114–9–2，模型阶数均为 2

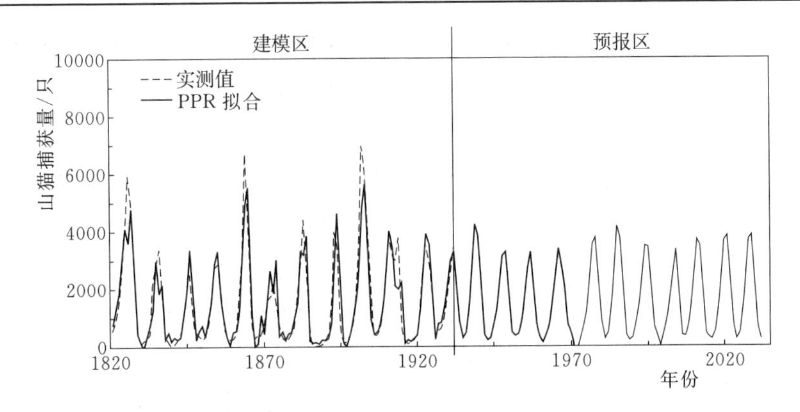

图 4.12　山猫建模与长期预报结果

阶）的 10 个模型与 SETARMA 模型来对比（预留检验年限都统一为 1926—1934 年的 9 年）。n=10 表示用 1823—1832 年共 10 年数据建模，即用 90 多年前的 10 组数据建模来检验最后 9 年；n=20 表示用 1823—1842 年共 20 年数据建模，即用 80 多年前的 20 组数据建模来检验最后 9 年；其余模型以此类推。显然，这是一种非常苛刻的建模要求，也是检验模型稳健性的有效方法。投影时相应的光滑系数理应不同，为了便于分析比较，PPAR 的 10 个模型均取中间值 S=0.5，MU=4、M=5 不变，建模预留检验的误差列入表 4.19。

表 4.19　　PPAR 与 SETARMA 建模预留检验误差对比

模型	SETARMA	PPAR（S=0.5，MU=4，M=5）									
建模项	102	10	20	30	40	50	60	70	80	90	103
均方差	424	491	439	378	334	323	303	310	236	281	324
最大误差	1107	1001	1175	747	603	565	611	587	420	556	549

可明显地看到，PPAR 模型在 S 固定为 0.5 不变时，也只要求 $n>30$，其预测精度就比 SETARMA 模型 102 年建模的预测精度高了，且模型阶数仅为 2 阶。即使 n=10 和 n=20 时，PPAR 的预测精度也已经非常接近 SETARMA 模型。上述对比充分反映了 PPAR 比 SETARMA 建模简便而且精度高，能有效地解决非线性、非正态时序建模难题，给出了不需要任何限制条件的一般通用建模方法。

例 4.10　太阳黑子时序分析与建模

太阳黑子时序建模预测是国际统计界另一个著名例子，也是检验各种建模方法的试金石。项静恬等用多种时序建模对 290 年（1700—1989 年，表 4.20）太阳黑子时序作了全面建模对比，分别建立了自激励门限自回归模型、带趋势项的叠合模型、不带趋势项的叠合模型、ARMA（p，q）模型及 AR（p）模型，10 年还原性预测检验（1980—1989 年）结果见表 4.21。

采用 PPAR 建模时，建模长度不要包含预留检验年份（1980—1989 年），即系列长度 n 缩短 10 年，从 1700 年到 1979 年扣去 9 阶，n=290−10−9=271，投影光滑系数取 S=0.05、MU=2、M=3，称为 $PPAR_1$ 模型。为了检验 PPAR 功能，$PPAR_2$ 只用 n=33 年建模，加上阶数 2，即用 1945—1979 年资料建模，投影指标 S=0.3、MU=2、M=3，预留检验结果也列入表 4.21。

表 4.20　　太阳黑子数据

年份	0	1	2	3	4	5	6	7	8	9
1700—1709	10.0	15.0	20.0	30.0	40.0	60.0	45.0	30.0	20.0	10.0
1710—1719	5.0	3.0	5.0	10.0	30.0	45.0	65.0	60.0	40.0	30.0
1720—1729	30.0	30.0	25.0	10.0	25.0	35.0	75.0	117.0	90.0	75.0
1730—1739	50.0	30.0	10.0	5.0	15.0	35.0	60.0	80.0	110.0	90.0
1740—1749	75.0	40.0	25.0	20.0	5.0	10.0	25.0	40.0	60.0	80.9
1750—1759	83.4	47.7	47.6	30.7	12.2	9.6	10.6	32.4	47.6	54.0
1760—1769	62.9	85.9	61.2	45.1	36.4	20.9	11.4	37.8	69.8	106.1
1770—1779	100.8	81.6	66.5	34.8	30.6	7.0	19.8	92.5	154.4	125.9
1780—1789	84.4	68.1	38.5	22.8	10.2	24.1	82.9	132.0	130.9	118.1
1790—1799	89.9	66.6	60.0	46.9	41.0	21.3	16.0	6.4	4.1	6.8
1800—1809	14.5	34.0	45.0	43.1	47.5	42.2	28.1	10.1	8.1	2.5
1810—1819	0.0	1.4	5.0	12.2	13.9	35.4	45.8	41.1	30.4	23.9
1820—1829	15.7	6.6	4.0	1.8	8.5	16.6	36.3	49.7	62.5	67.0
1830—1839	71.0	47.8	27.5	8.5	13.2	56.9	121.5	138.3	103.2	85.8
1840—1849	63.2	36.8	24.2	10.7	15.0	40.1	61.5	98.5	124.3	95.9
1850—1859	66.5	64.5	54.2	39.0	20.6	6.7	4.3	22.8	54.8	93.8
1860—1869	95.7	77.2	59.1	44.0	47.0	30.5	16.3	7.3	37.3	73.9
1870—1879	139.1	111.2	101.7	66.3	44.7	17.1	11.3	12.3	3.4	6.0
1880—1889	32.3	54.3	59.7	63.7	63.5	52.2	25.4	13.1	6.8	6.3
1890—1899	7.1	35.6	70.3	84.9	78.0	64.0	41.8	26.2	26.7	12.1
1900—1909	9.5	2.7	5.0	24.4	42.0	63.5	53.8	62.0	48.5	43.9

续表

年份	0	1	2	3	4	5	6	7	8	9
1910—1919	18.6	5.7	3.6	1.4	9.6	47.4	57.1	103.9	80.6	43.6
1920—1929	37.6	25.1	14.2	5.8	16.7	44.0	64.0	69.0	78.0	65.0
1930—1939	36.0	21.0	11.0	6.0	9.0	36.0	80.0	114.0	110.0	89.0
1940—1949	67.8	47.5	30.6	16.3	9.6	33.2	92.6	151.6	136.3	135.1
1950—1959	83.9	69.4	31.5	13.8	4.4	38.0	141.7	189.9	184.8	159.0
1960—1969	112.3	53.9	37.5	27.9	10.2	15.1	47.0	93.8	105.9	105.5
1970—1979	104.5	66.6	68.9	38.0	34.5	15.5	12.6	27.5	92.5	155.4
1980—1989	154.6	140.4	115.9	66.6	45.9	17.9	13.4	29.2	100.2	157.7

表 4.21　　太阳黑子预留检验对比表（1980—1989 年）

年份	TAR	叠合（带趋势）	叠合（无趋势）	ARMA	AR	$PPAR_1$	$PPAR_2$	实测
1980	158.6	167.5	163.5	167.7	159.0	155.8	143.3	154.6
1981	137.2	147.5	139.5	140.8	129.0	131.6	118.4	140.4
1982	98.2	110.7	100.4	94.5	84.7	95.8	91.2	115.9
1983	61.3	72.2	65.4	48.4	48.6	65.5	65.5	66.6
1984	32.6	48.9	35.0	16.5	21.7	43.3	41.6	45.9
1985	17.4	20.8	15.2	4.1	9.4	23.9	20.0	17.9
1986	16.4	12.1	7.8	9.1	10.7	10.1	8.7	13.4
1987	26.5	26.3	21.8	24.9	32.2	27.2	29.7	29.2
1988	46.2	61.5	55.3	43.5	70.1	81.4	94.5	100.2
1989	68.1	102.5	92.9	58.4	105.8	132.5	149.1	157.7

从误差对比表 4.22 可以看到，对于 1980—1989 年 $PPAR_1$ 和 $PPAR_2$ 属于预留预报式检验。前五种模型，由于建模时已用过 1980—1989 年资料，故属于还原式检验。PPAR 的预留检验误差明显小于前五种模型的还原检验误差，所以 PPAR 比常规建模方法有优势。由于黑子 C_v=0.8，C_s=1.0，属于显著的正偏态分布，故在正态假定条件下推导出来的常规方法其误差大于 PPAR 方法。

表 4.22　　各种建模方法误差对比

建模方法	建模年限	阶数	n	均方差	平均绝对误差	最大绝对误差
TAR	1700—1989 年	9	281	33.92	19.32	89.64

续表

建模方法	建模年限	阶数	n	均方差	平均绝对误差	最大绝对误差
叠合（带趋势）	1700—1989 年	9	281	22.01	13.47	55.20
叠合（无趋势）	1700—1989 年	9	281	25.99	16.29	64.84
ARMA	1700—1989 年	2	288	38.91	26.11	99.30
AR	1700—1989 年	9	281	23.91	18.54	51.88
$PPAR_1$	1700—1979 年	9	271	12.37	8.91	25.20
$PPAR_2$	1700—1979 年	2	33	11.72	8.50	24.70

文献[15]的五种方法和 PPAR 两种方法所建模型均可预测 1990—2000 年的太阳黑子数，结果列入表 4.23。采用 $PPAR_2$ 的建模、检验及预测结果见图 4.13。

表 4.23　　太阳黑子 20 世纪 90 年代预测值（1990—2000 年）

年份	TAR	叠合（带趋势）	叠合（无趋势）	ARMA	AR	$PPAR_1$	$PPAR_2$
1990	153.8	178.8	175.1	165.5	173.6	123.5	136.3
1991	101.5	168.1	160.1	136.2	153.8	116.7	112.2
1992	80.8	139.0	127.8	89.5	114.4	84.3	86.1
1993	52.4	103.5	92.0	44.7	72.4	45.4	61.2
1994	32.5	67.4	57.5	14.8	35.9	11.6	37.1
1995	18.5	38.6	31.5	4.3	13.9	8.8	16.9
1996	17.9	22.2	17.6	10.6	9.1	11.3	7.6
1997	28.1	29.4	26.0	26.9	29.4	37.9	35.9
1998	47.3	57.4	53.6	45.2	67.7	63.4	108.6
1990	67.7	94.4	87.8	59.4	107.7	88.9	154.1
2000	78.2	125.6	114.3	66.5	131.0	97.4	140.2

以上两个典型时序例子中 PPAR 的成功应用，充分证明了 PPAR 为非线性、非正态系统找到了一种无假定建模的一般方法。它没有任何限制条件和特殊的数据变换要求，方法简便，精度高，成果客观可靠，人为任意性小。

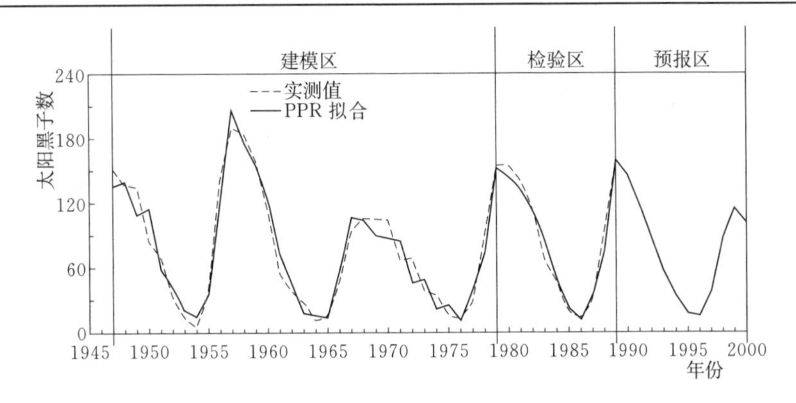

图 4.13　太阳黑子建模、检验及预测图

4.5　全局仿真寻优技术

整体最优标准是指从决策目标的总体战略或纵观长远、全局出发，综合评价和权衡某一方案的最佳效果。一项决策往往有多种目标，涉及各个领域和许多部门，其产生的效果和社会影响也是多面性和长期性的。一个决策方案，从一个目标或部门的角度看无疑是最佳方案，从另一个目标或部门的角度看却未必理想；从近期观点看，方案可行，效益颇佳，但从长远观点看，问题不少，无综合效益。因此，无论什么决策，都应该用全局价值观念来衡量，坚持总体最优标准。假如一个方案对局部有利，是合理的，而对全局来说是不利的或不合理的，那么这个方案就不是“最满意”方案或“最优化”方案。

常规的启发式算法、贪婪算法或局部算法都很容易产生局部最优，或者说根本无法查证产生的最优解是否是全局的，或者只是局部的。这是因为对于大型系统或复杂的问题，一般的算法都着眼于从局部展开求解，以减少计算量和算法复杂度。对于优化问题，尤其是最优化问题，总是希望找到全局最优的解或策略，但是当问题的复杂度过高，要考虑的因素和处理的信息量过多的时候，我们往往会倾向于接受局部最优解，因为局部最优解的质量不一定都是差的。尤其是当我们有确定的评判标准表明得出的解是可以接受的话，通常会接受局部最优的结果。这样，从成本、效率等多方面考虑，也可能是实际工程中会采取的策略。对于部分工程领域，受限于时间和成本，对局部最优和全局最优可能不会进行严格的检查，但是有的情况下是要求得到全局最优的，这就需要避免产生仅仅是局部最优的结果。

最优化问题就是在给定条件下寻找最佳方案的问题。最佳的含义有各种各样：成本最小、收益最大、利润最多、距离最短、时间最少、空间最小等，即在资源给定时寻找最好的目标，或在目标确定下使用最少的资源。生产、经营和管理中几乎所有问题都可以认为是最优化问题，比如产品原材料组合问题、人员安排问题、运输问题、选址问题、资金管理问题、最优定价问题、经济订货量问题、预测模型中的最佳参数确定问题等。下面通过实例说明 PPR 投影寻踪回归具有全局仿真寻优功能。

例 4.11　橡胶配方的优化

考察指标多于两个的正交试验设计，称为多指标正交试验。多指标试验中各指标之间可能存在一定的矛盾，通常采用综合平衡法或综合评分法来兼顾协调各项指标，找出使各项指标都尽可能好的生产条件。但这些方法都比较粗略，只能提供参考性意见。如果采用 PPR 仿真技术，则可以绘制等值线图，从等值线图上可以直接查出定量配方或工艺优化区。

为提高某一种橡胶配方的质量，选定三个性能考察指标，分别为 y_1 伸长率（%）、y_2 变形（%）和 y_3 屈曲（万次）。经专业知识分析制定因素水平和配方试验计划，试验结果列入表 4.24。

表 4.24　　橡胶配方试验结果

试号	促进剂用量 x_1	氧化锌总量 x_2	促进剂 D 比例 x_3	促进剂 M 比例 x_4	伸长率 y_1	变形 y_2	屈曲 y_3
1	2.9	1	0.25	0.347	545	40	5.0
2	2.9	3	0.30	0.397	490	46	3.9
3	2.9	5	0.35	0.447	515	45	4.4
4	2.9	7	0.40	0.497	505	45	4.7
5	3.1	1	0.30	0.447	492	46	3.2
6	3.1	3	0.25	0.497	485	45	2.5
7	3.1	5	0.40	0.347	499	49	1.7
8	3.1	7	0.35	0.397	480	45	2.0
9	3.3	1	0.35	0.497	566	49	3.6
10	3.3	3	0.40	0.447	539	49	2.7
11	3.3	5	0.25	0.397	511	42	2.7

续表

试号	促进剂用量 x_1	氧化锌总量 x_2	促进剂 D 比例 x_3	促进剂 M 比例 x_4	伸长率 y_1	变形 y_2	屈曲 y_3
12	3.3	7	0.30	0.347	515	45	2.9
13	3.5	1	0.40	0.397	533	49	2.7
14	3.5	3	0.35	0.347	488	49	2.3
15	3.5	5	0.30	0.497	495	49	2.3
16	3.5	7	0.25	0.447	476	42	3.3

文献［16］综合平衡和综合分析得出的最优组合结论为：x_1、x_2、x_3 均选定在水平 1，x_4 选定在水平 3～4，经工艺验证调整后，就可以转化为适宜的生产条件，用于生产过程。但从趋势图看，则认为 x_1、x_2、x_3 应该在水平 1 附近取新水平，x_4 应该在水平 1 或水平 4 附近取新水平，制定新的因素水平表，重新设计正交试验。上述分析只能提供定性分析结论或趋势。

若采用 PPR 技术对上述数据进行建模后（S=0.5、MU=3、M=4），得到的无假定非参数模型则可以用于仿真试验，仿真范围既可适当超出上述正交试验区范围，也可以参考文献［16］综合分析和趋势分析的建议性结论。再用均匀试验法在计算机上进行仿真试验，绘出定量的综合等值线图，并从中选取三个指标均合格的优化区间。图 4.14 是从中提取的综合等值线图优化区的一小部分，若以 $y_1 \geqslant 530$，$y_2 \leqslant 40$，$y_3 \geqslant 4.5$ 为择优指标，则图 4.14 中有小圆点标记的区域即为三个指标均合格的优化区间，为提高橡胶配方的质量提供了可靠的定量依据。影响橡胶配方质量的主要因素分析见表 4.25。

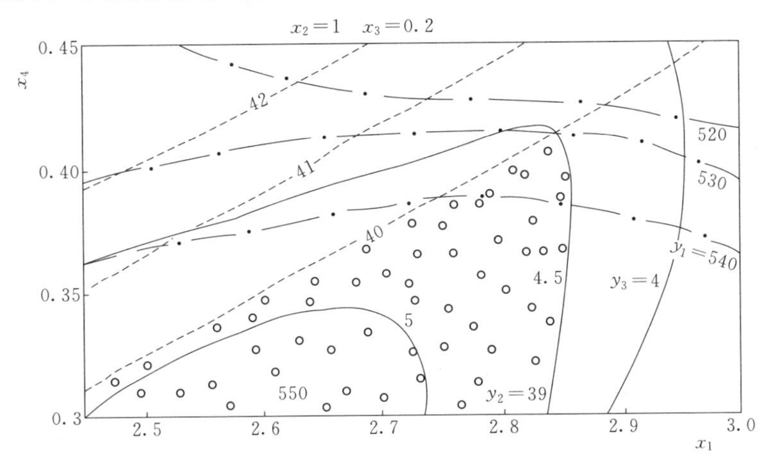

图 4.14　橡胶三个指标综合等值线图

表 4.25　　　　影响橡胶配方质量主要因素分析表

因变量 y_i	伸长率 y_1		变形 y_2		屈曲 y_3	
C_s	0.862		–0.510		0.630	
分析方法	极差 R	PP 分析权重	极差 R	PP 分析权重	极差 R	PP 分析权重
x_1 促进剂用量	175	0.322	13	0.398	8.6	1.000
x_2 氧化剂用量	160	0.495	12	0.357	3.4	0.772
x_3 促进剂 D 用量	84	0.779	23	1.000	1.7	0.310
x_4 促进剂 M 用量	37	1.000	6	0.229	2.3	0.266

从表 4.25 中可以看到，当 C_s 较小时，PP 分析的自变量贡献权重与极差大小基本同步；但当 C_s 较大时，则出现了相反趋势（如伸长率），这说明在接近正态条件下，极差分析是可靠和可信的；相反，在非正态条件下，可能会出现偏离。而 PPR 无假定建模无论变量是正态还是非正态均能得到全局最优解。

例 4.12　提高氢化可的松收率的试验

目前，国内的氢化可的松的生产是应用梨头霉进行微生物氧化将氧原子导入甾体化合物的第 11 位碳原子上制得的。但这种反应对反应条件要求控制较严，若控制不好，发生异常氧化就会大大影响产品收率。某药厂为提高氢化可的松的收率，对其微生物氧化工艺进行了生产实际探索，发现发酵 pH 值（x_1）与氧化 pH 值（x_2）对收率 y 影响很大。既保证正常生产，又进行最优工艺的试验优化，从车间搜集正常批号的生产数据 130 批，而按正交实验 $L16(4^2)$挑出 16 组实测数据，见表 4.26。收率 y 的变异常数 C_v=0.011，偏态系数 C_s=–0.358，C_v/C_s=–32.54，属于显著的负偏态分布。

表 4.26　　　　氢化可的松均匀实验结果

序号	1	2	3	4	5	6	7	8
x_1	3.6	3.7	3.8	3.9	3.6	3.7	3.8	3.9
x_2	5.5	5.5	5.5	5.5	5.6	5.6	5.6	5.6
y/%	67.8	69.1	70.2	69.8	69.5	69.2	69.3	69.5
序号	9	10	11	12	13	14	15	16
x_1	3.6	3.7	3.8	3.9	3.6	3.7	3.8	3.9
x_2	5.7	5.7	5.7	5.7	5.8	5.8	5.8	5.8
y/%	70.6	69.8	69.1	69.2	68.6	68.7	68.5	67.6

（1）利用正交多项式回归建立的回归方程为

$$\hat{y}=-26098.3027+6678.084x_1+9127.068x_2-795.38x_2^2-2327.1x_1x_2+202.6x_1x_2^2 \quad (4.7)$$

上述回归方程计算的预测值 $\hat{y}$，见表 4.27。

表 4.27　　计 算 的 $\hat{y}$ 值

x_1 \ x_2	5.5	5.6	5.7	5.8
3.6	67.99%	69.66%	70.01%	69.03%
3.7	68.76%	69.64%	69.61%	68.67%
3.8	69.53%	69.63%	69.22%	68.31%
3.9	70.29%	69.62%	68.83%	67.94%

按上述结果可知，回归方程的预测值 $\hat{y}$ 与实际数值间的误差在 0.5%左右。通过方差和三维图示分析产品收率预测值 $\hat{y}$ 的 95%的置信区间是 $\hat{y}\pm$ 0.805%；$\hat{y}$ 是马鞍形曲面，交点在左下角和右下角，其余点都低，以右下角为最低，x_1 和 x_2 间存在很强的交互作用，x_1 与 x_2 间是相互制约的，且由分析发现 $x_{1+}x_2$ 为常数时，$\hat{y}$ 处于高峰值区域。

（2）利用 PPR 对表 4.26 的实验数据进行处理分析，得回归方程：

$$\hat{y}=\overline{y}+\sum_{m=1}^{5}\beta_m f_m[\alpha_m^{(1)}x_1+\alpha_m^{(2)}x_2] \quad (4.8)$$

式中：$\overline{y}$=69.16875，β_1=0.9072，β_2=0.2041，β_3=0.3861，β_4=0.2398，β_5=0.1038。

若记 $\alpha_m'=(\alpha_m^{(1)}，\alpha_m^{(2)})$，则

α_1'=（−0.5215，−0.8532）　　α_2'=（0.9092，−0.4146）

α_3'=（−0.3446，0.9387）　　α_4'=（0.7061，0.7081）

α_5'=（0.9522，−0.3056）

f_m 为投影值 $\alpha_m^{(1)}x_1+\alpha_m^{(2)}x_2$ 的平滑函数。由回归方程计算的结果见表 4.28。

表 4.28　　PPR 计 算 的 $\hat{y}$ 值

x_1 \ x_2	5.5	5.6	5.7	5.8
3.6	67.96%	69.44%	70.56%	68.89%
3.7	68.89%	69.51%	69.66%	68.74%
3.8	70.00%	69.22%	69.37%	68.33%
3.9	69.96%	69.48%	68.85%	67.84%

（3）两种方法对比分析。将实测值 y 与两种方法的回归值 $\hat{y}$ 及其残差 $e=y-\hat{y}$ 列于表 4.29，可以看出：PPR 的回归方程的回归平方和比多项式回归法的大 12%，而剩余平方和下降 71%，因此 PPR 回归方程比多项式回归方程显著性的可靠性要大。由表 4.29 还可知，PPR 的拟合结果平均相对误差为 0.22%，比多项式回归法下降 56%。

表 4.29　　两种方法对比分析

序号	实测值 y	多项式回归		投影寻踪回归	
		回归值 $\hat{y}$	$e=y-\hat{y}$	回归值 $\hat{y}$	$e=y-\hat{y}$
1	67.80	67.99	−0.19	67.96	−0.16
2	69.10	68.76	0.34	68.89	0.21
3	70.20	69.53	0.67	70.00	0.20
4	69.80	70.29	−0.49	69.96	−0.16
5	69.50	69.66	−0.16	69.44	0.06
6	69.20	69.64	−0.44	69.51	−0.31
7	69.30	69.63	−0.33	69.22	0.08
8	69.50	69.62	−0.12	69.48	0.02
9	70.60	70.01	0.59	70.56	0.04
10	69．80	69.61	0.19	69.66	0.14
11	61.10	69.22	−0.19	69.37	−0.27
12	69.20	68.83	0.37	68.85	0.35
13	68.80	69.03	−0.23	68.89	−0.09
14	68.70	68.67	0.03	68.74	−0.04
15	68.50	68.31	0.19	68.33	0.17
16	67.60	67.94	0.34	67.84	−0.24

根据实测数据以及 PPR 与多项式的计算数据，还可以分别进行绘图分析，见图 4.15，可以明显看出，PPR 的回归精度比多项式回归精度高。利用 PPR 回归方程进行模拟实验，通过绘制收率 y 的等值线图可寻找优化区域，如图 4.16 所示，可以看出实测的收率高峰值均落在预测的优化高值区域内。由图 4.17 可看出，收率 y 的实测高峰值落在其预测优化区域的边缘上，大部分收率大于 70%的高值区分布在实测区域以外，其模拟最大收率可达 500%以上，最小收率小于−200%，显然与生产实际不符。

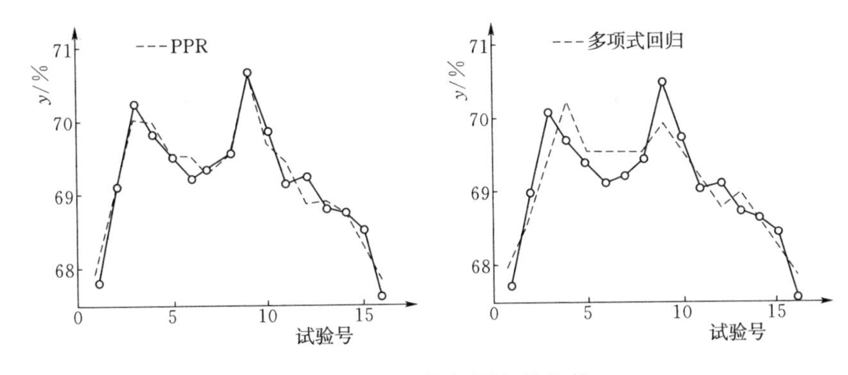

图 4.15　实测值与回归值比较

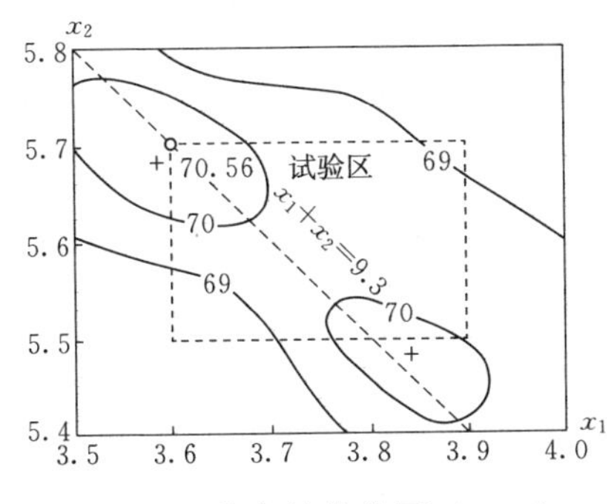

图 4.16　收率等值线图（PPR）

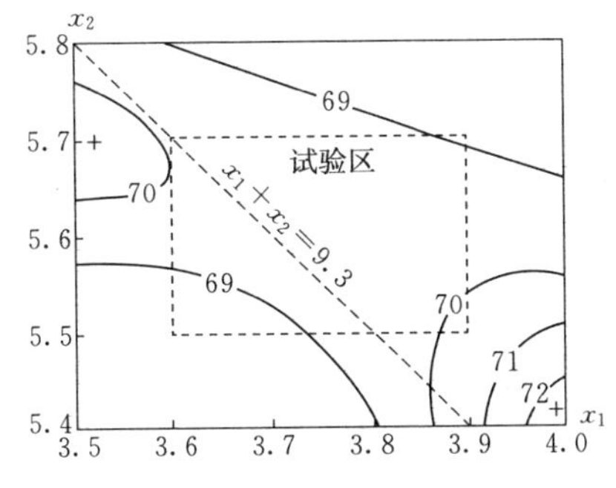

图 4.17　收率等值线图（多项式回归）

经计算分析发现，当 $x_1+x_2=9.3$ 时，收率预测值 $\hat{y}$ 处于高峰区域，这个规律对氢化可的松的生产有指导意义。而且通过计算机模拟试验，找到了最优生产条件，即 $x_1=3.6$，$x_2=5.7$，此时 $\hat{y}=70.56\%$。本例再次证明 PPR 无假定建模具有全局仿真寻优的技术特点。

4.6　抗干扰技术

文献［19］认为:“一笔多变量资料即使没有离群值或只有少数离群值存在，一经投影后往往产生更多离群值，所以没有办法在低维空间中对离群值有透彻的了解。”

经过我们多年 PPR 实践认为,如果 PPR 真正找到了高维数据的特征结构，是不容易受少数离群值干扰的。PPR 技术表现了良好的抗干扰性或健壮性、鲁棒性（Robustness）。下面介绍一个人为给予严重干扰的极端例子，来说明 PPR 技术的抗干扰性。

例 4.13　三峡河段洪水预报

这是长江三峡河段洪水预报的一个模型，用上游万县站洪水流量作为自变量，宜昌站洪水流量作为因变量，预见期 72h。用 1974 年 8 月 10—19 日洪水建模，以 1981 年 7 月 16—24 日洪水进行预报式预留检验，见表 4.30，y 为长江宜昌站 t 时刻流量值 Q_t，x_1 为长江万县站 72h 前的流量值 I_{t-72}，x_2 为长江万县站 96h 前的流量值 I_{t-96}。

表 4.30　　原 始 资 料 表　　单位：$10^2 m^3/s$

1974 年洪水（建模用）				1981 年洪水（检验用）			
序号	y	x_1	x_2	序号	y	x_1	x_2
1	388	383	392	1	351	266	262
2	479	368	383	2	536	277	266
3	584	360	368	3	674	321	277
4	610	483	360	4	702	601	321
5	563	654	483	5	634	745	601
6	478	677	654	6	527	751	745
7	389	568	677	7	432	620	751
8	315	475	568	8	382	502	620
9	260	378	475	9	377	433	502
10	245	296	378				

建模所用资料属于高度非线性数据资料，其无干扰的原始变量散点图见图 4.18，模拟及检验见图 4.19。

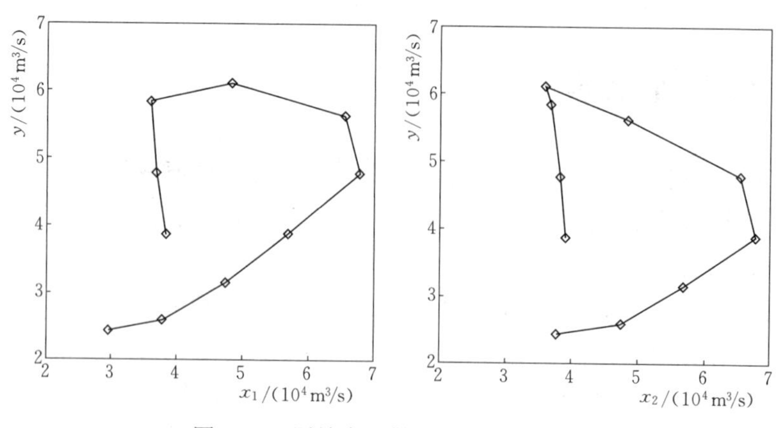

图 4.18　原始变量散点图（无干扰）

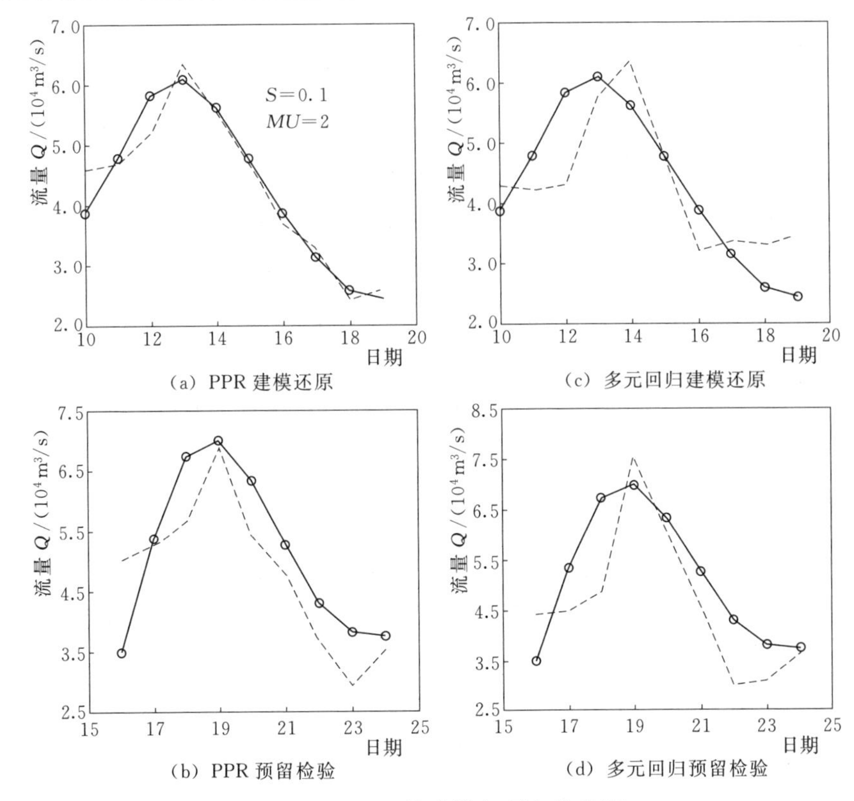

图 4.19　无干扰建模与预留检验图

从图 4.19 中可看出，PPR 方法比多元回归方法无论建模还是预留检验都明显地好，再一次体现了 PPR 技术对非线性数据的处理功能和优势。

为检验 PPR 的抗干扰性能，故意人为把上游万县站洪峰值 $677\times10^2\text{m}^3/\text{s}$ 改为低谷流量 $400\times10^2\text{m}^3/\text{s}$，列入表 4.31 中，干扰后变量散点图见图 4.20。

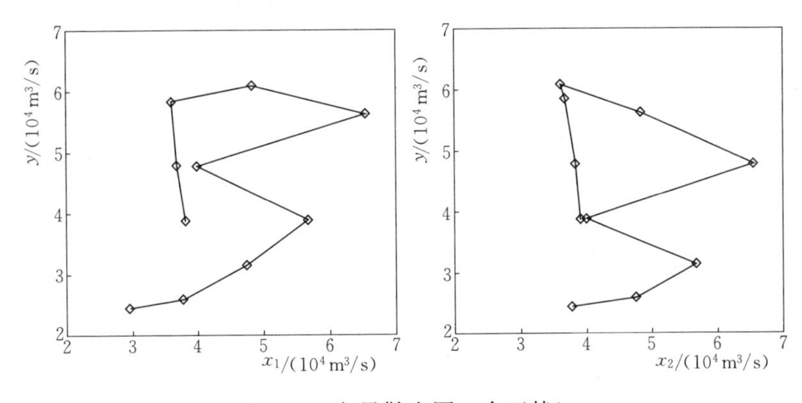

图 4.20　变量散点图（有干扰）

从图 4.20 和前面原始变量散点图 4.18 的对比中，可以看到人为干扰程度非常严重，已不是随机误差，而是严重的观测错误，是一个较极端的例子。对此错误性干扰数据，再用 PPR（S=0.1，M=3，MU=2）和多元回归同时建模和做预留检验，结果见图 4.21 和表 4.32。

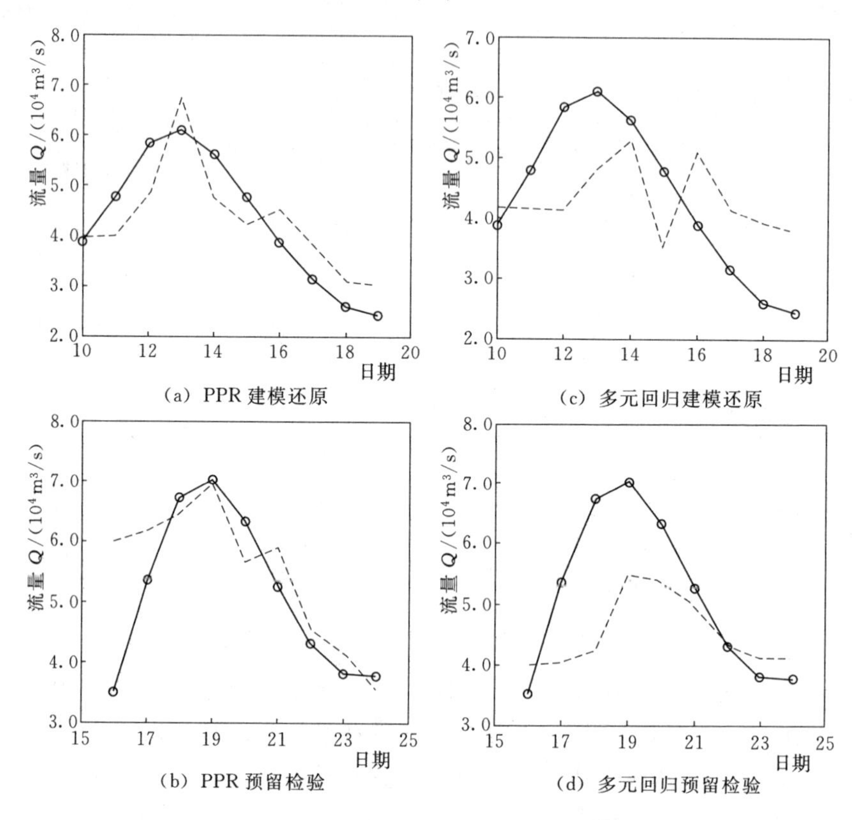

图 4.21　有干扰建模与预留检验图

表 4.31　　**人为干扰数据表**　　单位：$10^2 m^3/s$

序号	y	x_1	x_2
1	388	383	392
2	479	368	383
3	584	360	368
4	610	483	360
5	563	654	483
6	478	400	654
7	389	568	400

续表

序号	y	x_1	x_2
8	315	475	568
9	260	378	475
10	245	296	378

表 4.32　　干扰前后对比表

对比项目		PPR		多元回归	
		干扰前	干扰后	干扰前	干扰后
洪峰误差/%	建模	3.9	10.9	–5.1	–21.3
	预留检验	–2.1	–0.6	–7.8	–21.5
合格率/%	建模	100	80	70	30
	预留检验	78	89	67	67
确定性系数 dy	建模	0.93	0.72	0.65	0.19
	预留检验	0.59	0.44	0.40	0.20
均方差 S_e	建模	34	67	74	113
	预留检验	81	95	96	114

从图 4.21 和表 4.32 中可以明显看到，PPR 在干扰前后各项检测指标均较稳定，有较强的抗干扰能力，而多元回归则没有抗干扰能力。这一对比试验从另一角度显示了 PPR 的优势。

例 4.14　沅水沅陵—王家河河段洪水预报

沅水沅陵—王家河河段长度 112km，河底比降约 0.0004，传播时间 12h，计算时段长度 3h。从沅陵和王家河两水文站的实测资料中选择两次洪水过程，用 1968 年 8 月 17—20 日的洪水过程共 20 个流量建模。现人为把 6 号的洪峰流量实测值 7150m^3/s 缩小 1000 倍，变成 7.15m^3/s，以进一步检验无假定建模 PPR 技术的抗干扰性能。建模数据见表 4.33，其中 y 为王家河流量，x 为沅陵流量。

表 4.33　　沅水沅陵—王家河河段 1968 年 8 月 17—20 日洪水过程　　单位：m^3/s

序号	时间	y	x	序号	时间	y	x
1	17 日 20 时	2150	1950	2	17 日 23 时	2350	2200

续表

序号	时间	y	x	序号	时间	y	x
3	18 日 2 时	3450	2470	12	19 日 5 时	3700	3700
4	18 日 5 时	5710	3340	13	19 日 8 时	3400	3450
5	18 日 8 时	6650	6350	14	19 日 11 时	3200	3200
6	18 日 11 时	6400	7.15	15	19 日 14 时	2980	3000
7	18 日 14 时	5900	6580	16	19 日 17 时	2780	2750
8	18 日 17 时	5250	5710	17	19 日 20 时	2570	2550
9	18 日 20 时	4710	4820	18	19 日 23 时	2400	2400
10	18 日 23 时	4350	4300	19	20 日 2 时	2320	2300
11	19 日 2 时	4000	3980	20	20 日 5 时	2210	2180

采用投影寻踪回归 PPR 处理上述数据，选择 S=0.1，M=9，MU=7，20 个样本建模拟合的合格率达到 95%，最大洪峰拟合误差为 23.1%，超过检验标准 20%，其余 19 个样本全部拟合合格，合格率达到 95%，计算结果见表 4.34。

表 4.34　　PPR 建模计算表

序号	实测值/（m^3/s）	预报值/（m^3/s）	绝对误差/（m^3/s）	相对误差/%
1	2150	2526.800	376.800	17.5
2	2350	2266.570	−83.430	−3.6
3	3450	2878.334	−571.666	−16.6
4	5710	4389.663	−1320.337	−23.1
5	6650	6043.125	−606.875	−9.1
6	6400	6301.982	−98.018	−1.5
7	5900	6226.500	326.500	5.5
8	5250	5532.865	282.865	5.4
9	4710	4279.171	−430.829	−9.1
10	4350	4403.569	53.569	1.2
11	4000	4217.025	217.025	5.4
12	3700	3845.399	145.399	3.9
13	3400	3907.564	507.564	14.9
14	3200	3692.121	492.121	15.4
15	2980	3287.543	307.543	10.3

续表

序号	实测值/（m³/s）	预报值/（m³/s）	绝对误差/（m³/s）	相对误差/%
16	2780	2948.890	168.890	6.1
17	2570	2733.693	163.693	6.4
18	2400	2602.053	202.053	8.4
19	2320	2317.250	−2.750	−0.1
20	2210	2079.884	−130.116	−5.9

进一步对 1968 年 9 月 20—23 日洪水过程的 20 个流量预留检验，检验数据及结果见表 4.35、表 4.36，检验合格率为 100%，显示了无假定建模的 PPR 技术具有强大的抗干扰性能。

表 4.35　沅水沅陵—王家河河段 **1968** 年 **9** 月 **20—23** 日洪水过程

单位：m³/s

序号	时间	y	x	序号	时间	y	x
1	20 日 20 时	2100	2050	11	22 日 2 时	4260	4350
2	20 日 23 时	2600	2480	12	22 日 5 时	3970	4000
3	21 日 2 时	3250	2860	13	22 日 8 时	3700	3750
4	21 日 5 时	4050	3540	14	22 日 11 时	3500	3470
5	21 日 8 时	4620	4300	15	22 日 14 时	3300	3200
6	21 日 11 时	4800	4680	16	22 日 17 时	3100	2940
7	21 日 14 时	4900	4820	17	22 日 20 时	2920	2700
8	21 日 17 时	4830	4820	18	22 日 23 时	2750	2550
9	21 日 20 时	4680	4700	19	23 日 2 时	2550	2400
10	21 日 23 时	4500	4500	20	23 日 5 时	2350	2300

表 4.36　**PPR 建模检验计算表**

序号	实测值/（m³/s）	预报值/（m³/s）	绝对误差/（m³/s）	相对误差/%
1	2100	2332.489	232.489	11.1
2	2600	2860.254	260.254	10.0
3	3250	3097.897	−152.103	−4.7
4	4050	3885.185	−164.815	−4.1
5	4620	4403.569	−216.431	−4.7
6	4800	4312.662	−487.338	−10.2
7	4900	4279.171	−620.829	−12.7

续表

序号	实测值/（m^3/s）	预报值/（m^3/s）	绝对误差/（m^3/s）	相对误差/%
8	4830	4279.171	−550.829	−11.4
9	4680	4307.878	−372.122	−8.0
10	4500	4355.723	−144.277	−3.2
11	4260	4391.607	131.607	3.1
12	3970	4228.684	258.684	6.5
13	3700	3911.761	211.761	5.7
14	3500	3902.591	402.591	11.5
15	3300	3692.121	392.121	11.9
16	3100	3206.266	106.266	3.4
17	2920	2895.091	−24.909	−0.9
18	2750	2733.693	−16.307	−0.6
19	2550	2602.053	52.053	2.0
20	2350	2317.250	−32.750	−1.4

4.7　跨学科通用技术

从上述几个方面对 PPR 技术无假定非参数建模优势进行分析，涉及气象、水文、材料学、医学等多学科的实例，可以看到 PPR 技术具有跨学科适应性和通用性。究其原因有如下几个方面：

（1）无假定。包括无正态假定、无函数形式假定、无任何简化假定、无数据变换假定等，这样建模才能保证其客观性，可以兼容各种统计特性的混杂。

（2）非参数方法。非参数方法有两种：一种是有假定的非参数方法；另一种是无假定的非参数方法。PPR 技术属于无假定的非参数方法，它对任何学科的任何形式信息都统一用数值函数（岭函数）来描述其投影图像，并加以记忆，没有任何参数。从这个意义讲，PPR 技术是一种高维空间的投影、摄影、储存记忆及图像识别技术。这也是 PPR 能跨学科通用，具有广谱适应性的原因。

（3）投影降维性。PPR 的投影降维功能使它能适应各种学科的复杂系统建模，而常规方法因无法克服“维数祸根”而显得无能为力。

例 4.15　某工程施工网络图智能仿真决策

决策是指针对某一问题，根据确定的目标及实际情况指定多个备选方案，然后运用统一标准，选出最佳方案的过程，是一个多因素、多位级的高维复杂系统问题。决策关键路线法（简称 DCPM）是在一般网络技术基础上发展起来的，它考虑了完成一项任务的多种方案，并在同一网络图中表示出来。DCPM 的解法有整数规划法、动态规划法和试探法等。前两种方法可精确求解，但是由于计算复杂，特别当或型节点数增多，无所适从。转向试探法后，却不能保证得到精确的最优解。而且决策准则的复杂化，必然带来试探过程的复杂与烦琐。李随成提出了用正交试验法求解 DCPM 问题，取得了良好的效果。如果采用 PPR 法来加以仿真，效果会更好。

某工程施工网络图共有 5 个或型节点，见图 4.22。可能决策解为 $3^3 \times 2^1 = 54$。（合同期 96d，罚金 50 元/d，奖金 10 元/d。）李随成已经研究了用正交

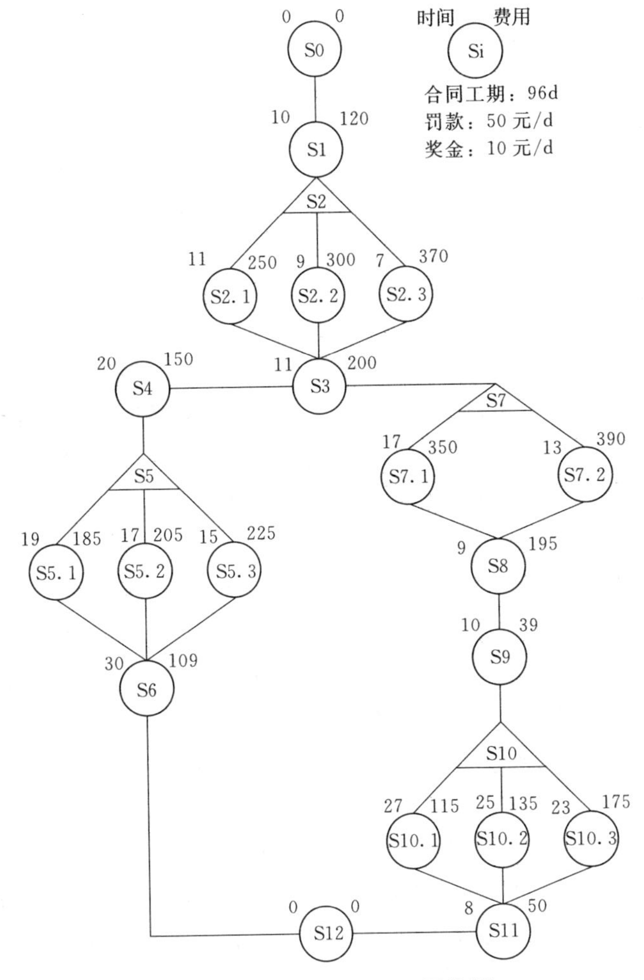

图 4.22　某工程 DCPM 网络图

试验法来成功地求解 DCPM 问题。若进一步用 PPR 对正交试验进行仿真，则可寻找出更优的决策方案。

DCPM 是决策关键路线法的简称，上述文献中实例正交试验表见表 4.37。

表 4.37　　某工程 DCPM 正交试验表

试号	x_1*	x_2	x_3	x_4	y_1	y_2
	S_2	S_5	S_7	S_{10}	总工期 T	费用 P
1	11	19	13	25	101	1864
2	9	19	17	27	101	1854
3	7	19	13	23	97	2024
4	11	17	13	27	99	1864
5	9	17	13	23	97	1974
6	7	17	17	25	97	1964
7	11	15	17	23	99	1904
8	9	15	13	25	95	1954
9	7	15	13	27	95	2004

*　表示 x 值为各分工期时间，y_2 值为不计奖罚的费用，原表为计奖罚的费用。

用 PPR 对 y_1 和 y_2 分别建模，投影指标 S=0.1、MU=3、M=5 建模结果，对总工期 y_1 影响最大的自变量为 x_2（决策节点 S_5 的时间），对总费用 y_2 影响最大的自变量为 x_1（决策节点 S_2 的时间），x_3 和 x_4 均为次要条件。

为了进一步仿真寻优，可以参考正交试验直接看好的第 8 次试验，先固定两个次要条件 x_3=13，x_4=25。利用 PPR 所建模型，在 x_1=7～11，x_2=15～19 范围内进行智能仿真，绘制 y_1、y_2 的仿真等值线图进行精确求解，见图 4.23。

从图 4.23 仿真结果可以看到合同工期线 96d 为 45°反向斜线，向左为低值区，向右为高值区。总费用线的等值线为较陡的反向斜线，向右为低值区，恰好与工期线变化相反。图 4.23 上 96d 等值线与费用最小线相交于 x_1=10，x_2=15 这一坐标点，查图 4.23，P_{min}=1930（x_1=10，x_2=15，x_3=13，x_4=25），按决策点方案实际核算费用 P=1929，T=96，说明仿真图是正确的，可以利用 PPR 仿真图进行变量连续内插，迅速找到费用最小的好条件，比原文献所找到的最优结果（x_1=9，x_2=15，x_3=13，x_4=25，T=95，奖金 10 元，P= 1954−10=1944）还要省 15 元。

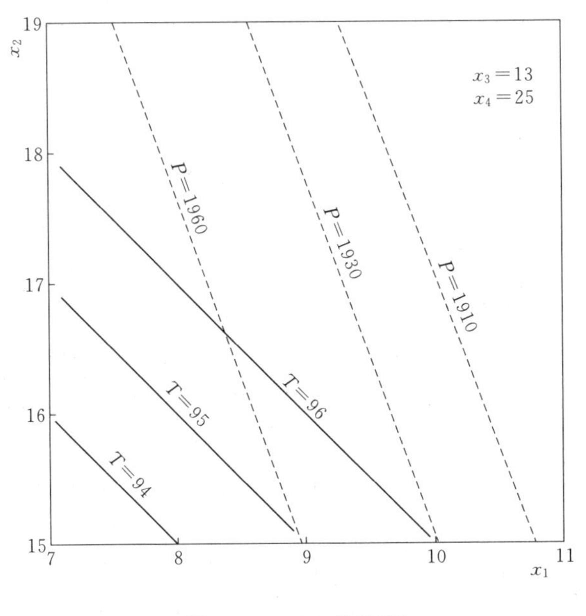

图 4.23　PPR 仿真图

PPR 在决策关键路线法中的仿真成功，给复杂系统决策方法不仅创造了一条新的途径，而且可以实现离散变量的连续内插寻优。而常规的各种试探法或动态规划法都无法应付多节点多作业方式的复杂决策问题，PPR 能克服“维数祸根”的专长和对非线性非正态数据的广谱适应性，正是 PPR 能成功地进行智能决策仿真的原因所在。

例 4.16　舰船雷达目标识别

黄国建等针对大量的训练样本使神经网络训练时间很长，无法在实际中应用的问题，提出了对雷达目标视频回波作预处理，并在 BP 算法中采用函数联接网络加以改进，在一定范围内提高了收敛速度，并进行了有效的仿真。特别是当自变量个数增多后，神经网络又无法降维，还伴随着“维数祸根” 难题。如果采用 PPR 技术，则不存在这些问题。

原始资料列于表 4.38，有 12 个自变量，因变量输出有（t_1，t_2，t_3）三个，以 0 和 1 表示，共有三种组合，故可合并为一个 y 变量，即约定（1，0，1）时 y=1，（0，1，0）时 y=2，（0，0，1）时 y=3。14 次观测中，y=1 的 4 次，y=2 的 7 次，y=3 的只有 3 次，样本较少，只有 y=2 的样本稍多。

表 4.38　　雷达目标视频回波特征量及目标输出

序号	x_1	x_2	x_3	x_4	x_5	x_6	x_7	x_8	x_9	x_{10}	x_{11}	x_{12}	t_1	t_2	t_3	y
	F_{11}	F_{10}	F_{01}	F_{00}	F_{111}	F_{110}	F_{101}	F_{100}	F_{011}	F_{010}	F_{001}	F_{000}				
1	0.96	0.24	0.24	0.88	0.64	0.24	0.00	0.24	0.24	0.00	0.24	0.64	0	0	1	3
2	0.88	0.24	0.24	0.96	0.56	0.24	0.00	0.24	0.24	0.00	0.24	0.72	0	0	1	3
3	0.72	0.40	0.40	0.80	0.40	0.24	0.16	0.24	0.24	0.16	0.24	0.56	0	0	1	3
4	0.80	0.32	0.32	0.88	0.48	0.24	0.08	0.24	0.24	0.08	0.24	0.72	0	1	0	2
5	0.72	0.40	0.40	0.80	0.32	0.32	0.00	0.40	0.32	0.08	0.40	0.40	0	1	0	2
6	0.72	0.56	0.56	0.48	0.32	0.32	0.24	0.32	0.32	0.24	0.32	0.16	0	1	0	2
7	0.64	0.56	0.56	0.56	0.24	0.32	0.32	0.32	0.32	0.24	0.32	0.24	0	1	0	2
8	0.64	0.56	0.56	0.56	0.24	0.32	0.24	0.32	0.32	0.24	0.32	0.24	0	1	0	2
9	0.64	0.48	0.48	0.72	0.32	0.24	0.24	0.32	0.24	0.24	0.32	0.40	0	1	0	2
10	0.64	0.48	0.48	0.72	0.24	0.32	0.16	0.32	0.32	0.16	0.32	0.40	0	1	0	2
11	0.64	0.48	0.48	0.72	0.32	0.24	0.16	0.32	0.24	0.24	0.32	0.40	1	0	1	1
12	0.64	0.40	0.40	0.88	0.32	0.24	0.16	0.24	0.24	0.16	0.24	0.64	1	0	1	1
13	0.56	0.48	0.48	0.80	0.24	0.24	0.16	0.32	0.24	0.24	0.32	0.48	1	0	1	1
14	0.56	0.40	0.40	0.96	0.24	0.24	0.00	0.40	0.24	0.16	0.40	0.56	1	0	1	1

采用 PPR 建模（S=0.5，MU=7，M=8），$\hat{y}$全部合格。再一次证明了PPR无假定建模的简单通用性和广谱适应性。

参考文献

[1] 郑祖国，邓传玲，刘大秀．PP回归在新疆春旱长期预报工作中的应用［J］．八一农学院学报，1990（03）：7-12．

[2] 杨力行，刘金清．投影寻踪应用技术在水文领域中喜获丰收［J］．水文，1993（2）：57-53．

[3] 任露泉．试验优化设计与分析［M］．北京：高等教育出版社，2003．

[4] David C. Hoaglin，Frederick Mosteller，John W Tukey．探索性数据分析［M］．陈忠琏，郭德媛．译．北京：中国统计出版社，1998．

[5] 吴望名，等．应用模糊集方法［M］．北京：北京师范大学出版社，1985．

[6] 中国科学院数学所．常用数理统计表［M］．北京：科学出版社，1979．

[7] 卢纹岱，金水高．SAS/PC统计分析软件实用技术［M］．北京：国防工业出版社，

1996.

[8] 郭秀花．医学统计学习题与 SAS 实验［M］．北京：人民军医出版社，2003.

[9] 郑祖国，葛毅雄，杨力行．投影寻踪回归（PPR）技术在水泥配方优化中的应用［J］．新疆农业大学学报，1995（1）：21-24.

[10] 刘亮，何建新，侯杰，等．点源渗流作用下泥沙起动试验研究［J］．水利与建筑工程学报，2011，09（2）：54-56.

[11] 刘亮．线源液化起动泥沙试验研究［D］．乌鲁木齐：新疆农业大学，2012.

[12] 郑祖国，郑晓燕．影响浙江降水的大气环流主要因子筛选研究［J］．新疆农业大学学报，2012，35（3）：249-252.

[13] 贺仲雄．模糊数学及其应用［M］．天津：天津科技出版社，1983.

[14] 项静恬，史久恩，等．动态和静态数据处理［M］．北京：气象出版社，1991.

[15] 项静恬，孔楠．多种时序模型的建模比较［J］．数理统计与管理，1991（2）：33-39.

[16] 中国质量管理协会．质量管理中的试验设计方法［M］．北京：北京理工大学出版社，1991.

[17] 刘大秀．投影寻踪回归在试验设计分析中的应用研究［J］．数理统计与管理，1995（1）：47-51.

[18] 任露泉．试验优化设计与分析［M］．北京：高等教育出版社，2003.

[19] 郑天泽，等．投影追踪法近年研究之回顾［J］．中国统计学报，1990，28（2）.

[20] 庄一鸰，林三益．水文预报［M］．北京：水利电力出版社，1986.

[21] 王燕生．工程水文学［M］．北京：水利电力出版社，1992.

[22] 李随成．用正交试验法求解 DCPM 问题［J］．系统工程理论与实践，1994，14（2）：25-28.

[23] 黄国建，王建华．基于神经网络的舰船雷达目标识别［J］．信息与控制，1995（2）：117-121.

第二篇　应用篇

投影寻踪回归应用实例

第 5 章　水利工程领域应用实例

例 5.1　1998 年长江三峡年最大洪峰的投影寻踪长期预报与验证

自然灾害的长期预测，特别是河流指定断面的年最大洪峰长期预测，是一项世界性难题，不仅时间尺度长，空间尺度大，影响因素复杂，其非线性和非正态规律不易认识和掌握，难以用常规统计方法作出正确预报，而且预报一旦失误就可能给国民经济和人民生命财产带来巨大损失。

1997 年 8 月，中国长江三峡建设工程技术部和三峡水情预报中心希望运用投影寻踪（PPR）高新技术做出 11 月三峡大江截流期的洪水预报及 1998 年的年最大洪峰长期预报。根据宜昌 1950—1997 年 4—8 月的逐日流量资料，于 1997 年 9 月 9 日提前 2 个月成功地作出了三峡大江截流期三个旬的旬最大、最小流量及出现日期的长期预报；而后又在资料信息极为有限的条件下尝试做出 1998 年三峡年最大洪峰长期预报方案，并于 1998 年 6 月 5 日以书面形式向三峡工程开发总公司提供了“1998 年三峡年最大洪峰将在 6×10^4～$7\times10^4m^3/s$”的预报备忘录，2 个月后三峡出现年最大洪峰为 $63600m^3/s$ 的事实证明，在极困难的资料条件下采用 PPR 技术制定三峡年最大洪峰长期预报方案，其途径是切实可行的，成果也是可信的。

1. PPR 模型

Y 为宜昌站第 2 年的年最大洪峰流量；X 为从宜昌站日流量系列中筛选组合构成：X_1 为 8 月最大值–7 月最大值；X_2 为 7 月最大值–6 月最大值；X_3 为 6 月最大值–5 月最大值；X_4 为 5 月最小值；X_5 为 6 月最大值；X_6 为 6 月最小值；X_7 为 7 月最大值；X_8 为 7 月最小值；X_9 为 8 月最大值；X_{10} 为 8 月最小值；X_{11} 为 8 月最小值–7 月最小值；X_{12} 为 8 月最小值–4 月最小值。

在 1950—1997 年的 48 个样本中选用前 37 个样本建立 PPR 模型，留后 10 个样本用于预留检验。并且规定只有当模型预留检验合格率不小于 80%后方可进行作业预报。当投影光滑系数取 S=0.1，数值函数个数取 MU=4，M=9 时，PPR 模型建模合格率为 100%，预留 10 年检验的合格率为 90%，结果见表 5.1，可以进行作业预报，由此作出的 1998 年年最大洪峰预报值为 64500m³/s。

为了进行对比，对同一资料用多元线性回归进行建模和检验，建模合格率虽为 91.9%，但预留 10 年检验的合格率仅为 60%，不能用于作业预报。

2. PPDAR 模型

Y 为宜昌站第 t 年的年最大洪峰值；用宜昌站年最大洪峰的前期值作自变量：

X_1–Y（t–1）；X_2–Y（t–2）；X_3–Y（t–3）；X_4–Y（t–7）；X_5–Y（t–11）；X_6–Y（t–12）；

X_7–Y（t–13）；X_8–Y（t–18）；X_9–Y（t–19）；X_{10}–Y（t–20）；X_{11}–Y（t–21）；X_{12}–Y（t–22）。

表 5.1　　PPR 模型和多元线性回归模型预留检验预报对比表

年份	实测年最大洪峰 /（m³/s）	PPR 检验预报 /（m³/s）	相对误差 /%	多元回归检验预报 /（m³/s）	相对误差 /%
1988	48400	56100	15.9	61900	27.9
1989	59200	52000	–12.1	48700	–17.7
1990	41800	61300	46.7	54000	29.2
1991	50400	49300	–2.1	46900	–6.9
1992	47700	46900	–1.7	53000	11.2
1993	53000	53800	1.5	53300	0.6
1994	32800	36800	12.4	47200	43.9
1995	40400	46500	15.1	51000	26.2
1996	41400	44600	7.8	46700	12.8
1997	46500	41500	–10.8	46100	–0.8
10 年预留检验合格率		90.0		60.0	

1901—1987 年的 87 个样本用于建立模型，1988—1997 年 10 年用于预留预报检验。87 年建模合格率为 100%，10 年预留检验合格率为 80%，结果见表 5.2，可以进行作业预报。用 PPDAR 模型作出的 1998 年的年最大洪峰预报值为 62000m³/s。

为进行对比，对同一资料采用多阶自回归模型进行建模和检验，结果建模合格率为 77%，预留 10 年检验的合格率仅为 50%，结果见表 5.2，因而也不能用于作业预报。

表 5.2　　PPDAR 模型和多元线性回归模型预留检验预报对比表

年份	实测年最大洪峰 /（m³/s）	PPDAR 检验预报 /（m³/s）	相对误差 /%	多阶自回归检验预报 /（m³/s）	相对误差 /%
1988	48400	40000	–17.4	53600	10.7
1989	59200	52000	–12.1	59700	0.9
1990	41800	49000	17.2	54000	29.2
1991	50400	40000	–20.6	58100	15.4
1992	47700	57000	19.5	51300	7.6
1993	53000	62000	17.0	56300	6.2
1994	32800	49000	49.4	54300	65.6
1995	40400	45000	11.4	52000	28.7
1996	41400	44000	6.3	50000	20.8
1997	46500	42000	–9.7	59100	21.2
10 年预留检验合格率		80.0		50.0	

备忘录发出 2 个多月后，宜昌站于 1998 年 8 月 16 日实测到年最大洪峰流量为 63600m³/s，完全在两个预报模型的预报范围内，这说明采用 PPR 技术作三峡年最大洪峰预报的途径是可行的，结果见表 5.3。

表 5.3　　1998 年宜昌年最大洪峰 PPR 和 PPDAR 预报误差分析

实测年最大洪峰 /（m³/s）	PPR 预报值 /（m³/s）	误差 /%	PPDAR 预报值 /（m³/s）	误差 /%
63600	64500	1.4	62000	–2.5

PPR 和 PPDAR 预报技术，属于高度非线性、非正态高维数据的无假定建模技术，能够有效加工处理各种自然界的高维数据和信息，自动分析和记忆其客观规律进行科学预报。PPR 和 PPDAR 建模合格率和预留检验的合格率都比多元线性回归及多阶自回归高，特别是预留检验的合格率要高出 30%，其成果是可靠的。

例 5.2　胶凝砂砾石材料配合比设计及优选方法

胶凝砂砾石材料是一种复杂的胶结体，其材料的抗压强度受胶材用量、细料含量、水胶比等多因素的影响。以胶材用量、细料含量、水胶比为正交试验设计中的影响因素进行配合比优选研究，采用投影寻踪回归分析法分析试验结果，得到各因素对胶凝砂砾石材料抗压强度的影响权重和不同水平下的变化规律，并通过试验分析其他因素对胶凝砂砾石材料抗压强度的影响规律。

1．原材料

原材料的组成包括天然砂砾石料、水泥、粉煤灰和水，经过试验检测各项技术要求均达到标准。

（1）砂砾石料。砂砾石料为新疆某地区天然砂砾石混合料，砂砾料中砂石比例变化不大，试验前剔除大于 80mm 的粒径，混合料的含泥量为 1.6%，其中细料含量（粒径小于 5mm）的含泥量为 6.4%，砾石中含泥量为 0.7%。

为减小砂砾石料颗粒粗细不均匀对抗压强度波动的影响，将砂砾石混合料筛分后重新配置试样，以减小配合比设计中胶凝砂砾石材料抗压强度的试验误差，混合料筛分结果见表 5.4。

表 5.4　　砂砾石混合料筛分结果

粒径/mm	＜5	5～10	10～20	20～40	40～60	60～80	＞80
含量/%	40.4	11.3	14.9	17.0	8.3	4.5	3.6

（2）水泥。水泥为新疆青松建化生产的 P42.5 普通硅酸盐水泥，对水泥的物理技术性能和化学成分的测定结果见表 5.5 和表 5.6。

表 5.5　　水泥各项物理力学性能指标

密度 /（g/cm^3）	比表面积 /（m^2/kg）	标准稠度用水量 /%	安定性	硬结时间/min		抗折强度 /MPa		抗压强度 /MPa	
				初凝	终凝	3d	28d	3d	28d
3.1	393	28	合格	161	240	5.4	8.6	26.3	48.5
—	≥300	—	—	≥45	≤600	≥3.5	≥6.5	≥17.0	≥42.5

表 5.6　　水 泥 化 学 成 分

水泥品种	化学成分/%									
	loss	SiO_2	Al_2O_3	Fe_2O_3	CaO	MgO	SO_3	Na_2O	K_2O	R_2O
青松 42.5R 普通水泥	0.1	22.5	4.9	3.5	65.0	1.8	0.9	0.4	0.8	0.9

（3）粉煤灰。粉煤灰为新疆奎屯生产的锦江牌Ⅱ级粉煤灰，各项指标见表 5.7。

表 5.7　　粉煤灰技术指标

检测指标	细度/%	比表面积/（m^2/kg）	需水量比/%	烧失量/%	SO_3/%	含水量/%	fCaO/%
Ⅱ级粉煤灰	22.7	429	105	1.2	2.9	0.3	2.0
质量要求	≤25.0	—	≤105	≤8.0	≤3.0	≤1.0	≤4.0

2. 试验设计

根据胶凝砂砾石筑坝材料的特点及碾压混凝土配合比设计经验，在砂砾石混合料容重与细料含量关系试验的基础上，用正交设计安排试验，选用 L_{25}（5^3）正交表，其因素水平见表 5.8，根据正交表设计结果，配合比确定见表 5.9。

表 5.8　　配合比试验设计因素水平表

水平	胶材用量/（kg/m^3）	细料含量/%	水胶比
1	45.0	20	0.6
2	52.5	25	0.8
3	60.5	30	1.0
4	67.5	35	1.2
5	75.0	40	1.4

表 5.9　　胶凝砂砾石材料配合比

试验号	胶材用量/（kg/m^3）		细料含量/%	水胶比
	水泥	粉煤灰		
1	30	15.0	20	0.6
2	30	15.0	25	0.8
3	30	15.0	30	1.0
4	30	15.0	35	1.2
5	30	15.0	40	1.4
6	35	17.5	20	0.8
7	35	17.5	25	1.0

续表

试验号	胶材用量/（kg/m³）		细料含量/%	水胶比
	水泥	粉煤灰		
8	35	17.5	30	1.2
9	35	17.5	35	1.4
10	35	17.5	40	0.6
11	40	20.0	20	1.0
12	40	20.0	25	1.2
13	40	20.0	30	1.4
14	40	20.0	35	0.6
15	40	20.0	40	0.8
16	45	22.5	20	1.2
17	45	22.5	25	1.4
18	45	22.5	30	0.6
19	45	22.5	35	0.8
20	45	22.5	40	1.0
21	50	25.0	20	1.4
22	50	25.0	25	0.6
23	50	25.0	30	0.8
24	50	25.0	35	1.0
25	50	25.0	40	1.2

3．结果及分析

根据胶凝砂砾石材料配合比共成型25组试件，试件养护28d后测定抗压强度。考虑到胶凝砂砾石材料的离散性较大，三个试件强度的最大值或最小值与中间值之差控制在20%，试验结果见表5.10。

表5.10　　　　正交试验结果汇总表

编号	抗压强度/MPa	编号	抗压强度/MPa	编号	抗压强度/MPa	编号	抗压强度/MPa	编号	抗压强度/MPa
1	0.91	6	2.19	11	2.77	16	3.86	21	4.50
2	1.56	7	2.08	12	3.16	17	4.63	22	4.11
3	1.93	8	2.21	13	2.98	18	2.93	23	5.34
4	2.01	9	2.50	14	1.83	19	3.16	24	5.56
5	1.85	10	1.75	15	1.35	20	3.08	25	6.70

先对表 5.10 中的 25 组数据进行 PPR 模型回归分析，反映投影灵敏度指标的光滑系数取 S=0.60，投影方向初始值 M=6，最终投影方向 MU=2，PPR 模型回归分析结果见表 5.11。对于胶凝砂砾石抗压强度：

$$\beta=(1.0271\quad 0.2789)$$

$$\alpha=\begin{bmatrix}0.0640 & -0.0051 & 0.9979\\ -0.0032 & 0.0262 & -0.9996\end{bmatrix}$$

表 5.11　　　　PPR 模型回归分析结果

试验号	抗压强度			
	实测值/MPa	拟合值/MPa	绝对误差/MPa	相对误差/%
1	0.910	0.950	0.040	4.4
2	1.560	1.304	−0.256	−16.4
3	1.930	1.597	−0.333	−17.2
4	2.010	1.844	−0.166	−8.2
5	1.850	2.038	0.188	10.2
6	2.190	2.080	−0.110	−5.0
7	2.080	2.275	0.195	9.4
8	2.210	2.407	0.197	8.9
9	2.500	2.575	0.075	3.0
10	1.750	0.841	−0.909	−51.9
11	2.770	2.840	0.070	2.5
12	3.160	3.048	−0.112	−3.5
13	2.980	3.280	0.300	10.1
14	1.830	1.874	0.044	2.4
15	1.350	2.270	0.920	68.1
16	3.860	3.860	0.000	0.0
17	4.630	4.112	−0.518	−11.2
18	2.920	3.025	0.105	3.6
19	3.160	3.486	0.326	10.3
20	3.080	3.982	0.902	29.3
21	4.500	4.945	0.445	9.9
22	4.110	4.374	0.264	6.4
23	5.340	4.881	−0.459	−8.6
24	5.560	5.322	−0.238	−4.3
25	6.700	5.729	−0.971	−14.5

从表 5.11 中可以看到胶凝砂砾石抗压强度的实测值和拟合值吻合较好，多数试验的相对误差小于 20%，个别试验的相对误差大于 20%。原因是胶凝砂砾石材料不同于混凝土材料，其原材料为不考虑级配的天然砂砾石，抗压强度离差系数一般较大，同时受到人为因素、养护环境的影响，会出现个别试验的相对误差较大。对于抗压强度，自变量的相对权值关系为：胶材用量 1.0000、水胶比 0.4174、细料含量 0.2144，说明胶材用量对抗压强度的影响最大，其次是水胶比，这与极差分析结果相同。

为进一步研究各因素在不同水平下对胶凝砂砾石抗压强度的影响规律，又进行了 PPR 单因素仿真分析，结果见表 5.12。通过极差分析的平均指标与 PPR 单因素仿真结果对比分析，并绘制各因素在不同水平统计方法下的关系曲线图，见图 5.1～图 5.3。

表 5.12　　PPR 单因素仿真分析结果

胶材用量（X=30，S=1.0）		细料含量（J=60，S=1.0）		水胶比（J=60，X=30）	
水平值	抗压强度/MPa	水平值	抗压强度/MPa	水平值	抗压强度/MPa
45.0	1.60	20	2.84	0.6	2.10
52.5	2.36	25	3.09	0.8	2.74
60.0	3.21	30	3.21	1.0	3.21
67.5	4.23	35	3.15	1.2	3.37
75.0	5.33	40	2.93	1.4	3.21

注：胶凝材料用量为 J（kg/m^3）；细料含量为 X（%）；水胶比为 S。

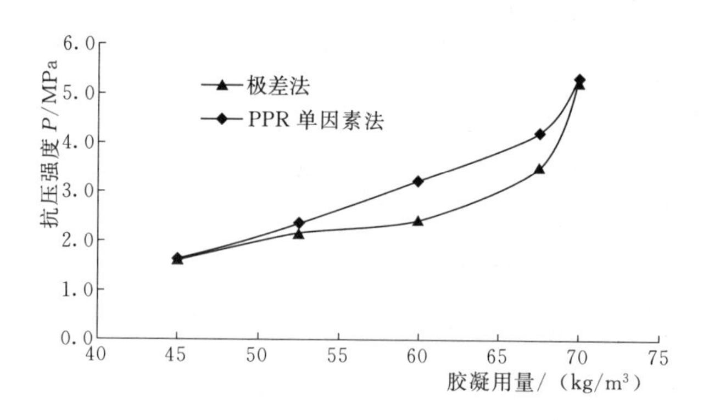

图 5.1　胶材用量与抗压强度关系曲线

从图 5.1 中看出两条曲线变化趋势相同，当胶材用量在 45～67.5kg/m^3 时，胶凝砂砾石材料的抗压强度随着胶材用量的增加而增大，但增幅较平缓；当胶材用量大于 67.5kg/m^3 时，曲线斜率变大，抗压强度明显增大，此时胶凝材料不仅仅起填充作用，更重要的是发挥胶结功效，使胶凝砂砾石料力学性能更接近混凝土，其抗压强度突然增大。胶材用量越少时，砂砾石表面形成的胶凝产物越少，摩阻力越大；反之，摩阻力则越小。当胶材用量很少时，不能形成足够的胶凝产物胶结砂砾石料；随着胶材用量的增加，胶凝产物可以充分地胶结砂砾石，此时材料抗压强度较高。

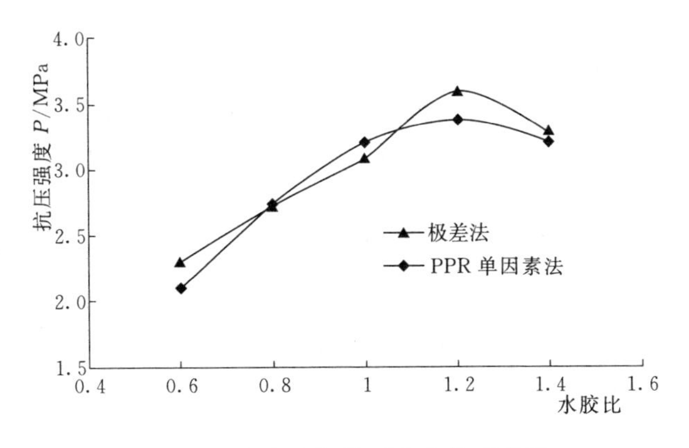

图 5.2　水胶比与抗压强度关系曲线

从图 5.2 中看出，胶凝砂砾石材料的抗压强度随水胶比的增大出现先增大后减小的趋势，当水胶比达到 1.2 时，抗压强度最大，当水胶比大于 1.2 时，抗压强度开始减小。这个规律说明水胶比过大，振捣击实后拌和物容易泌水，试件内部空隙率增加，导致抗压强度降低。水胶比太小，拌和料过于干涩，近似散粒状，颗粒之间的摩擦阻力很大，振捣击实困难，达不到较高的密实度，抗压强度偏低。

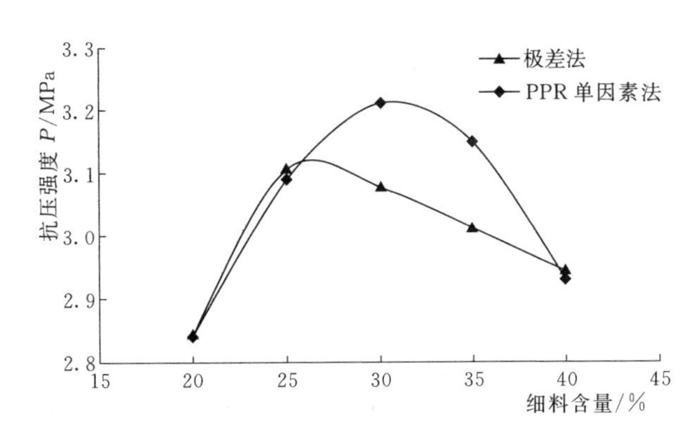

图 5.3　细料含量与抗压强度关系曲线

从图 5.3 中得出当细料含量为 25%～30%时，胶凝砂砾石材料的抗压强度达到最大，表明此时砂砾石材料的振实密度较大，试件比较密实。当细料含量小于 25%时，胶凝砂砾石材料内部的粗骨料较多，细料不足以填充粗骨料间的空隙，骨架疏松；当细料含量大于 30%时，细料承担了部分骨架作用，且骨料总比表面积增大，胶凝材料形成的浆体不能完全裹覆骨料，抗压强度降低较多。

4. 配合比优选

胶凝砂砾石料是一种多成分的材料，典型的胶凝砂砾石料具有弹性、黏性和塑性的特征。胶凝砂砾石料的弹性和黏塑性主要取决于胶凝材料的性质、胶凝层的厚度及胶凝材料与砂砾石料相互作用的特性。胶凝砂砾石的强度由堆石料的强度和胶凝材料与砂砾石之间的黏聚力两部分组成，胶凝材料的配合比中各个因素水平值的变化，都将引起胶凝砂砾石强度的变化。

胶凝砂砾石配合比优选的目的就是希望胶凝砂砾石材料既能满足实际工程的需要，又能体现出优选的配合比具有代表性，突出其材料安全性和经济性的特点。百米高级大坝的自重应力仅为 2MPa 左右，考虑 50%的材料的安全储备，材料的抗压强度只需 3MPa。从 25 组配合比中发现多组配合比都满足 3MPa 的要求，材料在满足安全的前提下，成本越低越经济，因此最终优选配合比为水泥用量 40kg/m^3、粉煤灰用量 20kg/m^3、细料含量为 30%、水胶比为 1.2。

例 5.3　沥青胶浆拉伸强度变化规律分析

碱性填料（如石灰石粉）与沥青的吸附性强，酸性填料（如花岗岩石粉）与沥青的吸附性较弱，影响沥青胶浆的物理、力学方面的诸多性能，进而影响沥青混凝土的相关性能（如强度、变形、水稳定性、耐久性及施工和易性）。通过对沥青胶浆在不同因素、水平下拉伸强度试验结果的分析，得到了沥青胶浆拉伸强度影响因素的主次顺序及变化规律。

1. 原材料

试验所用沥青胶浆的原材料包括沥青（克拉玛依石化公司生产的 70A 级道路石油沥青）和填料（花岗岩石粉、石灰石粉、水泥），石灰石粉和花岗岩石粉为试验室在球磨机中粉磨并通过 0.075mm 筛得到。水泥为新疆天山水泥厂生产的 PO42.5 级水泥。材料技术性能指标见表 5.13 和表 5.14。

表 5.13　　沥青技术性能指标

项目	针入度/0.1mm	15℃延度/cm	10℃延度/cm	软化点/℃
技术要求	60～80	≥100	≥25	≥46
试验结果	72.5	110.2	68.5	49.0

表 5.14　　填料技术性能指标

项目	表观密度（g/cm³）	亲水系数	含水率（%）	<0.075mm 含量（%）	碱值
技术要求	≥2.5	≤1.0	≤0.5	>85	—
花岗岩石粉	2.61	0.86	0.10	100	0.21
石灰石粉	2.70	0.56	0.10	100	0.95
水泥	3.04	0.50	0.05	100	1.04

2. 试验结果与分析

根据所确定的因素水平以及已有的碾压式沥青混凝土配合比设计经验，选用 UL_9（3^4）均匀正交表安排试验，选择因素为填料浓度、填料类型、试验温度。实践工程经验表明，碾压式水工沥青混凝土的填料浓度在 1.9 左右时，孔隙率可达到 1%以下，故选择填料浓度为 1:1、2:1、3:1；填料类型为花岗岩石粉、石灰石粉、水泥；新疆地区沥青混凝土心墙的常年工作温度为 8～10℃，故选择试验温度为 10℃、15℃、20℃。均匀正交试验组及结果见表 5.15。

表 5.15　　均匀正交试验组及结果

试验组号	填料浓度	填料类型	试验温度/℃	空列	试验结果/MPa
1	1:1	花岗岩石粉	10	2	0.35
2	1:1	石灰石粉	20	1	0.05
3	1:1	水泥	15	3	0.13
4	2:1	花岗岩石粉	20	3	0.12
5	2:1	石灰石粉	15	2	0.48
6	2:1	水泥	10	1	1.13
7	3:1	花岗岩石粉	15	1	0.69
8	3:1	石灰石粉	10	3	1.51
9	3:1	水泥	20	2	0.81

对表 5.15 中 9 组试验数据进行 PPR 分析，反映投影灵敏度指标的光滑系数 S=0.50，投影方向初始值 M=5，最终投影方向取 MU=4。

对于沥青胶浆抗拉强度，β=（0.9877　0.0995　0.1008）

$$\alpha=\begin{pmatrix} 0.9262 & 0.3397 & -0.1634 \\ -0.7068 & -0.6945 & 0.1347 \\ 0.2489 & -0.8992 & 0.0856 \end{pmatrix}$$

沥青胶浆抗拉强度的实测值、仿真值及误差见表 5.16。可以看出所有的仿真值与实测值吻合较好，9 组试验数据合格率为 100%，且相对误差最大仅为−5.1%。说明 PPR 建模能够较好地反映填料浓度、试验温度、填料类型与沥青胶浆拉伸强度的关系。对于沥青胶浆的拉伸强度，自变量的相对权值关系为：填料浓度 1.0000、试验温度 0.8635、填料类型 0.3353。

表 5.16　　PPR 模型回归分析结果

试验组号	实测值/MPa	仿真值/MPa	绝对误差/MPa	相对误差/%
1	0.350	0.358	0.008	2.2
2	0.050	0.047	−0.003	−5.1
3	0.130	0.126	−0.004	−3.4
4	0.120	0.120	0.000	0.0
5	0.480	0.491	0.011	2.2
6	1.130	1.134	0.004	0.4
7	0.690	0.690	0.000	0.0
8	1.510	1.509	−0.001	−0.1
9	0.810	0.796	−0.014	−1.8

为进一步检验 PPR 建模的可靠性，又做了 9 组试验，并将实测值与 PPR 仿真值进行对比，检验的 9 组试验结果与 PPR 仿真值较为接近，最大相对误差仅为 8.3%，可以证明 PPR 建模的可靠性。检验结果见表 5.17。

表 5.17　　PPR 建模检验结果

试验组号	填料浓度	填料类型	试验温度/℃	试验结果/MPa	拟合值/MPa	相对误差/%
1	2:1	花岗岩石粉	10	0.680	0.691	1.6
2	2:1	石灰石粉	10	0.930	0.944	1.5
3	2:1	水泥	10	1.120	1.134	1.2

续表

试验组号	填料浓度	填料类型	试验温度/℃	试验结果/MPa	拟合值/MPa	相对误差/%
4	2:1	花岗岩石粉	15	0.360	0.342	–5.3
5	2:1	石灰石粉	15	0.470	0.491	4.3
6	2:1	水泥	15	0.590	0.630	3.2
7	2:1	花岗岩石粉	20	0.110	0.120	8.3
8	2:1	石灰石粉	20	0.230	0.207	–6.3
9	2:1	水泥	20	0.220	0.245	–2.0

为研究各因素在不同水平下对沥青胶浆抗拉强度的影响规律，采用了PPR 单因素仿真分析，并绘制各因素在不同水平下的关系曲线，如图 5.4 所示。

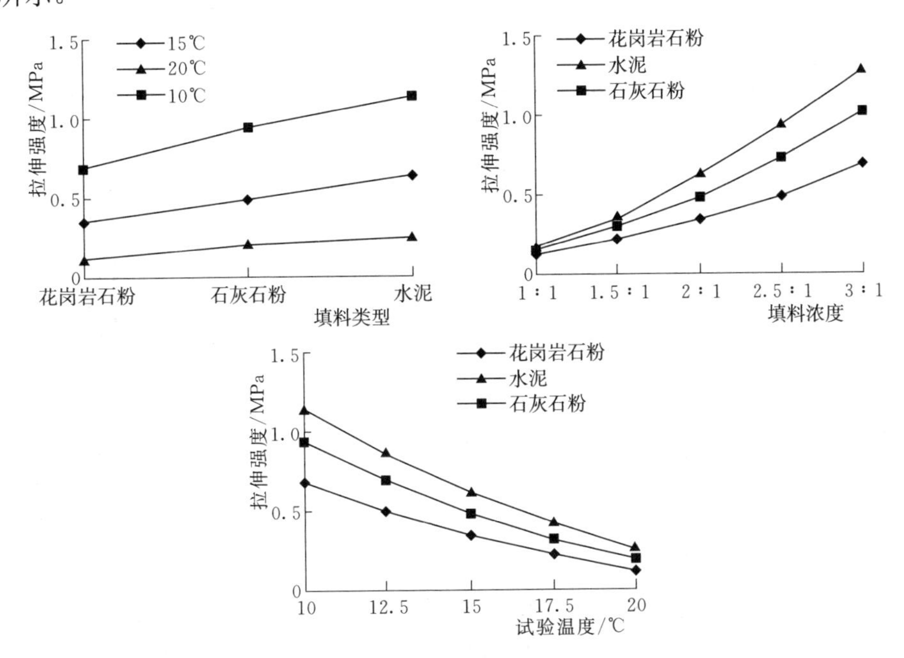

图 5.4　填料类型、填料浓度、试验温度与拉伸强度关系

由图 5.4 可以看出，沥青胶浆拉伸强度的大小关系为：花岗岩石粉＜石灰石粉＜水泥。因为水泥的碱性最强，花岗岩石粉的酸性最强，而沥青与碱性矿料之间有更好的交互作用，不仅有物理吸附，还有化学吸附，且后者比前者要强得多；在一定温度下，不管填料类型如何，沥青胶浆拉伸

强度均随填料浓度的增加而增大。随着填料的增加，填料有更大的比表面积与沥青产生交互作用，形成更多的结构沥青，使沥青胶浆的黏度增大，拉伸强度随之增大；填料浓度相同时，不同填料配制的沥青胶浆拉伸强度随温度升高而降低，因为沥青胶浆是一种温度敏感性材料，随着温度的升高，沥青胶浆的黏度降低，流动性增强，拉伸强度降低。

例 5.4　盐化作用对黏性土抗剪强度的影响规律

黏性土的抗剪强度主要取决于土的矿物成分，土质一定时主要受到土的密度、含水率、含盐量、形成历史和结构等因素的影响。通过对伊犁地区巩留县莫合乡地质灾害区域性调查，选取代表性黏性土，颗粒级配为砂粒含量 1.3%、粉粒含量 82.8%、黏粒含量 15.9%，土粒比重 2.70，不均匀系数 9.0，曲率系数 2.6，总盐含量 3.8g/kg。运用均匀正交设计法将土样按含盐量、干密度、含水率三因素配制成三水平的人工土样。试验方案见表 5.18。

表 5.18　　均匀正交试验设计方案

试验号	含盐量 /（g/kg）	干密度 /（g/cm^3）	含水率 /（%）
1	3.8	1.28	7.0
2	33.8	1.28	18.0
3	63.8	1.28	12.5
4	3.8	1.4	18.0
5	33.8	1.4	12.5
6	63.8	1.4	7.0
7	3.8	1.55	12.5
8	33.8	1.55	7.0
9	63.8	1.55	18.0

通过抗剪强度试验测定出黏性土的抗剪强度指标，考核指标为非饱和状态与饱和状态的抗剪强度参数内摩擦角 φ、黏聚力 c。试验结果见表 5.19。

表 5.19　　均匀正交试验结果汇总表

试验号	非饱和状态		饱和状态	
	内摩擦角 φ/（°）	黏聚力 c/kPa	内摩擦角 φ/（°）	黏聚力 c/kPa
1	26.6	19.9	22.5	17.3

续表

试验号	非饱和状态		饱和状态	
	内摩擦角 φ/（°）	黏聚力 c/kPa	内摩擦角 φ/（°）	黏聚力 c/kPa
2	25.4	16.8	21.1	15.5
3	26.1	15.0	20.4	13.3
4	25.8	29.9	23.2	18.2
5	26.7	24.7	22.2	16.1
6	29.8	21.3	21.3	14.6
7	28.1	37.4	24.5	20.7
8	32.8	31.6	23.9	18.7
9	26.4	23.6	23.2	16.7

对表 5.19 中的 9 组数据进行 PPR 分析，反映投影灵敏度指标的光滑系数取 S=0.10，投影方向初始值 M=4，最终投影方向取 MU=3。

对于非饱和黏性土强度指标内摩擦角 φ，β=（1.0409，0.1876，0.0947）

$$\begin{pmatrix}\alpha_1\\ \alpha_2\\ \alpha_3\end{pmatrix}=\begin{pmatrix}0.9994 & 0.0009 & -0.0340\\ -0.9949 & -0.0044 & 0.1000\\ 0.9962 & -0.0072 & 0.0872\end{pmatrix}$$

对于非饱和黏性土强度指标黏聚力 c，β=（0.9896，0.2207，0.0630）

$$\begin{pmatrix}\alpha_1\\ \alpha_2\\ \alpha_3\end{pmatrix}=\begin{pmatrix}0.9999 & -0.0032 & -0.0013\\ -0.9918 & 0.0216 & 0.1258\\ 0.9998 & 0.0050 & -0.0169\end{pmatrix}$$

对于饱和黏性土强度指标内摩擦角 φ，β=（0.9955，0.1526，0.0715）

$$\begin{pmatrix}\alpha_1\\ \alpha_2\\ \alpha_3\end{pmatrix}=\begin{pmatrix}0.9999 & -0.0029\\ -0.9999 & 0.0116\\ 0.9966 & -0.0818\end{pmatrix}$$

对于饱和黏性土强度指标黏聚力 c，β=（1.005，0.0984，0.0778）

$$\begin{pmatrix}\alpha_1\\ \alpha_2\\ \alpha_3\end{pmatrix}=\begin{pmatrix}0.9999 & -0.0052\\ -0.9999 & -0.0001\\ 0.9999 & 0.0040\end{pmatrix}$$

非饱和状态下黏性土强度指标 φ、c 实测值与拟合值的相对误差见表5.20，可以看出：所有的指标计算值与试验值吻合较好，内摩擦角 φ 的相对误差不大于 1.2%，黏聚力的相对误差不大于 2.7%。说明 PPR 模型能够较好的反映含盐量、干密度、含水率与抗剪强度的关系。对于内摩擦角 φ，自变量的相对权值关系为：含水率 1.000、干密度 0.799、含盐量 0.166，可以看出非饱和状态下含水率对内摩擦角 φ 影响最大，其次是干密度的影响。对于黏聚力 c，自变量的相对权值关系为：干密度 1.000、含盐量 0.647、含水率 0.266，可以看出非饱和状态下干密度对黏聚力 c 影响最大，其次是含盐量的影响。

表 5.20　　PPR 模型计算结果分析表（非饱和状态）

试验号	内摩擦角 φ			黏聚力 c		
	实测值 /（°）	拟合值 /（°）	相对误差 /%	实测值 /kPa	拟合值 /kPa	相对误差 /%
1	26.60	26.93	1.2	19.90	19.93	0.1
2	25.40	25.52	0.5	16.80	26.83	0.2
3	26.10	25.90	−0.8	15.00	14.60	−2.7
4	25.80	25.66	−0.6	29.90	29.68	−0.7
5	26.70	26.60	−0.4	24.70	24.88	0.7
6	29.80	29.79	0.0	21.30	21.58	1.3
7	28.10	28.19	0.3	37.40	37.42	0.1
8	32.80	32.54	−0.8	31.60	31.38	−0.7
9	26.40	26.67	0.6	23.60	23.91	1.3

饱和状态下黏性土强度指标 φ、c 实测值与拟合值的相对误差见表5.21，计算值与试验值吻合也较好，内摩擦角 φ 的相对误差不大于 1.0%，黏聚力的相对误差不大于 1.1%。对于内摩擦角 φ，自变量的相对权值关系为：干密度 1.000、含盐量 0.703，可以看出饱和状态下干密度对内摩擦角 φ 影响最大，其次是含盐量的影响。对于黏聚力 c，自变量的相对权值关系为：含盐量 1.000、干密度 0.832，饱和状态下含盐量对黏聚力 c 影响最大，其次是干密度的影响。

表 5.21　　PPR 模型计算结果分析表（饱和状态）

试验号	内摩擦角 φ			黏聚力 c		
	实测值 / (°)	拟合值 / (°)	相对误差 /%	实测值 /kPa	拟合值 /kPa	相对误差 /%
1	22.50	22.36	–0.6	17.30	17.32	0.1
2	21.10	21.20	0.5	15.50	15.33	–1.1
3	20.40	20.26	–0.7	13.30	13.43	1.0
4	23.20	23.31	0.5	18.20	16.26	0.4
5	22.20	22.19	0.0	16.10	16.26	1.0
6	21.30	21.51	1.0	14.60	14.46	–1.0
7	24.50	24.52	0.1	20.70	20.59	–0.5
8	23.90	23.80	–0.4	18.70	18.67	–0.2
9	23.20	23.14	–0.3	16.70	16.79	0.5

通过 PPR 分析得到了含盐量、干密度、含水率对黏性土抗剪强度的影响权重。为进一步分析不同条件下含盐量对黏性土抗剪强度的影响规律，采用了投影寻踪仿真单因素分析方法，当含盐量为 3.8g/kg、18.8g/kg、33.8g/kg、48.8g/kg、63.8g/kg 时，对应单因素水平分别为–1、–0.5、0、+0.5、+1，保证其余因素（干密度、含水率）值不变，均采用 0 水平。表 5.22 是在饱和与非饱和状态下不同总盐水平黏性土抗剪强度的仿真值。

表 5.22　　单因素法分析黏性土抗剪强度仿真值

水平号	–1	–0.5	0	+0.5	+1	备注
摩擦角 φ / (°)	26.37	26.41	26.60	26.76	26.95	非饱和
	23.31	22.72	22.19	21.84	21.51	饱和
黏聚力 c /kPa	28.31	27.12	24.88	22.77	19.40	非饱和
	18.26	17.19	16.26	15.28	14.40	饱和

从图 5.5 可以看出，土的干密度一定时，饱和状态下土的摩擦强度要远小于非饱和状态下的摩擦强度。土中含水率较小时随着含盐量增加，土中孔隙水为过饱和溶液，孔隙水不能溶解过多的盐分时，剩余盐分会从孔隙水中析出，与土体颗粒胶结在一起成为土粒骨架的一部分，从而使土的

摩擦强度有所增加；当土样饱和后，土中孔隙水由过饱和溶液变成非饱和溶液，随着更多的水分浸入盐化土时，与土粒骨架胶结的易溶盐结晶体被溶解为液体，土体中气体孔隙也被充填，土体由三相结构体逐渐转变为二相结构体，土体的孔隙增大，骨架间的接触面积变小，摩擦强度急剧下降。

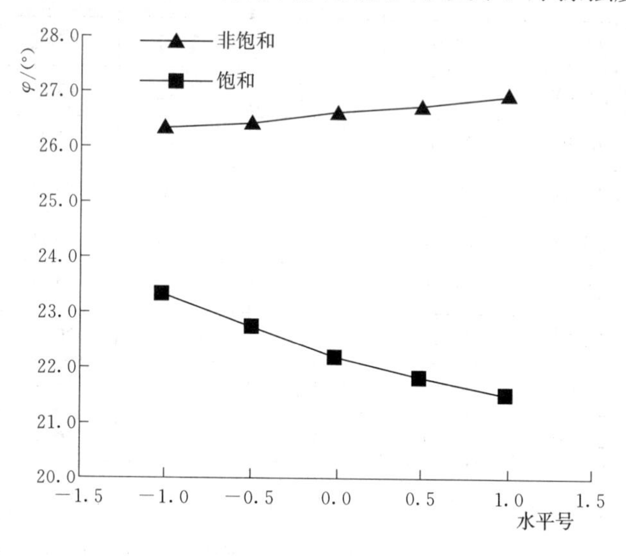

图 5.5　总盐水平与摩擦角的关系

从图 5.6 可以看出，土的干密度一定时，饱和状态下土的黏聚强度要小于非饱和状态下的黏聚强度。随着土中含盐量增加，土的黏聚强度均显著

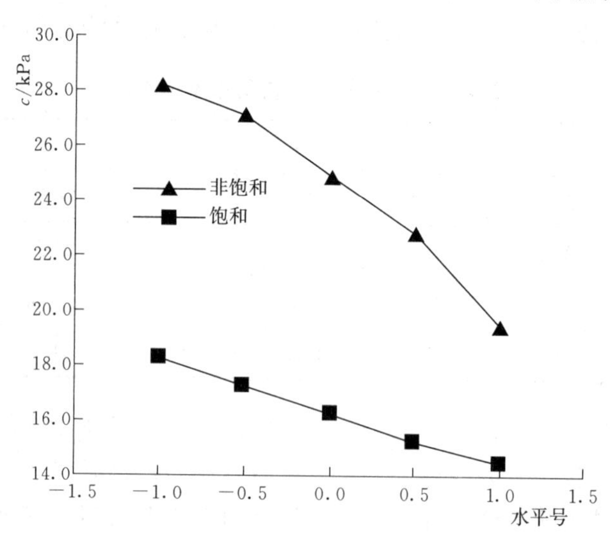

图 5.6　总盐水平与黏聚力的关系

降低，盐化作用增加了土体中黏聚体的分散性，土体颗粒的团粒结构遭到了破坏。同时，土体在饱和的过程中，由于盐溶作用增大了土体的孔隙比，土体颗粒接触面减小，土体黏聚强度也有所下降。

例 5.5　含盐量与颗粒级配对工程土稠度界限的影响

土的稠度界限直接影响土的工程分类，进而也影响到细粒土的工程性质，因此，研究工程土稠度界限的影响因素及变化规律是十分重要的。选择有代表性的 5 种土样，纯黏土、黏土（黏粒 40%，粉粒 60%）、粉土（黏粒 10%，粉粒 90%）、纯粉土、纯砂土。将上述 5 种土样按不同颗粒级配配置出 11 组土样，颗粒级配选择按混料均匀设计方法进行，即试验点个数 n=11、影响因素 s=3，在单位立方体 C^2= ［0，1］^{2} 上的均匀设计{c_k=（c_{k1}，c_{k2}）：k=1，2，…，11}，计算如下。

$$x_{k1} = 1 - \sqrt{c_{k1}}$$

$$x_{k2} = \sqrt{c_{k1}}(1 - c_{k2})$$

$$x_{k2} = \sqrt{c_{k1}}c_{k2}\text{，} k=1\text{，}2\text{，}\cdots\text{，}11$$

再按总盐水平 3.8g/kg、33.8g/kg、63.8g/kg 依次掺入混合土料中（试验中加入 NaCl），拌和均匀。混料均匀试验设计方案见表 5.23。

表 5.23　　混料均匀试验设计方案

试验号	总盐水平 /（g/kg）	颗粒级配/%		
		砂粒含量	粉粒含量	黏粒含量
1	3.8	78.7	14.5	6.8
2	33.8	63.1	8.4	28.5
3	63.8	52.3	19.5	28.2
4	3.8	43.6	53.8	2.6
5	33.8	36.0	2.9	61.1
6	63.8	29.3	54.6	16.1
7	3.8	23.1	38.4	38.5
8	33.8	17.4	26.3	56.3
9	63.8	12.1	75.9	12.0
10	33.8	7.1	12.7	80.2
11	63.8	2.3	57.7	40.0

将配好的土样按均匀设计表的安排进行试验，考核指标为土的液限、塑限和塑性指数，其中塑性指数 I_P=（w_L-w_P）×100 得到。试验结果见表 5.24。

表 5.24　　混料均匀试验结果汇总表

试验号	液限/%	塑限/%	塑性指数
1	21.6	14.0	7.6
2	19.9	14.7	5.2
3	19.5	15.4	4.1
4	23.9	15.6	8.3
5	22.4	15.8	6.6
6	20.9	16.1	4.8
7	26.7	16.8	9.9
8	25.6	17.0	8.6
9	23.7	17.4	6.3
10	31.8	18.6	13.2
11	29.7	18.3	11.4

对表 5.24 中的 11 组数据进行 PPR 分析，反映投影灵敏度指标的光滑系数取 S=0.10，投影方向初始值 M=4，最终投影方向取 MU=3。

对于液限权重系数 β=（0.9609，0.2819，0.1021），

$$\begin{pmatrix} \alpha_1 \\ \alpha_2 \\ \alpha_3 \end{pmatrix} = \begin{pmatrix} -0.3063 & -0.9387 & 0.0747 & 0.1392 \\ -0.7830 & 0.3315 & 0.1911 & -0.4904 \\ 0.7052 & 0.5735 & -0.1957 & -0.3681 \end{pmatrix}$$

对于塑限权重系数 β=（1.0318，0.1280，0.1038），

$$\begin{pmatrix} \alpha_1 \\ \alpha_2 \\ \alpha_3 \end{pmatrix} = \begin{pmatrix} -0.0334 & -0.9520 & 0.1707 & 0.2507 \\ 0.6714 & 0.6024 & -0.1788 & -0.3927 \\ 0.5326 & -0.0279 & 0.6562 & -0.5337 \end{pmatrix}$$

液限、塑限和塑性指数的实测值与拟合值的相对误差见表 5.25，可以看出所有的指标计算值与试验值吻合较好，液限的相对误差不大于 2.1%，塑限的相对误差不大于 0.7%，塑性指数的相对误差不大于 7.6%，说明 PPR 模型能够较好地反映土中的含盐量、颗粒级配与稠度界限的关系。对于液限，自变量的相对权值关系为：砂粒含量 1.00、粉粒含量 0.14、黏粒含量

0.18、总盐含量 0.56，可以看出土中砂粒含量对液限影响最大，其次是含盐量的影响。对于塑限，自变量的相对权值关系为：砂粒含量 1.00、粉粒含量 0.19、黏粒含量 0.24、总盐含量 0.06，可以看出土中砂粒含量对塑限影响也最大，其次是黏粒含量的影响。

表 5.25　　　　　　　PPR 模型计算结果分析表

序号	液限/%			塑限/%			塑性指数		
	实测值	拟合值	相对误差	实测值	拟合值	相对误差	实测值	拟合值	相对误差/%
1	21.6	21.5	−0.4	14.0	14.0	0.1	7.6	7.5	1.3
2	19.9	20.0	0.4	14.7	14.7	−0.1	5.2	5.3	−1.9
3	19.5	19.6	0.3	15.4	15.4	−0.2	4.1	4.2	−2.4
4	23.9	24.0	0.4	15.6	15.6	0.1	8.3	8.4	−1.2
5	22.4	21.9	−2.1	15.8	15.9	0.3	6.6	6.1	7.6
6	20.9	21.0	0.5	16.1	16.2	0.5	4.8	4.8	0.0
7	26.7	26.7	−0.2	16.8	16.8	0.0	9.9	9.9	0.0
8	25.6	25.5	−0.3	17.0	17.1	0.5	8.6	8.4	2.3
9	23.7	24.0	1.1	17.4	17.4	−0.1	6.3	6.6	−4.8
10	31.8	31.9	0.2	18.6	18.5	−0.4	13.2	13.3	−0.8
11	29.7	29.7	0.0	18.3	18.2	−0.7	11.4	11.5	−0.9

通过 PPR 模型进一步研究含盐量对稠度界限的影响，表 5.26 为三组土样在不同总盐水平下稠度界限的仿真值。可以看出，同一种颗粒级配的土样，含盐量对液限的影响较显著，随着含盐量的增加，液限值明显减小，含盐量对塑限影响不显著。

表 5.26　　　　　　不同总盐水平下稠度界限仿真值

序号	总盐水平 /（g/kg）	颗粒级配/%			稠度界限仿真值		
		砂粒含量	粉粒含量	黏粒含量	液限/%	塑限/%	塑性指数
1	0	78.7	14.5	6.8	21.6	14.0	7.6
2	35	78.7	14.5	6.8	20.2	14.2	6.0
3	70	78.7	14.5	6.8	19.0	14.2	4.8
4	0	12.1	75.9	12.0	28.2	18.0	10.2
5	35	12.1	75.9	12.0	26.5	17.6	8.9

续表

序号	总盐水平/（g/kg）	颗粒级配/%			稠度界限仿真值		
		砂粒含量	粉粒含量	黏粒含量	液限/%	塑限/%	塑性指数
6	70	12.1	75.9	12.0	23.8	17.4	6.4
7	0	7.1	12.7	80.2	31.8	18.4	13.4
8	35	7.1	12.7	80.2	29.7	18.6	11.1
9	70	7.1	12.7	80.2	28.6	18.1	10.5

例 5.6 黏粒含量与泥石流容重关系的研究

采用文献［8］数据中的我国西部 44 条泥石流沟的 47 个泥石流的黏粒含量和容重样本数据（设为 A 组）和蒋家沟 1998 年、2000 年和 2001 年的 153 个泥石流的黏粒含量和容重样本数据（设为 B 组），原始离散数据见图 5.7。对 A 组和 B 组的 200 个样本数据进行 PPR 建模分析。利用 PPR 工具箱，将反映投影灵敏度指标的光滑系数 S=0.1，投影方向初始值 M=4，最终投影方向取 MU=3。通过计算得出投影模型系数：

$$\alpha=[0.8724 \quad 0.1365 \quad 0.1224],\ \beta=[1 \quad 1 \quad 1]$$

本研究的 PPR 模型和文献［8］中七次多项式模型都是对全部原始数据进行计算模拟，将七次多项式模型和 PPR 模型所计算出的拟合值进行对比，并绘制出黏粒含量和泥石流容重的关系图，见图 5.8。由图 5.8 可知，七次多项式模型与 PPR 无假定模型在一定程度上皆能反映黏粒含量和泥石流容重之间存在着非线性相关，但七次多项式模型所拟合出的结果在黏粒含量大于 22%时，泥石流容重开始出现较大幅度的波动，拟合精度明显下降。为分析两种数值模型的性能，对两者的相对误差进行对比分析，结果见表 5.27。

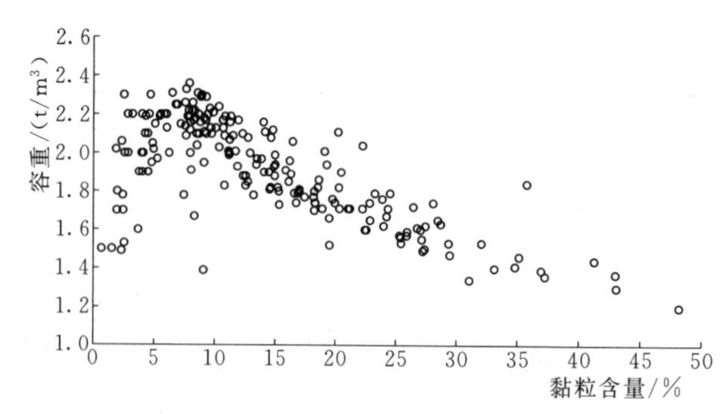

图 5.7 黏粒含量和泥石流容重原始数据

表 5.27　误差分析结果

模型类型	相对误差/%			
	δ=20	δ=15	δ=10	δ=5
PPR 模型	97.0	95.0	90.0	60.5
多项式模型	94.3	84.4	67.0	36.5

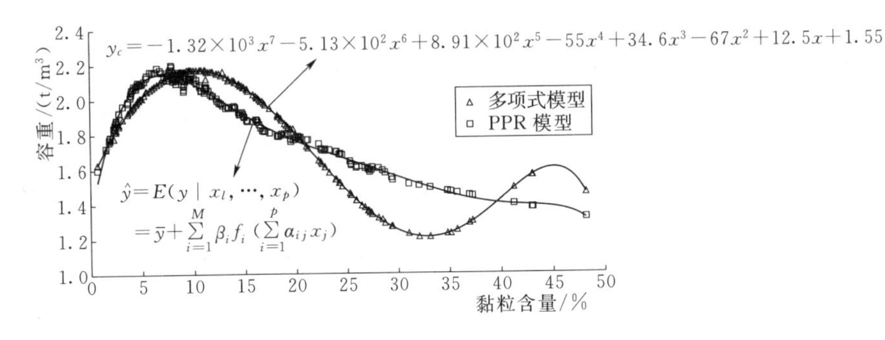

图 5.8　多项式模型和 PPR 模型拟合结果

通过图 5.9 模型误差对比分析可知，PPR 模型合格率整体较多项式模型有明显提高，在相对误差分别小于 20%、15%和 10%时 PPR 模型合格率均达到了 90.0%以上，可以看出 PPR 模型在精确度和稳定性上具有显著优势；相较于多项式模型在相对误差小于 20%、15%、10%和 5%时，分别提高了 3.9%、10.6%，23.0%和 24.0%；对比平均相对误差，PPR 模型和对数式模型分别为 5.3%和 6.5%。由此可知，PPR 模型平均误差较小，回归分析精度更高，相较于多项式模型具有更好的应用价值。

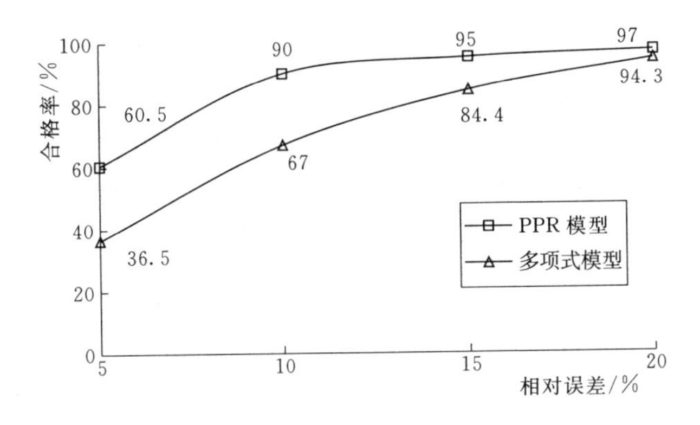

图 5.9　A 组样本建模误差对比

单纯地建模拟合并不能完全证明模型之间的优劣，需通过预留检验的方法进一步验证。对原有的 200 个样本数据进行分组：将 B 组样本数据作为建模分析组，A 组样本数据作为预留检验组，以进一步证实模型的性能。对 B 组样本数据进行 PPR 建模分析，将光滑系数 S=0.1，投影方向初始值 M=2，最终投影方向 MU=1；$\alpha=[0.8614]$，$\beta=[1]$。根据模型公式计算出预留检验组结果，误差分析结果见表 5.28，并绘制模型误差对比图 5.10。

表 5.28　　误差分析结果

模型组别	相对误差/%			
	δ=20	δ=15	δ=10	δ=5
建模分析组	97.4	95.4	90.9	62.8
预留检验组	95.7	85.1	68.1	38.3

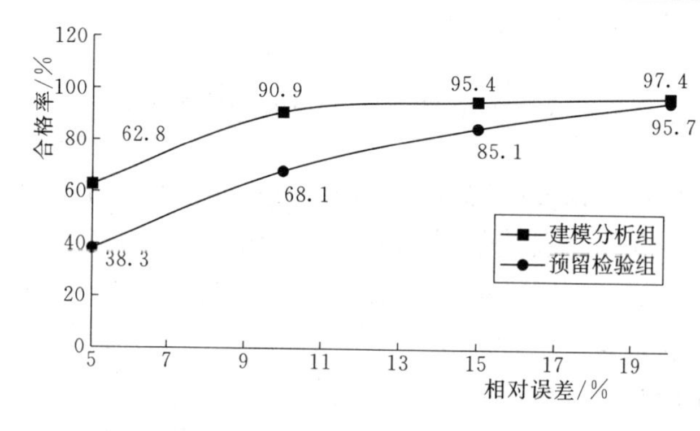

图 5.10　B 组样本建模误差对比

由图 5.10 可知，PPR 建模分析组的合格率相较于七次多项式模型在相对误差小于 20%、15%、10%和 5%时分别提高了 3.1%、11.0%、23.9%和 26.3%，PPR 预留检验组的合格率相较于后者分别提高了 1.4%、0.7%、1.1%和 1.8%。该结果进一步表明 PPR 模型在兼容性和定量信息利用方面具有显著的优势，它不仅适用范围广，而且具有较强的灵活性，可为分析黏粒含量和泥石流容重的关系提供完善可靠的技术支持。

例 5.7　悬栅消能工布置形式的优化分析

通过对大量试验数据分析得出悬栅消能工在消减消力池池内最大水深方面有显著作用，试验着重研究栅高、栅距和数量改变对悬栅消力池内最大水深的影响，明确池内最大水深主次影响因子。对 9 组矩形悬栅消力池最大水深试验数据进行 PPR 建模，反应投影灵敏度指标的光滑系数 S=0.6，投影方向初始值 M=5，最终投影方向 MU=4。数值函数权重及投影方向值为 β=（0.7971，0.2059，0.3194，0.1658），α_1=（0.2387，−0.9065，−0.3488），α_2=（−0.4882，0.8468，0.2108），α_3=（−0.0478，−0.9963，0.0713），α_4=（0.0974，−0.9965，0.2376）。矩形悬栅消力池最大水深 PP 回归结果见表 5.29。

表 5.29　　矩形悬栅消力池最大水深 PP 回归结果

试验序号	实测值/cm	预报值/cm	绝对误差/cm	相对误差/%
1	19.198	19.245	0.048	0.20
2	19.295	19.169	−0.126	−0.70
3	18.065	18.067	0.002	0.00
4	19.168	19.031	−0.136	−0.70
5	18.702	18.894	0.192	1.00
6	19.365	19.448	0.083	0.40
7	19.462	19.468	0.006	0.00
8	18.485	18.561	0.076	0.40
9	19.205	19.06	−0.145	−0.80
合格项	9	—	合格率	100%

运用 PPR 对矩形悬栅消力池最大水深进行单因子分析，将栅高 h_s、栅距 b_s、栅条数量 n_s 三因子变幅分为 5 等水平，规定每次只变动一个影响因子，并保持其他影响因子处于中水平，矩形悬栅消力池内最大水深 PPR 单因子分析结果见表 5.30，矩形悬栅消力池最大水深各因子影响效应见图 5.11。

表 5.30　　矩形悬栅消力池内最大水深 PPR 单因子分析结果

流量 Q /（L/s）	最大水深 h_m /cm	栅高 h_s /cm	栅距 b_s /cm	栅条数量 n_s /根	变动因子	极差
8	18.764	7.5	4	12	h_s	0.167
8	18.804	8.5	4	12		
8	18.845	9.5	4	12		
8	18.889	10.5	4	12		
8	18.934	11.5	4	12		
8	19.094	9.5	3	12	b_s	0.315

续表

流量 Q /（L/s）	最大水深 h_m /cm	栅高 h_s /cm	栅距 b_s /cm	栅条数量 n_s /根	变动因子	极差
8	18.924	9.5	3.5	12	b_s	0.315
8	18.845	9.5	4	12		
8	18.789	9.5	4.5	12		
8	18.779	9.5	5	12		
8	19.417	9.5	4	8	n_s	0.825
8	19.079	9.5	4	10		
8	18.845	9.5	4	12		
8	18.661	9.5	4	14		
8	18.592	9.5	4	16		

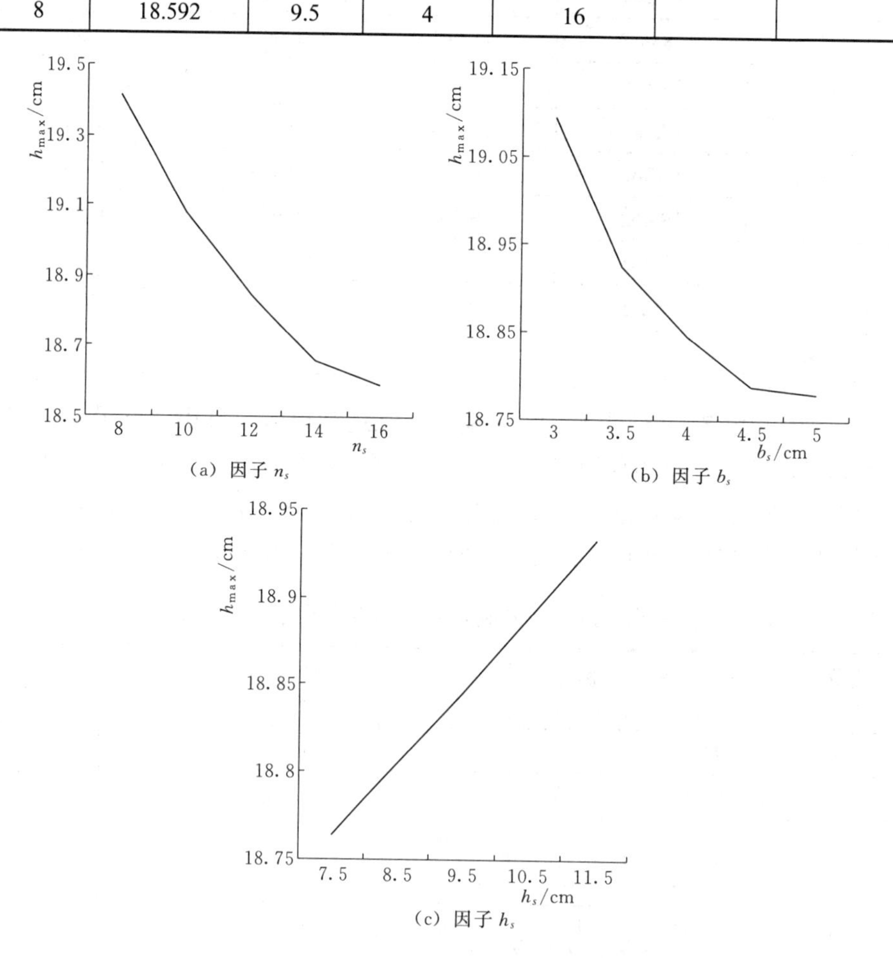

图 5.11　矩形悬栅各因子影响效应

由表 5.29 可知，池内最大水深实测值和预报值两者拟合较好，绝对误差在±0.2cm 之内，相对误差在±1.0%范围之内，合格率达 100%，满足试验误差要求。由表 5.30 可知，当变动 h_s 因子时，极差为 0.167；变动 b_s 因子时，极差为 0.315；变动 n_s 因子时，极差为 0.825。从极差分析可知，变动 n_s 因子时，极差最大，对最大水深影响效果最显著；变动 h_s 因子时，极差最小，对池内最大水深影响最小，由此可以判断出，池内对最大水深影响最显著的因子是栅条数量 n_s，其次为栅距 b_s，最后是栅高 h_s。由图 5.11 同样可以看出矩形悬栅各因子对池内最大水深影响大小。

加入矩形悬栅的消力池中，h_s、b_s、n_s 布置参数相对权重值决定着对池内最大水深影响的高低程度，池内最大水深影响因子相对权重见表 5.31；应用 PPR 对池内最大水深试验数据进行仿真优化，通过整理矩形悬栅消力池内最大水深 PPR 仿真数据，调用 Surfer8.0 软件绘制矩形悬栅消力池内最大水深影响因子等值线图，见图 5.12。

表 5.31　　消力池内矩形悬栅布置参数的相对权重

权序	影响因子	相对权重值
1	n_s	1
2	b_s	0.820
3	h_s	0.248

表 5.31 中矩形栅条数量 n_s 的相对权重值为 1.000，栅距 b_s 的相对权重值为 0.820，栅高 h_s 的相对权重值为 0.248，因此矩形栅条数量 n_s 对影响池内最大水深起决定性作用，其次是栅距 b_s，栅高 h_s 影响最小，这也与 PPR 单因子分析矩形悬栅消力池内最大水深结果保持一致。

由图 5.12 中三幅等值线图综合可知，当栅距 b_s 从 3cm 变化到 7cm，栅高 h_s 从 7cm 变化到 11cm，矩形栅条数量 n_s 从 10 根变化到 18 根，池内最大水深随栅高 h_s 变化不大，但随着矩形栅条数量 n_s 增多、栅距 b_s 增大呈明显降低趋势，在栅高 h_s=9cm，栅距 b_s=5cm，n_s=16 时，消力池内最大水深由未加悬栅时的 20.068cm 消减到 18.233cm，降幅达到 9.14%。

例 5.8　明渠不同壁面糙率变化规律分析

以矩形人工明渠中的均匀流为研究对象，在不同的渠道壁面粗糙度下，糙率系数与雷诺数、底坡以及弗劳德数等水利要素的关系。在新疆农业大学水力学实验室做了相关实验，其中有五种粗糙度（对应的等效粗糙度 Δ

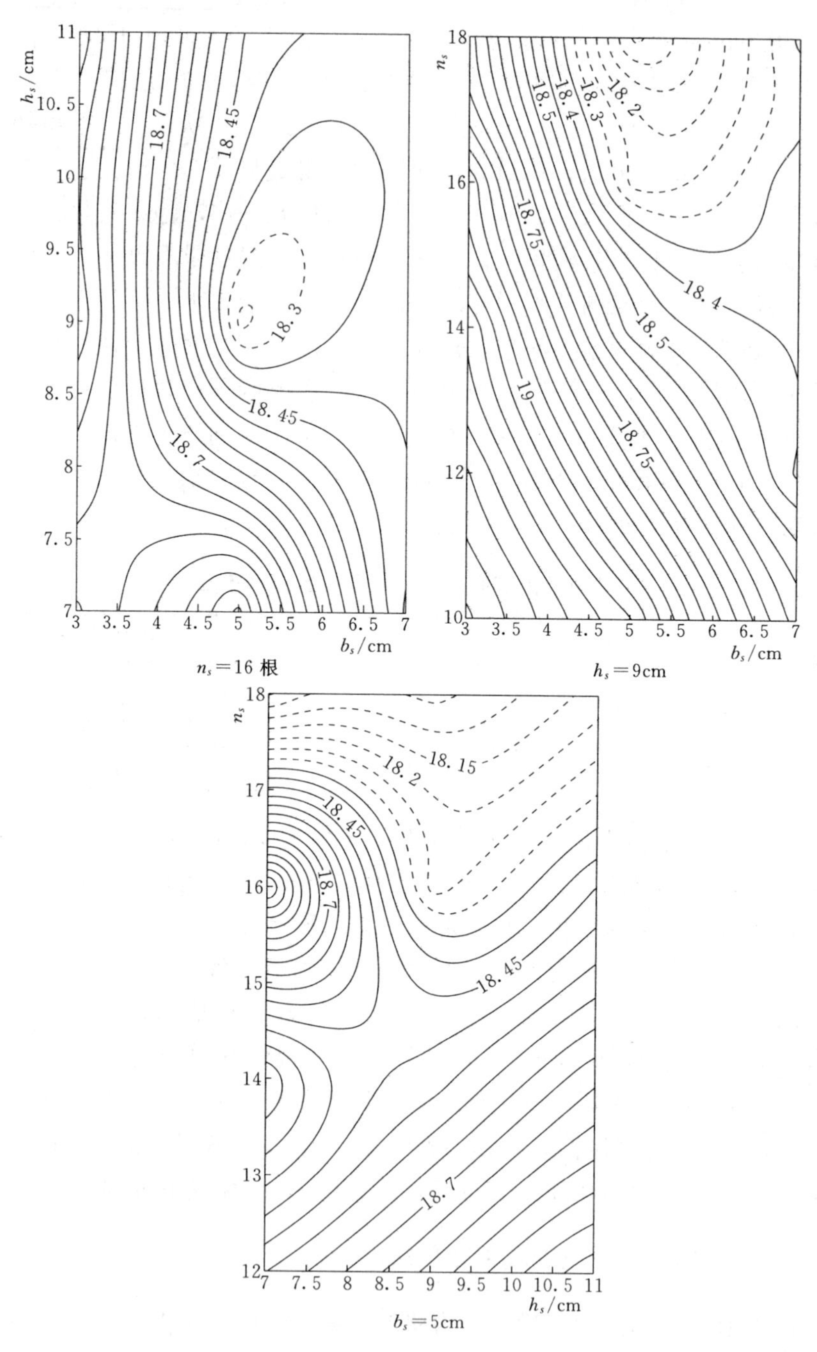

图 5.12 矩形悬栅消力池内最大水深影响因子等值线图

分别为 0，0.33mm，1.5mm、2.5mm、4mm）；坡度分别为 i=0.035、0.042、0.048、0.054、0.06、0.065、0.072、0.078、0.083、0.09；流量工况分别为 6L/s、7L/s、9L/s、11L/s、12L/s、14L/s、16L/s、17L/s、19L/s、21L/s。工况的选取就依据均匀设计表 U_a（b^c）来选取，即 U_{11}（11^{10}），见表 5.32。

表 5.32　　均匀设计表

试验号＼列数	1	2	3	4	5	6	7	8	9	10
1	1	2	3	4	5	6	7	8	9	10
2	2	4	6	8	10	1	3	5	7	9
3	3	6	9	1	4	7	10	2	5	8
4	4	8	1	5	9	2	6	10	3	7
5	5	10	4	9	3	8	2	7	1	6
6	6	1	7	2	8	3	9	4	10	5
7	7	3	10	6	2	9	5	1	8	4
8	8	5	2	10	7	4	1	9	6	3
9	9	7	5	3	1	10	8	6	4	2
10	10	9	8	7	6	5	4	3	2	1
11	11	11	11	11	11	11	11	11	11	11

通过实验观测出水深、渠道流量，还需计算出平均水深、水力半径、糙率、弗劳德数 Fr 及雷诺数 Re。根据试验的需要，一个粗糙度下试验数据为 100 组，因变量为糙率 n，自由变量的个数为 7 个（粗糙度 Δ、底坡 i、平均水深 h、水力半径 R、流量 Q、弗劳德数 Fr、雷诺数 Re）。因此根据表 5.32，在表 5.32 中选择 7 行 1 列对应的数为 7，则将这 100 组数据编号，从第一个数据算起每隔 7 个数据选取一个数据，共 10 组数据用于 PPR 投影来建模，剩余的 90 组数据做预留检验。

模型的参数选取为：S=0.3，M=5，MU=3。下面列出不同壁面粗糙度 PPR 分析的结果以及粗糙度 Δ=4mm 详细回归结果与部分预留检验结果，见表 5.33 和表 5.34。

表 5.33　　各粗糙度 PPR 分析结果

合格率＼粗糙度	Δ=0mm	Δ=0.33mm	Δ=1.5mm	Δ=2.5mm	Δ=4mm
回归合格率/%	100	100	100	100	100
拟合合格率/%	89	90	92	96	100

表 5.34　　**PPR 模型计算结果分析表（Δ=4mm）**

数据序列号	糙率系数 n		相对误差/%
	实测值	预报值	
8	0.017	0.017017	0.1
15	0.017	0.017034	0.2
22	0.016	0.015984	–0.1
40	0.016	0.015952	–0.3
47	0.015	0.015165	1.1
54	0.015	0.014745	–1.7
61	0.012	0.012060	0.5
79	0.016	0.015920	–0.5
86	0.015	0.015150	1.0
93	0.013	0.013026	0.2
合格项数	10	合格率	100%

从表 5.33 中通过计算，得出试验数据拟合平均合格率为 93.4%，因此可以认为数据的拟合精度较高，本次试验所得数据是真实可靠的。在表 5.34 中可看出壁面粗糙度为 Δ=4mm 情况下的糙率系数 n 的实测值与预报值的绝对误差与相对误差，其预报值与实测值吻合较好，相对误差≤±1.7%。

（1）不同粗糙度下糙率与雷诺数的关系分析。图 5.13 为试验数据分析所得的糙率 n 与雷诺数 Re 的关系图，雷诺数的变化范围为 15000～90000，则试验水流为紊流。从纵向来看，不同壁面粗糙度的情况下，其相应的糙率系数会随着粗糙度的增大而增大；单看同一种粗糙度下，雷诺数增大，糙率的值变化不大，当 d=0 时，随着雷诺数增大，糙率几乎不变，因此可认为雷诺数对糙率的影响非常小。

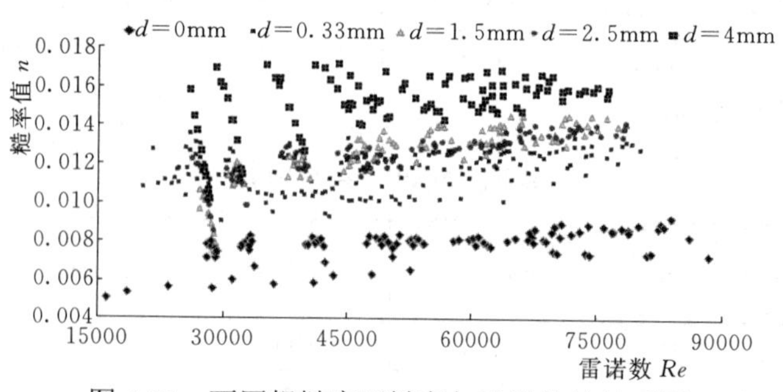

图 5.13　不同粗糙度下糙率与雷诺数的关系图

(2)不同粗糙度下糙率同弗劳德数与底坡的关系分析。图5.14和图5.15分别为d=0.33mm和d=2.5mm时不同坡度下糙率与弗劳德数的关系图。

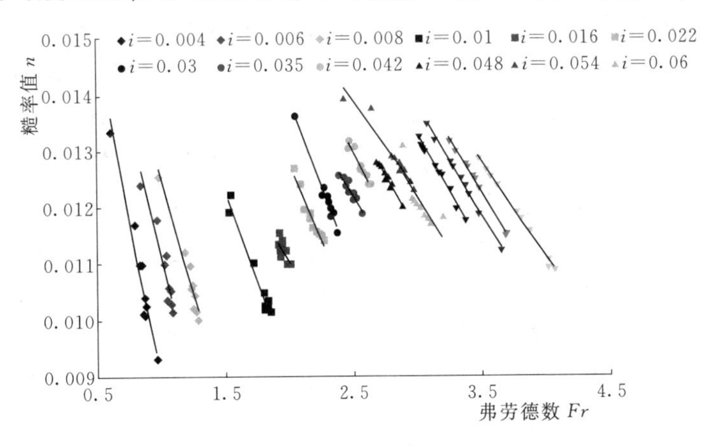

图5.14 d=0.33mm时不同坡度下糙率与弗劳德数的关系图

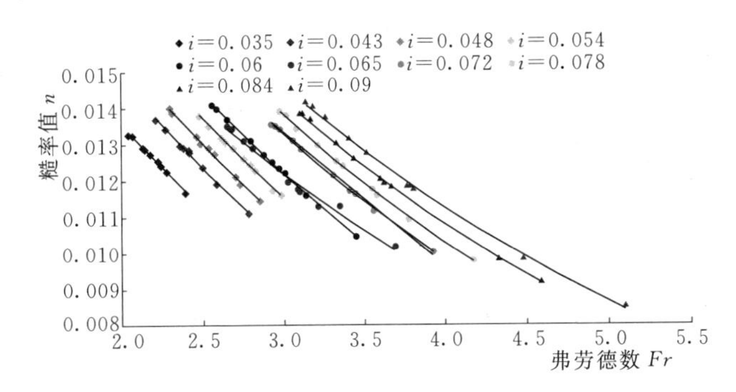

图5.15 d=2.5mm时不同坡度下糙率与弗劳德数的关系图

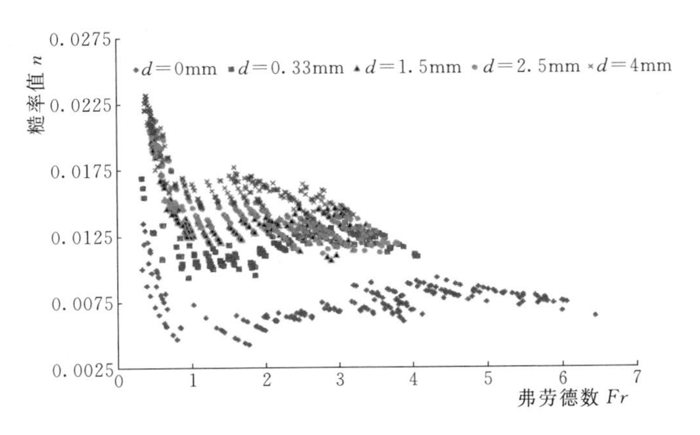

图5.16 糙率与弗劳德数的关系总图

从图 5.14 和图 5.15 中可以看出：①在每个粗糙度下，底坡在增大的同时弗劳德数也在逐渐增大；②当粗糙度值较小时，坡度增大，糙率值的变化范围没有明显增大，而当粗糙度较大时，例如图 5.15 中，坡度增大时，糙率值变化范围有明显增大；③同时在每个坡度下，可以近似的认为弗劳德数与糙率呈线性变化，随着弗劳德数增大，糙率减小。在图 5.16 中，可以发现，当弗劳德数小于 1 时为缓流，试验点近似于一条垂直线分布，此时 Fr 对糙率系数有决定性的影响；当弗劳德数大于 1 时为急流，试验点变化较为平缓，Fr 对糙率系数的影响减小，坡度的影响增大，此时弗劳德数 Fr 及坡度 i 对糙率系数均有一定影响。且三者存在某种函数关系，即 $n=f(Fr, i)$。

（3）不同粗糙度下糙率与流量的关系分析。图 5.17～图 5.21 分别是同一粗糙度下，坡度 i 为 0.035、0.048、0.06、0.084、0.09 时糙率与流量的关系图。

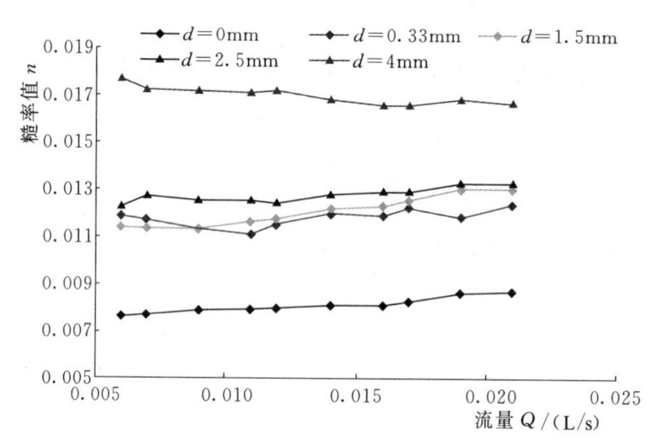

图 5.17 i=0.035 时糙率与流量的关系

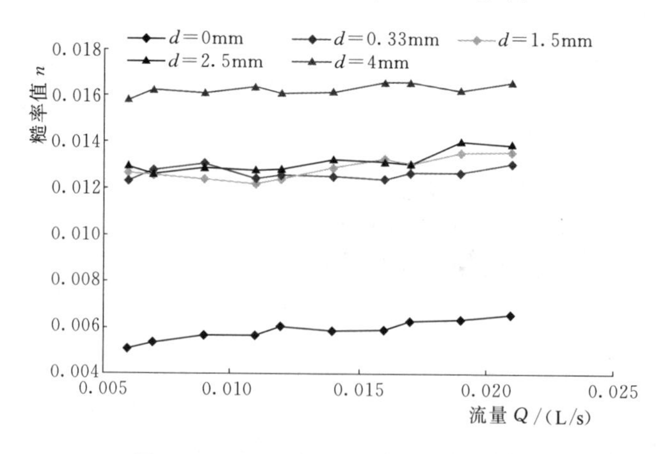

图 5.18 i=0.048 时糙率与流量的关系

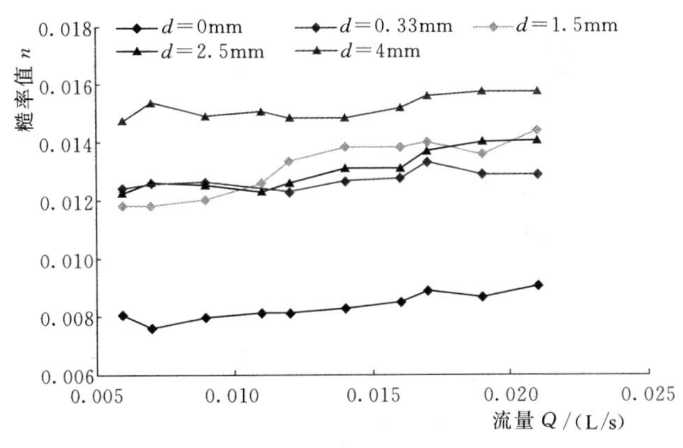

图 5.19　i=0.06 时糙率与流量的关系

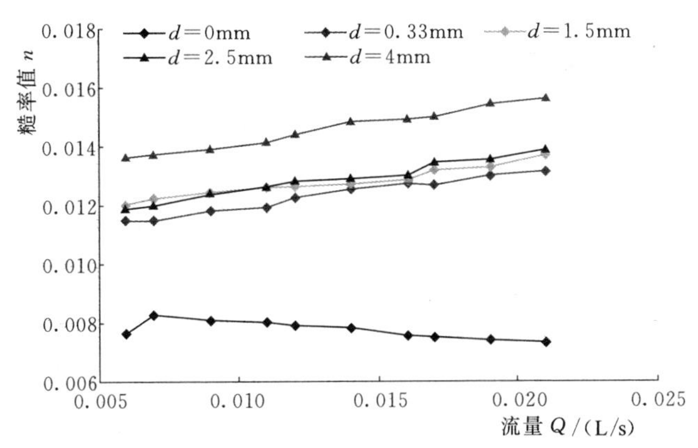

图 5.20　i=0.084 时糙率与流量的关系

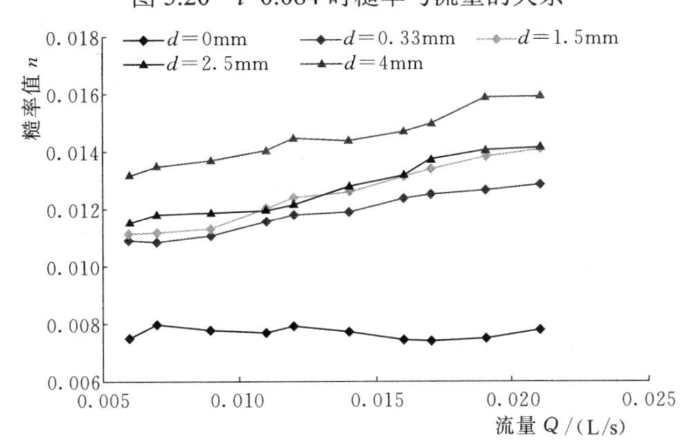

图 5.21　i=0.09 时糙率与流量的关系

从图 5.17 到图 5.21，可以看出随着流量的逐渐增大，在每个绝对粗糙度下相应的糙率系数值的变化并不明显，虽然随着坡度的增大相应的糙率系数值略有增大但不明显，这说明流量 Q 对糙率系数 n 的影响很小。

例 5.9　投影寻踪法在寒区混凝土热力学参数反演中的应用

试验混凝土配合比见表 5.35，大尺度混凝土温度监测试验及测点示意图如图 5.22 所示。大尺度混凝土试件的尺寸为 0.8m×0.8m×1.0m（长×宽×高），为获得更多的热力学参数，顶面混凝土裸露在空气中，底面采用钢模板，其余 4 个面均覆盖 10cm 厚保温苯板。

表 5.35　　　　混 凝 土 配 合 比

水胶比	粉煤灰掺量/%	砂率/%	$1m^3$ 混凝土各项材料用量											
			水泥/kg	粉煤灰/kg	水/kg	砂/kg	石子/kg		减水剂		引气剂		增密剂	
							5～20mm	20～40mm	掺量/%	用量/kg	掺量/（1/万）	用量/kg	掺量/%	用量/kg
0.34	25	34	237	79	108	660	576	705	0.5	1.58	2	0.063	2	6.34

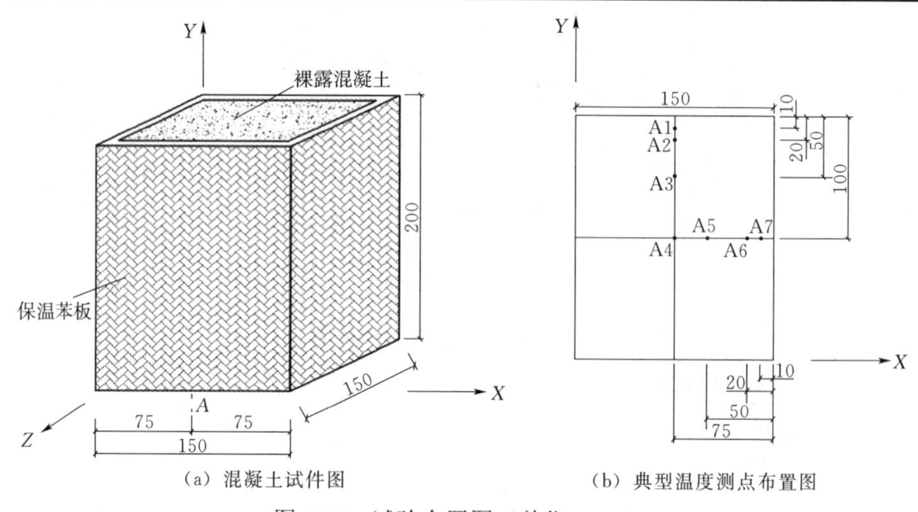

（a）混凝土试件图　　（b）典型温度测点布置图

图 5.22　试验布置图（单位：cm）

待振捣后的混凝土完全覆盖电阻式温度计时开始监测，考虑到浇筑时气温较低（约为 8℃），试件浇筑完后 7d 拆模，然后按照前述方案中的保温措施进行保温，采用课题组研发的温度监测数据采集智能系统来对混凝土温度进行自动监测。

采用双曲线模型表征混凝土水化放热过程，即

$$\theta = \theta_0 \frac{\tau}{n+\tau} \tag{5.1}$$

式中：τ 为龄期；n 为温升速率。

根据已有研究成果选取导热系数（λ）、表面放热系数（β）、等效表面

放热系数（覆盖保温被，β'）、绝热温升（θ）以及温升速率（n）5 个参数作为反演参数，其取值范围见表 5.36。

表 5.36　　反演参数取值范围

参数	λ/[kJ/(m·d·℃)]	β/[kJ/(m²·d·℃)]	β'/[kJ/(m²·d·℃)]	θ/℃	n
取值范围	120～200	300～2000	20～500	25～40	1.0～3.0

采用均匀设计理论，按照均匀设计表进行设计，得到 30 组训练样本，见表 5.37；同时按照均匀设计理论生成 9 组检验样本，用于对建模结果进行检验，检验样本见表 5.38。

表 5.37　　基于均匀设计的 30 组训练样本

编号＼参数	λ/[kJ/(m·d·℃)]	β/[kJ/(m²·d·℃)]	θ/℃	β'/[kJ/(m²·d·℃)]	n
1	196.55	1186.21	187.59	31.72	2.79
2	141.38	1500.00	106.90	33.28	1.76
3	127.59	1403.45	156.55	37.41	2.93
4	106.90	1331.03	175.17	33.79	1.34
5	134.48	848.28	150.34	25.52	2.52
⋮	⋮	⋮	⋮	⋮	⋮
25	189.66	1065.52	144.14	38.45	1.21
26	193.10	1379.31	38.62	29.66	1.48
27	120.69	1041.38	193.79	28.62	1.83
28	165.52	1089.66	75.86	28.10	3.00
29	110.34	1282.76	32.41	26.55	2.24
30	117.24	1451.72	63.45	31.21	2.59

表 5.38　　基于均匀设计的 9 组检验样本

编号＼参数	λ/[kJ/(m·d·℃)]	β/[kJ/(m²·d·℃)]	θ/℃	β'/[kJ/(m²·d·℃)]	n
1	112.5	1237.5	155	40	1.5
2	150	1325	20	30.63	1.25
3	200	1062.5	42.5	38.13	2.25
4	100	975	65	26.88	2
5	125	1500	87.5	36.25	2.75
6	175	800	110	34.38	1
7	162.5	1150	132.5	25	3

续表

编号 \ 参数	λ/[kJ/(m·d·℃)]	β/[kJ/(m²·d·℃)]	θ/℃	β'/[kJ/(m²·d·℃)]	n
8	187.5	1412.5	177.5	28.75	1.75
9	137.5	887.5	200	32.5	2.5

采用自行开发的混凝土温度场计算子程序，分别将表 5.37 和表 5.38 中参数代入有限元模型里进行计算，并按下式计算目标函数值：

$$e_i=\sum_{j=0}^{n}[T_i(t_j)-T_{ij}^*]\quad i=1,2,3,\cdots,6,7 \tag{5.2}$$

式中：i 为测点序号，依次代表图 5.23 中典型测点 1、2、3、4、5、6、7，$T_i(t_j)$为 i 测点 j 时刻计算温度，T_{ij}^* 为 i 测点 j 时刻实测温度。

试验温度监测结果如图 5.23 所示。

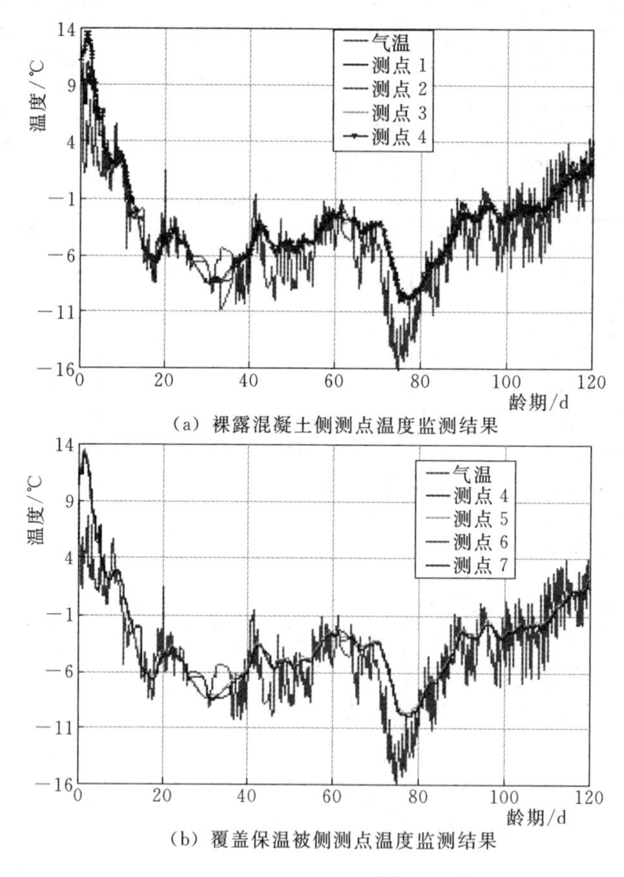

（a）裸露混凝土侧测点温度监测结果

（b）覆盖保温被侧测点温度监测结果

图 5.23　试验温度监测结果

依据图 5.23 温度监测数据，采用 PP 建模方法对混凝土热力学参数进行反演分析，分析结果如下：S=0.10，MU=3，M=5，函数权重为 $\beta=(1.0137，0.0742，0.0622)$，投影方向为

$$\begin{pmatrix} \alpha_1 \\ \alpha_2 \\ \alpha_3 \end{pmatrix} = \begin{pmatrix} -0.0635 & -0.0059 & -0.2655 & 0.5255 & -0.8057 \\ -0.2283 & -0.0077 & 0.0614 & 0.8246 & 0.5238 \\ 0.0426 & 0.0011 & 0.0207 & -0.2712 & 0.9614 \end{pmatrix}$$

同时，9 水平检验样本实测值与 PPR 建模预报值最大相对误差为 –2.6%，合格率 100%。据此得出反演参数值，见表 5.39。将反演参数作为已知参数代入有限元模型中进行温度场计算，限于篇幅，仅列出 A_1 测点实测温度值和计算温度值的历时过程线，如图 5.24 所示。

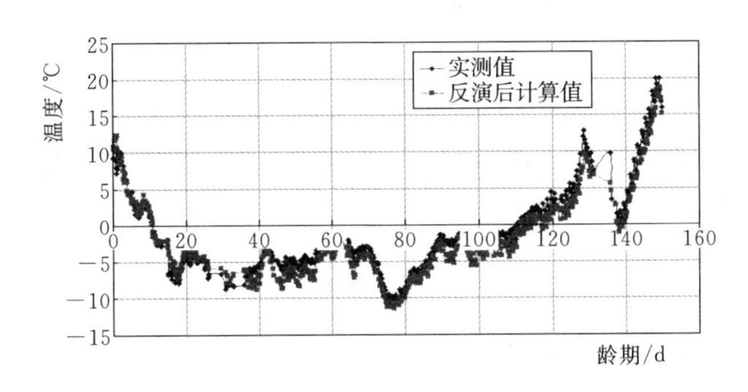

图 5.24　A1 测点处实测值与计算值对比图

表 5.39　　　　**智能反演参数结果**

参数	λ/[kJ/（m·d·℃）]	β/[kJ/（m²·d·℃）]	β'/[kJ/（m²·d·℃）]	θ_0/℃	n
反演结果	186.5	1410.5	197.5	29.25	1.95

将无假定的投影寻踪建模方法与均匀设计相结合的优化算法用于混凝土热力学参数反演分析中，取得了较为理想的效果。该方法可作为混凝土热力学参数智能反演分析的方法推广。大尺度混凝土温度监测试验可行性强，同时，设置不同表面覆盖条件，以混凝土内部多测点的温度监测值为目标函数，更能体现混凝土内部温度的时空分布特点，以此进行反演所得结果能更真实地反映混凝土热学性能。借助投影寻踪方法结合大尺度混凝土温度监测数据确定混凝土热力学参数的方法更可靠，对其他大体积混凝土工程的热学参数确定有参考价值。

例 5.10　基于 PPR 的低热水泥胶凝体系综合性能优化方法

近年来，随着大体积混凝土工程的不断兴起，低热硅酸盐水泥胶凝材料的应用日益广泛。低热硅酸盐水泥具有水化热低、强度发展缓慢和试验周期长等特点，其胶凝材料体系力学、热学综合性能优化问题显得尤为重要。以低热水泥胶凝体系力学、热学综合性能为研究对象，分析不同矿物掺合料下低热水泥胶凝材料的抗压强度和水化热规律，提出建立基于 PPR 的低热水泥胶凝体系抗压强度及水化热综合性能预测模型，进行 PPR 仿真计算，将其综合性能多目标优化转化为力学、热学两个单目标优化问题。分析 PPR 样本数据的结构特征，提出基于均匀正交设计思想的 PPR 建模样本选取准则及模型精度判别准则。

1. 原材料

采用新疆天山水泥股份有限公司生产的强度等级为 42.5 的低热硅酸盐水泥（P.LH），哈密市仁和矿业有限责任公司生产的 Ⅱ 级粉煤灰（FA）和新疆屯河水泥公司的 S75 级矿渣粉（SL），技术指标分别见表 5.40 和表 5.41。

表 5.40　水泥技术指标

水泥	密度 /（g/cm^3）	比表面积 /（m^2/kg）	标稠 /%	矿物组成/%			
				C_3S	C_2S	C_4AF	C_3A
P.LH	3.2	320	26.6	32.2	40.0	15.0	4.3

表 5.41　矿物掺合料技术指标

掺合料	密度 /（g/cm^3）	比表面积 /（m^2/kg）	需水量比 /%	活性指数/%		烧失量 /%
				7d	28d	
FA	2.36	383	91	69	83	3.00
SL	2.88	439	101	57	91	0.84

2. 试验方法

胶凝材料力学强度按照《水泥胶砂强度检验方法（ISO 法）》（GB/T 17671—1999）要求，分别制作各组胶凝材料在 3d、7d、28d 和 90d 龄期下的标准胶砂试件各 3 条，经标准养护至特征龄期后按照规范方法测取平均值；胶凝材料水化热按照《水泥水化热测定方法》（GB/T 12959—2008）中的直接法，由实时测温系统监测各组胶凝材料水化过程中的 168h 胶砂温度变化，并设置平行试验组，计算水化放热量。当两次测得水化热误差不大于 12J/g

时数据有效，取两组算数平均值。

3. 试验方案

用粉煤灰和矿渣粉部分代替水泥，在总胶凝材料不变的情况下分别改变其掺量（占胶凝材料的质量百分数），胶凝材料试验方案见表 5.42。

表 5.42　　胶凝材料试验方案

编号	P.LH /%	FA /%	SL /%	编号	P.LH /%	FA /%	SL /%	编号	P.LH /%	FA /%	SL /%
P	100.0	0.0	0.0	B_2	75.0	0.0	25.0	C_4	65.0	11.7	23.3
A_1	85.0	15.0	0.0	B_3	75.0	12.5	12.5	C_5	65.0	23.3	17.7
A_2	85.0	0.0	15.0	B_4	75.0	8.3	16.7	D_1	55.0	45.0	0.0
A_3	85.0	7.5	7.5	B_5	75.0	16.7	8.3	D_2	55.0	0.0	45.0
A_4	85.0	5.0	10.0	C_1	65.0	35.0	0.0	D_3	55.0	22.5	22.5
A_5	85.0	10.0	5.0	C_2	65.0	0.0	35.0	D_4	55.0	15.0	30.0
B_1	75.0	25.0	0.0	C_3	65.0	17.5	17.5	D_5	55.0	30.0	15.0

对表 5.42 所示的各组胶凝材料特征龄期胶砂强度，分别绘制 15%、25%、35%、45%矿物掺合料掺量下的低热水泥胶凝体系抗压强度折线图，见图 5.25。

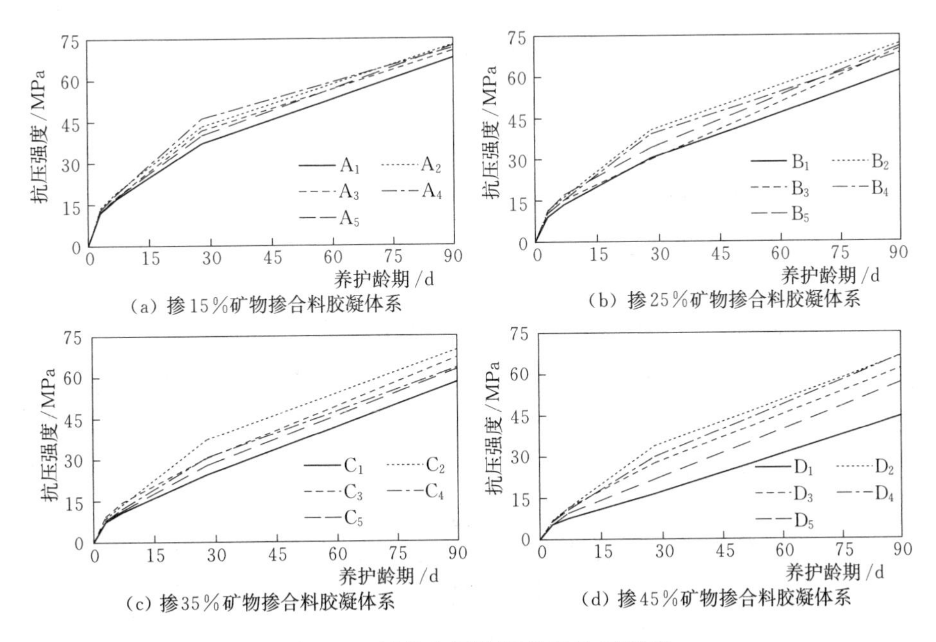

图 5.25　低热水泥胶凝体系抗压强度

由图 5.25 可知，低热水泥胶凝体系抗压强度随矿物掺合料掺量的增加而降低。相同掺合料掺量下，胶凝体系的抗压强度随掺合料比例不同而有明显差异，单掺矿渣粉的胶凝体系不同龄期抗压强度最高，单掺粉煤灰的胶凝体系抗压强度最低，复掺粉煤灰、矿渣粉的胶凝体系抗压强度随矿渣粉比例提高而增加，但增长幅度不与掺量成正比。

表 5.42 所示各组胶凝材料水化过程中的 168h 水化热，分别绘制 15%、25%、35%、45%矿物掺合料掺量下低热水泥胶凝体系水化热曲线图，见图 5.26。

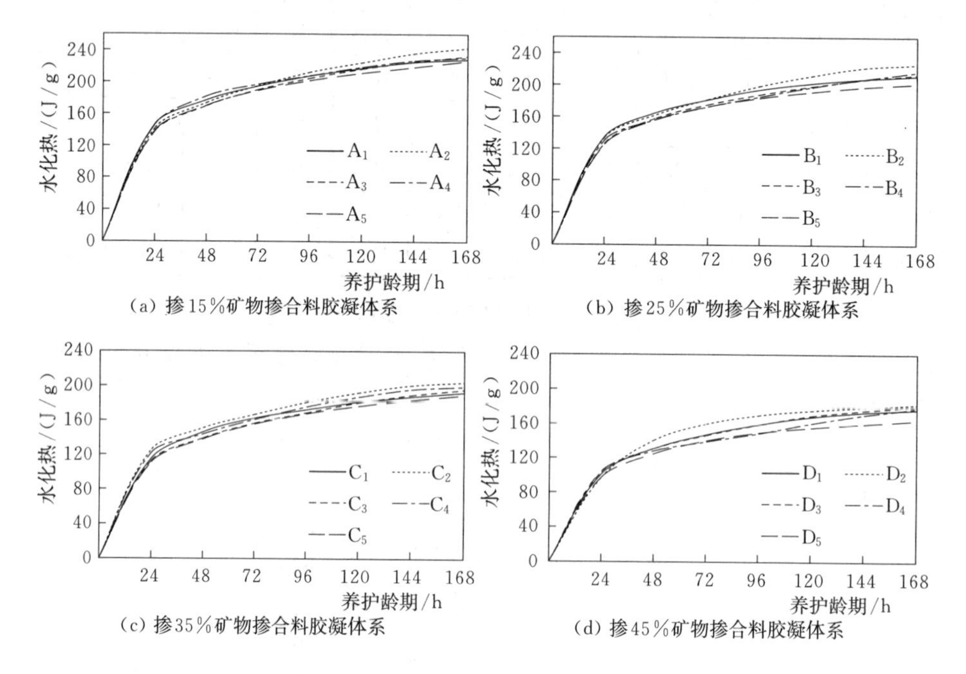

图 5.26　低热水泥胶凝体系放热曲线

由图 5.26 可知，低热水泥胶凝体系水化热随矿物掺合料掺量的增加而明显下降。相同掺量下，单掺粉煤灰的胶凝体系在不同龄期的水化热最低，单掺矿渣粉的胶凝体系水化热最高，复掺粉煤灰、矿渣粉的胶凝体系水化热介于两者单掺之间，且随粉煤灰、矿渣粉的掺比不同无明显差异。

模型精度判别及建模样本选取 PPR 是在探索每个样本点所包含的数据信息的基础上，客观分析样本数据的内在结构特征，以实现其较高精度的仿真计算。因此，样本选择对于 PPR 模型计算精度至关重要。本实例设计了图 5.27 所示四组样本方案，以粉煤灰掺量为 x 轴，矿渣粉掺量为 y 轴，将各方案胶凝材料组成以坐标形式如图 5.27 所示，其中实心圆点表示建模样本，三角形为检验样本。方案 I 体现了样本点在实验区间内均匀正交的设计思想。

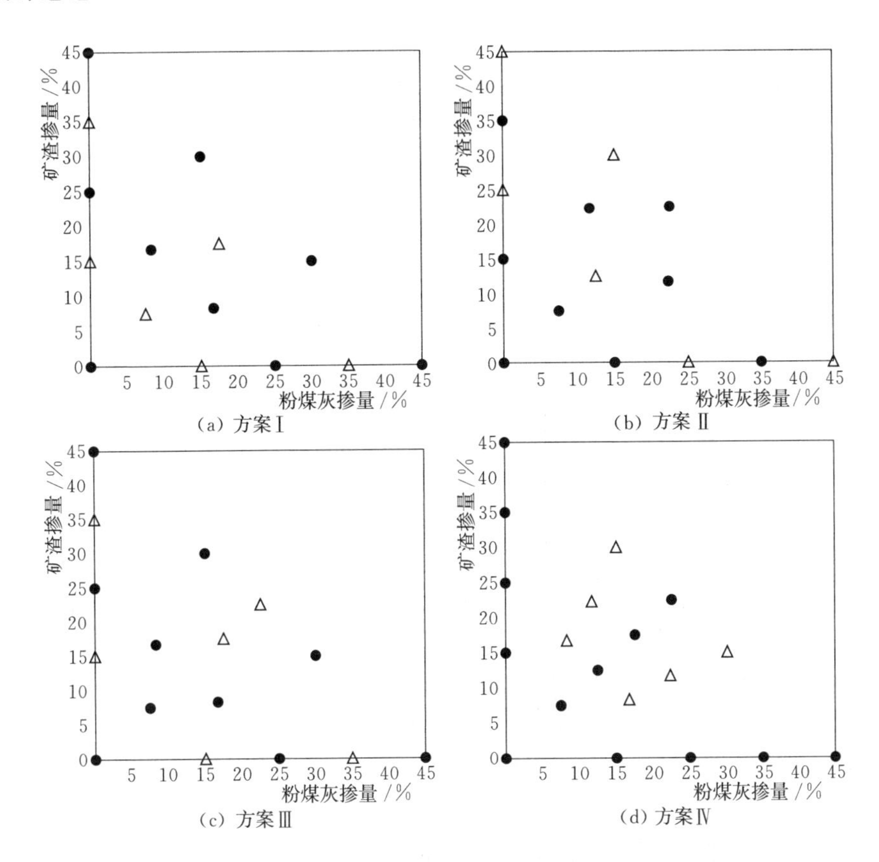

图 5.27　建模样本方案设计

应用 PPR 软件分别对四组方案中样本点 7d、28d 抗压强度和 3d、7d 水化热数据进行建模，运行时指定 3 个模型投影参数分别为：S=0.5，M=5，MU=3。其中，S 为光滑系数，决定模型的灵敏度，当 S 越小时模型越灵敏，其取值范围为 $0<S<1$；岭函数上限个数 M 和最优个数 MU，决定模型寻找数据内在结构的精细程度。

基于以往的大量 PPR 算例，本实例提出 PPR 模型精度判别方法：

（1）在无特殊要求时，可以相对误差 $|\delta| \leqslant 5\%$ 为条件计算各组样本方案合格率，据此对 PPR 模型精度进行评价。

（2）当建模合格率与检验合格率均较高且相近时，可判定样本方案较好地反映了数据结构特征，对应的 PPR 模型具有较高的计算精度。

根据以上准则，计算图 5.27 各组样本方案的模型合格率，结果见表 5.43。通过比较对应的模型计算精度分析建模样本分布特征，确定建模样本选取准则。

表 5.43　　建模样本与检验样本计算合格率

方案编号	样本类型（样本数）	抗压强度		水化热	
		7d	28d	3d	7d
I	建模样本（9）	77.8%	100%	100%	100%
	检验样本（6）	66.7%	100%	100%	100%
II	建模样本（9）	100%	88.9%	100%	100%
	检验样本（6）	66.7%	33.3%	66.7%	100%
III	建模样本（10）	77.8%	100%	100%	100%
	检验样本（6）	66.7%	50.0%	83.3%	83.3%
IV	建模样本（13）	92.3%	84.6%	100%	100%
	检验样本（6）	0.0%	33.3%	83.3%	66.7%

由表 5.43 可知，方案 I 样本数量最少，建模合格率与检验合格率相近且最高，即均匀正交设计的思想能够更好地满足 PPR 样本数据需要。从计算精度出发，分析四种样本方案，总结 PPR 建模样本选取准则如下：

（1）建模样本应适当包含试验区间的边界点。

（2）建模样本的个数不与模型计算精度正相关，不宜过分追求样本数量，应尽量提高样本点在试验区间内的均匀分布程度，比如满足均匀正交设计的原则。

以方案 I 建立的低热水泥胶凝体系 7d、28d 抗压强度和 3d、7d 水化热 PPR 模型为例，粉煤灰、矿渣粉掺量对不同龄期强度、水化热的影响权重系数 β 见表 5.44。投影方向分别为

$$\begin{pmatrix}\vec{\alpha}_1\\ \vec{\alpha}_2\\ \vec{\alpha}_3\end{pmatrix}_{7d强度}=\begin{pmatrix}-0.8059 & -0.5921\\ 0.5109 & -0.8597\\ 0.1323 & -0.9912\end{pmatrix}\quad \begin{pmatrix}\vec{\alpha}_1\\ \vec{\alpha}_2\\ \vec{\alpha}_3\end{pmatrix}_{28d强度}=\begin{pmatrix}-0.9102 & -0.4142\\ 0.8943 & -0.4475\\ 0.3284 & -0.9445\end{pmatrix}$$

$$\begin{pmatrix}\vec{\alpha}_1\\ \vec{\alpha}_2\\ \vec{\alpha}_3\end{pmatrix}_{3d水化热}=\begin{pmatrix}-0.7489 & -0.6627\\ 0.9012 & -0.4333\\ 0.0224 & -0.9998\end{pmatrix}\quad \begin{pmatrix}\vec{\alpha}_1\\ \vec{\alpha}_2\\ \vec{\alpha}_3\end{pmatrix}_{7d水化热}=\begin{pmatrix}-0.7932 & -0.6090\\ 0.4475 & -0.8943\\ -0.2723 & 0.9622\end{pmatrix}$$

表 5.44　影响因子贡献相对权重系数 β

影响因子	抗压强度		水化热	
	7d	28d	3d	7d
FA	1.000	1.000	1.000	1.000
SL	0.715	0.485	0.873	0.956

表 5.44 可以看出，粉煤灰对低热水泥胶凝体系力学、热学性能影响最大，矿渣粉次之，即粉煤灰可显著降低低热水泥胶凝材料的抗压强度和水化热，矿渣粉对水化热降低效果较为明显，但对抗压强度影响较小，与前面的试验结果分析结论一致。

以方案Ⅰ对应的 28d 抗压强度 PPR 模型为例，导出软件运行过程中的岭函数，如图 5.28 所示。

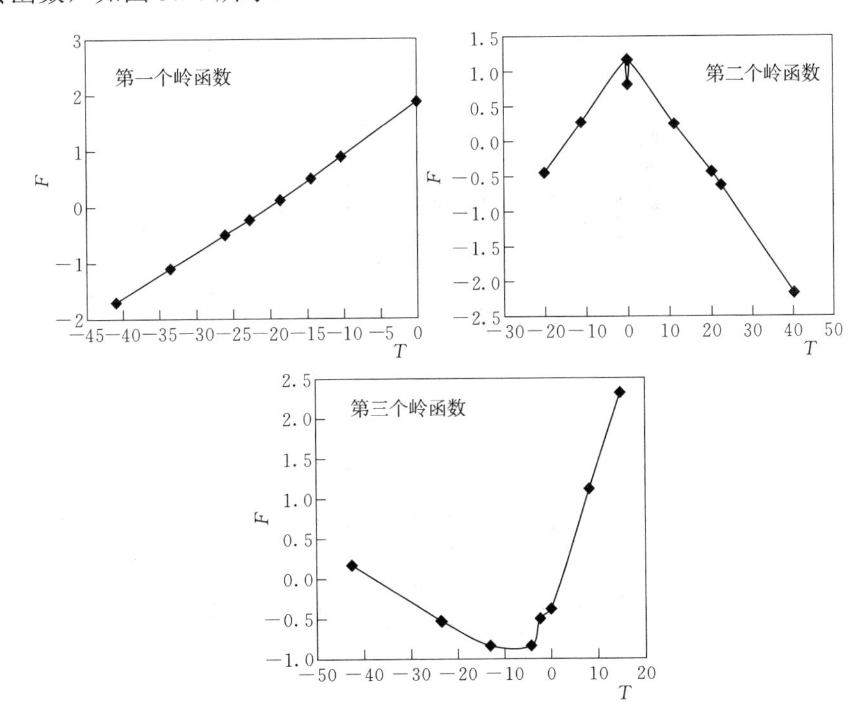

图 5.28　28d 抗压强度 PPR 模型岭函数图

计算精度分析　方案Ⅰ中建模样本、检验样本的7d、28d抗压强度和3d、7d水化热的实验值与计算值对比如图5.29所示。

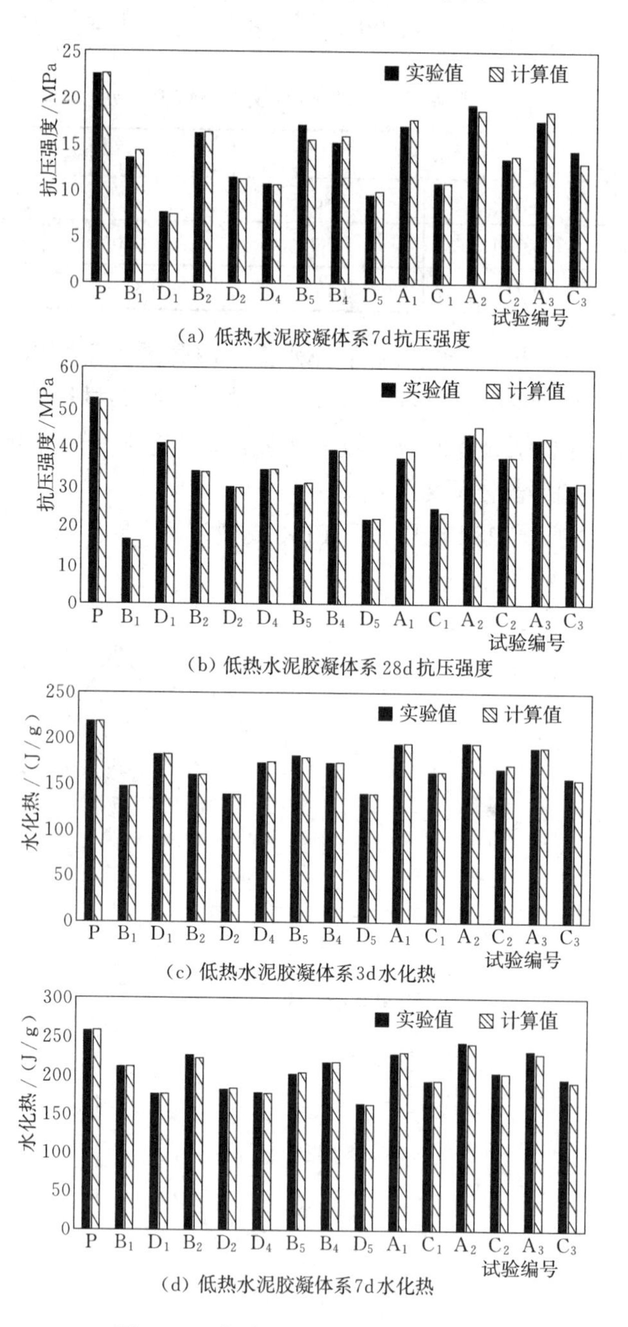

(a) 低热水泥胶凝体系7d抗压强度

(b) 低热水泥胶凝体系28d抗压强度

(c) 低热水泥胶凝体系3d水化热

(d) 低热水泥胶凝体系7d水化热

图5.29　实验值与模型计算值对比

由图 5.29 可知，各组样本数据的实测值与计算值十分接近，即绝对误差小。计算建模样本和检验样本 3d、7d 水化热以及 7d、28d 抗压强度的平均相对误差，结果分别为 2.7%、1.7%、0.5%、0.8%。

为了验证 PPR 样本选取准则及 PPR 在计算精度方面的优势，应用 PPR 软件分别对文献［16］至文献［18］中的相关数据进行计算分析，结果见表 5.45。

表 5.45　　计算结果比较

胶凝材料性能	计算方法	样本个数		相对误差/%
		建模样本	检验样本	
28d 水化热	RBF 神经网络	22	5	1.6
	PPR	22	5	1.2
28d 抗压强度	Matlab 神经网络	40	10	1.9
	PPR	40	10	1.7
28d 抗压强度	BP 神经网络	34	10	2.2
	PPR	14	10	1.4

根据表 5.45 可知，PPR 在建模样本数量和计算精度方面与其他方法相比具有如下优势：

（1）在建模样本相同的条件下，PPR 模型具有更高的计算精度。

（2）在计算精度相近的情况下，PPR 所需的建模样本数更少。

仿真计算利用基于样本方案Ⅰ建立的 PPR 模型，对图 5.30 所示掺合料掺量在［0，45%］区间内的 55 组低热水泥胶凝材料 7d、28d 抗压强度和 3d、7d 水化热进行仿真计算。

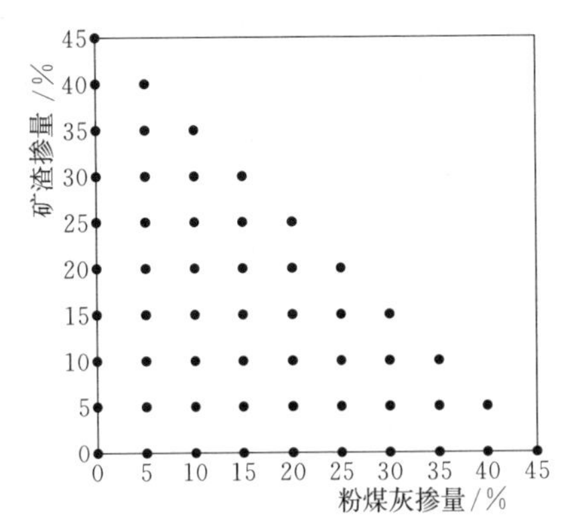

图 5.30　水泥胶凝材料组成方案

根据仿真计算结果，以粉煤灰掺量为横坐标、矿渣粉掺量为纵坐标，绘制低热水泥胶凝体系 3d 水化热–7d 抗压强度、7d 水化热–28d 抗压强度等值线图，限于篇幅，本实例仅列出 7d 水化热–28d 抗压强度等值线图，如图 5.31 所示。

在大体积混凝土工程中，胶凝材料体系的综合性能优化往往是确定某

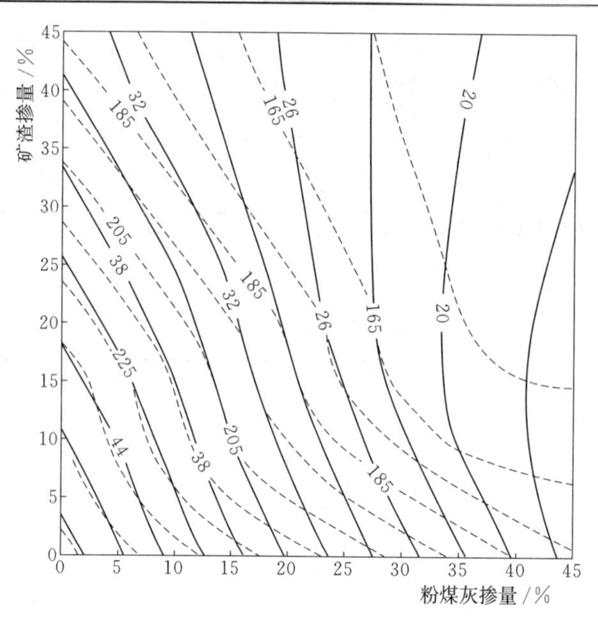

图 5.31　水泥胶凝体系抗压强度、水化热等值线图

一强度指标下水化热最低或某一水化热指标下强度最高的胶凝材料组成。在此情况下，根据工程强度指标或温度控制要求，通过分析低热水泥胶凝体系对应龄期的抗压强度和水化热等值线，即可得出胶凝材料力学、热学最优性能，并确定对应的粉煤灰、矿渣粉掺量，从而达到对低热水泥胶凝体系力学、热学综合性能进行优化的目的。

以一实例详述该优化方法，某工程要求的低热水泥胶凝材料 28d 抗压强度为 45MPa，即可通过确定 45MPa 强度等值线与其右侧水化热等值线的切点，如图 5.32 所示，得到 7d 水化热最优值为 236J/g，此时粉煤灰、矿渣粉掺量分别为 4.0%、8.5%。计算分析得到以下结论：

（1）提出 PPR 模型精度判别方法，以相对误差为依据，当建模合格率与检验合格率较高且相近时可判定模型精度较高；确立 PPR 模型样本选取准则，即在适当包含边界点的前提下，应用均匀正交设计的思想，提高样本点在试验区间内的均匀分布程度。

（2）应用 PPR 软件在少量样本数据的基础上建立仿真计算模型，实现对低热水泥胶凝体系抗压强度和水化热的高精度预测，建立综合性能等值线图，将多目标优化问题转化为对力学、热学两个单目标进行寻优，避免了主观赋权和假定建模，可直接确定低热水泥胶凝体系力学、热学最优性能指标及对应的胶凝材料组成。

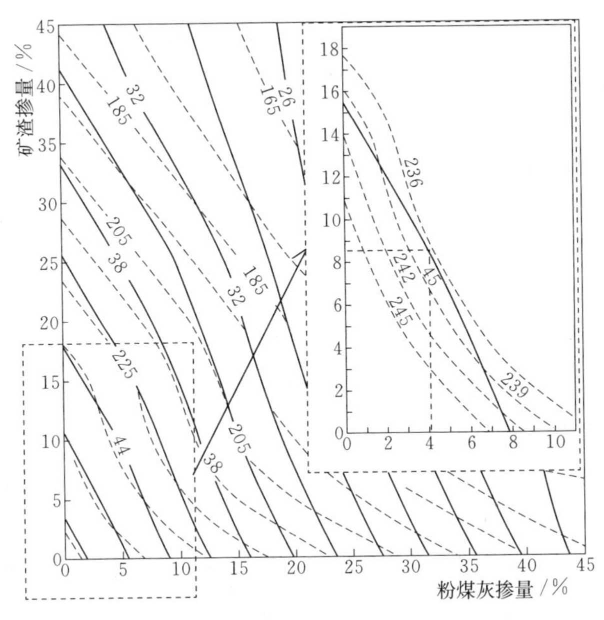

图 5.32　低热水泥胶凝体系综合性能优化示意图

参考文献

[1] 郑祖国，杨力行．1998 年长江三峡年最大洪峰的投影寻踪长期预报与验证［J］．新疆农业大学学报，1998（4）：312-315．

[2] 刘录录，何建新，刘亮，等．胶凝砂砾石材料抗压强度影响因素及规律研究［J］．混凝土，2013（3）：77-80．

[3] 刘录录．胶凝砂砾石材料物理力学性能研究及有限元分析［D］．乌鲁木齐：新疆农业大学，2013．

[4] 何建新，杨耀辉，杨海华．基于 PPR 无假定建模的沥青胶浆拉伸强度变化规律分析［J］．水资源与水工程学报，2016，27（2）：189-192．

[5] 杨耀辉．天然砾石骨料界面与沥青胶浆粘附性能研究［D］．乌鲁木齐：新疆农业大学，2015．

[6] 刘亮，何建新．盐化作用对粘性土抗剪强度的影响规律研究［J］．新疆农业大学学报，2009，32（4）：54-56．

[7] 何建新，刘亮，杨力行，等．含盐量与颗粒级配对工程土稠度界限的影响［J］．新疆农业大学学报，2008，31（2）：85-87．

[8] 胡赵兴，张开平，马槽．泥石流容重的流动还原实验法研究［C］//中国水土保持学

会、台湾中华水土保持学会. 2015年海峡两岸水土保持学术研讨会论文集（上）. 北京：中国水土保持学会，2015：372-376.

[9] 朱玲玲，牧振伟，张佳祎. 悬栅布置形式对消力池消能效果的影响试验［J］. 人民黄河，2016，38（8）：92-94.

[10] 朱玲玲. 底流消力池内悬栅消能工布置型式对消能效果影响研究［D］. 乌鲁木齐：新疆农业大学，2014.

[11] 吴思，赵涛，拜亚茹. 不同粗糙壁面人工渠道糙率影响因子试验研究［J］. 人民黄河，2018（1）.

[12] 拜亚茹. 明渠均匀流人工加糙壁面绝对粗糙度与糙率关系试验研究［D］. 乌鲁木齐：新疆农业大学，2015.

[13] 宫经伟，唐新军，侍克斌. 投影寻踪法在混凝土热力学参数反演中的应用［J］. 中国农村水利水电，2017（4）.

[14] 姜春萌，宫经伟，唐新军，等. 基于PPR的低热水泥胶凝体系综合性能优化方法［J］. 建筑材料学报，1-13.

[15] 杨丹. RBF神经网络预测水泥水化热研究［J］. 国防交通工程与技术，2011，09（3）：31-33，37.

[16] 杨祎帆. 用MATLAB软件预测水泥强度［J］. 水泥，2010，36（8）：54-55.

[17] 王继宗，倪宏光. 基于BP神经网络的水泥抗压强度预测研究［J］. 硅酸盐学报，1999，27（4）：26-32.

第 6 章　农业工程领域应用实例

例 6.1　冬小麦高产栽培试验数据的投影寻踪回归分析

在农作物生产中，分析探讨何种因素（要素）对产量影响最大？怎样制定农作物稳产高产的最佳农艺措施？这是长期以来人们普遍关注的热点问题，也是农业生产中迫切需要解决的问题。以往单因素及因素间交互效应分析中大多使用传统回归计算模型，并且因其简便易用而受到一些数据分析工作者的青睐。然而，在应用中常出现"分析结论与实践经验不符"的现象。例如在新疆冬小麦高产品种奎冬 4 号的高产栽培试验中，采用传统的多元二次回归方程对 32 个小区观测值进行模拟分析，得出结论为"播种粒数、底氮、底磷和追氮时间在低水平（–2），返青后追氮量在整个试验设计区间（–2，+2）内，产量均随追氮量的增加而减少"，显然这与"底氮水平较低时，追氮能促进增产"的实践生产经验完全相反，因此颇令人费解。

深究其原因可以发现传统回归计算方法，其一具有"正态假定"的使用前提条件，而正是这个易被人忽视的固有缺点，会造成上述矛盾；其二无法克服"维数祸根"问题，因而用于多因子分析时往往效果欠佳。本研究针对文献［2］中的试验数据，论述应用 PP 回归法的分析结果及其显著优势，以期为农业数据分析领域应用投影寻踪新技术提供一些有益的经验。

1. 用 PP 回归法做单因素效应分析

对文献［2］中所列 5 因素 5 水平（见表 6.1）32 组试验数据，采用 PP 回归法建模，并将各因素分别固定在–2、0、2 三个水平上，求解 X_2 及 X_5 单因素变化对产量（Y）的影响效应，其分析结果如图 6.1（a）、图 6.2（a）所示。

从图 6.1（a）可明显看出，播种粒数、底肥纯磷量、返青后追肥时间及追氮量在低水平时，小麦产量随底肥纯氮量的增加而增加，而且增长幅度较大；在中等水平时，产量也随底肥纯氮量的增加而增加，但增长幅度较小；在高水平时，底肥纯氮量在–2～–1 水平，产量随底肥纯氮量的增加仍然增加，但增长幅度已很小，当超过–1 水平，产量则随底肥纯氮量的增加而下降。这一结论与生产实际中“肥力水平低，产量随肥料的增加而增加；肥力水平高，再增加肥料，产量则出现报酬递减”的现象正好相符。而文献［2］中用五元二次回归分析的结果［图 6.1（b）］则表明，播种粒数、底肥纯磷量、返青后追肥时间及追氮量无论在低水平、中等水平，还是在高水平，底肥纯氮量在试验设计整个区间内（–2，+2），产量均随底肥纯氮量的增加而增加，并且增长幅度都相近，此结论显然不完全符合生产实际。

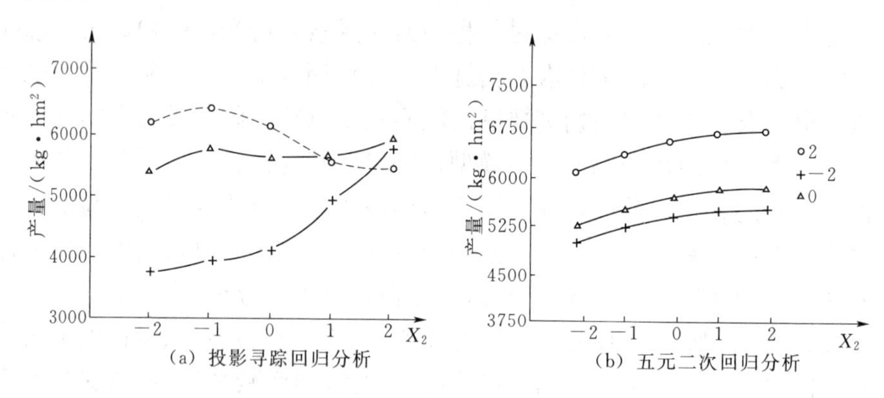

图 6.1　底肥纯氮量对产量的影响

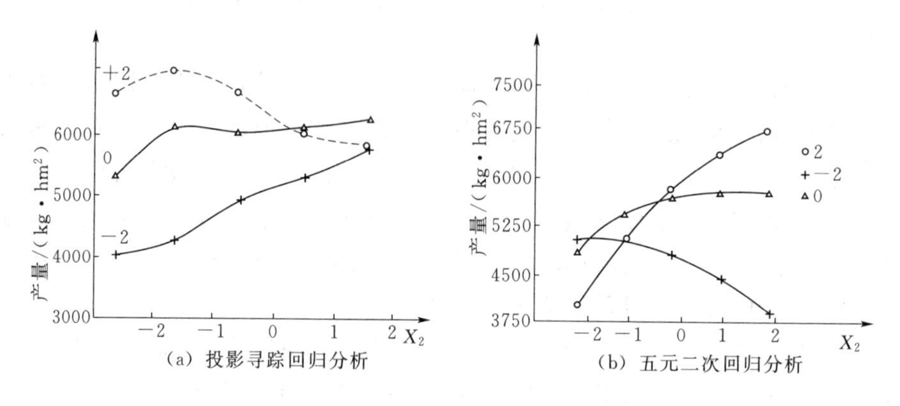

图 6.2　返青追氮量对产量的影响

图 6.2（a）清晰地表明“在底氮水平较低时，产量随追氮量的增加而增加并非减产，而且增产幅度很大”，此结论与生产实际完全吻合。而文献［2］中的单因子效应分析［图 6.2（b）］认为，“播种粒数、底氮、底磷和追肥时间在高水平（+2）时，产量随追氮量增加而增加，并且增产幅度很大；播种粒数、底氮、底磷和追肥时间在低水平（–2）时，返青后追氮量

在整个试验设计区间（–2，+2），产量反而随追氮量的增加而减少”，此结论与生产实际也不尽一致。

表 6.1　　试验因素水平编码

试验因素		间　距	设计水平 $r=2$				
			$-r$	–1	0	1	r
X_1	播种粒数	120 万粒/hm^2	319.5	439.5	559.5	679.5	799.5
X_2	底肥纯氮量	37.5=kg/hm^2	30.0	67.5	105.0	142.5	180.0
X_3	底肥纯磷量	37.5=kg/hm^2	52.5	90.0	127.5	165.0	202.5
X_4	返青后追肥时间	5d	9/4	14/4	19/4	24/4	29/4
X_5	返青后追氮量	37.5=kg/hm^2	0	37.5	75.0	112.5	150.0

2. 用 PP 回归法做因素间交互效应分析

PP 回归法不仅可用于无假定建模，而且可用于分析各试验因素对于产量 Y 的贡献排序。在本研究中，S=0.2，M=5，MU=4 的对应分析结果见表 6.2。

表 6.2　　试验因素权重排序

试验因素	X_1	X_2	X_3	X_4	X_5
相对权重	0.67	0.95	1	0.57	0.86
贡献排序	4	2	1	5	3

从表 6.2 排序可知，X_3（底磷）对小麦产量的贡献最大，X_2（底氮）贡献次之，X_4（追氮日期）最次。

作两两因素间的交互效应分析时，可将剩余因素均固定在 0 水平上，利用 PP 回归模型对其进行计算机仿真模拟，即可绘出相应的小麦产量等值线图。

用 PP 回归仿真模拟求出 X_1（播种粒数）与 X_2（底氮）的交互效应对产量的影响如图 6.3（a）所示。从等值线的分布可看出，小麦高产区位于高底氮区，并且播种粒数（密度）的变化对小麦产量没有明显影响，高产 5700 等值线基本上横跨 X_1 的（–1，0，+1）三水平。对照文献［2］的五元二次回归方程等值线图［图 6.3（b）］，其 5700 等值线明显偏于 X_1 的（–2，–1，0）三水平，而在 X_1 的（+1，+2）两水平处显示为低产区，这意味着小麦产量将随播种密度的增大而降低，这个结论似乎不大符合生产实际。

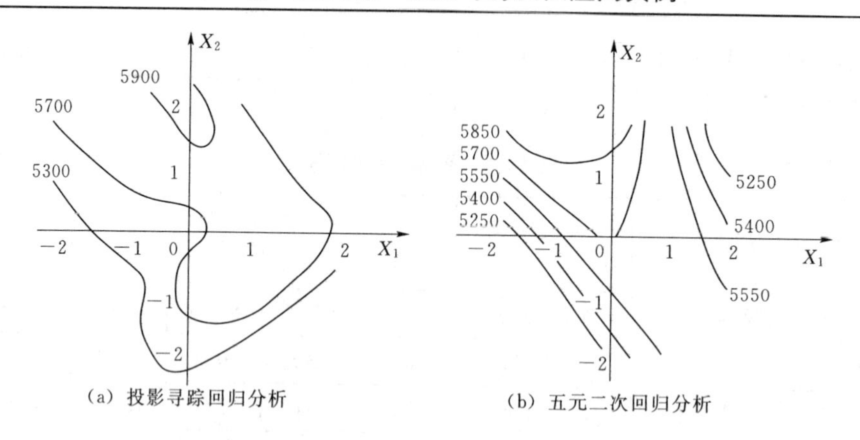

图 6.3　播种粒数与底氮量交互作用对产量影响（投影寻踪回归 ）

再用 PP 回归仿真模拟作出 X_2（底氮）与 X_4（追肥时间）的交互效应等值线如图 6.4（a）所示。图 6.4 中小麦高产区等值线分布表明，底氮低时追肥时间要稍早，而底氮高时追肥时间则要稍晚。这反映了小麦对氮肥的客观要求，并且与文献［2］等值线图［图 6.4（b)］的结论基本一致。

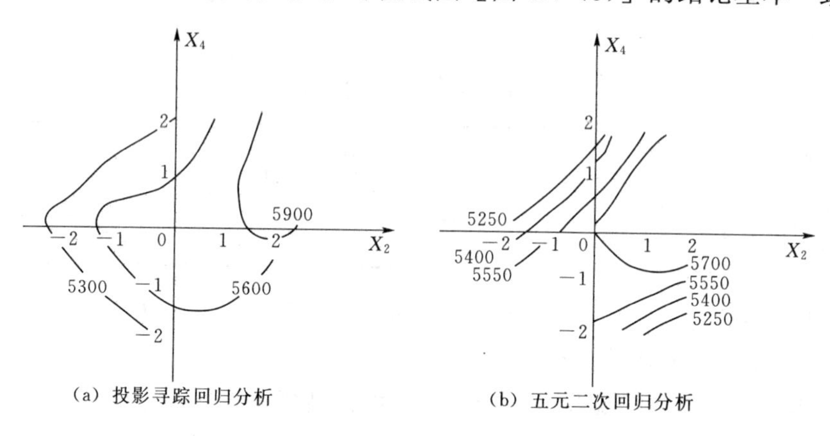

图 6.4　底肥纯氮量与返青后追肥时间交互作用对产量影响的等值线图

用 PP 回归仿真模拟进一步作出 X_4（追肥时间）与 X_5（追氮量）的交互效应等值线如图 6.5（a）所示。其基本规律是，小麦高产区的追氮量水平为 0～2。当追肥量过高（+2）及追肥时间过晚（+2）时，作物因贪青晚熟产量反而下降，这是符合生产经验的；对照文献［2］等值线分布［图 6.5（b)］却显示高产，恐难符合实际。

3. *应用 PP 回归模型仿真制定高产农艺措施*

根据各农艺因素贡献的大小和前述分析，可制定如下模拟试验方案：

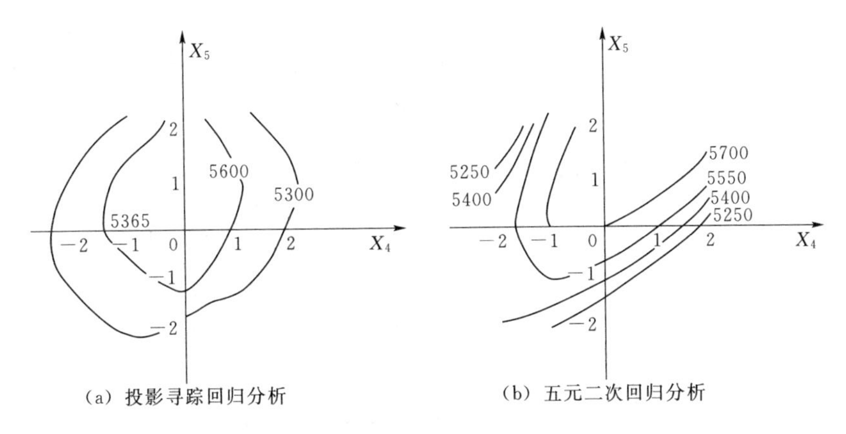

图6.5　返青后追氮量与追肥时间交互作用对产量影响

（1）播种粒数 X_1：选 400 万粒/hm^2、600 万粒/hm^2、800 万粒/hm^2 三种密度。

（2）底氮 X_2 范围：100 万～200 万粒/hm^2。

（3）底磷 X_3 范围：100 万～200 万粒/hm^2。

（4）追氮日 X_4：对应于 X_1 =400 万粒/hm^2 定为 4 月 14 日，X_1 =600 万粒/hm^2 为 4 月 16 日，X_1=800 万粒/hm^2 为 4 月 30 日。

（5）追氮量 X_5：固定为 20kg/hm^2。

应用 PP 回归模型对此方案进行计算机仿真模拟试验，即取 X_1、X_4、X_5 为固定值，分析 X_2 和 X_3 两个因素交互作用对小麦产量的影响，勾绘三种密度种植方式下小麦产量模拟等值线图，如图 6.6～图 6.8 所示。

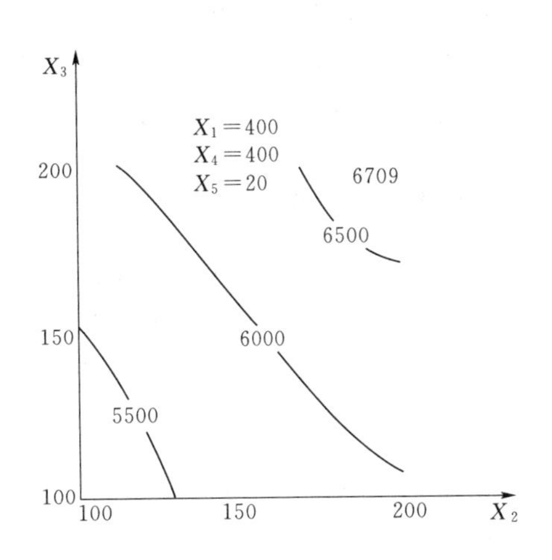

图6.6　低密度播种产量模拟等值线图

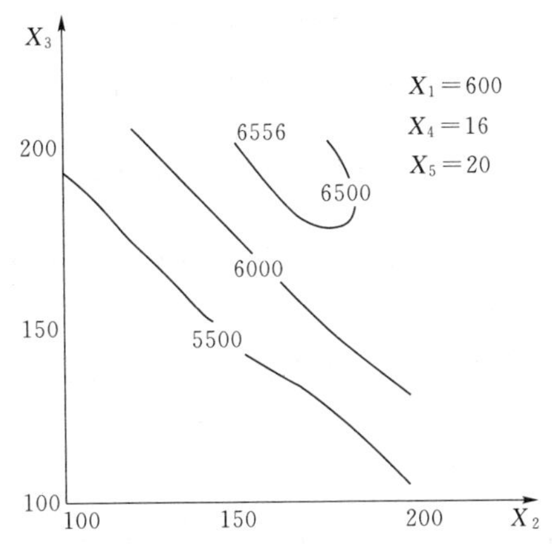

图6.7　中密度播种产量模拟等值线图

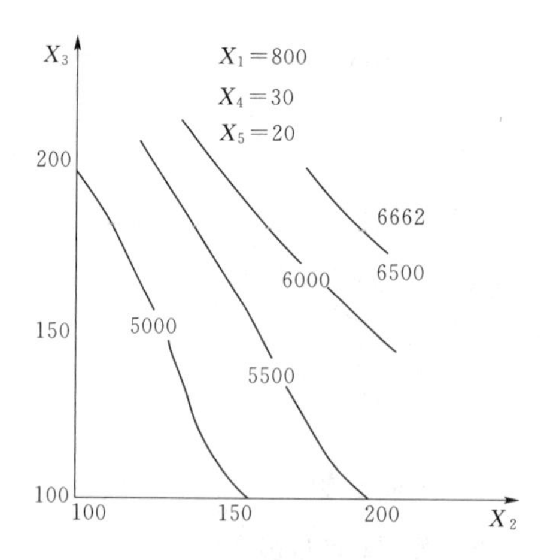

图 6.8　高密度播种产量模拟等值线图

从图 6.6 至图 6.8 可以看到，尽管种植密度从 400 万粒/hm^2 到 800 万粒/hm^2 变化了一倍，但只要其他因素搭配合理，均有可能获得 6500kg/hm^2 的高产，从而说明了小麦种植密度确属次要因素。

另外，文献［2］通过计算机模拟形成 694 套综合农艺措施方案，其产量指标最高仅达到 6375kg/hm^2。而本实例采用 PP 回归仿真模拟，很容易就找到了产量大于 6500kg/hm^2 的高产区。

通过本实例两种方法分析的对比可明显看出：传统回归方法由于存在诸多使用限制条件，若硬将其用于非正态数据或因子个数较多的数据处理，不但不能很好地描述数据的内在结构，而且会造成信息的损失和歪曲。如多元二次回归方程就是在正态假定前提下推导出来，原则上当然只能用于正态数据的处理。虽然文献［2］中影响小麦产量的五个因子均属正态分布，但试验结果 Y（产量）数据却并非正态，其偏态系数 $C_s=-0.954$，已属于显著的负偏态分布。不顾条件勉强使用，必然会因假定与实际不符而导致出现矛盾或错误的结论。

投影寻踪回归法是一种无假定的数据分析方法，其显著优势：一是可兼用于正态与非正态数据的处理，适用范围广泛；二是能够克服“维数祸根”，不怕因子个数多、交互关系复杂。对比之下，将新兴的 PP 回归用于农业生产试验的计算机仿真模拟，不仅效果好，能够更多地挖掘利用蕴藏在数据内部的结构信息；而且分析结果最接近客观实际，结论也更为可靠。

例 6.2　PP 回归在新疆春旱长期预报工作中的应用

影响水文变量长期变化的因素复杂而众多，采用常规回归分析法不能反映较多的因子，以致难以达到满意的效果。新疆地处欧亚内陆，水汽主要来源于大西洋和北冰洋。因此从影响径流的气候因素着手，选用降水及气温作为预报因子，可望会有一定效果。新疆年径流季节分布十分集中，一般河流夏季径流量占年径流的 50%～70%，而春秋季则各占 20%～10%，由于春季需水量大，此时供水量有限，常常发生春旱现象。

利用 PP 回归技术，对新疆玛纳斯河春季流量进行了回归及预留检验综合预报分析。选择了五个相邻气象水文站前一年 8 月的 9 个气象因子作为预报因子，即预见期延长到 6 个月，收集到 1957—1989 年共 33 组数据列入表 6.3 中。表 6.3 中，Y 为玛纳斯河春季流量（m^3/s），X_1 为肯斯瓦特站 8 月降雨（mm），X_2 为乌鲁木齐站 8 月降雨（mm），X_3 为塔城站 8 月降雨（mm），X_4 为阿勒泰站 8 月降雨（mm），X_5 为伊宁站 8 月降雨（mm），X_6 为乌鲁木齐站 8 月气温（℃），X_7 为塔城站 8 月气温（℃），X_8 为阿勒泰站 8 月气温（℃），X_9 为伊宁站 8 月气温（℃）。

表 6.3　玛纳斯河历年春季流量与 9 个前期气象因子数据统计表

年份	Y	X_1	X_2	X_3	X_4	X_5	X_6	X_7	X_8	X_9
1957	24.2	26.0	7.5	7.6	32.9	28.5	21.1	21.0	20.8	21.1
1958	35.0	15.9	23.9	41.4	11.9	7.8	21.6	19.0	19.6	21.7
1959	43.1	151.3	61.5	20.3	26.2	42.5	20.4	19.8	20.6	20.2
1960	35.4	56.5	30.4	24.6	20.0	24.1	21.3	20.0	20.6	21.5
1961	41.7	42.6	6.8	7.8	10.0	1.4	21.7	20.2	20.5	21.9
1962	34.6	49.2	18.8	27.6	31.4	22.6	22.7	20.4	19.8	21.1
1963	32.9	54.8	1.1	1.9	0.9	2.4	25.5	22.2	23.0	22.5
1964	35.1	76.3	62.0	8.8	4.0	7.5	23.1	20.8	21.4	21.4
1965	35.9	54.3	12.9	30.0	12.9	12.3	24.7	21.1	20.9	21.4
1966	31.0	51.7	20.7	26.7	24.8	23.1	23.9	20.9	20.1	21.7
1967	49.6	28.5	9.4	3.4	5.3	7.1	25.2	21.8	21.6	22.8
1968	42.8	50.4	16.2	43.1	27.6	20.3	22.3	18.5	18.4	20.8
1969	47.2	32.1	9.2	8.0	23.3	1.9	24.1	20.5	20.2	21.1
1970	36.5	30.8	9.5	8.3	10.4	5.0	22.6	18.5	17.7	20.2
1971	36.1	49.6	29.6	56.8	24.8	29.9	23.9	20.4	20.2	21.8
1972	52.8	18.4	3.1	18.5	13.4	20.4	24.6	20.6	20.3	21.6
1973	36.6	12.9	12.2	0.3	9.1	9.4	23.7	20.2	19.7	21.0
1974	41.9	14.1	3.2	24.0	46.3	10.4	24.5	20.4	19.9	21.7
1975	27.0	25.5	21.1	13.4	3.3	16.8	24.8	21.8	22.0	20.9
1976	45.5	7.4	11.0	4.4	9.6	9.7	25.0	21.8	20.5	22.1
1977	29.6	8.2	12.7	12.0	9.4	5.0	22.1	21.5	19.7	22.0
1978	28.9	4.7	5.0	11.4	2.6	9.9	23.3	21.0	21.2	22.3
1979	32.1	13.0	11.6	4.8	7.5	5.2	20.6	20.0	18.3	21.5
1980	57.6	2.9	6.4	3.3	2.9	5.8	22.7	20.0	20.0	22.3

续表

年份	Y	X_1	X_2	X_3	X_4	X_5	X_6	X_7	X_8	X_9
1981	51.2	37.7	23.2	16.9	15.5	14.3	22.4	21.4	21.1	22.0
1982	51.9	28.7	14.3	15.7	15.5	3.7	22.0	22.1	20.0	21.7
1983	28.1	37.3	26.0	6.0	8.0	15.0	21.6	21.2	20.3	21.1
1984	32.4	19.5	13.7	33.0	38.1	1.6	24.0	21.7	20.5	23.9
1985	42.3	13.3	9.6	5.1	0.7	0.8	23.4	23.6	20.4	24.1
1986	35.3	26.0	11.0	20.0	8.0	21.0	22.3	23.1	20.4	21.6
1987	35.5	4.1	5.3	13.0	7.9	23.7	22.4	21.7	19.8	21.8
1988	35.0	7.3	2.1	5.1	9.6	6.6	23.6	21.3	21.3	23.8
1989	40.6	38.1	60.0	30.0	5.0	12.0	21.3	22.9	19.5	20.9

对以上 9 个预报因子进行方差分析，其结果列入表 6.4 中。由表 6.4 可见，各预报因子的统计检验量 F 及相关系数 r 检验，即使将置信水平放宽到 α=0.1 也无法通过，表明它们与因变量之间基本上不存在线性相关关系。

如果勉强用逐步线性回归技术对这套数据进行处理，选取前 29 年数据进行线性回归以建立回归模型，并用后 4 年数据对该模型进行预留预报检验，求得回归方程如下：

$$y=-1.37+0.11x_1-0.06x_2-0.17x_3-0.04x_4+0.05x_5+1.85x_6-2.09x_7-2.64x_8+4.35x_9 \tag{6.1}$$

表 6.4　　　　预报因子方差分析结果表

预报因子	F 检验值	相关系数 r
X_1	0.024	−0.03
X_2	0.379	−0.118
X_3	0.24	−0.094
X_4	0.093	−0.059
X_5	0.654	−0.154
X_6	0.567	0.143
X_7	0.006	−0.015
X_8	0.153	−0.075
X_9	0.565	0.143
临界值 α=0.1	2.901	0.296

前 29 年的回归值、后 4 年的预报值及它们的拟合误差见表 6.5。如果取相对误差小于 20%为合格值，则相应的拟合合格率为 55%，预报合格率为 50%，它们均接近自然概率（50%），表示这种处理方法的结果不能揭示因变量与预报因子间的统计规律。

而采用 PP 回归技术对同一套数据进行处理，两种方法所得回归及预报结果与原始数据的拟合情况如图 6.9 所示。

表 6.5　　两种方法预报结果对比表

年份	实际值/（m³/s）	逐步回归方法			PP 回归方法		
		计算值/（m³/s）	绝对误差/（m³/s）	相对误差/%	计算值/（m³/s）	绝对误差/（m³/s）	相对误差/%
1986	35.3	31.1	–4.2	–12.0	33.6	–1.7	–5.0
1987	35.5	36.0	0.5	1.0	47.8	2.3	6.0
1988	35.0	44.8	9.8	28.0	47.3	12.3	35.0
1989	40.6	25.6	–15.0	–37.0	35.7	–4.9	–12.0

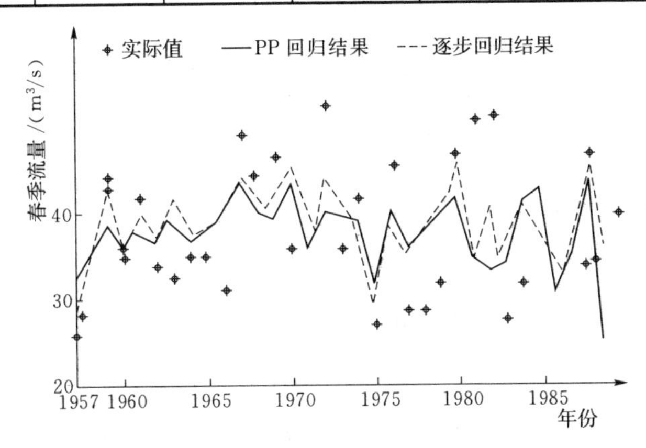

图 6.9　两种方法对比图

由表 6.5 可看出，相应的拟合合格率为 76%，预报合格率为 75%，它们均稳定在 70%以上，显然比线性回归技术有明显的提高。

例 6.3　皮棉产量组分的投影寻踪回归分析及与通径分析的比较

文献［5］用通径分析法对中华人民共和国成立以来我国黄淮棉区，棉花品种的遗传改良中 10 个代表性品种的产量及产量组分进行了分析，得出 4 个时期中的近期（1989—1996 年）产量组分通径系数为：0.6795（株铃数）＞0.3798（衣分）＞0.1487（铃重），由此判断株铃数是黄淮棉区现代品种皮棉产量组分中的最大贡献者；同时也为今后棉花育种提供依据，并警示“在以后对产量组分的进一步改良时，应在对株铃数选择的基础上注意协调其与铃重的关系，否则，铃重将会限制产量的进一步提高”。

现行遗传育种分析主要是采用以相关分析为基础的遗传相关和通径分析，而本质上遗传相关、通径分析都是相关分析的剖分。但相关分析、遗传相关、通径分析都是在假定变量分布服从正态分布前提条件下推导出来的统计数学公式，实际上遗传育种数据很难满足正态分布的假定条件，当变量不服从正态分布时，再用其分析，结果往往不可靠。

通过投影寻踪无假定建模技术，来初步分析文献［5］中所提供的，中华人民共和国成立以来黄淮棉区 1973—1996 年的 10 个代表性品种的产量组分性状平均数。对 4 个时期中的近期（1989—1996 年）皮棉组分性状平均数的数据进行了投影寻踪回归分析，得出与通径分析不一致结果，发现在变量属于非正态分布前提下，通径分析结果的可靠性较差。

利用文献［5］的 10 个代表性品种的皮棉产量和产量组分性状为 1996—1997 年 9 个点统一的试验设计观测值的平均数，列于表 6.6。

表 6.6　　黄淮棉区皮棉产量和产量组分性状观测的平均数

品　种	小区皮棉产量/（kg/hm^2）	衣分/%	单株铃数/个	铃重/g
石远 321	1325.390	41.729	15.142	5.381
中棉所 19 号	1252.140	41.619	14.358	5.007
中棉所 12 号（对照）	1228.100	40.089	14.717	5.185
中棉所 12 号（原种）	1027.550	37.304	13.361	5.257
鲁棉 6 号	1016.150	38.446	15.083	4.647
冀棉 8 号	1088.640	39.194	13.819	5.605
鲁棉 1 号	964.740	36.288	13.775	4.882
徐州 142	1135.790	39.266	13.772	5.217
徐州 1818	785.690	36.568	12.775	5.331
岱字棉 15 号	1036.940	39.112	14.069	5.391

文献［5］对 10 个品种 1996—1997 年试验数据的简单相关结果，对 1950—1996 年的 10 个品种全部历史资料的通径分析结果汇总列于表 6.7。

表 6.7 黄淮棉区产量组分对皮棉产量的相关分析和通径分析

性 状	株铃数	铃 重	衣 分
试验资料简单相关系数	0.7101	0.3303	0.3556
试验资料偏相关系数	0.7251	0.4966	0.2725
直接通径系数（近期历史资料）	0.6795	0.1487	0.3798
直接通径系数（全部历史资料）	0.5976	0.2577	0.1967

表 6.7 中的近期，是指 1989—1996 年的以中棉所 12 号（对照），中棉所 19 号和石远 321 为代表的近期品种。无论是从试验资料还是从历史资料（全部历史资料或近期历史资料），其分析结果无论是从相关分析还是从通径分析的结果来看，株铃数对皮棉产量的贡献远远高于衣分和铃重的贡献，文献［5］所提出的结论是有依据的。

但根据文献［5］所分布的原始试验数据，从近期三个代表性品种的产量组分数据中，不难看出中棉所 19 号品种的株铃数低于中棉所 12 号（对照）的株铃数，但皮棉产量却反而高于中棉所 12 号（对照），说明株铃数对产量具有一定的反向相关性；类似的铃重这一性状对产量也具有同样的反向相关性。产量组分的 3 个性状中对产量唯一没有反向相关性的只有衣分这个性状。但相关分析和通径分析却对它的贡献大加贬低，反而突出了具有一定反向相关性的株铃数的贡献。

所以，完全有必要回过头认真检查一下，皮棉产量组分的原始观测数据是否满足相关分析和通径分析的正态假定前提。

观测数据样本的非正态方法，可以通过式（6.2）计算样本的偏态系统 C_s 值来判断。但实际应用中最简便的方法，就是通用的正态格纸（又称机率格纸）目视检验法，即把样本数据按大到小排队（或从小到大排队），算出经验频率并点绘到正态格纸上，用直尺一比，看实验点据是否能排列成一条直线来判断是否属于正态分布。

$$C_s = \sum_{1}^{n}(X_i - X)^3 / X^3 / C_v^3 / (n-3) \tag{6.2}$$

当 C_s=0 时其样本属于正态分布，当 C_s>0 时称为正偏态，当 C_s<0 时称为负偏态。当 C_s 的绝对值很小时，则还要计算 C_s/C_v 的比值，如果比值的绝对值较大（如大于 1.0），无论 C_s 绝对值多么小，但它相对于变差系数 C_v 很小的样本仍然是显著非正态的。

对表 6.6 中 10 个样本的产量组分性状统计了它们的统计特征值见表 6.8。

表 6.8　黄淮棉区 10 个品种皮棉产量和产量组分性状的统计特征

统计特征	小区皮棉产量	衣　分	单株铃数	铃　重
C_v	0.145	0.048	0.053	0.054
C_s	–0.304	0.084	–0.098	–0.705
C_s/C_v	–2.097	1.750	–1.840	–13.056

从表 6.8 的黄淮棉区皮棉产量组分统计特征值来看，因各性状的本身变幅很小，所以除产量的变异系数 C_v 值（标准差/算术平均值）达到 0.145 以外，其他变量的 C_v 值都是小于 0.06 的。但变量的偏态系数 C_s 值却比 C_v 值大得多，偏态比 C_s/C_v 达到几倍至十几倍。这说明表 6.6 的黄淮棉区皮棉产量性状观测数据属于严重的非正态分布变量。不宜使用相关分析、遗传相关和通径分析，否则，将有出错的可能性。

况且表 6.6 中的数据是 9 个试验点观测数据的平均值，已经把试验中的特大、特小偏离值的作用全部平滑掉了，否则计算出的 C_v 与 C_s 比表 6.8 内的值还要大得多。

针对文献［5］的黄淮棉区产量组分相关分析和通径分析的主要结论，分别对近期（1989—1996 年）品种和全部品种试验资料的皮棉产量组分性状进行 PPR 分析和对比。

对表 6.6 中近期的代表性品种石远 321、中棉所 19 号、中棉所 12 号（对照的皮棉产量组分性状数据进行 PPR 分析，取投影操作指标 S=0.1、M=2、MU=1。投影寻踪建模结果几乎没有误差，所提供的各因子的贡献权见表 6.9。

表 6.9 中 PPR 分析结果表明：黄淮棉区近期，其产量组分性状对于皮棉产量提高的相对重要程度为：衣分＞株铃数＞铃重。与表 6.6 中数据直接得到的结果：中棉所 19 号的株铃数、铃重对产量都存在反向相关现象，而唯一没有反向相关现象的只有衣分一个性状，完全吻合。说明 PPR 分析非正态数据所得到的结论是符合客观实际的，也是可靠的。

表 6.9　黄淮棉区近期品种皮棉产量组分性状的 PPR 分析和对比

因子	PPR 分析		相关分析和通径分析（文献［5］）	
	贡献权	贡献权/贡献权总和/%	贡献率/%	通径系数
衣分	1.000	49.2	25	0.3798
株铃数	0.842	41.4	72	0.6795
铃数	0.191	9.4	3	0.1487

文献［5］分析的“其突出特点是株铃数的贡献率显著提高（高达72%）”的结论与上述 PPR 分析结论不一致。说明对非正态数据，使用正态前提下的相关分析、通径分析，结论不可靠。

对表 6.6 中的 10 个代表性品种的皮棉产量组分性状进行 PPR 分析，取投影操作指标 S=0.1、MU=3，建模拟合误差小于 1%，各种产量组分性状的贡献权列于表 6.10。

表 6.10 所列 PPR 分析的结果表明：黄淮棉区全部代表性品种（1973—1996 年共 10 个）的产量组分性状，对于皮棉产量提高的相对重要程度为：衣分＞株铃数＞铃重。与近期的 3 个代表性品种的 PPR 分析结果完全一致。而相关分析和通径分析的结果，仍然是突出了株铃数的第 1 位贡献作用。

表 6.10　黄淮棉区全部品种皮棉产量组分性状的 PPR 分析和对比

因子	PPR 分析		相关分析和通径分析	
	贡献权	贡献权/贡献权总和/%	相关系数	通径系数
衣分	1.000	58.2	0.3536	0.1967
株铃数	0.425	24.7	0.7101	0.5976
铃数	0.294	17.1	0.3303	0.2577

从表 6.6 进行目视分析来看：10 个品种中有 7 个品种的株铃数与皮棉产量出现反向相关现象，它们是中棉所 19 号、中棉所 12 号（原种）、鲁棉 6 号、冀棉 8 号、鲁棉 1 号、徐州 142、岱字棉 15 号。而衣分与皮棉产量出现反向相关现象的品种只有 4 个，它们是中棉所 12 号（原种）、鲁棉 6 号、鲁棉 1 号、徐州 1818。除鲁棉 1 号以外，9 个品种的铃重与皮棉产量都出现了反向相关现象。换言之，性状与皮棉产量具有正向相关，衣分占有 6 个品种，而株铃数只有 3 个品种，铃重仅 1 个品种。PPR 分析的结果与目视分析的结果完全的一致。表明对于非正态分布的数据 PPR 分析的结果是可靠的：衣分是黄淮棉区皮棉产量组分性状中的第 1 贡献因子，而并非株铃数。

棉花育种目标突出了衣分后，株铃数与铃重的矛盾就不难协调了。

用 PPR 分析黄淮棉区 10 个代表性品种的皮棉产量组分性状贡献，结果证明第 1 贡献因子并非株铃数，而是衣分。对非正态分布的数据，使用相关分析和通径分析，结果往往不可靠。

在棉花遗传育种过程中，离不开遗传相关分析和通径分析，遗传相关分析和通径分析实质上都是相关分析的分剖。但当遗传生物性状、品质性状、经济性状和影响因子的数据中含有非正态变量时，就违反了相关分析和通径分析的变量要服从正态分布的基本假定。此时，不宜使用相关分析、通径分析。

当数据中含有非正态变量时，可采用 PPR 软件技术进行无假定建模和分析。由于 PPR 具有能克服维数灾难和能充分利用非正态、非线性信息的功能，所以可以分析和挖掘出非正态试验数据中的客观规律，能客观找出各影响因子的真实贡献大小，用于指导棉花育种和栽培。

PPR 建模分析，由于不作任何假定，可以适用于各类育种试验设计或品种鉴定试验的数据（随机区组、正交、旋转、饱和、均匀等），而且操作简便，只有 3 个操作指标：S、M 和 MU（$M \geqslant MU$），所以 PPR 建模分析结论不存在人为任意性。

PPR 建模分析技术在棉花遗传育种数据分析中的初步应用，表现了其客观性和合理性。值得 PPR 技术进一步深入研究的领域还有很多，如：棉花品种与各生物性状的关系；棉花抗病、抗虫性与各生物性状的关系等，因为它们都含有非正态影响因子，深入细致地进行 PPR 分析研究，无疑将有利于真正探明棉花遗传育种的客观规律，促进棉花高产、优质新品种的培育。

例 6.4　害虫预测建模中因子综合和预测的投影寻踪回归技术

害虫的种群动态是受生理、生态、气象等因素制约的复杂非正态非线性系统，预测难度很大。在害虫预测建模中，针对逐步回归分析方法难以把专家分析的因子选入模型的缺陷，汪四水等提出了用二次函数形式进行因子综合，建模还原拟合具有 72%的准确率，说明选择综合因子是可行的。笔者分析，这是线性的典则相关发展出来的一种非线性典则相关，属于有假定的降维技术。但假定的函数形式可能因人而异，且人为假定与客观害虫种群动态规律可能不完全吻合，导致其结果的不确定性。

本研究采用投影寻踪（PP）回归统计推断技术对文献［7］的原始数据进行了分析，并与二次函数形式的因子综合分析进行对比，还原检验与预留检验的结果表明投影寻踪回归分析的准确度更高。

利用文献［7］中实例的江苏省通州市 1973—1997 年，共 25 年的西太平洋副高及稻纵卷叶螟二代高峰日蛾量数据（Y，每 66.7m^2 蛾量），相应的预报因子为副高的面积指数（X_1），强度指数（X_2），西伸脊点位置（X_3，经度），脊线位置（X_4，经度），北界位置（X_5，纬度），原始数据见表 6.11。

表 6.11　　副高及二代高峰日蛾量数据

年份	Y/只	X_1	X_2	X_3/（°）	X_4/（°）	X_5/（°）
1973	814	20	31	7	14	10
1974	3	3	3	19	10	8
1975	271.27	15	28	9	10	6
1976	63.11	7	11	18	10	6
1977	135	21	33	13	13	9
1978	263.97	19	30	1	12	7
1979	20.3	28	53	17	13	5
1980	300	33	88	17	9	3
1981	491.67	21	49	5	12	5
1982	12.67	24	44	11	13	9
1983	10.33	31	75	21	13	7
1984	4.67	10	10	19	12	9
1985	130.67	16	29	19	10	7
1986	53	15	26	19	12	9
1987	61.34	30	58	16	16	9
1988	234	29	57	11	12	7
1989	92.67	27	39	11	11	7
1990	140.33	20	36	4	10	5
1991	28.67	26	57	6	10	5
1992	29	27	50	1	13	5
1993	73.67	29	69	31	15	8
1994	14	31	83	6	13	5
1995	46	32	99	31	15	7
1996	4	30	55	16	10	6
1997	17.33	18	22	14	12	8

原始数据不作分级处理，但为了对比，Y 值以误差绝对值小于 75 为正确。

建模步骤，取 S=0.1、MU=2、M=3，投影结果为：权值 β=（0.9696，0.5487）方向 α_1 =（−0.2428，0.1167，−0.2724，−0.2254，0.8958），α_2=（0.0357，−0.0601，0.0664，0.2637，−0.9597）；数值函数用数码表（暂略）描述。

各因子的贡献相对权重为 1.0（X_2），0.77（X_5），0.62（X_3），0.53（X_1），0.21（X_4）。

表 6.12 的检验结果为：PPR 的正确率有 88%，比文献［7］的正确率 72%高 16 个百分点。建模拟合的还原检验结果，并不能完全证明模型的优劣，必须通过预留检验方法来证实。对全部原始数据，不进行分级等预处理，而是直接用原始数据作 PPR 降维建模，为了检验 PPR 降维建模的效果，用 15 年建模，预留 10 年检验。根据前述建模步骤，取 S=0.1、MU=1、M=2，投影结果为：权 β=（0.9884）；方向 α=（−0.4227，0.1867，−0.3306，−0.2306，0.7899）。各因子贡献的相对权重为 1.0（X_2）、0.84（X_1）、0.55（X_3）、0.35（X_5）、0.10（X_4）。

表 6.12　　还 原 检 验 结 果　　单位：只

年份	实测 Y	PPR 模型			二次函数模型		
		模拟	误差	检验	模拟	误差	检验
1973	814.00	784.25	−29.75	√	621.55	−192.45	×
1974	3.00	75.20	72.20	√	−28.71	−31.71	√
1975	271.27	310.86	39.59	√	232.34	−38.93	√
1976	63.11	37.00	−26.01	√	126.72	63.61	√
1977	135.00	118.69	−16.31	√	204.95	69.95	√
1978	263.97	264.00	0.03	√	400.73	136.76	×
1979	20.30	35.92	15.62	√	48.68	28.38	√
1980	300.00	338.05	38.05	√	314.41	14.41	√
1981	491.67	416.42	−75.25	×	353.69	−137.98	×
1982	12.67	31.67	19.00	√	272.16	259.49	×
1983	10.33	40.41	30.08	√	1.85	−8.48	√
1984	4.67	9.07	4.40	√	−0.05	−4.72	√
1985	130.67	77.41	−53.26	√	67.93	−62.74	√
1986	53.00	75.27	22.27	√	74.31	21.31	√
1987	61.34	36.59	−24.75	√	85.73	24.39	√
1988	234.00	167.41	−66.59	√	2.82	−231.18	×
1989	92.67	71.26	−21.41	√	−9.94	−102.61	×
1990	140.33	108.70	−31.63	√	145.43	5.10	√

续表

年份	实测 Y	PPR 模型			二次函数模型		
		模拟	误差	检验	模拟	误差	检验
1991	28.67	53.76	25.09	√	59.81	31.14	√
1992	29.00	89.93	60.93	√	41.84	12.84	√
1993	73.67	−1.79	−75.46	×	33.78	−39.89	√
1994	14.00	134.88	120.88	×	59.91	45.91	√
1995	46.00	47.50	1.50	√	58.17	12.17	√
1996	4.00	9.09	5.09	√	86.01	82.01	×
1997	17.33	−16.90	−34.23	√	60.56	43.23	√

表 6.13 的结果表明，15 年的建模正确率为 93.3%，预留 10 年的预测正确率为 80%，比文献［7］的还原拟合的正确率 72%，仍然要高出 8 个百分点。从投影方向来看，15 年资料与 25 年资料建模的结果基本相近，说明模型是较稳定的。从贡献相对权重来看，15 年资料与 25 年资料建模的结果表明：X_2 即强度指数始终是最主要因子，而 X_4 即脊线位置是次要的因子。从预留 10 年的预测误差来看，有 2 年误差较大，说明模型中缺乏种群动态的生物因子。

表 6.13　　PPR 的 15 年模拟和 10 年预留预测检验结果　　单位：只

15 年建模（1973—1987 年）					10 年预留预测检验（1988—1997 年）				
年份	实测	模拟	误差	检验	年份	实测	模拟	误差	检验
1973	814.00	781.36	−32.64	√	1988	234.00	258.47	24.47	√
1974	3.00	21.28	18.28	√	1989	92.67	57.39	−35.28	√
1975	271.27	225.09	−46.18	√	1990	140.33	114.61	−25.72	√
1976	63.11	67.28	4.18	√	1991	28.67	552.94	524.27	×
1977	135.00	142.32	7.32	√	1992	29.00	89.36	60.36	√
1978	263.97	272.59	8.62	√	1993	73.67	5.75	−67.92	√
1979	20.30	5.75	−14.55	√	1994	14.00	272.59	258.59	×
1980	300.00	272.61	−27.39	√	1995	46.00	26.15	−19.85	√
1981	491.67	557.23	65.56	√	1996	4.00	43.51	39.51	√
1982	12.67	88.55	75.88	×	1997	17.33	62.94	45.61	√

续表

15 年建模（1973—1987 年）					10 年预留预测检验（1988—1997 年）				
年份	实测	模拟	误差	检验	年份	实测	模拟	误差	检验
1983	10.33	7.83	–2.50	√					
1984	4.67	19.92	15.25	√					
1985	130.67	106.88	–23.79	√					
1986	53.00	30.35	–22.65	√					
1987	61.34	35.96	–25.38	√					

本实例用 PPR 处理了文献［7］中的原始数据，而且不作分级处理，正确率提高 16 个百分点。即使预留 10 年检验的正确率也仍然比二次函数还原检验要高出 8 个百分点。这充分说明 PPR 无假定降维建模是可靠的，能真正建立具有气象学意义的多个预报因子与预报量间的非线性和非正态的关系，从而真正在模型中更好地反映出专家意见和各种因子的客观作用。

例 6.5　投影寻踪回归技术在日光温室黄瓜光合速率分析的应用

光合作用受植物有机体外部环境与内部生理状况的综合影响，研究日光温室黄瓜光合速率的变化有助于温室环境的调控和田间管理的科学化。有关影响温室黄瓜光合速率的生理生态因素已有报道，但各因素对光合速率影响的程度为多少尚未见报道。高辉远等对大豆的光合速率变化进行简单相关与通径分析，从相关系数、通径系数明确了各因子对光合速率作用的大小。但当要分析的因子个数较多时，上述方法则较为繁冗。PPR 是一种用于处理和分析高维数据，尤其是来自非正态总体的高维数据的探索性数据分析方法。本研究试用 PPR 软件对光合速率及其相关因子进行分析，并对在温室条件下可调控的 CO_2 浓度、温度进行计算机模拟试验。

原始数据采用美国产 LI–6200 便携式光合系统，于 1994—1995 年秋末、深冬和早春在吐鲁番日光温室内测定。一共观测 12 个因子，每一时期测定 2～3d，每天重复 9～12 叶，每小时测一次。将每片叶的观测数据输入 PPR 软件包，进行分析。

当 PPR 模型参数选用 S=0.10、M=9、MU=6，各时期模型回归拟合及预留检验的合格率均达 89%以上，如图 6.10 所示，这说明 PPR 模型较好地反映了各生理生态因子对光合速率影响的内在规律。由各因子对光合速率（Y）影响的相对权重（表 6.14）可以看出，3 个时期影响光合速率变化的主要因子为气温、叶温、室内 CO_2 浓度和细胞间隙 CO_2 浓度，其权序均排列在第 1～第 2 位；湿度及其相关的水分利用效率、大气水汽压亏缺为次要因子，其权序为第 3～第 7 位；蒸腾速率及气孔因素对光合速率的影响很小，其权序为第 8～第 12 位。

表 6.14　各因子对黄瓜光合速率的影响及相对权重

权序	秋末		深冬				早春			
	1994 年 11 月 30 日		1995 年 1 月 12 日		1995 年 1 月 14 日		1995 年 3 月 6 日		1995 年 3 月 9 日	
	自变量	相对权重	自变量	相对权重	自变量	相对权重	自变量	相对权重	自变量	相对权重
1	2	1.0000	4	1.0000	4	1.0000	6	1.0000	3	1.0000
2	3	0.5720	6	0.9450	6	0.9940	4	0.9040	6	0.7280
3	11	0.5510	2	0.1930	2	0.0890	2	0.8300	4	0.6820
4	12	0.3840	3	0.1660	3	0.0600	12	0.6630	12	0.4710
5	1	0.3570	11	0.0850	12	0.0320	7	0.5440	7	0.2570
6	4	0.2800	12	0.0740	11	0.0240	3	0.5440	2	0.1970
7	7	0.2690	7	0.0480	7	0.0160	11	0.3450	11	0.1260
8	8	0.0830	1	0.0240	1	0.0120	1	0.1560	1	0.1140
9	6	0.0540	8	0.0120	8	0.0080	8	0.0800	8	0.0410
10	10	0.0440	9	0.0100	9	0.0030	9	0.0450	9	0.0330
11	9	0.0260	10	0.0010	5	0.0001	10	0.0003	10	0.0003
12	5	0.0010	5	0.0001	10	0.0001	5	0.0001	5	0.0001

注：表中权序列中，1 为光合有效辐射 *PFD*，2 为室内温度 T_a，3 为叶温 T_L，4 为室内 CO_2 浓度，5 为蒸腾速率 *E*，6 为胞间 CO_2 浓度 C_i，7 为相对湿度 *RH*，8 为气孔导度 C_s，9 为气孔阻力 R_s，10 为气孔限制值 L_s，11 为水分利用效率 *WVE*，12 为大气水汽压亏缺 *VPD*。

进一步分析还可看出：主要因子对光合速率变化的影响程度在各时期有所不同。在秋末，气温对光合作用影响最大，叶温次之，其相对权重分别为 1、0.572；水分对光合作用的影响也较大，而 CO_2 浓度对光合速率的影响很小。由生产实际和观测数据分析，此时期土壤系统温度高，微生物活动旺盛，CO_2 浓度高，因而不是光合作用的限制因素。这说明 PP 回归分析较真实地反映了田间环境。进入深冬后，土壤微生物活动减弱，CO_2 浓度则严重影响了光合速率的变化，室内 CO_2 浓度和胞间 CO_2 浓度的相对权重分别为 1、0.945；而温度影响较小，气温和叶温的权重分别为 0.193、0.166。到了早春，以 CO_2 浓度和温度的综合作用为主，两者所占权重各不相同，变化为 1～0.197。此期由于通风量增大和蒸腾作用加速，湿度及其由此而引起的大气水汽压亏缺（*VPD*）对光合速率的影响变大，*VPD* 所占权重达 0.471～0.663。

在上述 3 个时期，因秋末和早春太阳辐射较强，温室内温度和 CO_2 浓度可通过大面积的通风进行调节，而深冬受低温弱光限制，通风量很小，温室内环境变化较稳定，但 CO_2 浓度严重不足，这已成为生产中的突出问题。

采用 PPR 技术不仅可寻找出深冬时期数据的内在结构和规律，还可以利用计算机进行模拟试验，找出深冬时期较优的 CO_2 浓度与温度的组合，从而为冬季生产中进行 CO_2 施肥和辅助加温提供科学依据。

取深冬期晴天 13:00—15:00 时的观测值输入 PPR 软件包，其回归拟合及预留检验效果达 100%，如图 6.10 所示。固定其他因子在平均值，变化 CO_2 浓度在 2.0×10^{-4}～8.0×10^{-4}，温度 20～35℃，得出 CO_2 浓度和温度的等值线图。由图 6.11 得出，保持室内 CO_2 浓度在 4.6×10^{-4}～5.0×10^{-4}，温度为 20～25℃时，光合速率可达 30～32μmol/（m^2 • s），为仿真试验的优化区。当 CO_2 浓度高于 5.0×10^{-4} 时，光合速率随着温度的逐渐下降而保持不变，因此生产中可在增施 CO_2 气肥的同时，采用低温限管理，以节约能源，这与黄瓜的 4 段变温管理理论相吻合，与生产实际相符合。

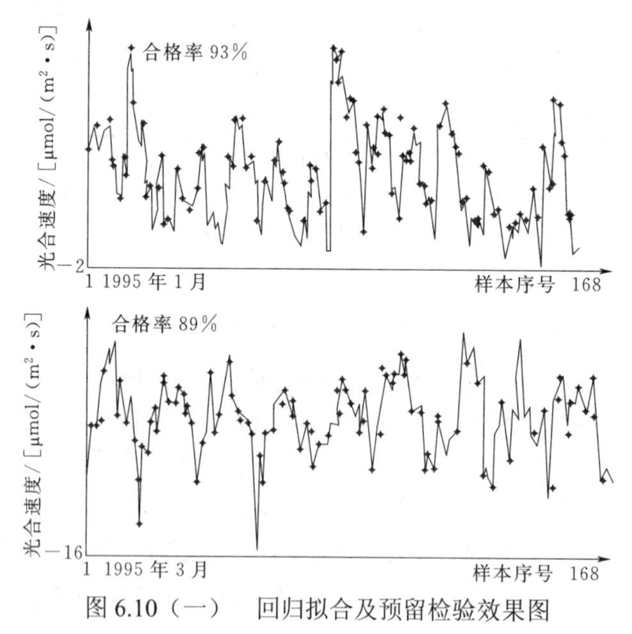

图 6.10（一）　回归拟合及预留检验效果图

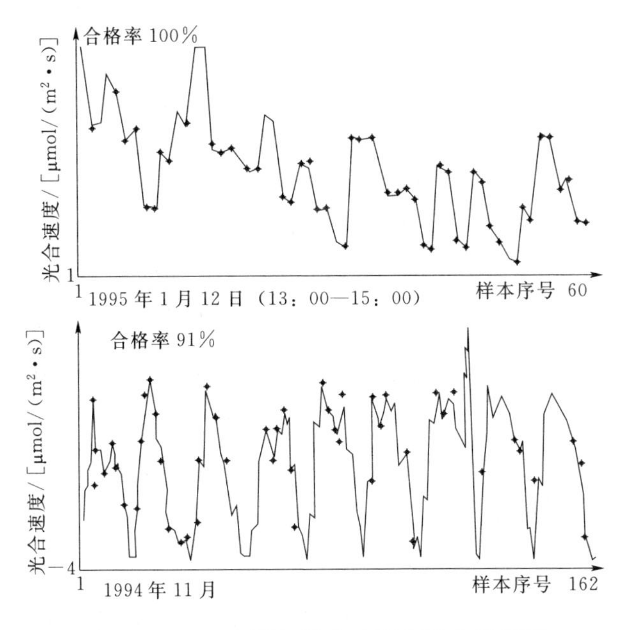

图 6.10（二）　回归拟合及预留检验效果图

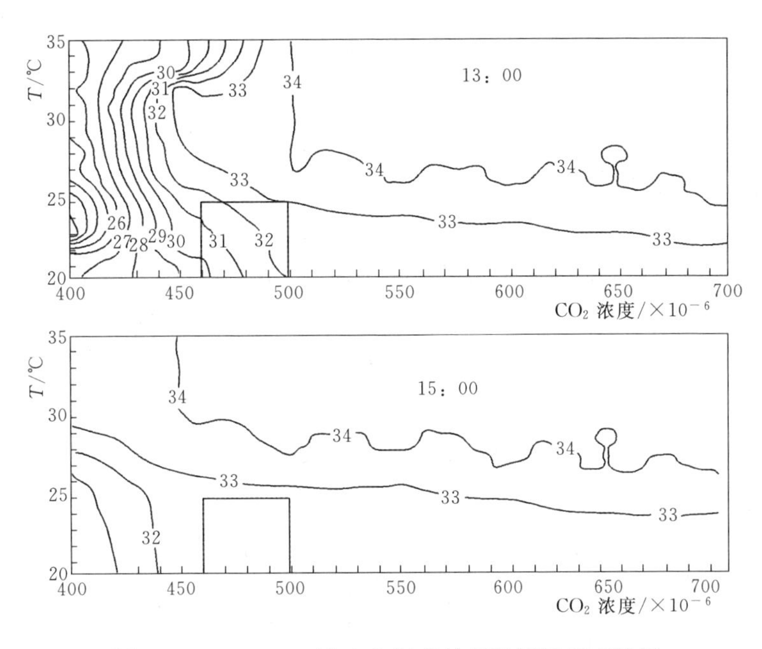

图 6.11（一）　CO_2浓度和温度计算机模拟等直线图

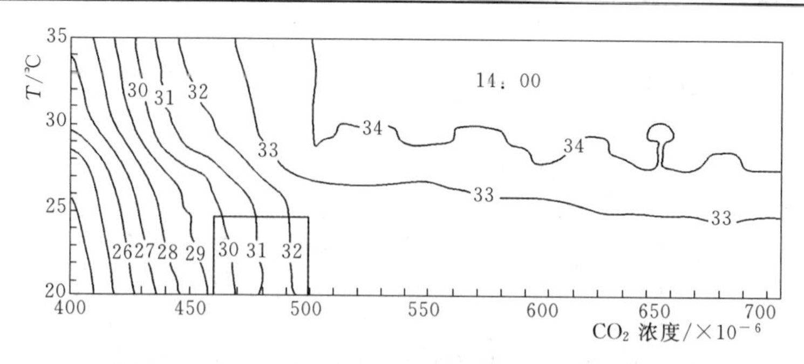

图 6.11（二）　CO_2浓度和温度计算机模拟等直线图

上述分析结果表明，PPR 技术能够处理大量的多因子数据，快速寻找各个时期影响光合速率的主要因子及其影响程度，并可以进行计算机模拟仿真试验，可以为寻找 CO_2 和温度组合的优化区域提供最为直观的图形解释，从而为生产中增施 CO_2 气肥、调控温度管理指标提供了可靠的理论依据。因此，PPR 软件是一种非常实用的高维数据分析工具。

例 6.6　第一代小地老虎危害程度的投影寻踪回归分析

在棉花苗期，小地老虎（Agrotis ypsilon Rottemberg）是主要害虫，其危害程度既要受上一代成虫发生量的影响，还受气候因素的制约，是一个复杂的非正态非线性系统，可以用投影寻踪回归（PPR）建模和预测。对这一虫害的预测方法，不少学者利用 Fuzzy 方法作过大量研究，但最多也只作了 2 年的预留试报检验。而用 PPR 方法，则可以达到预留 5 年试报且 100%合格的良好效果。

借用文献［10］中的资料，预报量 Y 为第一代小地老虎对棉苗的咬断株率，影响因子 X_1 为越冬代成虫糖醋诱蛾量，X_2 为当年 4 月 1—15 日的降雨日减去 10 的绝对值，X_3 为当年 4 月 1—15 日平均气温减去历年平均值（14.23℃）的绝对值，各预报要素等级划分标准见表 6.15，预报要素分级值见表 6.16。

表 6.15　　　　　　　　预报要素等级划分标准

级别	1	2	3	4
Y	≤1.0	$1.0<Y\leqslant2.2$	$2.2<Y\leqslant3.4$	>3.4
X_1	≤20.0	$20.0<X_1\leqslant30.0$	$30.0<X_1\leqslant66.0$	>66.0
X_2	0	1	2，3	>4
X_3	≤0.75	$0.75<X_3\leqslant1.5$	$1.5<X_3\leqslant2.0$	>2.0

表 6.16　　　　　　　　　**预报要素分级值**

年份	1964	1965	1966	1967	1971	1972	1973	1974	1975	1976	1977	1978
年序	1	2	3	4	5	6	7	8	9	10	11	12
Y	3	4	2	3	2	3	2	2	2	3	2	2
X_1	3	4	2	3	2	3	2	2	2	3	3	2
X_2	1	1	4	2	2	1	4	3	1	2	3	3
X_3	3	4	2	1	1	4	2	1	2	1	2	2
年份	1979	1980	1981	1982	1983	1984	1985	1986	1987	1988	1989	1990
年序	13	14	15	16	17	18	19	20	21	22	23	24
Y	2	4	2	1	4	4	1	1	2	2	4	1
X_1	3	4	4	2	4	4	1	1	2	4	4	1
X_2	2	2	4	4	1	2	2	3	3	4	1	2
X_3	4	4	1	1	2	2	2	1	3	3	2	1

根据前述建模步骤，取 S=0.1，MU=4，M=5，投影结果为

β=（1.0474，0.2205，0.2082，0.3272）

α_1=（0.9316，−0.3181，0.1760）

α_2=（0.0672，−0.6245，−0.7781）

α_3=（0.4866，−0.8585，−0.1618）

α_4=（−0.4929，−0.5121，−0.7034）

从表 6.17 建模拟合率看，PPR 和 Fuzzy 优选是比较好的，但从表 6.18 预留检验的合格率来看，虽然合格率都为 100%，只有 PPR 模型的预留检验年数最长（5 年），其他 3 种模型最多只预留 2 年，说明 PPR 模型比较稳健，可信度高。

表 6.17　　　　　**PPR 建模拟合效果及与其他模型的对比**

序号	年份	实测	PPR		Fuzzy 决策		模糊回归		Fuzzy 优选	
			拟合	符合否	拟合	符合否	拟合	符合否	拟合	符合否
1	1964	3	3	√	3	√	3	√	3	√
2	1965	4	4	√	4	√	4	√	4	√
3	1966	2	2	√	2	√	1	×	2	√
4	1967	3	3	√	3	√	3	√	3	√
5	1971	2	2	√	2	√	2	√	2	√

续表

序号	年份	实测	PPR		Fuzzy 决策		模糊回归		Fuzzy 优选	
			拟合	符合否	拟合	符合否	拟合	符合否	拟合	符合否
6	1972	3	3	√	3	√	3	√	3	√
7	1973	2	2	√	2	√	1	×	2	√
8	1974	2	2	√	2	√	2	√	2	√
9	1975	2	2	√	2	√	3	×	2	√
10	1976	3	3	√	3	√	3	√	3	√
11	1977	2	2	√	2	√	2	√	2	√
12	1978	2	2	√	2	√	2	√	2	√
13	1979	2	2	√	3	×	3	×	2	√
14	1980	4	4	√	4	√	4	√	4	√
15	1981	2	2	√	2	√	1	×	2	√
16	1982	1	1	√	2	×	1	√	1	√
17	1983	4	4	√	4	√	4	√	4	√
18	1984	4	4	√	4	√	4	√	4	√
19	1985	1	1	√	1	√	1	√	1	√
20	1986	1		预测用	1	√	1	√	1	√
21	1987	2		预测用	2	√	2	√	2	√
22	1988	2		预测用	2	√	3	×	2	√
23	1989	4		预测用		预测用	4	√		预测用
还原合格次数			19 次		20 次		17 次		22 次	
建模拟合率			19/19=100%		20/22=90.91%		17/23=73.9%		22/22=100%	

用 PPR 技术建立的第一代小地老虎危害程度预报模型，直接用原始数据建模，无数据预处理工作（研究用了分级数据，文献［10］刊载的原始资料是分级数据）。

表 6.18　　PPR 预留预测检验合格率及与其他模型的对比

预留检验年份	实测	PPR		Fuzzy 决策		模糊回归		Fuzzy 优选	
		预测	正确否	预测	正确否	预测	正确否	预测	正确否
1986	1	1	√	—	建模用	—	建模用	—	建模用
1987	2	2	√	—	建模用	—	建模用	—	建模用

续表

预留检验年份	实测	PPR		Fuzzy 决策		模糊回归		Fuzzy 优选	
		预测	正确否	预测	正确否	预测	正确否	预测	正确否
1988	2	2	√	—	建模用	—	建模用	—	建模用
1989	4	4	√	4	√	—	建模用	4	√
1990	1	1	√	1	√	1	√	1	√
预测正确次数		5 次		2 次		1 次		2 次	
预测检验合格率		5/5=100%		2/2=100%		1/1=100%		2/2=100%	

PPR 建模不作任何假定，操作简便，只有 3 个操作指标：*S*、*M*、*MU*，所以 PPR 建模极少人为任意性。历史拟合率高，预留检验期长，且合格率高，预报可信度高。

例 6.7　投影寻踪回归技术在试验设计中的应用

实践经验证明甜瓜种植过程中，当肥料、土壤、气温等条件一定时，各生育期的灌水量与甜瓜含糖量和产量指标有着十分密切的相关关系。利用投影寻踪回归技术寻找获取最佳生产指标的优化灌水方案，并将应用结果与二次多项式优化设计方法进行比较。表 6.19 中列举的 4 个试验因子分别为苗期灌水量（X_1）、花期灌水量（X_2）、膨大期灌水量（X_3）、成熟期灌水量（X_4）。两项试验指标分别为含糖量（Y_1）和产量（Y_2）。

表 6.19　　甜瓜灌水试验数据

试验序号	试验因子/（m^3/hm^2）				试验指标	
	X_1	X_2	X_3	X_4	Y_1	Y_2
1	35.0	38.4	45.0	25.6	10.8	6854
2	35.0	38.4	45.0	18.0	13.1	6465
3	32.5	35.2	42.5	22.9	11.2	5847
4	37.5	35.2	42.5	22.9	11.4	5438
5	32.5	41.6	42.5	22.9	11.6	5892
6	37.5	41.6	42.5	22.9	11.5	5266
7	32.5	35.2	47.5	22.9	11.2	7454
8	37.5	35.2	47.5	22.9	11.6	5636

续表

试验序号	试验因子/（m³/hm²）				试验指标	
	X_1	X_2	X_3	X_4	Y_1	Y_2
9	32.5	41.6	47.5	22.9	11.8	6213
10	37.5	41.6	47.5	22.9	11.6	7686
11	39.2	38.4	45.0	19.4	12.0	5686
12	30.8	38.4	45.0	19.4	12.5	6454
13	35.0	43.9	45.0	19.4	12.4	7597
14	35.0	32.9	45.0	19.4	12.0	6723
15	35.0	38.4	49.2	19.4	12.0	7898
16	35.0	38.4	40.8	19.4	12.4	5719

1. *二次多项式回归优化设计方法*

首先按四因子五水平的方案设计试验，按此方法进行试验获取到相应的指标后，利用二次多项式回归处理方法建立对应的多项式回归模型，再利用非线性规划方法，求取指标最佳时试验因素的最佳组合，所建立的回归模型方程式见式（6.3）。

$$Y^{(m)}=\beta_0+\sum_{i=1}^{k}\beta_i X_i+\sum_{i=1}^{k}\beta_{ii}X_i^2+\sum_{i<j}^{k}\beta_{ij}X_iX_j \tag{6.3}$$

式中：m 为指标个数；k 为试验因素个数，本例 m=2，k=4。

计算出含糖量及产量二次多项式回归模型的系数，见表 6.20。

表 6.20　　　　含糖量、产量二次多项式回归模型系数

系数代号	β_0	β_1	β_2	β_3	β_4	β_{11}	β_{22}	β_{33}
含糖量模型	13.39	−0.04	0.13	−0.01	−0.56	−0.44	−0.45	−0.45
产量模型	4245.42	−195.19	157.49	600.76	−142.12	336.04	719.95	596.15
系数代号	β_{44}	β_{12}	β_{13}	β_{14}	β_{23}	β_{24}	β_{34}	
含糖量模型	−0.50	−0.11	0.01	0.12	0.01	0.01	0.12	
产量模型	899.29	384.25	86.25	35.69	117.00	−112.18	−50.48	

文献［12］中以上述模型为基础，建立起表 6.21 所示的综合目标函数，并以表 6.22 所示的经验灌水范围为约束条件，采用非线性回归方法寻优出表 6.21 所示的两组最佳灌水方案，相应的经验灌水范围列在表 6.22 中。

表 6.21　　采用非线性规划的方法得出的两组最佳灌水方案

目标方程	X_1	X_2	X_3	X_4	Y_1	Y_2
$(Y_1Y_2^{0.2})_{max}$	33.8	40.3	45.4	18.0	13.0	7109
$(Y_1Y_2^{0.256})_{max}$	33.9	42.0	46.2	18.0	12.5	82220

表 6.22　　经 验 灌 水 量 范 围

生长期	苗期	花期	膨大期	成熟期
灌水量/（m^3/hm^2）	30.8～39.2	32.9～43.9	40.8～49.2	18.0～25.6

由于所采用的试验方案具有正交性，也可以用正交试验分析方法定性地揭示 4 个试验因素对两个指标影响的主次关系及各水平的重要程度。其结论如下：

对含糖量影响的主次顺序为 4-1-2-3，最佳方案为 $X4^{(1)}X_1^{(1)}X_2^{(5)}X_3^{(1)}$。

对产量影响的主次顺序为 3-2-1-4，最佳方案为 $X_3^{(5)}X_2^{(5)}X_1^{(3)}X_4^{(4)}$。

可以看出：成熟期灌水量 X_4 愈少则含糖量愈高，它对产量的影响却不大。膨大期灌水量 X_3 愈大则产量愈高，它对含糖量的影响却不大，结论符合生产实际情况。

2. 投影寻踪回归（PPR）优化设计方法

文献[12]采用的多项式优化方法获取的结论与正交定性分析基本一致，即成熟期灌水量 X_4 要选低水平、膨大期灌水量 X_3 要选高水平。但计算分析过程却十分复杂。使用 PPR 回归分析方法则可以十分方便地为上述数据建立模型，进而利用单纯形法按 PPR 模型搜寻出一组最优试验方案，图 6.12 表示用 PP 回归软件为含糖量指标建立的 PP 模型图像，该模型也可用式（6.4）表示。

$$Y_1=0.9513F_1(-0.0321X_1+0.1083X_2-0.0073X_3-0.9936X_4)+ \\ 0.2567F_2(-0.5534X_1-0.5461X_2-0.2220X_3+0.5884X_4) \quad (6.4)$$

由图 6.13 可见两个岭函数 F_1、F_2 的图形是非线性的，它们的相对权值为 1.0000 和 0.2698，4 个自变量因子权重顺序为 4-2-1-3。

图 6.13 为产量指标的 PP 模型图像，该模型也可用式（6.5）表示。两个岭函数 F_1、F_2 相对权值为 1.0000 和 0.48624，4 个试验因素主次顺序为 3-2-1-4。

$$Y_2=0.8534F_1(-0.4707X_1+0.3995X_2-0.7589X_3-0.2071X_4)+ \\ 0.4150F_2(0.1623X_1-0.4383X_2-0.4929X_3-0.7339X_4) \quad (6.5)$$

通过这个实例可以看出 PPR 试验优化软件与二次多项式试验优化方法

相比较有以下三条优点：

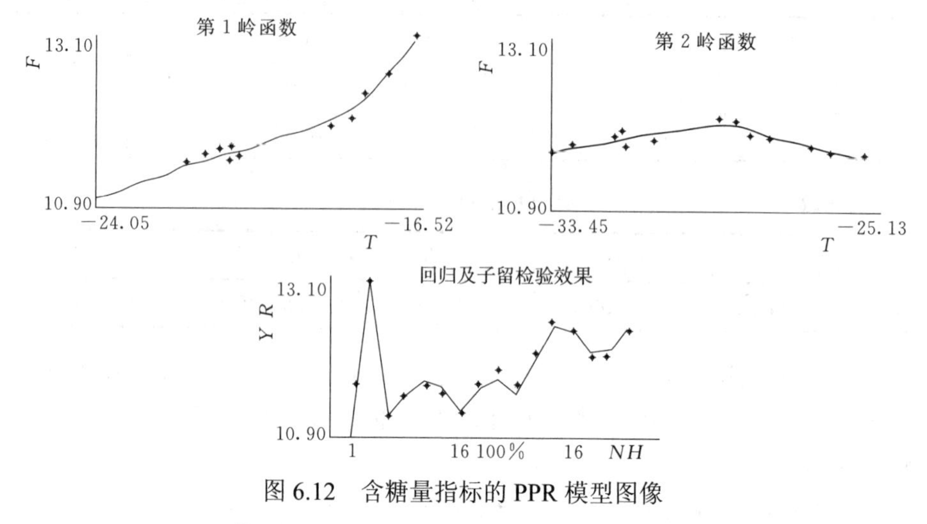

图 6.12 含糖量指标的 PPR 模型图像

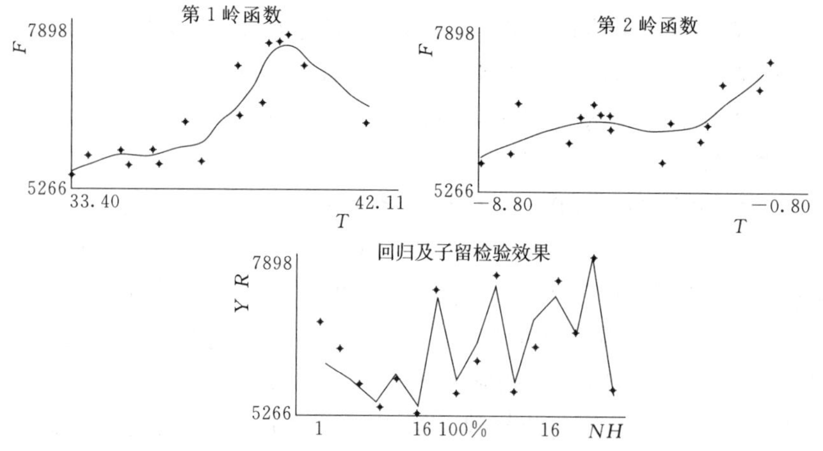

图 6.13 产量指标的 PPR 模型图像

（1）不受试验因子维数的限制，用二次多项式建模时，当试验因子数为 4 时需占用（15-1）个独立参数。因子数愈大参数个数增加的速度也愈大，剩余自由度必然非常小，建立的模型显然很难通过 F 检验，是不能使用的。而 PPR 模型独立参数的数目等于岭函数个数×因子个数，通常岭函数个数选 2，这样独立参数比二次多项式少得多，在处理多维试验因子时显然有巨大的优越性。

（2）二次多项式模型的前提是假定每个试验因子与应变量均呈二次曲线关系，如果有几个因子不属于这种关系时，模型的正确度必然受影响。而 PPR 模型没有任何假定，纯粹由数据本质决定模型的性质，它可以是线性，也可以是二次、三次曲线或它们的组合，适应于各种复杂情况。

（3）当衡量指标（即应变量）个数超过1时，多项式模型的建立和优化都比较困难，而使用PPR软件包处理，无论是建模还是优化操作使用都非常方便容易。由于投影寻踪回归模型试验优化技术具有以上优越性，在试验统计分析中具有广泛的应用前景。

参考文献

[1] 郑祖国，徐文修．冬小麦高产栽培试验数据的投影寻踪回归分析［J］．新疆农业大学学报，1997，20（1）：61-66．

[2] 赵奇，朱树秀，王燕凌，等．冬小麦高产栽培数学模型研究初报［J］．新疆农业大学学报，1996，19（1）：62-67．

[3] 郑祖国．投影寻踪自回归模型及其在新疆春旱期降水量长期预测中的应用［J］．八一农学院学报，1993，16（2）：1-7．

[4] 毛鸿才，杨力行．黄准棉区皮棉产量组分的投影寻踪回归（PPR）分析及与通径分析的比较［J］．新疆农业大学学报，2001，24（3）：44-49．

[5] 孔繁玲，姜保功，张群远，等．建国以来我国黄淮棉区棉花品种的遗传改良Ⅰ．产量及产量组分的改良［J］．作物学报，2000，26（2）：148-156．

[6] 玉山江•吐尼亚孜，杨力行，古丽皮亚•库尔班．害虫预测建模中因子综合和预测的投影寻踪回归（PPR）技术［J］．新疆农业大学学报，2001，24（2）：39-43．

[7] 汪四水，张孝羲．害虫预测建模中的因子综合［J］．南京农业大学学报，2000，23（2）：35-38．

[8] 陈青君，郑祖国，徐江．投影寻踪回归（PPR）技术在日光温室黄瓜光合速率分析中的应用［J］．新疆农业大学学报，1996，19（1）：28-32．

[9] 玉山江•吐尼亚孜，杨力行．第一代小地老虎危害程度的投影寻踪回归预测模型的研究［J］．新疆农业大学学报，2001，24（2）：45-48．

[10] 王三槐，李克才，李建华，等．应用模糊综合决策模型预测第一代小地老虎的为害程度［J］．昆虫知识，1993，30（1）：33-35．

[11] 邓传玲，李建龙．投影寻踪回归技术在试验设计中的应用［J］．新疆农业大学学报，1998，21（1）：32-36．

[12] 徐梁，李正福．最优回归设计在新疆甜瓜种植试验中的应用［J］．八一农学院学报，1993，16（1）：65-68．

第 7 章　医学领域应用实例

例 7.1　心电图聚类评判

心电图判别用于临床诊断已有许多研究，有的采用数理统计方法建立判别函数，有的采用灰色聚类评判，但终因未考虑变量的非正态性而有所缺陷，采用 PPR 进行分析则可以较客观地进行评判。以上述文献中实例进行方法间的性能对比，原始数据列入表 7.1。

表 7.1　10 名健康人和 6 名心肌梗塞病人心电图指标数据分析

编号	y	x_1	x_2	x_3	①判别函数法		②灰色聚类法	③PPR 法	
					Z	判别	$\hat{y}$	$\hat{y}$	取整
1	1	436.70	49.59	2.32	11.74	1	异常人	1.015	1
2	1	290.67	30.02	2.46	16.37	1	1	0.954	1
3	1	352.53	36.23	2.36	14.08	1	1	1.032	1
4	1	340.91	38.28	2.44	15.00	1	1	0.964	1
5	1	332.83	41.92	2.28	13.60	1	1	1.085	1
6	1	319.97	31.42	2.49	16.04	1	1	1.028	1
7	1	361.31	37.99	2.02	10.72	1	1	1.150	1
8	1	366.50	39.87	2.42	14.28	1	1	1.003	1
9	1	292.56	26.07	2.16	13.64	1	1	0.950	1
10	1	276.84	16.60	2.91	21.12	1	1	1.013	1
11	2	510.47	67.64	1.73	4.41	2	2	1.943	2
12	2	510.41	62.71	1.58	3.13	2	2	2.005	2
13	2	470.30	54.40	1.68	5.04	2	2	2.058	2
14	2	364.12	46.26	2.09	11.12	1	异常人	1.977	2
15	2	416.07	45.37	1.90	8.36	2	异常人	1.851	2
16	2	515.70	84.59	1.75	4.10	2	2	1.972	2
检验	2	400.72	49.46	2.15	10.88	1	异常人	1.643	2

文献［1］采用数理统计法求得判别函数为 $Z=-0.0197x_1-0.0231x_2+9.2636x_3$，临界值 $Z^*=10.3421$。如果把检查者心电图的三种指标值代入判别函数式求得 $Z<Z^*$，则判别为病人（用 2 表示），反之则为健康人（用 1 表示），16 个检查者还原判别结果 15 个正确，一个错判（14 号 $Z=11.12>Z^*$，判为了健康人，而实际应为病人）。预留检验的检查者 $Z=10.88>Z^*$，被误判为健康人，而实际应是病人。

灰色聚类评判，首先要根据有关规定或经验，先假定判别标准函数，求出各指标在各类别中的权重，进而求出聚类系数进行评判。16 项还原结果中判别出了 3 个异常人，在 10 名健康人中判别出 1 名异常人，判别错误，在 6 名病人中判别出 2 名异常人。实际上这两名已是心肌梗塞病人，占病人数的三分之一，脱离实际较远。预留检验者也被判为异常人。

采用 PPR 求得 $\hat{y}$ 值（$S=0.2$，$MU=5$，$M=6$），四舍五入取整后，16 项全部还原检验合格，预留检验者（$\hat{y}=1.643$，四舍五入为 $\hat{y}=2$）也被判为病人，判断结果符合实际。

对比上述分析方法，前两种方法还原检验不完全符合健康人或病人的实际。不仅计算复杂而且判别标准函数的假定有一定人为任意性。而 PPR 方法还原 16 项全部符合实际情况，没有判别函数，极其简便，并且没有人为假定，人为任意性最小。

从健康人中分离出异常人是有可能的，但从已有心肌梗塞的病人中再分离出异常人作怀疑对象则没有什么必要和价值了，而且将来用此聚类评判标准函数去诊断新的病人还可能会造成误诊，把重症误诊断为轻症，会造成不良后果。

为什么 PPR 比前两种方法判别效果好，究其原因：一是 PPR 对原始观测值不作任何假定，人为任意性小；二是原始数据大部分是非正态变量，见表 7.2，常规方法很难适应。

表 7.2　变量偏态分析

变量	y	x_1	x_2	x_3
C_s	0.577	0.502	0.830	0.082
分布类型	正偏态	正偏态	正偏态	正态

表 7.2 中只有 x_3 属于正态分布变量，其余 x_1、x_2 和 y 都属于正偏态变量，这种严重的非正态现象是在正态条件下推导的常规公式所无法适应的。

判别函数法所用的是线性假定，得到线性判别公式，就难免在病人中判断出健康人的错误。灰色聚类法所建立的标准函数和权重，全是人为给定的，从表 7.3 中可以看到灰色聚类法把客观上最次要的因素 x_2 当作了第一位主要影响因素，而把较重要的 x_3 作为了最次要的影响因素。这就是灰色聚类法把 1/3 的心肌梗塞病人误划归异常人的原因，也就是说存在着 1/3 的误诊风险。

表 7.3　　　　　　　　变 量 权 重 表

方法	x_1	x_2	x_3	备注
灰色聚类	0.3691	0.4325	0.1995	平均权重
PPR	1.0000	0.7140	0.8740	相对贡献大小

因此，凡是有人为假定的建模方法很容易出现主客观分离的现象，给工作带来一定程度的失误。为提高诊断水平，应大力提倡无假定建模方法。PPR 具有降维克服“维数祸根”的功能，而实际影响心肌梗塞的因素也不止这三个，如果能用全部的影响因子进行 PPR 分析，就可以使诊断工作更为准确。

例 7.2　冠心病预测

目前，冠心病是人类第一杀手。特别是在发展中国家，冠心病发病率有持续升高的趋势。医学研究表明，与冠心病有关的危险因素至少有 250 多种。这些危险因素可影响体内一种或数种病理生理机制，从而促使冠心病的发生。一个人同时存在几个危险因素时，其发生冠心病的危险就会大大增加。年龄与冠心病的发病率和病情呈正相关，年龄越大发病率越高，病情的危险程度也越明显，本病多见于 40 岁以上的中老年人且随着年龄的增长病情发展会加快。医学界公认的冠心病的独立危险因素有高血压、高血脂、糖尿病、吸烟、肥胖及冠心病阳性家族史等。文献［3］中试验测得 25 例正常人和 25 例冠心病患者的 5 项观察指标，其中，x_1 为年龄（岁），x_2 为收缩压（mmHg），x_3 为胆固醇（mg/dl），x_4 为三酰甘油（mg/dl），x_5 为血糖（mg/dl），y=1 表示正常人，y=2 表示冠心病患者，统计数据见表 7.4。

表 7.4　　　　　　50 例正常人和冠心病患者观察数据

序号	y	x_1	x_2	x_3	x_4	x_5
1	1	61	170	198	88	93
2	2	53	100	154	44	83

续表

序号	y	x_1	x_2	x_3	x_4	x_5
3	1	66	160	233	200	100
4	2	55	130	195	124	100
5	1	64	190	205	50	102
6	2	64	104	156	100	110
7	1	73	140	186	133	106
8	2	59	120	129	175	85
9	1	59	140	294	250	110
10	2	40	120	128	67	100
11	1	66	140	225	144	92
12	2	59	150	229	175	85
13	1	55	144	181	44	96
14	2	56	100	134	100	85
15	1	47	120	167	142	87
16	2	53	138	206	40	86
17	1	83	170	158	133	85
18	2	57	100	181	50	97
19	1	81	124	188	100	91
20	2	45	110	186	67	79
21	1	73	180	223	150	90
22	2	60	120	154	100	95
23	1	76	170	198	163	99
24	2	60	110	167	89	88
25	1	66	178	223	83	98
26	2	70	132	191	344	118
27	1	67	166	209	56	96
28	2	59	120	187	140	87
29	1	75	166	218	89	96
30	2	52	120	186	150	88
31	1	70	100	259	83	104
32	2	58	120	155	89	72
33	1	75	176	233	167	90

续表

序号	y	x_1	x_2	x_3	x_4	x_5
34	2	58	130	124	78	75
35	1	71	120	179	100	168
36	2	41	120	217	344	111
37	1	75	230	174	67	157
38	2	47	90	184	74	90
39	1	66	176	191	80	88
40	2	62	146	134	56	85
41	1	61	156	178	200	97
42	2	69	110	145	100	93
43	1	72	170	160	100	88
44	2	45	96	131	78	108
45	1	63	140	198	78	100
46	2	61	130	163	67	94
47	1	73	150	212	122	190
48	2	53	100	183	50	94
49	1	58	150	132	150	95
50	2	50	170	165	67	104

采用投影寻踪回归 PPR 处理上述数据，选择 S=0.1，M=5，MU=4，用前 40 组数据建模，还原合格率为 95%，后 10 组数据预留检验的合格率为 70%，计算结果见表 7.5。

表 7.5　　　　PPR 建 模 检 验 表

检验类别	实测值	拟合值	绝对误差	相对误差/%	检验类别	实测值	拟合值	绝对误差	相对误差/%
还原检验	1.000	0.957	−0.043	−4.3	还原检验	1.000	1.074	0.074	7.4
	2.000	1.953	−0.047	−2.4		2.000	2.113	0.113	5.6
	1.000	0.938	−0.062	−6.2		1.000	1.020	0.020	2.0
	2.000	2.023	0.023	1.2		2.000	2.105	0.105	5.2
	1.000	0.862	−0.138	−13.8		1.000	1.099	0.099	9.9
	2.000	1.978	−0.022	−1.1		2.000	1.941	−0.059	−2.9
	1.000	1.009	0.009	0.9		1.000	0.968	−0.032	−3.2

续表

检验类别	实测值	拟合值	绝对误差	相对误差/%	检验类别	实测值	拟合值	绝对误差	相对误差/%
还原检验	2.000	1.98	–0.016	–0.8	还原检验	2.000	1.989	–0.011	–0.5
	1.000	0.994	–0.006	–0.6		1.000	1.050	0.050	5.0
	2.000	2.081	0.081	4.1		2.000	1.989	–0.011	–0.6
	1.000	1.081	0.081	8.1		1.000	1.006	0.006	0.6
	2.000	2.00	0.009	0.4		2.000	2.080	0.080	4.0
	1.000	1.010	0.010	1.0		1.000	0.902	–0.098	–9.8
	2.000	1.931	–0.069	–3.4		2.000	1.987	–0.013	–0.7
	1.000	1.229	0.229	22.9		1.000	0.939	–0.061	–6.1
	2.000	2.112	0.112	5.6		2.000	1.906	–0.094	–4.7
	1.000	1.058	0.058	5.8		1.000	0.944	–0.056	–5.6
	2.000	1.956	–0.044	–2.2		2.000	1.954	–0.046	–2.3
	1.000	1.004	0.004	0.4		1.000	0.903	–0.097	–9.7
	2.000	1.921	–0.079	–3.9		2.000	1.942	–0.058	–2.9
预留检验	1.000	2.012	1.012	101.2	预留检验	2.000	1.971	–0.029	–1.5
	2.000	2.136	0.136	6.8		1.000	0.851	–0.149	–14.9
	1.000	1.106	0.106	10.6		2.000	1.990	–0.010	–0.5
	2.000	1.749	–0.251	–12.5		1.000	2.022	1.022	102.2
	1.000	1.006	0.006	0.6		2.000	1.068	–0.932	–46.6

可以看出：冠心病的风险因子大小次序依次为：年龄＞收缩压＞三酰甘油＞血糖＞胆固醇，影响因素贡献相对权重值见表 7.6，此结果可以为冠心病的预防提供参考。

表 7.6　　影响因素贡献相对权重值

变量	x_1	x_2	x_3	x_4	x_5
影响因素	年龄	收缩压	胆固醇	三酰甘油	血糖
贡献权重	1.00	0.66	0.33	0.65	0.54

例 7.3　脾虚症预测

有这样一句话，十人九脾虚，说明了脾虚这种症状是很常见的。尤其是随着物质水平的提高，很多人对于饮食方面都没什么顾忌，放开了吃，天天大鱼大肉，酒也时常碰，长此以往我们的脾脏就会因为这些不良的生活习惯，从而导致损伤的出现，进而发展成为脾虚，人若是脾胃一虚，身体的气血也会跟着虚弱，人气血虚了各种问题就发生了。文献［3］选定血浆白蛋白含量 x_1，血红蛋白 x_2 与玫瑰花形成细胞率 x_3 为特征指标，y=1 表示例脾虚症患者，y=2 表示正常人，分别测得脾虚症和正常人各 18 例，见表 7.7。

表 7.7　　36 例脾虚症患者和正常人观察数据

序号	y	x_1/(g/L)	x_2/(g/L)	x_3/(g/L)	序号	y	x_1/(g/L)	x_2/(g/L)	x_3/(g/L)
1	1	27.5	78.5	381.5	19	1	30.1	88.5	415.2
2	2	35.5	119.5	530.5	20	2	34.6	108.5	513.2
3	1	27.5	78.5	371.5	21	1	31.2	91.5	433.5
4	2	36.3	120.5	540.5	22	2	33.5	105.3	511.8
5	1	27.5	80.5	381.5	23	1	30.4	80.5	405.5
6	2	38.5	127.5	541.5	24	2	34.5	115.2	520.5
7	1	29.5	80.5	381.5	25	1	30.5	91.5	415.5
8	2	37.5	126.5	541.2	26	2	35.5	120.5	530.5
9	1	28.5	79.5	401.5	27	1	30.6	87.5	405.4
10	2	36.3	120.5	540.8	28	2	35	118.2	525.2
11	1	28.5	80.5	405.2	29	1	30.9	83.5	420.5
12	2	35.4	118.5	530.5	30	2	35	118	530.3
13	1	30.5	88.5	412.5	31	1	31.1	88.5	430.5
14	2	35.5	111.5	522.5	32	2	35.3	118.2	528
15	1	31.5	87.5	442.5	33	1	31.6	91.5	445.2
16	2	36.5	123.5	530.5	34	2	35.2	117.5	524.2
17	1	30.5	87.5	422.5	35	1	31.8	90.5	452.5
18	2	34.2	109.2	503.5	36	2	34.5	116.5	523.5

采用投影寻踪回归 PPR 处理上述数据，选择 S=0.1，M=1，MU=1，用上述 36 组数据建模，还原合格率为 100%，结果见表 7.8。

对预留的 4 名会诊人进行检验，检验结果取整后全部是 $y=1$，即全部是脾虚证患者，与文献［3］用 SAS 软件作出的判别结果完全一致，4 名会诊人预测合格率为 100%，计算结果见表 7.9。

表 7.8　　PPR 建模计算表

序号	实测值	拟合值	绝对误差	相对误差/%	序号	实测值	拟合值	绝对误差	相对误差/%
1	1.000	0.992	−0.008	−0.8	19	1.000	0.992	−0.008	−0.8
2	2.000	2.006	0.006	0.3	20	2.000	1.958	−0.042	−2.1
3	1.000	0.992	−0.008	−0.8	21	1.000	1.012	0.012	1.2
4	2.000	2.006	0.006	0.3	22	2.000	1.995	−0.005	−0.2
5	1.000	0.992	−0.008	−0.8	23	1.000	0.992	−0.008	−0.8
6	2.000	2.006	0.006	0.3	24	2.000	2.006	0.006	0.3
7	1.000	0.992	−0.008	−0.8	25	1.000	0.995	−0.005	−0.5
8	2.000	2.006	0.006	0.3	26	2.000	2.006	0.006	0.3
9	1.000	0.992	−0.008	−0.8	27	1.000	0.992	−0.008	−0.8
10	2.000	2.006	0.006	0.3	28	2.000	2.006	0.006	0.3
11	1.000	0.992	−0.008	−0.8	29	1.000	0.992	−0.008	−0.8
12	2.000	2.006	0.006	0.3	30	2.000	2.006	0.006	0.3
13	1.000	0.992	−0.008	−0.8	31	1.000	0.992	−0.008	−0.8
14	2.000	1.991	−0.009	−0.5	32	2.000	2.006	0.006	0.3
15	1.000	0.992	−0.008	−0.8	33	1.000	1.066	0.066	6.6
16	2.000	2.006	0.006	0.3	34	2.000	2.006	0.006	0.3
17	1.000	0.992	−0.008	−0.8	35	1.000	1.05	0.051	5.1
18	2.000	1.961	−0.039	−2.0	36	2.000	2.006	0.006	0.3

表 7.9　　PPR 检验结果表

序号	预报值	x_1/(g/L)	x_2/(g/L)	x_3/(g/L)	序号	预报值	x_1/(g/L)	x_2/(g/L)	x_3/(g/L)
1	0.992	30.23	80.12	360.1	3	1.234	36.6	90.79	545.5
2	1.438	25.35	88.56	381.55	4	0.992	40.56	100.1	540.6

例 7.4　DNA 类别预测

2000 年 6 月，人类基因组计划中 DNA 全序列草图完成，预计 2001 年可以完成精确的全序列图，此后人类将拥有一本记录着自身生老病死及遗传进化的全部信息的“天书”。这本大自然写成的“天书”是由 4 个字符 A、T、C、G 按一定顺序排成的长约 30 亿的序列，其中没有“断句”也没有标点符号，除了这 4 个字符表示 4 种碱基以外，人们对它包含的“内容”

知之甚少，难以读懂，破译这部世界上最巨量信息的“天书”是21世纪最重要的任务之一。

在这个目标中，研究DNA全序列具有什么结构，由这4个字符排成的看似随机的序列中隐藏着什么规律，又是解读这部天书的基础，是生物信息学最重要的课题之一。虽然人类对这部“天书”知之甚少，但也发现了DNA序列中的一些规律性和结构。例如，在全序列中有一些是用于编码蛋白质的序列片段，即由这4个字符组成的64种不同的3字符串，其中大多数用于编码构成蛋白质的20种氨基酸。又例如，在不用于编码蛋白质的序列片段中，A和T的含量多些，于是以某些碱基特别丰富作为特征去研究DNA序列的结构也取得了一些结果。此外，利用统计的方法还发现序列的某些片段之间具有相关性等。这些发现让人们相信DNA序列中存在着局部的和全局性的结构，充分发掘序列的结构对理解DNA全序列是十分有意义的。目前在这项研究中最普通的思想是省略序列的某些细节，突出特征，然后将其表示成适当的数学对象，这种被称为粗粒化和模型化的方法往往有助于研究规律性和结构。文献［4］作为研究DNA序列的结构的尝试，提出以下对序列集合进行分类的问题：下面有20个已知类别的人工制造的序列，其中序列标号1～10为A类，11～20为B类。从中提取特征，构造分类方法，并用这些已知类别的序列衡量你的方法是否足够好，然后用你认为满意的方法对另外20个未标明类别的人工序列（标号21～40）进行分类。

A类

1．aggcacggaaaaacgggaataacggaggaggacttggcacggcattacacggaggacgaggtaaaggaggcttgtctacggccggaagtgaagggggatatgaccgcttgg

2．cggaggacaaacgggatggcggtattggaggtggcggactgttcggggaattattcggtttaaacgggacaaggaaggcggctggaacaaccggacggtggcagcaaagga

3．gggacggatacggattctggccacggacggaaaggaggacacggcggacatacacggcggcaacggacggaacggaggaaggagggcggcaatcggtacggaggcggcgga

4．atggataacggaaacaaaccagacaaacttcggtagaaatacagaagcttagatgcatatgttttttaaataaaatttgtattattatggtatcataaaaaaaggttgcga

5．cggctggcggacaacggactggcggattccaaaaacggaggaggcggacggaggctacaccaccgtttcggcggaaaggcggagggctggcaggaggctcattacggggag

6．atggaaaattttcggaaaggcggcaggcaggaggcaaaggcggaaaggaaggaaacggcggatatttcggaagtggatattaggagggcggaataaaggaacggcggcaca

7. atgggattattgaatggcggaggaagatccggaataaaatatggcggaaagaacttgttttcggaaatggaaaaaggactaggaatcggcggcaggaaggatatggaggcg

8. atggccgatcggcttaggctggaaggaacaaataggcggaattaaggaaggcgttctcgcttttcgacaaggaggcggaccataggaggcggattaggaacggttatgagg

9. atggcggaaaaaggaaatgtttggcatcggcgggctccggcaactggaggttcggccatggaggcgaaaatcgtgggcggcggcagcgctggccggagtttgaggagcgcg

10. tggccgcggaggggcccgtcgggcgcggatttctacaagggcttcctgttaaggaggtggcatccaggcgtcgcacgctcggcgcggcaggaggcacgcgggaaaaaacg

B 类

11. gttagatttaacgtttttatggaatttatggaattataaatttaaaaatttatatttttaggtaagtaatccaacgttttattactttttaaaattaaatatttatt

12. gtttaattactttatcatttaatttaggttttaattttaaatttaatttaggtaagatgaatttggtttttttaaggtagttatttaattatcgttaaggaaagttaaa

13. gtattacaggcagaccttatttaggttattattatttggattttttttttttttttttttaagttaaccgaattattttctttaaagacgttacttaatgtcaatgc

14. gttagtctttttagattaaattattagattatgcagtttttttacataagaaaatttttttttcggagttcatattctaatctgtctttattaaatcttagagatatta

15. gtattatatttttttattttattattttagaatataatttgaggtatgtgtttaaaaaaaattttttttttttttttttttttttttttaaaatttataaatttaa

16. gttatttttaaatttaattttaattttaaaatacaaaatttttactttctaaaattggtctctggatcgataatgtaaacttattgaatctatagaattacattattgat

17. gtatgtctatttcacggaagaatgcaccactatatgatttgaaattatctatggctaaaaaccctcagtaaaatcaatccctaaacccttaaaaaacggcggcctatccc

18. gttaattatttattccttacgggcaattaattatttattacggttttatttacaattttttttttttgtcctatagagaaattacttacaaaacgttattttacatactt

19. gttacattatttattattatccgttatcgataatttttttacctctttttcgctgagtttttattcttactttttttcttctttatataggatctcatttaatatcttaa

20. gtatttaactctctttactttttttttcactctctacattttcatcttctaaaactgtttgatttaaactttttgtttctttaaggatttttttttacttatcctctgttat

预留检验组

21. tttagctcagtccagctagctagtttacaatttcgacaccagtttcgcaccatcttaaatttcgatccgtaccgtaatttagcttagatttggatttaaaggatttagattga

22. tttagtacagtagctcagtccaagaacgatgtttaccgtaacgtqacgtaccgtacgctaccgttacc

ggattccggaaagccgattaaggaccgatcgaaaggg

23. cgggcggatttaggccgacggggacccgggattcgggacccgaggaaattcccggattaaggtt tagcttcccgggatttagggcccggatggctgggaccc

24. tttagctagctactttagctatttttagtagctagccagcctttaaggctagctttagctagcattgttcttt attgggacccaagttcgacttttacgatttagttttgaccgt

25. gaccaaaggtgggctttagggacccgatgctttagtcgcagctggaccagttccccagggtattag gcaaaagctgacgggcaattgcaatttaggcttaggcca

26. gatttactttagcatttttagctgacgttagcaagcattagctttagccaatttcgcatttgccagtttcg cagctcagttttaacgcgggatctttagcttcaagctttttac

27. ggattcggatttacccggggattggcggaacgggacctttaggtcgggacccattaggagtaaat gccaaaggacgctggtttagccagtccgttaaggcttag

28. tccttagatttcagttactatatttgacttacagtctttgagatttcccttacgattttgacttaaaatttaga cgttagggcttatcagttatggattaatttagcttattttcga

29. ggccaattccggtaggaaggtgatggcccgggggttcccgggaggatttaggctgacgggccg gccatttcggtttagggagggccgggacgcgttagggc

30. cgctaagcagctcaagctcagtcagtcacgtttgccaagtcagtaatttgccaaagttaaccgttag ctgacgctgaacgctaaacagtattagctgatgactcgta

31. ttaaggacttaggctttagcagttactttagtttagttccaagctacgtttacgggaccagatgctagct agcaatttattatccgtattaggcttaccgtaggtttagcgt

32. gctaccgggcagtctttaacgtagctaccgtttagtttgggcccagccttgcggtgtttcggattaaa ttcgttgtcagtcgctctrtgggtttagtcattcccaaaagg

33. cagttagctgaatcgtttagccatttgacgtaaacatgattttacgtacgtaaattttagccctgacgttt agctaggaatttatgctgacgtagcgatcgactttagcac

34. cggttagggcaaaggttggatttcgacccagggggaaagcccgggacccgaacccagggcttta gcgtaggctgacgctaggcttaggttggaacccggaaa

35. gcggaagggcgtaggtttgggatgcttagccgtaggctagctttcgacacgatcgattcgcaccac aggataaaagttaagggaccggtaagtcgcggtagcc

36. ctagctacgaacgctttaggcgcccccgggagtagtcgttaccgttagtatagcagtcgcagtcgc aattcgcaaaagtccccagctttagccccagagtcgacg

37. gggatgctgacgctggttagctttaggcttagcgtagctttagggccccagtctgcaggaaatgcc caaaggaggcccaccgggtagatgccasagtgcaccgt

38. aactttttagggcatttccagttttacgggttattttcccagttaaactttgcaccattttacgtgttacgatt tacgtataatttgaccttattttggacactttagtttgggttac

39．ttagggccaagtcccgaggcaaggaattctgatccaagtccaatcacgtacagtccaagtcaccgt ttgcagctaccgtttaccgtacgttgcaagtcaaatccat

40．ccattagggtttatttacctgtttatttttcccgagaccttaggtttaccgtactttttaacggtttaccttt gaaatttttggactagcttaccctggatttaacggccagttt

用 EDA 的建模思路，其中：$y=1$ 表示 A 类 DNA，$y=2$ 表示 B 类 DNA，x_1 表示 t 字符数出现次数，x_2 表示 c 字符数出现次数，x_3 表示 g 字符数出现次数，x_4 表示 a 字符数出现次数。从已知 20 组 DNA 分类及 20 组预留检验的信息列表 7.10。

表 7.10　　　　PPR 建模及预留检验数据信息表

y	序号	x_1/次	x_2/次	x_3/次	x_4/次	y	序号	x_1/次	x_2/次	x_3/次	x_4/次
1	1	15	19	44	33	预留检验	21	42	22	19	31
1	2	17	18	46	30		22	23	25	27	30
1	3	7	24	50	30		23	19	26	39	18
1	4	32	12	20	47		24	47	22	23	24
1	5	12	26	47	26		25	23	24	32	26
1	6	14	14	44	39		26	44	24	21	25
1	7	21	11	40	39		27	24	21	35	23
1	8	21	18	41	31		28	52	17	18	30
1	9	17	23	48	23		29	19	27	45	15
1	10	15	30	45	20		30	27	26	23	31
2	11	55	5	11	39		31	40	20	25	27
2	12	55	3	16	36		32	37	24	29	19
2	13	57	11	14	28		33	36	21	23	30
2	14	55	9	13	33		34	17	24	37	24
2	15	71	0	7	32		35	21	21	35	25
2	16	51	9	10	40		36	22	32	27	24
2	17	29	27	15	39		37	21	26	34	22
2	18	55	13	10	32		38	51	20	20	26
2	19	62	16	8	24		39	25	30	22	29
2	20	62	19	7	22		40	50	23	20	22

审视表中数据发现 Za 的信息较紊乱，故先舍去，仅选择 Zt、Zc、Zg 三个自变量进行 PPR 分析。选择 S=0.1，M=5，MU=4，采用前 20 组数据

建模，还原合格率为100%，结果见表7.11。

表 7.11　　　　PPR 建模计算结果表

A类实测值	拟合值	绝对误差	相对误差/%	B类实测值	拟合值	绝对误差	相对误差/%
1	0.987	−0.013	−1.30	2	2.019	0.019	1.00
1	0.989	−0.011	−1.10	2	1.963	−0.037	−1.80
1	0.977	−0.023	−2.30	2	2.022	0.022	1.10
1	1.000	0.000	0.00	2	2.016	0.016	0.80
1	1.008	0.008	0.80	2	2.003	0.003	0.10
1	0.991	−0.009	−0.90	2	2.002	0.002	0.10
1	1.002	0.002	0.20	2	1.984	−0.016	−0.80
1	1.020	0.02	2.00	2	2.001	0.001	0.10
1	1.013	0.013	1.30	2	2.004	0.004	0.20
1	1.027	0.027	2.70	2	1.972	−0.028	−1.40

PPR预留检验结果见表7.12，y预报值小于1.5判别为1（属A类），y预报值大于1.5判别为2（属B类）。

表 7.12　　　　PPR 预留检验分类结果表

序号	预报值	分类结果	序号	预报值	分类结果
21	1.931	B	31	1.717	B
22	1.568	B	32	1.573	B
23	1.178	A	33	1.753	B
24	1.817	B	34	1.166	A
25	1.398	A	35	1.223	A
26	1.868	B	36	1.638	B
27	1.263	A	37	1.343	A
28	1.956	B	38	1.897	B
29	1.043	A	39	1.783	B
30	1.736	B	40	1.913	B

属于A类的有23、25、27、29、34、35、37；属于B类的有21、22、24、26、28、30、31、32、33、36、38、39、40。与文献［4］竞赛题的答

案完全相同，分类结果正确率为100%。

PPR仅仅利用了字符t、c、g三种字符在样本中出现次数的信息，就可以准确判别预留检验样本的DNA类别，比常规方法更加简便。

参考文献

[1]《预防医学指南》编委会．预防医学指南⑥卫生统计分册［M］．西安：陕西科学技术出版社，1989．

[2] 田毓英，张有会．心电图三种指标的灰色聚类评判［J］．系统工程理论与实践，1994，14（4）：71-74．

[3] 郭秀花．医学统计学习题与SAS实验［M］．北京：人民军医出版社，2003．

[4] 郝孝良，戴永红，等．数学建模竞赛赛题简析与论文点评［M］．西安：西安交通大学出版社，2002．

第 8 章　环境生态领域应用实例

例 8.1　台风登陆华南频次的投影寻踪回归预测

我国是世界上受台风影响最严重的国家之一，尤其是我国东南沿海每年都因台风登陆而遭受人员伤亡和经济损失。每年台风季节，台风登陆次数又存在着较大差异。若能提前预测出当年台风登陆频次，则可根据预测的台风登陆频次多少，提前做好防灾、减灾准备。一般说来，当年台风登陆出现频次与其前期预报因子的信息之间存在着一定关系，但并非线性关系。因此，若用传统的基于“假定→模拟→预报”证实性数据分析（CDA）法建模，由于受到过于形式化和数学化束缚，难以找出数据之间的内在规律，从而难以收到好的效果。因此，有必要探索新的分析建模法。

该实例所用资料取自文献［2］。表 8.1 列出了 1954—1983 年逐年台风登陆华南年频次 y 及其两个预报因子数值。这两个预报因子是：x_1 为当年 1—2 月沙堤、柳州和长沙三站的平均最低温度，x_2 为 4—5 月副热带高压脊线的平均位置。

表 8.1 中的 RPP 和 RSR 分别为 PPR 和多元逐步回归拟合与台风年频次预测的相对误差。因只选用了两个与台风有关的因子，故建立两个因子的投影寻踪回归 PPR（2）预测模型。若用表 8.1 中前 25 年（1954—1978 年）样本建模，预留后 5 年（1979—1983 年）样本作预测检验。将全部 30 年样本输入 PPR（2）的计算程序，固定学习样本 N=25，反复调试 S、M、MU 几个参数，若规定相对误差$|R_{PP}|\leqslant 20\%$为合格，则当选择 S=0.1、M=9、MU=6 时，模型拟合效果最佳，其拟合率为 96%，预报准确率为 80%，表 8.1 列出 PPR 模型的拟合和预测检验结果。表 8.1 还列出用逐步回归（SR）对台风登陆华南沿海前 25 年建模的拟合和后 5 年预测检验结果。SR 的显著性水平取 5%时的逐步回归方程为

$$y=-9.18+0.5863x_1+0.7050x_2 \tag{8.1}$$

其拟合率为 80%，预报准确率为 60%，可见 PPR 模型的拟合和预测结果均优于 SR 模型的拟合和预测效果。

为了检验 PPR 模型的稳定性，再用 PPR 分别对前（1954—1973 年），（1954—1974 年），…，（1954—1977 年）样本建模，预留后（1974—1983 年），（1975—1983 年），…，（1978—1983 年）样本作预测检验。每次建模的模型参数 N、S、M、MU 及预测检验效果见表 8.2，对于拟合只给出了拟合率大小。

表 8.1　台风登陆华南年频次和预报因子及两种方法预测结果比较

年份	x_1	x_2	y	y_{PP}	$\|R_{PP}\|/\%$	y_{SR}	$\|R_{SR}\|/\%$
1954	17.5	9.9	9	9.1	1.10	8.05	10.60
1955	15.5	7.5	5	4.78	−4.30	5.17	3.70
1956	18.5	10.2	10	9.82	−1.80	8.85	11.50
1957	18	8.6	7	6.8	−2.90	7.43	6.10
1958	17.5	8.7	8	8.19	2.30	7.21	9.90
1959	15.5	8.7	5	6.53	30.60	6.03	20.70
1960	18	9.8	10	9.87	−1.30	8.27	17.30
1961	18.5	10.5	10	10.15	1.50	9.06	9.40
1962	16	8.8	6	6.16	2.70	6.4	6.60
1963	15.5	8.7	8	6.53	−18.40	6.03	24.60
1964	20.5	12.9	11	10.73	−2.50	11.93	8.40
1965	20	11.8	8	8.48	6.00	10.86	35.70
1966	15	6.9	4	3.48	−13.00	4.47	11.80
1967	17.5	8.6	8	10.97	−0.40	7.14	10.80
1968	14	7.5	5	4.67	−6.60	4.31	13.90
1969	14.5	6.7	2	2.24	12.00	4.04	101.80
1970	17.5	9	9	8.83	1.90	7.42	17.60
1971	20	12.7	11	11.26	2.30	11.49	4.50
1972	15.5	7.3	4	4.33	8.20	5.04	26.10
1973	18	12.3	10	9.87	−1.40	10.04	0.40
1974	17.5	10.2	9	8.93	−0.70	8.26	8.20
1975	17.5	11.6	9	9.22	2.40	9.25	2.80
1976	16.5	7.1	5	5.01	0.20	5.49	9.80
1977	15	7.3	4	3.83	−4.30	4.75	18.80
1978	14.5	9.8	7	7.25	3.60	6.22	11.10

续表

年份	x_1	x_2	y	y_{PP}	$\|R_{PP}\|$/%	y_{SR}	$\|R_{SR}\|$/%
1979*	16	8.1	7	6.11	–12.80	5.9	15.70
1980*	17	11.9	9	10	11.10	9.17	1.90
1981*	16.5	9.5	7	7.98	13.90	7.18	2.60
1982*	15.5	6.9	2	3.96	98.20	4.76	138.20
1983*	15.5	7.4	4	4.59	14.80	5.12	28.00

* 为预留检验。

从表 8.2 可以看出在该例中，几种模型的拟合率均达 90%左右，预测准确率都在 80%以上。与建模样本数 N 和预留预测检验样本数目的关系不大，表明模型比较稳定。

表 8.2　　不同预测检验样本数的 PPR 预测结果

年份	实际频次	*N-S-M-MU*	相对误差/%	*N-S-M-MU*	相对误差/%	*N-S-M-MU*	相对误差/%
		20-0.1-5-3		21-0.5-5-3		22-0.3-5-3	
		预测频次		预测频次		预测频次	
1974	9	8.63	–4.10	—	—	—	—
1975	9	9.63	7.00	9.65	7.20	—	—
1976	5	5.58	11.60	5.54	9.00	5.21	4.20
1977	4	3.42	–14.50	3.97	–0.80	3.78	–5.50
1978	7	9.14	30.60	7.75	10.70	8.18	16.90
1979	7	6.05	–13.60	6	–14.30	5.78	–17.40
1980	9	10.76	19.50	10.14	12.70	10.52	16.90
1981	7	7.47	6.70	7.68	9.70	7.94	13.40
1982	2	3.77	88.50	4.53	126.50	4.2	110.00
1983	4	4.78	19.50	4.77	19.20	4.64	16.00
		拟合率	90	拟合率	80	拟合率	90
		预报准确率	88	预报准确率	91	预报准确率	88
年份	实际频次	*N-S-M-MU*	相对误差/%	*N-S-M-MU*	相对误差/%	*N-S-M-MU*	相对误差/%
		23-0.5-5-3		24-0.5-5-3		25-0.1-9-6	
		预测频次		预测频次		预测频次	
1977	4	4.06	1.50	—	—	—	—
1978	7	6.47	–7.60	6.53	–7.00	—	—

续表

年份	实际频次	N-S-M-MU 23-0.5-5-3 预测频次	相对误差/%	N-S-M-MU 24-0.5-5-3 预测频次	相对误差/%	N-S-M-MU 25-0.1-9-6 预测频次	相对误差/%
1979	7	6.22	–11.10	6.07	–13.30	6.11	–12.70
1980	9	9.1	1.10	9.02	0.01	10	11.10
1981	7	8.26	18.00	7.92	13.10	7.98	14.00
1982	2	3.76	88.00	3.87	93.50	3.96	98.00
1983	4	4.63	15.80	4.6	15.00	4.59	14.80
		拟合率	87	拟合率	88	拟合率	96
		预报准确率	85	预报准确率	83	预报准确率	80

从本实例分析可看出：

（1）由于每年台风登陆频次差别太大，要作出准确预测并非易事。PPR 的预测效果优于逐步回归的预测效果，可见 PPR 适宜于非线性数据分析建模。

（2）PPR 用于数据分析建模，不需要事先对数据结构作任何假定，而是直接审视数据，通过计算机反复寻优。实例分析表明模型的客观性和稳定性好。

（3）将已编辑好的 PPR 应用软件用于具体实例时，只有少数几个参数需要指定和调整，操作十分方便，适用性好。

（4）PPR 用于预测建模时，预报因子与预报对象的相关性越好，预测的精度也越高。

例 8.2　污染物浓度预测的 PPR 模型

环境污染预测问题多数具有维数高、样本容量少和非正态特征，用传统的 CDA 分析法预测的结果往往不够理想。因此，本实例采用投影寻踪回归技术（PPR）建立污染物浓度预测模型。

此处，将 PPR 用于洛河某河段河水污染预测。预测指标：Y_1 为 BOD 浓度（mg/L）和 Y_2 为 DO 浓度（mg/L）。经调查和初步分析，与 Y_1 和 Y_2 有关的 7 个因素是：X_1 为初始断面的 BOD 浓度 L_0（mg/L）；X_2 为初始断面的氧亏浓度 C（mg/L）；X_3 为水温 T（℃）；X_4 为河流流量 Q（m^3）；X_5 为排污口污水流量 q（m^3）；X_6 为污水中 BOD 浓度 I（mg/L）；X_7 为流过该

河段所需时间 t（s）。

该河段上共有 15 组监测数据，数据引自文献［4］，见表 8.3。

表 8.3　　洛河污染浓度与相关因素实测值

序号	X_1	X_2	X_3	X_4	X_5	X_6	X_7	Y_1	Y_2
1	6.88	−0.25	27	6.75	1.12	4.77	0.083	9.35	−2.66
2	6.08	−2.21	27.5	4.78	1.12	1.93	0.083	12.3	−4.02
3	2.14	−3.04	26	4.78	1.12	4.04	0.083	15.6	−4.59
4	5.02	−0.73	26	8.56	1.12	3.63	0.073	5.88	−3.96
5	7.89	−2.26	26	8.56	1.12	3.63	0.069	6.34	−3.02
6	2.38	−1.65	15	1.49	1.56	4.28	0.104	4	−1.74
7	1.86	−1.35	15.8	1.49	1.56	4.28	0.104	3.76	−1.47
8	1.02	−2.12	17.1	1.49	1.38	4.28	0.104	3.98	−2.33
9	1.22	−1.92	17.5	1.49	1.38	4.28	0.104	3.98	−2.19
10	0.9	−0.27	17	3.63	0.99	2.02	0.104	2.78	0.33
11	1.58	−0.09	17	3.63	0.99	2.02	0.104	1.83	0.23
12	2.78	−1.17	13.5	3.27	0.99	1.14	0.104	2.56	−0.74
13	2.1	−1.3	13.5	3.27	0.99	1.14	0.104	2.72	−0.8
14	2.32	−0.6	14.5	3.65	0.86	0.57	0.104	1.64	−0.62
15	1.96	−0.6	14.5	3.65	0.86	0.57	0.104	2.36	−0.32

因为与预测量 BOD 和 DO 有关的共有 7 个因子，而且从表 8.3 中可以看出，这些因子监测数据与 BOD 和 DO 监测数据之间的关系并不呈线性关系，而是具有高维非线性，样本数又较少的特点。因此，它可用 PP 技术建立 BOD 和 DO 预测模型。对 Y_1 和 Y_2 分别进行 PPR 分析计算。用表 8.3 中的前 12 组数据建模，后 3 组数据预留检验。将表 8.3 中全部数据输入 PPR 的计算软件中，在固定因子数 P=7 和建模样本数 N=12 情况下，分别选择 2 个模型中的 3 个参数 S、M 和 MU 的不同组合，使每个模型计算输出的拟合效果达到最佳。2 个模型各自参数的最佳组合见表 8.4。BOD 和 DO 浓度的拟合和预留预测效果分别见表 8.5 和表 8.6。在 PPR 分析计算过程中，还可给出各因素对 BOD 和 DO 的贡献大小的相对权值见表 8.7。从表 8.7 可以看出因子 X_7 虽然对 BOD 影响很小，可以忽略，但它对 DO 的影响则最大，不可忽略；此外因子 X_6 虽然对 DO 的影响较小，但它对 BOD 的影

响还是不应忽略。因此，在选择与 BOD 和 DO 有关的共同因子时，这 7 个因子都应选上。

表 8.4　　2 个模型参数的最优值最终组合

参数	N	P	S	M	MU
Y_1（BOD）	12	7	0.4	6	5
Y_2（DO）	12	7	0.5	5	3

表 8.5　　BOD 和 DO 的 PPR 拟合效果

BOD				DO			
实测值	拟合值	绝对误差	相对误差/%	实测值	拟合值	绝对误差	相对误差/%
9.35	9.352	0.002	0	−2.66	−2.666	−0.006	0.2
12.3	12.29	−0.01	−0.1	−4.02	−4.01	0.001	0
15.6	15.612	0.012	0.1	−4.59	−4.605	−0.015	0.3
5.88	5.886	0.006	0.1	−3.96	−3.958	0.002	−0.1
6.34	6.364	0.024	0.4	−3.02	−3.008	0.012	−0.4
4	3.972	−0.028	−0.7	−1.74	−1.796	−0.056	3.2
3.76	3.811	0.051	1.4	−1.47	−1.438	0.032	−2.2
3.98	3.966	−0.014	−0.3	−2.33	−2.334	−0.004	0.2
3.98	4.001	0.021	0.5	−2.19	−2.154	0.036	−1.6
2.78	2.696	−0.084	−3	0.33	0.324	−0.006	−1.9
1.88	1.897	0.017	0.9	0.23	0.23	0	0
2.56	2.562	0.002	0.1	−0.74	−0.736	0.004	−0.6
合格项数	12	合格率	100%	合格项数	12	合格率	100%

表 8.6　　BOD 和 DO 的 PPR 模型预留检验结果

BOD				DO			
测值	拟合值	绝对误差	相对误差/%	实测值	拟合值	绝对误差	相对误差/%
2.72	2.726	0.006	0.2	−0.8	−0.746	0.054	−6.7
1.64	1.93	0.29	17.7	−0.62	−0.526	0.094	−15.2
2.36	1.952	−0.408	−17.3	−0.32	−0.448	−0.128	39.9

表 8.7　　各因素的相对权值

权序	Y_1（BOD）		Y_2（DO）	
	因素	相对权值	因素	相对权值
1	X_3	1	X_7	1
2	X_4	0.49887	X_4	0.56134
3	X_5	0.333	X_3	0.38851
4	X_1	0.24886	X_1	0.38707
5	X_2	0.14523	X_2	0.26288
6	X_6	0.11085	X_5	0.11107
7	X_7	0.01021	X_6	0.06632

从表 8.5 可见，BOD 和 DO 浓度的预测模型拟合的相对误差均有$|WK|<4\%$，全部合格。从表 8.6 可见每个模型预留的 3 个检验样本的相对误差，除 DO 最后一个样本预测相对误差$|WK|>20\%$属不合格外，其余 5 个均有$|WK|<20\%$，因此总的预留检验合格率为 83.3%。

从本实例分析可以看出：

（1）PPR 用于污染物预测建模，只需要原始监测数据，避免了人为干预，客观性好。

（2）由于 PPR 能较好地利用信息，它无论对高维或低维数据，正态或非正态，线性或非线性，独立或非独立分布数据都能有效处理。因此它适用于分析和处理环境污染中高维非正态非线性的有关问题。

（3）PPR 分析还同时给出以相对权值表示的因子对预测量的贡献大小。因此这种方法还可用于优选环境因子，为环境管理和污染防治决策提供依据。

（4）由于 PPR 采用审视数据—模拟—预测这样一条探索性数据分析新途径，建立的模型稳健性和抗干扰性好，因而预测结果具有较高的精度。

（5）直接使用已编辑好的 PPR 计算软件预测污染物浓度时，只有 S、M 和 MU 很少几个参数需要指定和反复调试，因此使用方便。

例 8.3　旱涝趋势的投影寻踪预测模型

我国是世界上受旱涝灾害影响最严重的国家之一。每年约有 1/4 的耕地面积受到不同程度旱涝灾害的影响，使人民生命财产遭到重大损失。因此，研究旱涝灾害发生、发展规律，对防灾、减灾决策具有指导意义，吸引了不少学者进行了探索。黄朝迎用统计方法研究了长江流域旱涝灾害的某些特征。魏凤英和曹鸿兴用主分量法建立了长江流域旱涝趋势预测模型。张富国等根据近 500 年世界火山活动和我国旱涝资料，用统计法探讨了我国主要地区旱涝指数与不同火山区和不同季节火山爆发的统计关系。陈育峰利用马尔科夫概型分析的原理和方法，分析了我国旱涝空间型序列的静态和动态结构，揭示出我国旱涝空间型各状态演化的优势倾向。孙长安等通过对太阳周期不同时段旱涝频率的分析，揭示了长江中下游地区旱涝与太阳活动的密切联系。李祚永曾应用分形理论，分析了四川旱涝灾害的时间序列的分维特征，指出无标度区的跨度及相应的分形维数可作为旱涝自组织程度的量度。但上述这些研究都是基于“假定→模拟→预报”这样一种证实性数据分析（CDA）思路，始终未能摆脱过于形式化、数学化束缚，难以适应千变万化的旱涝现象，无法真正找出非线性分布的旱涝数据之间的内在规律。因此，用这种思维方式建立的模型即使还原拟合较好，但预留检验效果也较差。

将 PPR 应用于长江中下游旱涝趋势预测，分析表明，长江中下游旱涝灾害的形成与太阳活动有关；此外，旱涝灾害与其自身的转移概率有关。因此，该实例中选取以下三个因子建立长江中、下游旱涝趋势的 PPR（3）预测模型：x_1 为（1937—1984）年间太阳黑子年均数的距平值；x_2 为（t–1）年 i 类灾害转变为 t 年 j 类灾害的一步转移概率 $P_{ij}^{(1)}$；x_3 为（t–2）年 i 类灾害转变为 t 年 j 类灾害的二步转移概率 $P_{ij}^{(2)}$。

计算 $P_{ij}^{(1)}$和 $P_{ij}^{(2)}$所用公式为

$$P_{ij}=S_{ij}/S_{\mathrm{i}} \tag{8.2}$$

式中：i、j=1，2，3 分别代表旱、正常、涝三类灾害；P_{ij} 为 i 类灾害转变为 j 类灾害的一步或二步转移概率；S_{ij} 为 i 类灾害转变为 j 类灾害的次数；S_i 为 i 类灾害发生的次数。某年的转移概率利用该年前 50 年的历史资料按式（8.2）统计计算得出。采用“窗区滑动法”可以计算出各建模样本的转移概率。对预报对象的灾害类型 y 可分别赋值为：“1”表示旱年；“2”表示正常年；“3”表示涝年。

1938—1985 年间长江中下游旱涝类型 y 及因子 x_1、x_2、x_3 的数值见表 8.8。太阳黑子和长江中下游旱涝灾害原始资料来源于文献［10］和文献［12］。

表 8.8　　　　用于 PPR 建模的资料及拟合和预测结果

年份	x_1	x_2	x_3	y	y'	Y	拟合情况
1938	37.347	0.294	0.231	3	2.978	3	+

续表

年份	x_1	x_2	x_3	y	y'	Y	拟合情况
1939	32.547	0.385	0.235	3	2.924	3	+
1940	11.747	0.357	0.385	1	0.964	1	+
1941	−9.253	0.294	0.286	3	2.956	3	+
1942	−29.553	0.429	0.294	3	2.873	3	+
1943	−46.453	0.467	0.357	3	2.811	3	+
1944	−60.753	0.125	0.2	2	2.038	2	+
1945	−67.453	0.385	0.375	1	0.997	1	+
1946	−43.853	0.278	0.308	2	2.122	2	+
1947	15.547	0.385	0.278	2	1.931	2	+
1948	74.547	0.154	0.333	3	2.998	3	+
1949	59.247	0.125	0.167	2	1.998	2	+
1950	57.647	0.25	0.188	2	1.879	2	+
1951	6.847	0.333	0.182	2	1.995	2	+
1952	−7.653	0.385	0.25	2	2.084	2	+
1953	−45.553	0.462	0.333	2	1.935	2	+
1954	−63.153	0.214	0.308	3	2.6	3	+
1955	−72.653	0.375	0.286	1	0.95	1	+
1956	−39.053	0.294	0.188	2	1.984	2	+
1957	64.647	0.462	0.294	2	2.059	2	+
1958	113.147	0.5	0.385	2	2.041	2	+
1959	107.747	0.267	0.357	1	0.949	1	+
1960	81.947	0.389	0.4	1	0.98	1	+
1961	35.247	0.421	0.333	1	0.925	1	+
1962	−23.153	0.3	0.316	2	1.885	2	+
1963	−39.553	0.188	0.316	3	3.052	3	+
1964	−49.153	0.5	0.438	1	0.95	1	+
1965	−66.853	0.421	0.417	1	1.094	1	+
1966	−61.953	0.421	0.278	1	1.052	1	+
1967	−30.053	0.421	0.333	1	1.286	1	+

续表

年份	x_1	x_2	x_3	y	y'	Y	拟合情况
1968	16.747	0.474	0.333	1	1.222	1	+
1969	28.847	0.25	0.368	3	2.927	3	+
1970	28.447	0.308	0.421	3	3.064	3	+
1971	27.447	0.462	0.417	1	1.147	1	+
1972	−10.453	0.474	0.462	1	1.019	1	+
1973	−8.153	0.211	0.444	3	2.965	3	+
1974	−39.053	0.462	0.263	1	0.864	1	+
1975	−42.553	0.211	0.231	2	2.106	2	+
1976	−61.553	0.214	0.316	1	1.365	1	+
1977	−65.453	0.25	0.154	3	2.889	3	+
1978	−49.553	0.5	0.316	1	1.017	1	+
1979	15.447	0.421	0.5	1	1.036	1	+
1980*	78.347	0.263	0.389	3	2.564	3	+
1981*	77.647	0.571	0.368	1	0.715	1	+
1982*	63.347	0.25	0.308	2	1.602	2	+
1983*	38.847	0.286	0.421	3	2.706	3	+
1984*	−10.453	0.286	0.214	3	1.69	2	−
1985*	−33.653	0.333	0.214	3	2.582	3	+

* 为预留检验。

用 PPR 建立长江中下游旱涝趋势预测模型时，固定因子数 K=3 和建模样本数 N=42，先用 1938—1979 年共 42 个样本建模，对第 1980 年即第 43 个样本作预测检验。经反复调试 S、M 和 MU 的不同组合，当 S=0.1，M=8，MU=6 时，模型拟合最好，同时预测出第 1980 年为“涝年”，预测正确。然后采用“窗区滑动法”顺次往后滑动 1 年，即用 1939—1980 年的 42 个样本建模，对 1981 年即第 44 个样本作预测检验。这时，需重新计算每个样本因子 x_2、x_3 的转移概率。重复第一年预测过程，直到作出 1985 年预测为止。表 8.8 中还列出了对 1980 年预测模型的拟合检验和 1980—1985 年的预测检验结果。若对拟合和预测值 y'，按四舍五入取整后的 Y 值亦在表 8.8 给出，取整后 6 年预测建模的平均拟合率和预测正确率分别为 96.8%和 83.3%，见表 8.9。

表 8.9　　PPR 与 BP 模型拟合和预测结果比较

模型	PPR 模型	B-P 模型
6 次建模平均拟合率/%	96.80	88
6 年预测总正确率/%	83.30	66.70

为了比较，我们根据表 8.8 中的建模样本资料，建立了该流域旱涝趋势的 B-P 神经网络预测模型。两种模型预测结果比较见表 8.9。可以看出：PPR 模型的拟合和预测检验效果均优于 B-P 神经网络模型的效果。

从以上对比分析可以看出：

（1）由于引起旱涝变化的因素复杂，很难确定对旱涝起最主要作用的因子。因此，要建立精度很高的旱涝趋势预测模型，并非易事。本实例用 PPR 对长江中下游旱涝趋势进行预测，效果较好，说明将 PPR 应用于灾型预测有一定的实际意义。

（2）旱涝变化与其有关的因子之间的关系并非线性，用 PPR 建模不需要对它们之间的数据结构特征作任何假定，而只要通过直接审视数据，用计算机寻优，即可建模预测，客观性较好。

（3）用 PPR 建模时，若能选出与旱涝相关性好，且有明确物理意义的因子，效果会更理想。

例 8.4　投影寻踪回归技术在环境预测中的应用

本实例根据投影寻踪回归原理建立环境污染预测模型。将投影寻踪回归，编辑成应用软件计算，使用时只需指定 3 个参数：光滑系数 S，取值范围 $0<S<1$，其值大小决定了模型的灵敏度；岭函数最大个数 M 和最优个数 MU，在满足一定精度要求条件下，为缩短运行时间，对 M 和 MU 作了限定，要求 $MU<M\leq 9$。

影响大气污染物浓度的因素和指标是多方面的。对于一个确定点而言，气象条件比如风向、风速是影响大气污染物浓度的重要因素，但对于一个区域环境内诸多监测点的某项大气污染物浓度监测值，则气象条件的影响和作用大小各不相同。因此，若要建立一个城市区域内多个监测点的某项大气污染物浓度共同适用的预测方程，则气象条件的影响并不十分重要，而主要取决于污染源的排放。因此，本实例用 PPR 建立某市大气污染物 SO_2 浓度预测模型时，仅选取了与 SO_2 有关的 4 个因子：X_1 为人口密度（10^4 人/km^2）；X_2 为交通密度（辆/km^2）；X_3 为饮食服务点（个/km^2）；X_4

为工业煤耗（10^4t/km^2）。数据引自文献［14］，见表 8.10。

为了建立 SO_2 浓度的投影寻踪分类预测模型，先将 SO_2 浓度按式（8.3）规格化。

$$Y_i^1 = \frac{Y_i - Y_{min}}{Y_{max} - Y_{min}} \tag{8.3}$$

将规格化数值按表 8.11 对应关系分类。

表 8.10　　某城市 SO_2 浓度分类值及相关因子实测值

样本序号 j	SO_2 分类值	工业煤耗 /（10^4t/km^3）	人口密度 /（10^4 人/km^2）	交通密度 /（辆/km^2）	饮食服务点 /（个/km^2）	SO_2 /（mg/m^3）
1	1	0.102	0.051	8.3	12	0.008
2	1	0.004	0.043	12	22	0.012
3	1	0.64	0.053	3	8	0.023
4	3	0.432	0.185	31.2	41	0.02
5	2	0.12	0.203	33.8	39	0.062
6	3	0.43	0.194	50.8	22	0.041
7	1	0.099	1.379	9.4	6	0.071
8	1	0.084	0.039	35.7	23	0.012
9	3	0.673	0.208	15.1	7	0.007
10	4	2.319	0.245	9.1	12	0.062
11	2	0.933	0.619	17.3	64	0.092
12	5	0.217	6.732	46.8	276	0.044
13	1	0.704	1.164	16.1	40	0.12
14	1	0.017	1.233	25.8	38	0.009
15	5	0.144	5.544	42.5	260	0.014
16	2	0.12	0.203	33.3	39	0.012
17	1	0.144	0.152	10.7	5	0.041
18	3	0.503	1.255	7.1	57	0.024
19	1	0.08	1.632	8.3	54	0.056
20	1	0.12	1.442	6.8	135	0.028
21	1	0.078	1.268	7.3	140	0.024
22	2	0.045	0.247	6.4	80	0.014
23	1	0.121	0.224	6.7	29	0.03

续表

样本序号 j	SO_2 分类值	工业煤耗 /（10^4t/km^3）	人口密度 /（10^4 人/km^2）	交通密度 /（辆/km^2）	饮食服务点 /（个/km^2）	SO_2 /（mg/m^3）
24	1	0.245	0.451	19.3	68	0.021
25	1	0.044	0.087	20.7	48	0.012
26	2	0.323	1.271	32	77	0.028
27	3	1.566	2.255	36.7	96	0.045
28	4	2.312	0.439	39.8	74	0.073
29	5	1.403	0.33	48.1	77	0.078

表 8.11　　规格化数值分类标准

类别	1	2	3	4	5
$Y^1{}_i$	[0，0.2]	(0.2，0.4]	(0.4，0.6]	(0.6，0.8]	(0.8，1.0]

SO_2浓度相应类别亦列于表 8.10。将表 8.10 中全部 29 个样本数据输入 SMART 程序，用前 25 个样本数据建模，后 4 个样本预留检验。经反复调试 S、M 和 MU 的不同组合，得到当拟合较优时的参数值为 S=0.5，M=9，MU=6。若当相对误差绝对值小于 20%为合格，则此时建模样本的拟合率为 84%，预留样本的报准率为 75%，SO_2浓度分类预报拟合结果见表 8.12，预留样本预报检验结果见表 8.13。

表 8.12　　SO_2浓度分类预报的 PP 回归拟合结果

实际分类值	预测类	绝对误差	相对误差/%	拟合情况
1	1.126	0.126	12.6	+
1	0.749	−0.251	−25.1	−
1	1.672	0.672	67.2	−
3	2.634	−0.366	−12.2	+
2	1.67	−0.33	−16.5	+
3	2.969	−0.031	−1	+
1	0.874	−0.126	−12.6	+
1	1.151	0.151	15.1	+
3	2.899	−0.101	−3.4	+
4	4.004	0.004	0.1	+

续表

实际分类值	预测类	绝对误差	相对误差/%	拟合情况
2	1.973	–0.027	–1.3	+
5	5.129	0.129	2.6	+
1	1.014	0.014	1.4	+
1	1.058	0.058	5.8	+
5	4.833	–0.167	–3.3	+
2	2.133	0.133	6.6	+
1	0.96	–0.04	–4	+
3	2.42	–0.58	–19.3	+
1	1.131	0.013	13.1	+
1	0.809	–0.191	–19.1	+
1	1.032	0.032	3.2	+
2	1.708	–0.292	–14.6	+
1	1.129	0.129	12.9	+
1	1.613	0.613	61.3	–
1	1.3	0.309	30.9	–
合格项数	21	合格率	84%	

表 8.13　　两种方法预测结果的比较

PP 回归预测					模糊识别预测		
实际类别	预测类别	绝对误差	相对误差/%	报准情况	实际类别	预测类别	报准情况
2	2.399	0.399	19.90	+	中	中	+
3	5.632	2.632	87.70	–	高	中	–
4	4.298	0.298	7.50	+	高	高	+
5	5.439	0.439	8.80	+	高	高	+
合格项数为 3，合格率为 75%					合格项数为 3，合格率为 75%		

文献［15］用模糊识别预测模型对上述实例预，测结果，按高、中、低分为 3 类，其类别拟合率为 80%，4 个预留检验样本分类预测的合格率亦为 75%。

从本实例分析可以看出：

（1）投影寻踪回归用于环境污染预测，只需要原始监测数值，对数据不要求作预处理，使用方便。

（2）投影寻踪回归用于环境污染预测建模，不论数据属正态分布或偏态分布，也不论因子与预报量之间存在线性或非线性，都能进行有效的处理，无须对数据分布作硬性假定，因此计算结果稳定，精度较高，符合实际。

（3）投影寻踪回归的 SMART 计算软件集数据处理、优化计算和绘图于一体，结论明确，直观、具体操作时，只需改变 *S*、*M* 和 *MU* 少数几个参数的组合，就能调试出最佳结果，使用方便。

参考文献

[1] 李祚泳，邓新民，桑华民．台风登陆华南年频次的投影寻踪回归预测模型［J］．热带气象学报，1998（2）：181-185.

[2] 李祚泳，邓新民．人工神经网络在台风预报中的应用初探［J］．自然灾害学报，1995，4：86-90.

[3] 李祚泳．污染物浓度预测的 PPR 模型［J］．环境科学，1997（4）：38-40.

[4] 卢崇飞，等．环境数理统计学应用及程序［M］．北京：高等教育出版社，1990.

[5] 李祚泳，邓新民，辛义清．旱涝趋势的投影寻踪预测模型［J］．自然灾害学报，1997（4）：68-73.

[6] 黄朝迎．长江流域旱涝灾害的某些统计特征［J］．灾害学，1992，7（3）：67-72.

[7] 魏凤英，曹鸿兴．长江流域旱涝趋势的主分量预测模型［J］．气象，1990，16（8）：20-24.

[8] 张富国，张先恭．全球不同区域火山爆发与中国夏季旱涝的关系［J］．自然灾害学报，1994，3（1）：40-46.

[9] 陈育峰．我国旱涝空间型的马尔科夫概型分析［J］．自然灾害学报，1995，4（2）：66-72.

[10] 孙长安，杨本有．太阳活动与长江中下游地区旱涝的规律［J］．天文学报，1992，33（2）：179-185.

[11] 李祚泳，邓新民．四川旱涝灾害时间分布序列的分形特征研究［J］．灾害学，1994，9（3）：88-90.

[12] 徐振韬，蒋窈窕．太阳黑子与人类［M］．天津：天津科技出版社，1986.

[13] 邓新民，李祚泳．投影寻踪回归技术在环境污染预测中的应用［J］．中国环境科学，

1997，17（4）：353-356.

［14］ 侯克复. 环境系统工程［M］. 北京：北京理工大学出版社，1992.

［15］ 熊德琪，陈守煜. 城市大气污染物浓度预测模糊识别理论与模型［J］. 环境科学学报，1993，13（4）：482-490.

第 9 章　工业工程领域应用实例

例 9.1　某化工产品的转化率

为了提高某化工产品的转化率，根据专业生产知识确定三个考察因素，分别为反应温度 x_1、反应时间 x_2 和用碱量 x_3。试通过单指标正交试验设计，找出提高产品转化率的最好工艺条件。原始数据列入表 9.1。

表 9.1　　转 化 率 试 验

试号	反应温度 x_1/℃	反应时间 x_2/min	用碱量 x_3/%	转化率 y/%
1	80	90	5	31
2	80	120	6	54
3	80	150	7	38
4	85	90	6	53
5	85	120	7	49
6	85	150	5	42
7	90	90	7	57
8	90	120	5	62
9	90	150	6	64

文献［1］通过对试验数据“算一算，看一看”，极差分析认为反应温度 x_1 的极差最大（R=60），是最显著的影响因素，反应时间 x_2 的极差最小（R=24），判断它是最次要的，即最不显著的影响因素，对 x_2 无须再详细考察。还通过画趋势图寻找下一批试验的较好条件，并通过补点工艺验证得到优化的工艺因素水平为 x_1=90、x_2=120、x_3=6，补点试验证实转化率最高达到 74%，确认了适宜因素水平组合为 x_1=90、x_2=120、x_3=6。

如果对表 9.1 的正交试验数据进行 PPR 无假定非参数建模和仿真（S=0.1、MU=7、M=8），则得到最重要的影响因素是反应时间 x_2，次重要因素是反应温度 x_1，而极差分析认为 x_3 最次要的、可忽略的因素。进一步通过 PPR 仿真，可以得出转化率等值线图，见图 9.1。有趣的是原文献的补点工艺验证点数据（x_1=90、x_2=120、x_3=6、y=74），恰好落在 PPR 的仿真等值线 y=74 上。图 9.1 等值线表明还可能有更高的收率区存在，而且温度再提高 3℃，则转化率还可进一步提高到 78%。

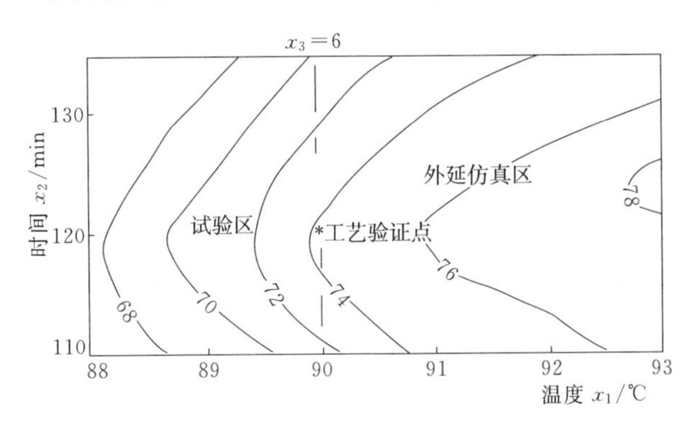

图 9.1　转化率等值线图

从这个实例可以看到 PPR 仿真不仅结果可靠，并且还能找出真正的主要影响因素，这是常规试验设计分析方法所不及的。PPR 的可靠建模和仿真，可节省大量试验工作量。

例 9.2　铝土矿中 Al_2O_3 溶出率试验

对铝土矿中 Al_2O_3 溶出率五因素二次回归正交设计的试验数据进行 PPR 分析。影响铝土矿中 Al_2O_3 溶出率 y（%）的因素有 5 个：溶出温度 t，苛性碱浓度 N_k，溶出时间 τ，石灰添加量 C，配碱比 α。对该项五因素试验进行二次回归正交设计，二次多项式回归拟合不好，于是进行如下数据变换：

$$z=\frac{-1}{\ln(y/88.5)}\qquad x_1=\frac{t-255}{15}\qquad x_2=\frac{N_k-180}{30}$$

$$x_3=\frac{\tau-1.5}{0.5}\qquad x_4=\frac{C-7}{2}\qquad x_5=\frac{\alpha-1.55}{0.5}$$

再作 $z=f(x)$二次多项式回归，最后逆变换得到回归方程为

$$y=88.5\exp[-1/(-409.23+0.54t-0.72N_k+41.87\tau+41.58C+150.69\alpha-0.075N_kC-4.92\tau C-140.10C\alpha+0.004N_k^2)] \tag{9.1}$$

利用回归方程进行预测，其均方差为 12.73，最大相对误差为 96.4%，而且出现两次溶出率大于 100%的不合理现象，如图 9.2 所示。这说明该二次多项式拟合可靠性不够，主要是由于试验数据的非线性程度超过了多项式拟合程度。

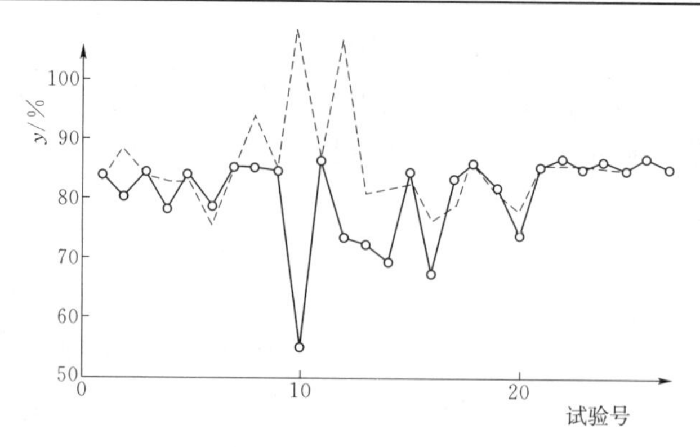

图 9.2　回归值与实测值比较（二次正交回归）

用 PPR 分析此正交实验数据，其均方差为 0.93，最大相对误差为 3.16%，溶出率拟合回归值与实测值几乎重叠，如图 9.3 所示。

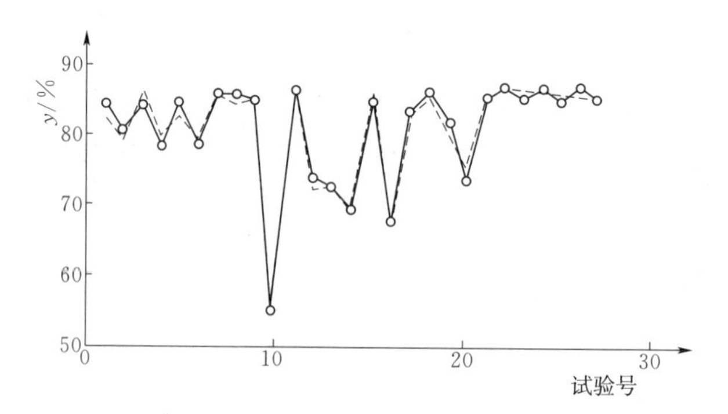

图 9.3　回归值与实测值比较（PPR）

图 9.4 是 N_k=180、τ=2，C=7 的条件下，主要影响因素 t 和 a 全面组合的溶出率 y 的等值线图。从图 9.4 中可见，左下方为低值区，右上方为高值区，揭示了溶出率的变化规律。

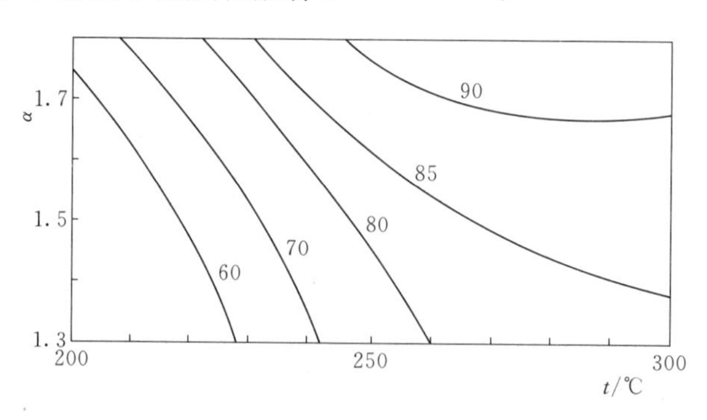

图 9.4　溶出率 y 的等值线图

分析溶出率 y 的实测值，可得到 C_v=0.094，C_s=–1.949，C_s/C_v=–20.7，属于严重的负偏态分布，非线性程度也较好。PPR 模型对 y 的拟合精度是较高的，这表明 PPR 模型弹性好，吸收非线性、非正态信息能力强，能客观描述高维、非正态数据的规律。

例 9.3　工业产品 CDA 和 EDA 分类方法对比

最后，再以一个典型的系统聚类的例子结束本书的内容。从 21 个工厂抽了同类产品，每个产品测了两个指标，现将各厂的质量情况进行分类，观测数据见表 9.2 所示（已做了适当变换）。

表 9.2　　产品分类数据

序号	1	2	3	4	5	6	7	8	9	10	11
指标 x_1	0	0	2	2	4	4	5	6	6	7	–4
指标 x_2	6	5	5	3	4	3	1	2	1	0	3
序号	12	13	14	15	16	17	18	19	20	21	
指标 x_1	–2	–3	–3	–5	1	0	0	–1	–1	–3	
指标 x_2	2	2	0	2	1	–1	–2	–1	–3	–5	

系统聚类法是使用最为广泛的聚类分析方法，基本思想是：先将某个样本（或指标）各自看成一类，然后定义类与类之间的距离，开始时类与类之间的距离就等于各样本（或指标）间的距离，选择距离最小的一对并成一个新类，计算新类与其他类的距离，再将距离最近的两类合并。这样每比较一次就减少一类。过程可延续到全体样本（或指标）全归为一大类时终止。

类与类之间的距离有许多定义的方法，例如定义其为两类重心间距离等，不同的定义就产生不同的系统聚类方法。有最短距离法、最长距离法、中间距离法、重心法、类平均法、可变类平均法、可变法及离差平方和法。各方法的递推公式可以用一个统一的形式来表示。

将这些数据在平面上绘点图，见图 9.5（a）。依次用最短距离法、最长距离法、重心法、类平均法及离差平方和法进行聚类分析，得图 9.5（b）～（e）（均采用欧式距离）。直观可见，不同方法分类结果不完全一样，最短距离法分成四类：{1、2、3、4、5、6}，{7、8、9、10}，{11、12、13、14、15}，{17、18、19、20}，16 与 21 归不了类。最长距离法分成四类：{1、2、

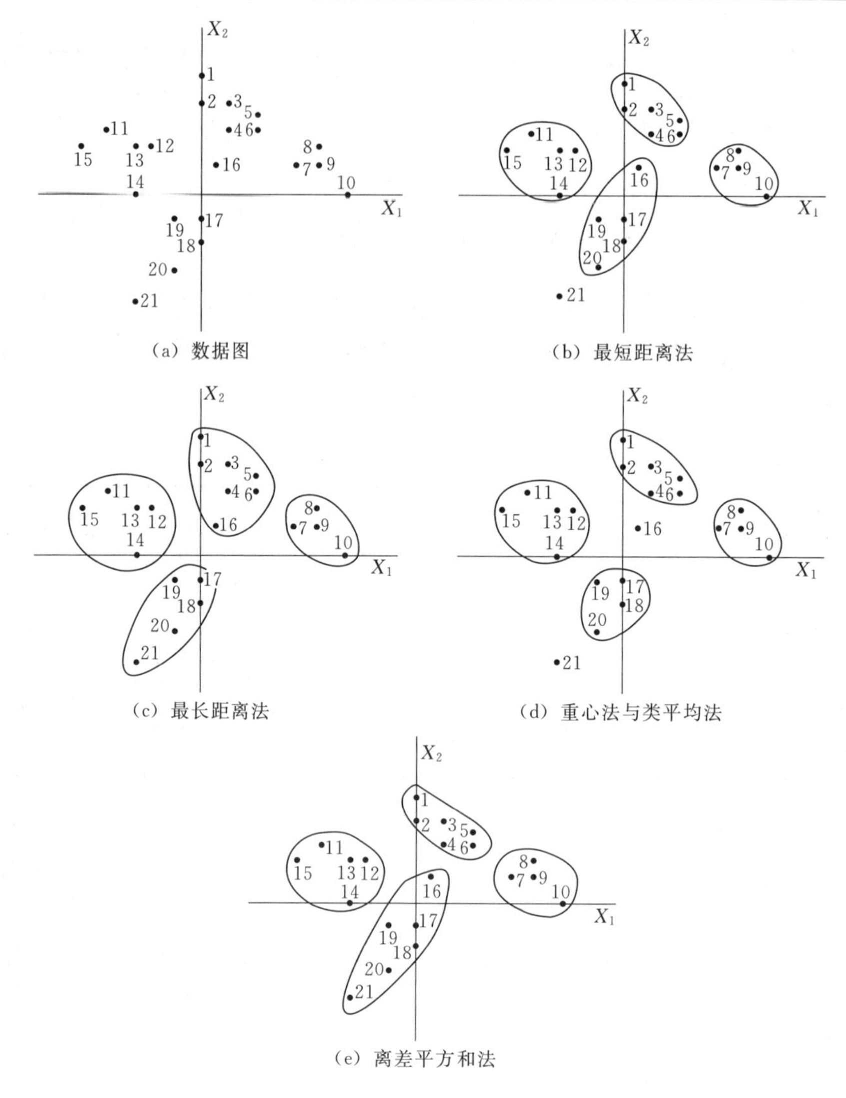

图 9.5　数据点及五种方法分类图

3、4、5、6、16}，{7、8、9、10}，{11、12、13、14、15}，{17、18、19、20、21}，重心法和类平均法结果为最短距离法分成四类：{1、2、3、4、5、6}，{7、8、9、10}，{11、12、13、14、15}，{16、17、18、19、20}，21 归不了类。离差平方和法也分成四类：{1、2、3、4、5、6}，{7、8、9、10}，{11、12、13、14、15}，{16、17、18、19、20、21}，归类情形见图 9.6。

五种方法产生了四种结果，可见不同的分类方法效果是有差异的，显然这些分类方法均属于 CDA 分类方法。究竟采用哪一种分类，可以根据分类对象的物理背景来决定，也可以通过多种方法比较来保留共性分类，而将争议数据另行处理。本例中五种方法都将 21 个样分为四类，有争议的数据为 16 号和 21 号，除去这两个样，分类结果就一致了。这两个剩下的样还需按最小距离的原则进行动态聚类见式（9.2）。

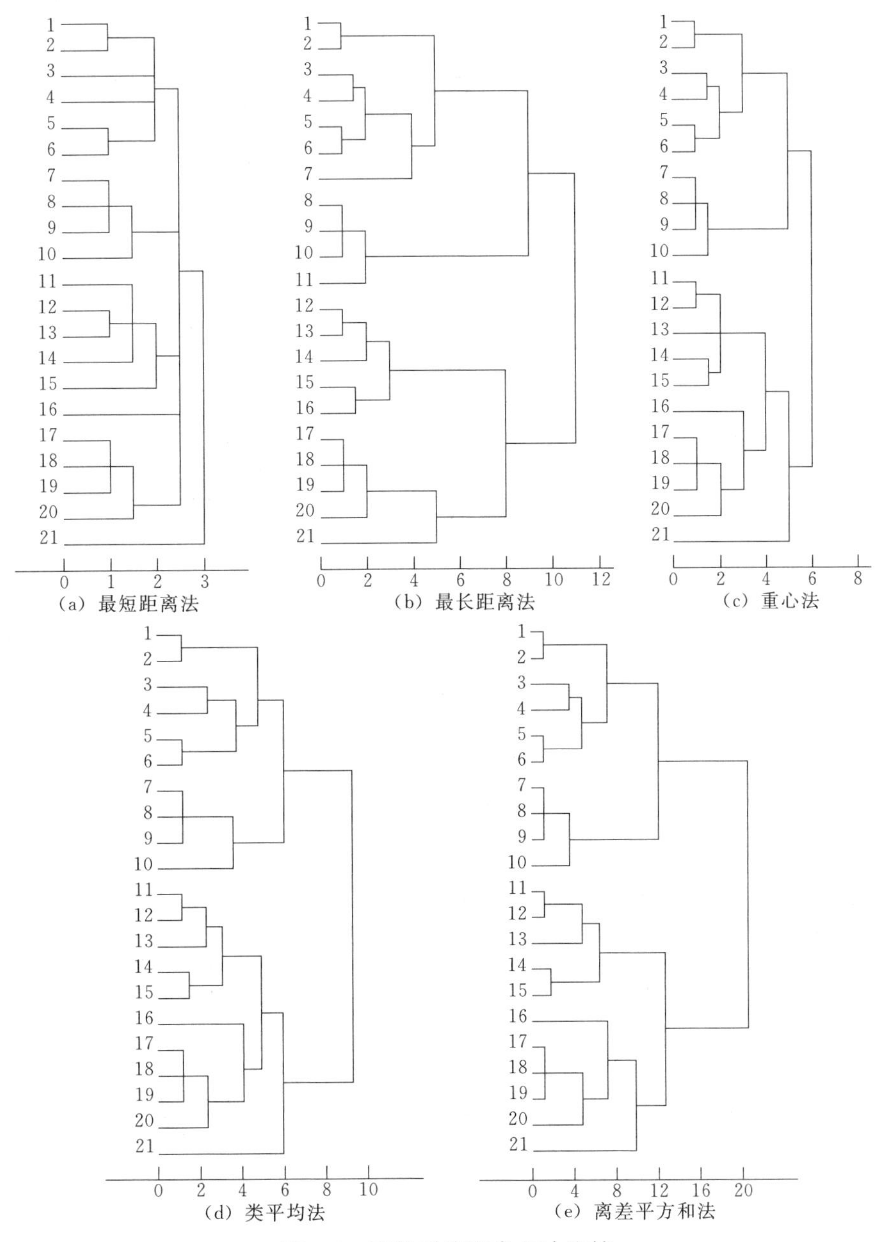

(a) 最短距离法　(b) 最长距离法　(c) 重心法　(d) 类平均法　(e) 离差平方和法

图 9.6　五种系统聚类方法比较

$$D^2_{(sr),j}=\alpha_s D^2_{sj}+\alpha_r D^2_{rj}+\beta D^2_{sr}+v\,|\,D^2_{sj}-D^2_{rj}\,| \tag{9.2}$$

式中：D_{sr} 为类与类之间的距离；$D_{(sr),j}$ 为计算出的新类 G_{sr} 与其余各类的距离；α_s、α_r、β、v 为系数，对于不同的方法取值不同，表 9.3 列出了以上八种方法中的四个参数的取值。

表 9.3　　　　系统聚类法参数

方法	α_s	α_r	β	v
最短距离法	1/2	1/2	0	−1/2
最长距离法	1/2	1/2	0	−1/2
中间距离法	1/2	−1/2	$-1/4\leqslant\beta\leqslant 0$	0
重心法	n_s/n_{sr}	n_r/n_{sr}	$-\alpha_s\alpha_r$	0
类平均法	n_s/n_{sr}	n_r/n_{sr}	0	0
可变类平均法	$(1-\beta)n_s/n_{sr}$	$(1-\beta)n_r/n_{sr}$	<1	0
可变法	$(1-\beta)/2$	$(1-\beta)/2$	<1	0
离差平方和法	$\dfrac{n_s+n_j}{n_{sr}+n_j}$	$\dfrac{n_r+n_j}{n_{sr}+n_j}$	$-\dfrac{n_j}{n_{sr}+n_j}$	0

注：n_s、n_r、n_{sr} 分别为类 G_s、G_r、G_{sr} 的样本数。

对于最短距离法可以定义如下：

$$D_{sr}=\min_{i\in G_s,\,j\in G_r} d_{ij} \tag{9.3}$$

$$D_{(sr),j}=\min\{\min_{\{j\}} d_{sj},\min_{\{j\}} d_{rj}\} \tag{9.4}$$

式中：G_s、G_r 为类别；d_{ij} 为样本 i 与样本 j 的距离。

如果将上述问题用投影寻踪无假定建模技术（EDA 分类方法），对表 9.2 数据进行变换，只需令 $y=x_1+x_2$，建模数据见表 9.4。

表 9.4　　　　PPR 无假定建模数据

序号	1	2	3	4	5	6	7	8	9	10	11
指标 x_1	0	0	2	2	4	4	5	6	6	7	−4
指标 x_2	6	5	5	3	4	3	1	2	1	0	3
y	6	5	7	5	8	7	6	8	7	7	−1
序号	12	13	14	15	16	17	18	19	20	21	—
指标 x_1	−2	−3	−3	−5	1	0	0	−1	−1	−3	—
指标 x_2	2	2	0	2	1	−1	−2	−1	−3	−5	—
y	0	−1	−3	−3	2	−1	−2	−2	−4	−8	—

选择 S=0.9，M=1，MU=1，采用前 16 组数据建模，建模合格率为 100%，预留 5 组数据进行检验，检验合格率为 60%，结果见表 9.5。自变量 x_1 相对权值为 1.00，自变量 x_2 相对权值为 0.46。

表 9.5　　PPR 无假定建模及检验结果表

	序号	实测值	拟合值	绝对误差	相对误差/%
建模数据	1	6.000	6.000	0.000	0.00
	2	5.000	5.000	0.000	0.00
	3	7.000	7.000	0.000	0.00
	4	5.000	5.000	0.000	0.00
	5	8.000	8.000	0.000	0.00
	6	7.000	7.000	0.000	0.00
	7	6.000	6.000	0.000	0.00
	8	8.000	8.000	0.000	0.00
	9	7.000	7.000	0.000	0.00
	10	7.000	7.000	0.000	0.00
	11	–1.000	–1.000	0.000	0.00
	12	0.000	0.000	0.000	0.00
	13	–1.000	–1.000	0.000	0.00
	14	–3.000	–3.000	0.000	0.00
	15	–3.000	–3.000	0.000	0.00
	16	2.000	2.000	0.000	0.00
预留检验	1	–1.000	–1.000	0.000	0.00
	2	–2.000	–2.000	0.000	0.00
	3	–2.000	–2.000	0.000	0.00
	4	–4.000	–3.000	1.000	–25.00
	5	–8.000	–3.000	5.000	–62.50

EDA 方法的 PPR 建模和检验结果表明，该数据 21 次观测资料可以明显分为正负型两类：在 x_1 和 x_2 的散点图上，通过坐标原点在 2、4 象限画一条 45° 斜线，就可以完成正负型两类的无监督聚类分析工作，方法简单快捷，见图 9.7。而常规的有监督聚类分析结果，由于假定的聚类方法不同，得出了不同的聚类结果，从这个简单的例题中再一次看出 PPR 建模的优势

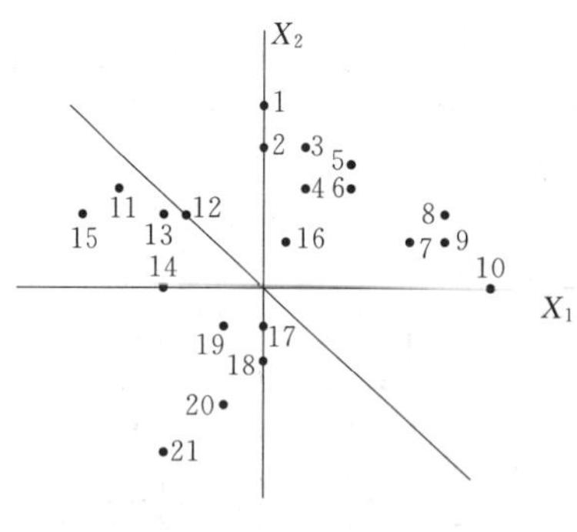

图 9.7　PPR 无监督分类图

所在。

PPR 建模技术无论是处理一个自变量的简单非线性关系，还是处理多个自变量的高维复杂系统的数据，都只有三个可调整的投影操作指标 *S*、*MU*、*M*。PPR 建模技术新概念少、无假定、非参数、操作简便，跨学科通用且简单易学，也没有因人而异的成果不确定性，这一点是现行其他建模方法（如多元多项式、模糊、灰色、神经网络、专家系统等）所不及的。

参考文献

[1] 中国质量管理协会. 质量管理中的试验设计方法 [M]. 北京：北京理工大学出版社，1991.

[2] 刘大秀. 投影寻踪回归在试验设计分析中的应用研究 [J]. 数理统计与管理，1995 (1)：47-51.

[3] 任露泉. 试验优化设计与分析 [M]. 北京：高等教育出版社，2003.

[4] 项静恬，史久恩，等. 动态和静态数据处理 [M]. 北京：气象出版社，1991.